2009年版
望遠鏡・双眼鏡カタログ

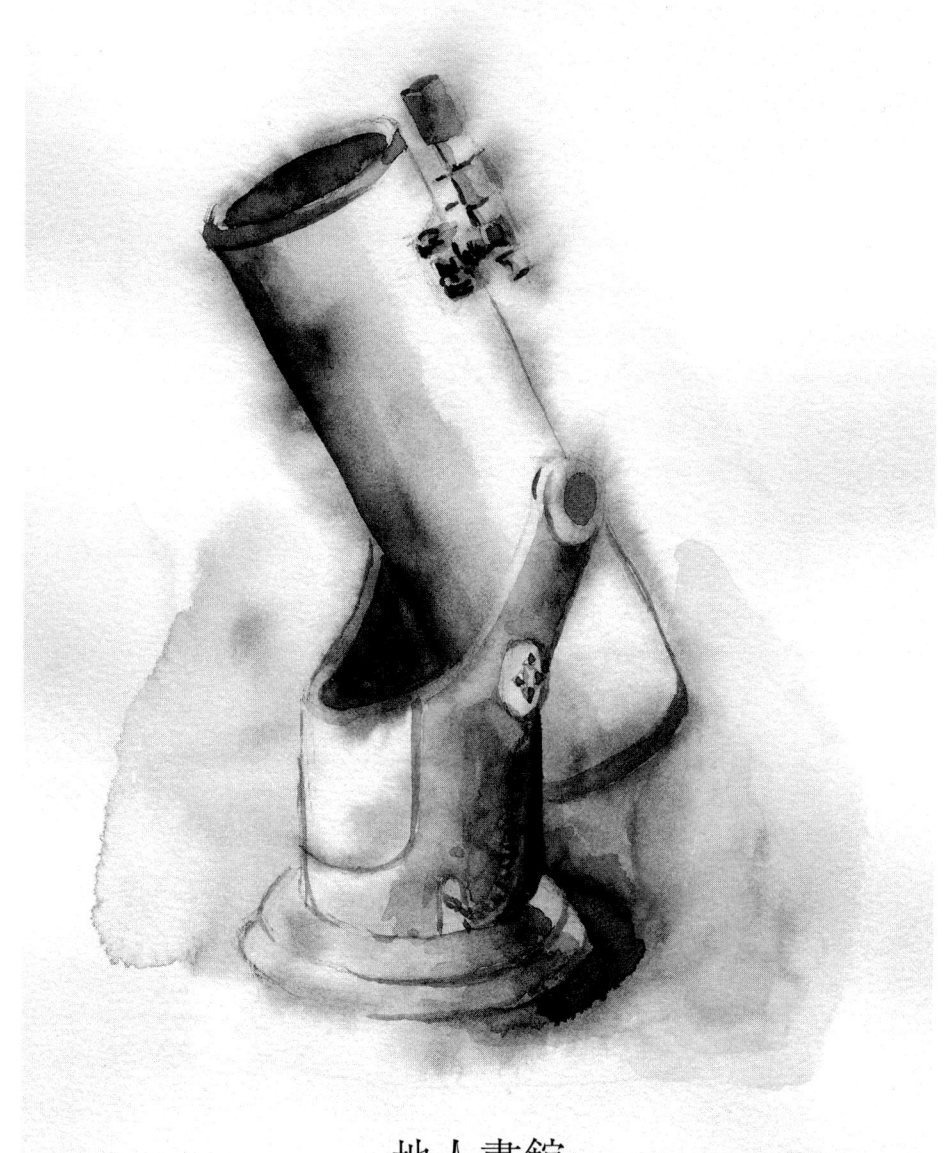

地人書館

【目次】contents

■第1部
この2年間に登場した注目の製品を一挙紹介！
この２年間の主な新製品の動向 ……………………………………………………………… 5
　メーカー・輸入代理店・販売店一覧 ……………………………………………… 15

■第2部
メーカーが推奨するベストテレスコープ ………………………………………… 17
（※掲載順は原則として社名あいうえお順）
- ●スタークラウド
ウイリアムオプティクス天体望遠鏡（SD・EDアポクロマート屈折望遠鏡）……………… 18
- ●エイ・イー・エス
OSTSシリーズ（人工衛星光学観測装置）………………………………………………… 19
- ●笠井トレーディング
Ninja - 400（40cmニュートン式反射経緯台）……………………………………………… 20
CAPRI - 102ED（EDアポクロマート屈折望遠鏡）………………………………………… 21
ALTER - N140DX（マクストフニュートン式望遠鏡）…………………………………… 22
WideBino28（ガリレオ式超広角双眼鏡）…………………………………………………… 23
SUPER - BINO 100CL（アイピース交換式45°対空双眼鏡）…………………………… 24
Kasai HC - Or5mm～18mm／Extra WideVue - 32mm/85°……………………………… 25
- ●カールツァイス
Victory 8×56T*FL,10×56T*FL（56mmダハプリズム双眼鏡）……………………… 26
- ●コーワ
ハイランダー／GENESIS44（32×82ポロプリズム双眼鏡／8.5×44/10.5×44ダハプリズム双眼鏡）……… 27
- ●五藤光学
20cmCOUDEwithCATS - Ⅲ（据付型クーデ式屈折赤道儀）…………………………… 28
NC - R550a（天体観測用超高感度テレビカメラ）………………………………………… 29
- ●スターライト・コーポレーション
SCOPETECH RAPTOR - 50（ラプトル50）（簡易型望遠鏡）
　／SCOPETECH SOLAR RAPTOR - 50（ソーラーラプトル50）（太陽観測用望遠鏡（開発中））………… 30
- ●セレストロン
SKYSCOUT(スカイスカウト)（天体指示・導入支援装置）………………………………… 32
- ●中央光学
CHUO COUDE TYPE Ⅱ（アーチ脚クーデ式望遠鏡）…………………………………… 33
- ●TOAST - TECHNOLOGY
モバイル赤道儀『TOAST』（星野撮影専用赤道儀）……………………………………… 34
- ●トミーテック
BORG125SD（屈折式望遠鏡）……………………………………………………………… 35
- ●ニコン
ニコン10×42SE・CF／8×42HG L DCF（10×42／8×42双眼鏡）……………… 36
ニコン7×50SP防水型／10×70SP防水型（7×50／10×70双眼鏡）…………… 37
ニコンフィールドスコープED82 - A／ED82（地上単眼望遠鏡）……………………… 38

●西村製作所
NRAPO‐25D（254mmアポクロマート屈折望遠鏡）…………………………………………………39
NC‐60FS（コンピュータ制御反射望遠鏡）……………………………………………………………40
1m級反射経緯儀式望遠鏡（コンピュータリモート制御システム）………………………………41
●ビクセン
SXD赤道儀（高精度自動導入赤道儀）…………………………………………………………………42
ジオマⅡ/ジオマⅡ ED シリーズ（フィールドスコープ）……………………………………………43
●フジノン
FUJINON FMT／MT シリーズ（7×50～16×70双眼鏡）……………………………………………44
FUJINON LB150 シリーズ（25×150/40×150大型双眼鏡）…………………………………………45
●ペンタックス
PENTAX 150SDP/MS‐55z（15cmSDアポクロマート屈折望遠鏡/ドイツ型赤道儀）……………46
PENTAX 125SDP/105SDP（12.5cm/10.5cmSDアポクロマート屈折望遠鏡）……………………47
PENTAX 100SDUFⅡ/75SDHF XW セット（10cm/7.5cmSDアポクロマート屈折望遠鏡）……48
smc PENTAX XO シリーズ/XW シリーズ（高解像/ 広視界アイピース）…………………………49
●三鷹光器
GNF‐65型（65cmカセグレン式反射望遠鏡）…………………………………………………………50
ワンダー・アイ（公共望遠鏡用接眼部）………………………………………………………………51
●ユーハン工業
U－150（赤道儀）…………………………………………………………………………………………52
YOU! Hunter（双眼鏡用架台）…………………………………………………………………………53
●ライカ
ULTRAVID HD（フローライドダハプリズム双眼鏡）………………………………………………54
TELEVID（フローライドフィールドスコープ）………………………………………………………55
●宇治天体精機
スカイマックスⅤ，Ⅵ型システム図（SR，SP，SC，W-SR鏡筒）………………………………56

■第3部

ユーザーリポート＜自慢の愛機＞

ウイリアムオプティクス／ZenithStar66SD／部屋に飾っておきたい望遠鏡・松本　孝 ………………58
ウイリアムオプティクス／Zenithstar80FD BINO（双眼望遠鏡）／星，花鳥風月を愛でる望遠鏡・スノー …58
宇治天体精機／SKYMAX赤道儀＋SP223鏡筒／組立てが早く楽にでき移動用に最適・石川嘉寿樹 …………59
カールツァイス／Victory10×56FL／光学性能と使いやすさの両立・松谷　研 ………………………60
笠井トレーディング／Ninja-400／夢に出てくるくらい素晴らしい眺め・安田俊一 ……………………60
笠井トレーディング／CAPRI-102ED 双眼仕様／シャープな像で低倍から高倍までカバー・太田英樹 …………61
コーワ／GENESIS 44 PROMINAR 8.5×44／収差の感じられないクリアな視界・山下秀昭 ……………62
スターライト・コーポレーション／ラプトル50／初心者に自信を持って奨められる1台・木村　修 ……62
スターライト・コーポレーション／STL80A-MAXI／安価で優秀な8cmF15アクロマート・松野文昭 ……63
セレストロン／Nexstar 6SE ／使い勝手も精度も良い自動導入機・すたーうるふ ……………………64
高橋製作所／FSQ-106ED／"屈折のε"ともいえるシャープさ・和田光宣 ……………………………64
高橋製作所／ε-180ED／驚異的な明るさと解像度の高さが魅力・瀬川康朗 …………………………65
中央光学／コンピュータ制御式HG-35赤道儀＋40cmカセグレン反射鏡筒
　　　　　　　　　　／堅牢でシンプル，そして扱いやすい・北崎勝彦 ………………………66
TOAST-TECHNOLOGY／星野撮影専用赤道儀「TOAST」／仕様書通りの素晴らしい追尾精度・三木信彦 ……67
トミーテック／BORG101ED／機動性・性能抜群の10cm屈折・鈴木義人 ……………………………68

ニコン／8×30EⅡ＆ユーハン工業／ユーハンター／無骨でもかわいいパートナー・中島智美 …………69
ビクセン／SXD赤道儀／搭載重量，強度，精度ともにアップ・宇井幹尚 ……………………………69
ビクセン／スカイポッド経緯台／お気楽天文旅に欠かす事ができない機材・斉藤尚敏 ………………70
ビクセン／ポルタR135S／手軽な高性能機・高岡浩人 …………………………………………………71
ペンタックス／125SDP／欠点らしい欠点が見当たらない鏡筒・石橋直樹 ……………………………71
ペンタックス／105SDP／多目的に使えるフォトビジュアル機・石井隆元 ……………………………72
フジノン／25×150EM-SX／プレアデスの7姉妹の輝きは絶品・杉野友司 ……………………………73
ミード／ETX-125PE／アライメント時の面倒な初期設定が不要・びんたんぽんた ……………………73
ライカ／ウルトラビット8×50 HD／持つものに喜びを与える究極の双眼鏡・三浦幸四郎 …………74

■第4部 ＜特集＞

いろいろなタイプがある中から，どれを選べば良い？
★天体望遠鏡がほしい!!・浅田英夫 ………………………………………………………………………75
あると便利なスターウォッチングの必需品
★双眼鏡がほしい!!・浅田英夫 ……………………………………………………………………………87
1970年代の天体望遠鏡限定！
★「往年の名機」＆「往年の"迷機"」・往年の名機＆迷機選考委員会 …………………………………93
・1970年代を飾った「往年の名機」たち… ………………………………………………………………94
・1970年代の「トンデモ望遠鏡」を斬る！ ……………………………………………………………108
今世紀最大級の"黒い太陽"を狙え
★2009.7.22 中国～トカラ列島皆既日食を見よう！
・Total Eclips in 屋久島・トカラ・奄美大島・斎藤尚敏 ………………………………………………114
・上海沖合いの島々が狙い目―中国皆既日食観測情報・青木　満 ……………………………………122
・中国～トカラ列島皆既日食を撮影しよう!!・浅田英夫 ………………………………………………129

■第5部

望遠鏡・双眼鏡総合カタログ

双眼鏡 ……………………………………………………………………………………………………138
スポッティングスコープ ………………………………………………………………………………164
屈折望遠鏡 ………………………………………………………………………………………………169
ニュートン反射望遠鏡 …………………………………………………………………………………185
カセグレン＆カタディオプトリック …………………………………………………………………191
据付型望遠鏡 ……………………………………………………………………………………………201
星野撮影専用架台 ………………………………………………………………………………………211
総合カタログ掲載機種一覧 ……………………………………………………………………………212

表紙イラスト：くどうさとし
「さそり座と望遠鏡」

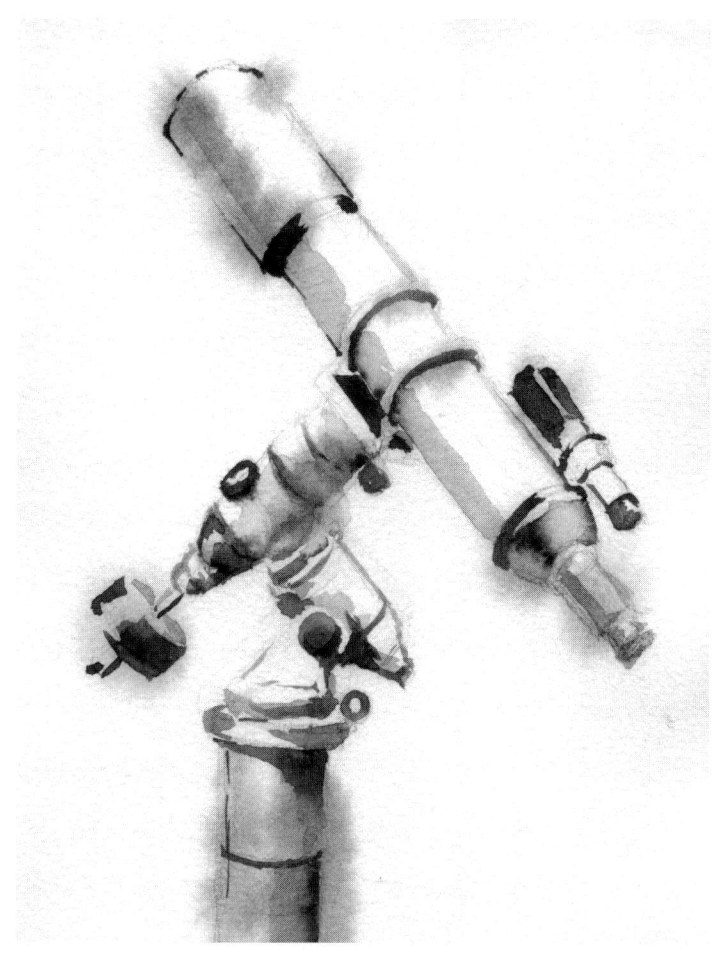

マイナーチェンジされた後継機かニューラインナップが中心

この2年間に登場した
主な新製品の動向

この2年間の新製品の動向

解説/谷川正夫

■ニューモデルの少ない2年間

　天体望遠鏡，双眼鏡，スポッティングスコープのいずれにおいても，この2年間に，全くの最新機種と呼べるような新製品の登場が少なかった．新設計された製品よりも，マイナーチェンジされた後継機あるいはラインナップの追加といった機種が多く，ニューモデルやフルモデルチェンジされた機種に乏しいというのが，ここ最近の傾向となっている．

　例えば，屈折鏡筒ではトミーテックのBORG77EDⅡ金属鏡筒が改良されてBORG77EDの後継モデルとして登場したり，セレストロンのネクスターシリーズが光学系は従来通りで，鏡筒カラーと鏡筒と架台の着脱方法の変更を行ったり，赤道儀ではビクセンのGP2，GPD2赤道儀のように本体はそのままで天体自動導入コントローラーが装備されたりなど，他にも多くの機種でこのような改良型継続モデルが発表された．

　この2年の間にマイナーチェンジ機種が登場したにもかかわらず，その後生産中止となった機種もある．タカハシのJP-Z赤道儀だ．1977年にTS160J型赤道儀として発売以来，極軸望遠鏡を内蔵したJP型，天体導入支援を可能にしたNJP型，そして高速駆動化し自動導入に対応したTemma仕様へと改良を重ね，2007年にはJP-Zとしてマイナーチェンジされ30年販売が続いた．モーターやギヤ，駆動回路が赤緯体にスマートに収められる現在の赤道儀に対してオールド感は否めないが，本体は30年間同じデザインを貫いてきた．この赤道儀がヘビーユーザーに惜しまれつつ，その生産を終了する．

■中国製の台頭

　5年ほど前から屈折鏡筒としては大口径の15センチアクロマート鏡筒に代表されるたいへん安価な中国製の望遠鏡が多数発売されるようになった．例えば製品細部の仕上げなどに難があったとしても，日本製では考えられないほどの低価格のため，そのコストパフォーマンスが魅力であった．そして昨今，双眼鏡の製造ではしばらく前からそうであったように，天体望遠鏡でも日本メーカーの中国でのOEM製造が普通になってきている．

　ケンコーのスカイエクスプローラーシリーズは中国製で，特にスカイエクスプローラーⅡ赤道儀は類似スペックの日本製より廉価で人気がある．中国製品に貼られた良くないレッテルやコピー製品然としたイメージを払拭させるほどの製品改善がなされてきており，中国製品侮りがたしといったところだ．

　日本は光学製品製造の歴史が長く，日本製の望遠鏡は今や世界で認められた高級機として評価が高い．しかし，天体望遠鏡の純国産メーカーはタカハシとトミーテックくらいになってしまった．あとビクセンの一部製品を除く機種だ．海外製に比べ高価であることが販売の伸びを妨げている一因と思われるが，高性能望遠鏡の底力を見せつけてほしいところだ．そんな折，スターライト・コーポレーションから激安の純日本製入門機が，品質の良さをアピールしつつ登場した．国産望遠鏡復権ののろしか！心強いばかりだ．

■ドブソニアンの人気

　大口径が入手しやすい価格で，手軽に観望が楽しめるドブソニアン式望遠鏡の人気が絶えない．数年前からドブソニアンのラインナップは充実しているが，さらに大口径機種が各社から発売されている．特にテレビュー・ジャパンとミードからは口径40センチがシリーズに追加された．

　パソコン，冷却CCD，デジタルカメラ，オートガイダー，天体自動導入，遠隔操作などデジタル機材を大いに活用して天体写真をハードに極めようとする天体写真派に対して，より条件の良い空に大口径を持ち込み，遥かかなたから到来する生の光をこの目で捉えるために心魂を傾ける，ハードな観望派も増えている．

★この2年間の主な新製品

■屈折望遠鏡

○ウイリアムオプティクス
Zenithstar66SD

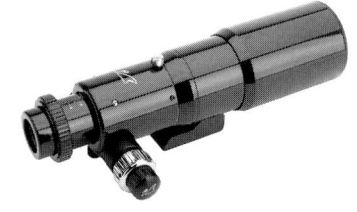

　対物レンズにSDガラスを含む，口径66mmの2枚玉アポクロマート屈折鏡筒．鏡筒はアルミ合金CNC切削加工で美しく仕上げられている．10段にもわたるバッフルと丁寧な内部つや消しがコントラストを高めている．伸縮式フードを採用．1:10マイクロフォーカサー付きクレイフォード式接眼部を標準装備．ハードケース付き．口径66mm，焦点距離388mm（F5.9）．

○ウイリアムオプティクス
Megrez90SD

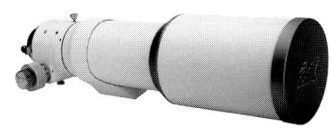

　口径90mmの2枚玉アポクロマート屈折鏡筒．鏡筒はアルミ合金CNC切削加工で美しく丁寧に仕上げられており，高級感がある．伸縮式フードでコンパクトになり持ち運びに便利．マイクロフォーカサー付きクレイフォード式接眼部を採用．ハードケースが付属している．口径90mm，焦点距離621mm（F6.9）．

○笠井トレーディング
BLANCA-80AP

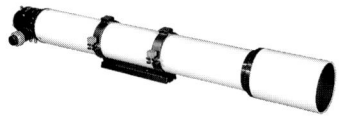

　低分散LD（Low-Dispersion）ガラスを含む2枚玉8cmF11.3屈折鏡筒．F値を大きくすることにより色収差量と球面収差が通常の2枚玉EDアポクロマート並に抑えられ，鏡筒内部のバッフル群はコントラストの向上に寄与している．接眼部には高精度な2インチ大型クレイフォード式が採用され，ドローチューブ上面には便利なスケールも標準装備されている．口径80mm，焦点距離900mm（F11.3）．

○笠井トレーディング
CAPRIシリーズ
CAPRI-80ED，CAPRI-102ED

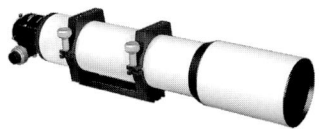

　対物レンズにEDガラスを含む2枚玉アポクロマート屈折鏡筒シリーズ．口径8cmと口径10.2cmの2機種がラインナップされている．いずれもF7．接眼部にはCNC切削加工による高精度な2インチ大型クレイフォード式が採用され，減速比1:10のマイクロフォーカス機構が標準装備されている．収納に便利なスライド式対物フード，アルミフレームキャリングケースが付属する．80EDは口径80mm，焦点距離560mm（F7）．102EDは口径102mm，焦点距離714mm（F7）．

○ケンコー
スカイエクスプローラー屈折鏡筒シリーズ
スカイエクスプローラー SE66ED
スカイエクスプローラー SE80EDⅡ

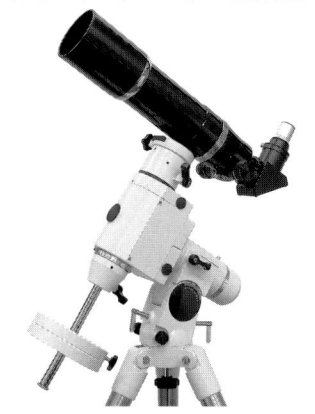

　EDレンズを採用した，コンパクトなアポクロマート屈折鏡筒．色収差を極めて少なく抑えている．鏡筒の色は光沢のある黒．フードは伸縮式．クレイフォード式の接眼部を採用し，31.7mm径のアイピースに対応しているが，SE80EDⅡは50.8mm径にも対応している．鏡筒の着脱に便利なアリ型台座を装備している．SE66EDは口径66mm，焦点距離400mm（F6）．SE80EDⅡは口径80mm，焦点距離500mm（F6.3）．

○タカハシ
FS-60CB

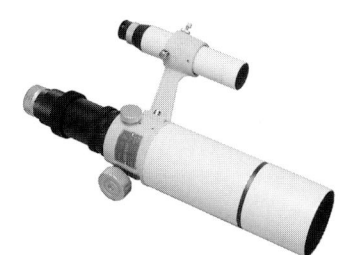

　FS-60Cがマイナーチェンジされて登場．レデューサー，フラットナー，直接焦点全てのシステムでのピント位置等を再考し，鏡筒長，絞り，アダプターを設計し直している．FS-60C専用レデューサーC0.72×を使用すると，焦点距離255mmF4.2の望遠レンズとなり，イメージサークルφ40mmの全面で，ほぼ20ミクロン以内の星像になる．口径60mm，焦点距離374mm（F6.2）．

○タカハシ
FSQ-106ED

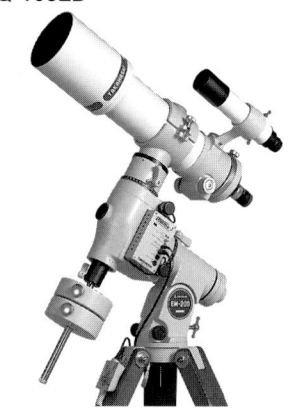

　スーパーEDガラスを2枚使用した，4群4枚構成の完全分離型ペッツバール光学系．眼視，写真ともに高性能で人気の高かった，フローライトレンズを2枚使用した旧モデルFSQ-106のフルモデルチェンジ機．諸収差をさらに補正し，周辺光量も増加させるなど性能の向上が図られている．接眼部は減速微動装置を装備したり，ベアリングを組み込んだりと新設計になっている．口径106mm，焦点距離530mm（F5）．

○タカハシ
FSQ-85ED

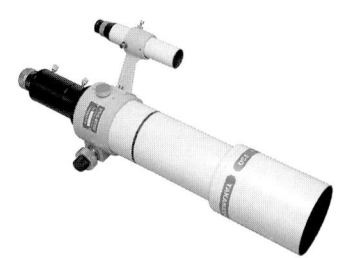

　FSQ-106EDの弟分が口径85mmで登場．光学系はスーパーEDガラスを2枚使用した4群4枚構成の改良型

ペッツバールでFSQ-106EDと同じ．イメージサークルはφ44mmで最周辺光量は70％以上ある．写真撮影，眼視ともに高性能でコンパクトなフォトビジュアル望遠鏡．口径85mm，焦点距離450mm（F5.3）．

○ビクセン
A105M鏡筒

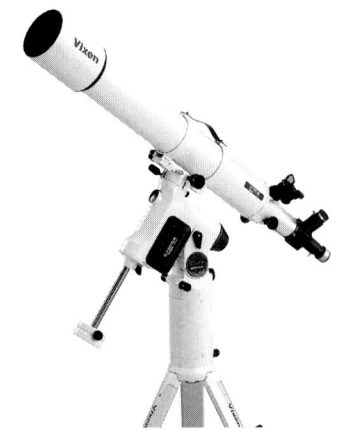

アクロマートレンズ採用の屈折式鏡筒．A102M鏡筒の後継機．旧モデルから口径が3mm大きくなり105mmとなった．アクロマートではあるが，無理のない焦点距離で，収差も抑えられコントラストも良い．10センチを超える口径は惑星や星雲星団の観望にも威力を発揮する．口径105mm，焦点距離1000mm（F9.5）．SX赤道儀やGP2赤道儀とのセットもある．

○テレビュー・ジャパン
TeleVue-60is

TeleVue-60鏡筒の光学系に，冷却CCDカメラ，デジタル一眼レフカメラによる撮影に最適化した接眼部を組み合わせている．ラックアンドピニオン式の新設計2インチ接眼部

には，減速比6：1の精密な減速装置「フォーカスメイト」と，合焦位置を0.001mmまで測定できるデジタルマイクロメーターを標準装備している．また，フィールドフラットナーと6点式鏡筒バンドも付属．口径60mm，焦点距離360mm（F6）．

○トミーテック
BORG77EDⅡ金属鏡筒

エコガラスを採用したBORG77EDの後継機種．77EDより焦点距離が10mm長くなり，眼視性能が向上している．眼視性能と写真性能のバランスを考慮しながら，デジタルカメラとの相性を意識して設計されている．特にデジタル対応のEDレデューサーF4DGとの併用では，青ニジミの大幅減少と周辺コマ収差の改善が図られている．口径77mm，焦点距離510mm（F6.6）．

○トミーテック
BORG125SD

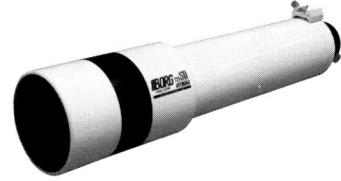

BORG125EDの後継となる2群2枚SDアポクロマート屈折鏡筒．対物レンズセルは旧モデルに比べ，長さも厚みも40％アップ．EDレデューサーF4DGと組み合わせると焦点距離488mm，F3.9の明るい写真用光学系となる．対物レンズ，鏡筒，接眼部は簡単に分割でき，重量もわずか3.5kgと口径125mm鏡筒としては非常に軽い．接眼部は別売で，ヘリコイド方式とクレイフォード方式の選択ができる．口径125mm，焦点距離750mm（F6）．

○トミーテック
ペンシルボーグ25

小型屈折望遠鏡ミニボーグシリーズよりさらに小さなペンシルボーグ．口径25mmのアクロマート屈折鏡筒．超小型のポケットタイプながら，手を抜かない設計と対物レンズの高精度研磨によって本格的な望遠鏡の機能を備えている．50倍以上の高倍率に耐え，月面のクレーター，土星の環，木星の縞模様を見ることができる．また，一眼レフを装着して望遠レンズとしても使用可能．口径25mm，焦点距離175mm（F7）．

■反射系望遠鏡

○笠井トレーディング
RUMAK-150

口径15cmF12のマクストフカセグレン．別研磨された副鏡を補正板裏面中央に貼付固定するルマック型．周辺まで優れた像面平坦性を示す．主・副鏡面には反射率96％の増反射処理，補正板には両面にブロードバンドマルチコートが施されている．この口径のルマック型としては低価格を実現している．全長53cm，重量6.5kgと軽量コンパクト．口径150mm，焦点距離1800mm（F12）．

○笠井トレーディング
ARTER-N140DX

口径140mmF6のマクストフニュートン鏡筒．ロシアのINTES-

MICRO社との共同開発製品．副鏡は直径比中央遮蔽率21.4%と小さい．また，筒内バッフル群がコントラストを向上させている．スムーズな動きとロングストロークをもつKasai DX マイクロフォーカス接眼部や筒内気流を効果的にキャンセルする全系貫通換気ファンを標準装備．口径140mm，焦点距離840mm（F6）．

○ケンコー
スカイエクスプローラー SE250N

　口径254mmのニュートン式反射望遠鏡．ケンコーが販売する望遠鏡の中で最大口径となるが，低価格を実現している．斜鏡スパイダーは0.5mm厚の薄い羽根型タイプ．鏡筒バンドとアリ型プレートが付属している．アイピースは31.7mm径と50.8mm径に対応する．口径254mm，焦点距離1200mm（F4.7）．

○セレストロン
NexStar SEシリーズ
NexStar 4SE，NexStar 5SE，
NexStar 6SE，NexStar 8SE

　ネクスターシリーズが新しくネクスターSEシリーズとして登場した．マクストフカセグレン光学系を採用した口径10.2cmの4SE．この機種だけがF13．シュミットカセグレン光学系を採用した口径12.5cmの5SE，口径15cmの6SE，口径20.3cmの8SE．いずれもF10の4機種がラインナップ．従来のネクスターシリーズからは鏡筒の色がオレンジになったことと，アリガタ・アリミゾ方式によって鏡筒が架台から簡単に取り外しできるようになったことが大きな変更点．自動導入システムもスカイアライメントモードの搭載でさらに洗練されている．

■ドブソニアン

○ケンコー
スカイエクスプローラー SE300D

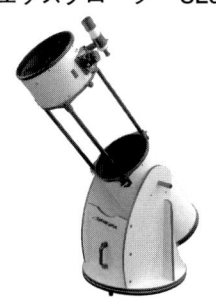

　鏡筒が伸縮式になっている口径30cmドブソニアン望遠鏡．鏡筒は耳軸から主鏡セルまでの鏡筒下部と接眼部と斜鏡の取り付けられた鏡筒上部に分割され，3本のスライド式支柱によって鏡筒を伸縮させることができる．ドブソニアンは大口径が軽量，コンパクトで気軽に観望できる．とはいっても，30センチクラスともなると収納や車載にスペースが必要で悩みの種となってしまうが，本機ではそれが解消される．口径305mm，焦点距離1500mm（F4.9）．

○国際光器
WHITEY DOB 30cm/F5

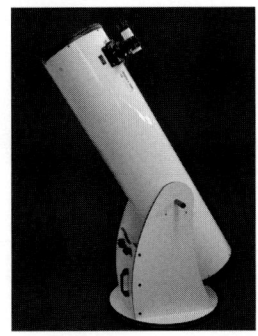

　すでに，口径15cm/F8，20cm/F6，25cm/F4.8の3機種がラインナップされているWHITEY DOBシリーズに口径30cmの新機種が追加された．低価格とコストパフォーマンスの高さで人気が高いが，国内では30センチクラスのドブソニアン中，最も安価．接眼部は2インチクレイフォード式を採用していて，スムーズなピント合わせができる．口径300mm，焦点距離1500mm（F5）．

○テレビュー・ジャパン
オライオンドブソニアン 400mm F4

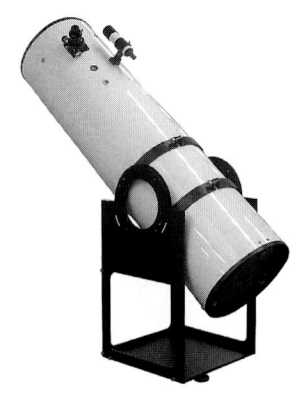

　口径20cm，25cm，30cm，35cmとラインナップされているオライオンドブソニアンシリーズに口径40cmの新機種が追加された．ジュラルミン素材により軽量化された鏡筒の重量は40センチクラスとしては驚異的な25kg．架台部は硬質アルミ合金プレート切り出しによるもので，強度を維持したまま軽量化にも成功している．架台部重量は24kg．口径400mm，焦点距離1600mm（F4）．

○ミード
LIGHT BRIDGE 16DX

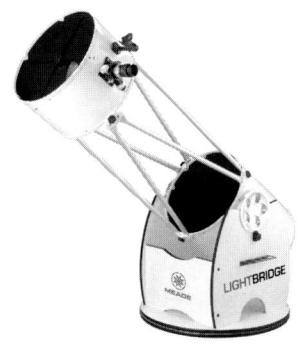

　すでに口径254mm（10インチ）/F5，305mm（12インチ）/F5の2

機種がラインナップされているLIGHT BRIDGEシリーズに，口径406mm（16インチ）の新機種が追加された．鏡筒はアルミパイプ6本で鏡筒上部と下部を接続するトラス式．総重量は57.6kgあるが，架台部が24.3kg，主鏡部が26.1kgとなんとか運搬と組み立てができそうな重さになっている．口径406mm，焦点距離1829mm（F4.5）．

■赤道儀

○ケンコー
スカイエクスプローラーⅡ赤道儀

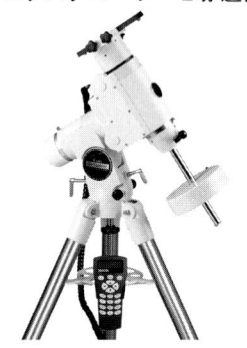

ステッピングモーターとマイクロステップ回路により，高精度追尾と最高対恒星時800倍速の高速自動導入を実現しているスカイエクスプローラー赤道儀がマイナーチェンジされ，スカイエクスプローラーⅡとなった．基本的な仕様に変わりはないが，塗装が白色に変更されたほかは，コンピューターシステムが「SkyScan」から「SynScan」となり，インターネットを介してファームウェアのアップデートが可能になった．

○ビクセン
ニューアトラクス赤道儀

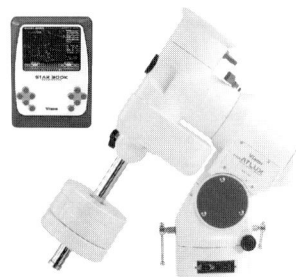

最大搭載重量約22kgが可能で，高精度追尾と最高対恒星時500倍速の高速自動導入を実現しているニューアトラクス赤道儀がモデルチェンジされた．旧モデルでは自動導入コントローラーとしてスカイセンサー2000PCが付属していたが，新モデルからカラー液晶画面装備のスターブックに変更されている．また，電源やコントローラーのコネクター類が三脚との接合部分付近の架頭下に配置された．側面の凸凹をなくしフラット化されたため，安心して横に寝かせることが可能になった．

○ビクセン
SXD赤道儀

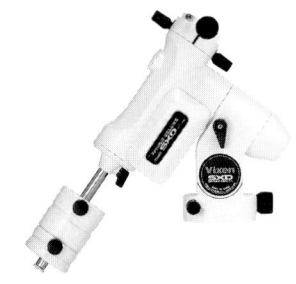

SX（スフィンクス）赤道儀の上位機種．赤経赤緯軸はSX赤道儀がアルミ軽合金であったのに対し高精度切削加工スチール材へ変更し，ベアリングも内蔵された．これによって搭載重量はSX赤道儀の12kgから15kgへアップした．さらに，ウォームネジ部にもベアリングを使用し，アルミ製から真鍮製へ変更されたウォームホイールとともに，全周ラッピングによりスムーズな動きを実現している．

○ビクセン
GP2，GPD2赤道儀 STAR BOOK-TypeSセット

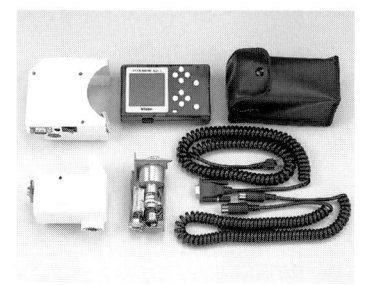

GP2赤道儀，GPD2赤道儀本体の仕様は従来通りだが，小型天体自動導入経緯台スカイポッドのコントローラー，STAR BOOK-TypeSが標準装備，あるいはオプションでの装着ができるようになった．天体自動導入コントローラー，スカイセンサー2000PCの生産打ち切りにより，GP2，GPD2では一時できなかった自動導入が可能になった．

■ポータブル赤道儀

○トースト・テクノロジー
モバイル赤道儀TOAST

斬新なデザインのポータブル赤道儀．中型赤道儀に匹敵する大型ウォームホイールを採用し，高精度な追尾性能と優れた携帯性を実現している．単3アルカリ乾電池4本を本体内にセットでき，常温（+20℃）で12時間以上使用できる．外部電源にも対応している．星景撮影モード（1/2倍速）や南・北半球駆動切り替えモードを搭載．幅160mm×奥行き205mm×高さ48mm，重量3kg．

■経緯台

○ケンコー
NEW KDS 76-700

ビギナー向けの全周微動装置が装備された小型経緯台のNEW KDSシリーズに口径76mmの小型ニュートン式反射鏡筒が搭載されている．も

ともと口径63mmアクロマート屈折鏡筒が搭載されたラインナップに反射鏡筒が追加されたことになる．鏡筒の横から覗くニュートンタイプであるが，球面主鏡を採用している．口径76mm，焦点距離700mm（F9.2）．

○スターライト・コーポレーション
スコープテック・ラプトル50

口径50mmのアクロマート屈折鏡筒をフリクションによりフリーストップする簡易型経緯台に載せたビギナー向け望遠鏡．安価な既存の入門機と違い，純日本製で品質が安定している．対物レンズは高品質な久保田光学製．三脚は開き止め付きの金属パイプ．重量は子供が持ち運ぶにも苦にならない1.5kg．徹底したコストダウンによる激安価格で低価格海外製入門機に対抗している．口径50mm，焦点距離600mm（F12）．

○ビクセン
ポルタⅡ経緯台シリーズ
ポルタⅡ経緯台（三脚付），ポルタⅡA80Mf，ポルタⅡA80M，ポルタⅡED80Sf，ポルタⅡR130Sf

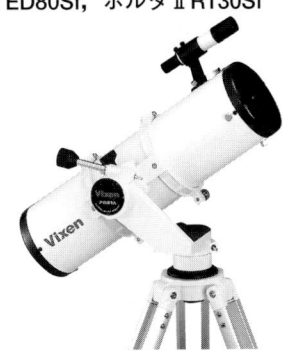

フリーストップ式で全周微動を備えたエントリーモデルとしてもマニアのサブ機としても人気の高いポルタ経緯台シリーズが，マイナーチェンジされポルタⅡとなった．変更内容は，新型ポルタⅡアダプターが付属し，三脚と経緯台の分離脱着がワンタッチでできるようになった．また，デスクトップ脚（別売）も装着できるようになり，卓上天体望遠鏡として気軽に観望できるようになった．

○ビクセン
ミニポルタ経緯台シリーズ
ミニポルタA70Lf，ミニポルタVMC95L

ポルタ経緯台をさらにコンパクトに軽量化した新シリーズ．ポルタ経緯台同様，手を離しても鏡筒の位置が変わらないフリーストップ式．上下方位全周微動を装備．アリミゾ式で鏡筒の乗せ換えができる．口径70mm，焦点距離900mm(F12.9)のアクロマート屈折鏡筒と，口径95mm，焦点距離1050mm(F11.1)のカタディオプトリック式鏡筒の2機種がラインナップ．

■天体ナビゲーター

○セレストロン
SkyScout

手持ちで向けた天体の情報を液晶ディスプレイに表示したり，音声で解説する．等倍の星空案内デバイス．表示，音声ともに英語．GPSやセンサーが内蔵され，向けられた天体を識別する．逆に見たい天体をメニューから選択し，指示に従って動かすと目的天体を見つけることもできる．月・惑星と6000個以上の星，星座などをデータベースとして持っている．

■アイピース

○セレストロン
X-Celシリーズ

2.3mmから25mmまで8種をラインナップ．全種EDレンズを使用．見掛視界は55度．アイレリーフ20mmのハイアイポイント設計となっている．

○セレストロン
AxiomLXシリーズ

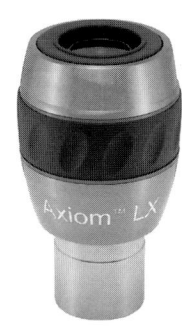

7mmから31mmまで6種をラインナップ．見掛視界は82度の広視界．ボディは高級感溢れるアルミ削り出し．全種同焦点アイピースとなっている．

○テレビュー・ジャパン
Ethos 13mm

　Ethosはイーソスと読む．見掛視界は100度の超広視界．非点収差，像面湾曲，倍率の色収差，角倍率の歪曲等を巧みに補正している．高い倍率で広い視野を見ることができるため，星雲・星団などディープスカイ観望に最適．アイレリーフは15mm．全長は144mmで重量は590gある．

○ビクセン
NLVシリーズ

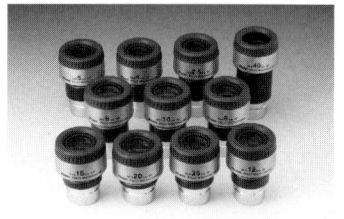

　旧LVシリーズが新しくなった．2.5mmから50mmまで13種をラインナップ．ツイストアップ式見口が採用され，簡単に見口の高さが変えられるようになった．アイレリーフは20mmのハイアイポイント設計（NLVW30mmは22.4mm，NLV40mmは32mm，NLV50mmは38mm）になっている．

■双眼鏡

○笠井トレーディング
Wide Bino 28

　口径40mm，2.3倍．実視界28°で星座の全域を視野に捉えることができるほどの広視界をもつことで人気を博したオペラグラス，Wide Binoの復刻版．2群2枚のメニスカス系対物レンズと，1群2枚の円筒形接眼レンズを用いている．復刻バージョンではレンズの全面にマルチコートを施し，内面処理を徹底することにより，旧製品より格段にコントラストが向上している．

○笠井トレーディング
SUPER-BINO 100CL

　口径10cm F5.3のセミアポクロマート対物レンズを採用した45°対空双眼望遠鏡．色収差，球面収差が少ないため，80～100倍程度の高倍率でもシャープなイメージを示す．31.7mm径アメリカンサイズアイピースを交換使用できる．23mm/50°と13mm/60°の2セット計4本のアイピースとアルミフレームキャリングケースが付属する．

○ケンコー
8×42DH，10×42DH，8×30DH

　ケンコーの最高級ダハプリズム双眼鏡が3機種登場した．ボディは耐久性の高いアルミダイキャスト製で耐衝撃性に優れたラバー外装となっている．本体内部に不活性窒素ガスを封入した完全防水設計．口径42mmの2機種はダハプリズムにフェーズコートと高反射銀蒸着コートが施されている．ハイアイポイント設計でツイストアップ見口も使いやすい．

○コーワ
GENESIS 44 PROMINAR シリーズ
GENESIS 44 PROMINAR 8.5×44，
GENESIS 44 PROMINAR 10.5×44

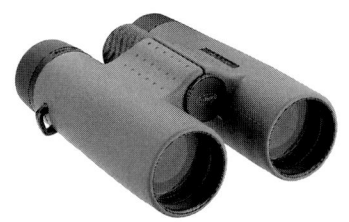

　口径44mmで8.5倍と10.5倍の2機種がダハ双眼鏡GENESIS 44シリーズとしてラインナップされた．高級仕様に与えられるPROMINARの名が冠されているとおり，XDレンズ（Extra low Dispersion lens）を対物レンズに計4枚（2枚×2）採用し，残存色収差を極限まで抑えている．本体にはマグネシウム合金を採用し，窒素ガス充填による防水構造になっている．

○ニコン
モナークシリーズ
8×36D CF，10×36D CF，8.5×56D CF，10×56D CF，12×56D CF

　安価ながら高性能で人気のあるダハ双眼鏡のモナークシリーズは，従来からの口径42mmの2機種に加え，口径36mmで8倍と10倍，口径56mmで8.5倍，10倍，12倍の合計5機種が新たに追加された．すべてのレンズ，プリズムに多層膜コーティングが施されている．いずれもハイアイポイント設計でメガネを掛けたままでも覗きやすい．

○ビクセン
フォレスタZRシリーズ
フォレスタZR8×32WP，フォレスタZR8×42WP，フォレスタZR10×42WP，フォレスタZR7×50WP

　口径32mmから50mmまでのポロプリズム双眼鏡4機種が新シリーズとして登場した．新設計光学系により，極めて明るく鮮明な視界を実現．窒素ガス充填による防水仕様ながら，重量軽減に成功．同社のアスコットシリーズ同等機種との比較において，約10％軽量化されている．全機種アイリーフ20mm以上のハイアイポイント設計がなされている．

○ビクセン
アトレックシリーズ
アトレックHR8×25WP，アトレックHR10×25WP，アトレックHR8×32WP，アトレックHR10×32WP，アトレックHR10×50WP

　口径25mmから50mmまでのダハプリズム双眼鏡5機種が新シリーズとして登場した．不活性窒素ガス充填による本格的な完全防水設計．コンパクトなボディには衝撃に強い，丈夫なラバーコートが施されている．ピントの合う至近距離は約1mまたは1.6mからとたいへん短く，近距離からの観察が可能．ハイアイポイント設計もなされている．

■スポッティングスコープ

○コーワ
TSN-770シリーズ
TSN-771傾斜型，TSN-772直視型，TSN-773PROMINAR傾斜型，TSN-774PROMINAR直視型
TSN-880シリーズ
TSN-881傾斜型，TSN-882直視型，TSN-883PROMINAR傾斜型，TSN-884PROMINAR直視型

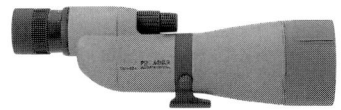

　高級スポッティングスコープに口径77mmのTSN-770シリーズと口径88mmのTSN-880シリーズが登場した．TSN-770シリーズには標準モデルとPROMINARの名を冠したXDレンズ(Extra low Dispersion lens)を採用したモデルがある．それぞれに直視型と傾斜型があり計4機種．TSN-880シリーズにも標準モデルとPROMINARの名を冠したフローライトレンズを採用した最上級モデルがある．こちらも，それぞれに直視型と傾斜型があり計4機種．

○ビクセン
ジオマIIシリーズ
ジオマII 67-S，ジオマII 67-A，ジオマII 82-S，ジオマII 82-A

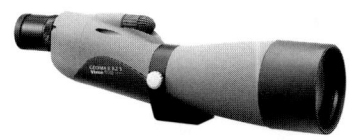

　スタンダード仕様ジオマシリーズの後継機，ジオマIIシリーズが登場．口径67mmと口径82mmそれぞれに直視型と45°傾斜型をラインナップ．Sが直視型でAが45°傾斜型．レンズとプリズムの全面に多層膜コーティングを施し，不活性窒素ガス充填による防水設計となっている．

○ビクセン
ジオマIIEDシリーズ
ジオマIIED 67-S，ジオマIIED 67-A，ジオマIIED 82-S，ジオマIIED 82-A

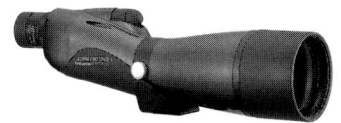

　対物レンズにEDレンズを採用したフラッグシップモデル．口径67mmと口径82mmをラインナップ．EDレンズによる色にじみの少ない，コントラストに優れた視野を実現したビクセンフィールドスコープの最上位機種．天候に左右されない完全防水設計．Sが直視型でAが45°傾斜型．

○ペンタックス
PF-65EDII，PF-65EDAII

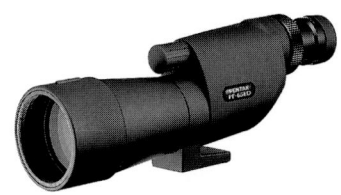

　PF-65ED，PF-65EDAの後継機．口径65mmの対物レンズはEDガラスを含む3群5枚構成．コンパクトサイズで持ち運びが便利．アイピースはスポッティングスコープ用に開発されたXFシリーズだけではなく，天体望遠鏡用のXWシリーズも使用できる．PF-65EDIIは直視型でPF-65EDAIIは45度傾斜型．

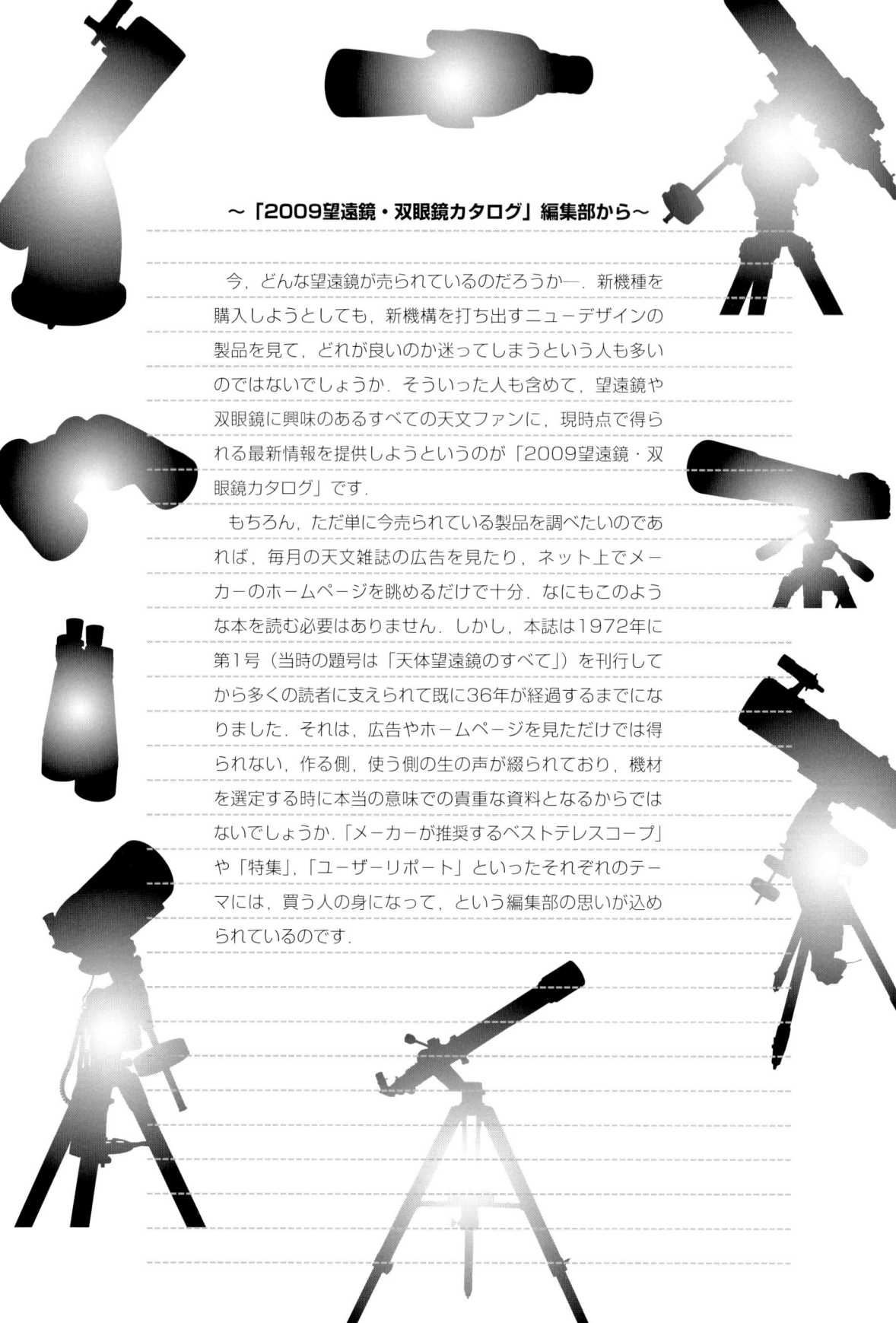

～「2009望遠鏡・双眼鏡カタログ」編集部から～

　今，どんな望遠鏡が売られているのだろうか―．新機種を購入しようとしても，新機構を打ち出すニューデザインの製品を見て，どれが良いのか迷ってしまうという人も多いのではないでしょうか．そういった人も含めて，望遠鏡や双眼鏡に興味のあるすべての天文ファンに，現時点で得られる最新情報を提供しようというのが「2009望遠鏡・双眼鏡カタログ」です．

　もちろん，ただ単に今売られている製品を調べたいのであれば，毎月の天文雑誌の広告を見たり，ネット上でメーカーのホームページを眺めるだけで十分．なにもこのような本を読む必要はありません．しかし，本誌は1972年に第1号（当時の題号は「天体望遠鏡のすべて」）を刊行してから多くの読者に支えられて既に36年が経過するまでになりました．それは，広告やホームページを見ただけでは得られない，作る側，使う側の生の声が綴られており，機材を選定する時に本当の意味での貴重な資料となるからではないでしょうか．「メーカーが推奨するベストテレスコープ」や「特集」，「ユーザーリポート」といったそれぞれのテーマには，買う人の身になって，という編集部の思いが込められているのです．

メーカー・輸入代理店・販売店一覧

◆メーカー一覧

★アストロ光学工業　　　　　TEL 048-772-1711
　〒362-0011　埼玉県上尾市平塚 2552-5

★宇治天体精機　　　　　　　TEL 0774-88-4053
　〒610-0241　京都府綴喜郡宇治田原町南村中西3-2

★エイ・イー・エス・筑波事業所　TEL 029-855-2001
　〒305-0032　茨城県つくば市竹園 1-6-1 つくば三井ビル7F

★エルデ光器　　　　　　　　TEL 076-428-5253
　〒939-8132　富山県富山市月岡町6-1338

★オリンパス・オリンパスプラザ　TEL 03-3292-3403
　〒101-0052　東京都千代田区神田小川町1-3-1
　　　　　　　NBF小川町ビル

★カール ツァイス・スポーツオプティクスディパートメント
　　　　　　　　　　　　　　TEL 03-3355-0236
　〒160-0003　東京都新宿区本塩町 22番地

★キヤノンマーケティングジャパン・お客様相談センター
　　　　　　　　　　　　　　TEL 050-555-90001
　〒108-8011　東京都港区港南2-16-6

★ケンコー　　　　　　　　　TEL 03-5982-1060
　〒161-8570　東京都新宿区西落合 3-9-19

★興和・電機光学事業部　　　TEL 03-3279-7570
　〒103-8433　東京都中央区日本橋本町 3-4-14

★五藤光学研究所　　　　　　TEL 042-362-5311
　〒183-8530　東京都府中市矢崎町 4-16

★昭和機械製作所　　　　　　TEL 048-252-4676
　〒332-0025　埼玉県川口市原町 7-23

★高橋製作所　　　　　　　　TEL 03-3966-9491
　〒174-0061　東京都板橋区大原町 41-7

★中央光学　　　　　　　　　TEL 0586-81-3517
　〒491-0827　愛知県一宮市三ツ井 8-5-1

★TOAST-TECHNOLOGY　　　　TEL 0422-26-8904
　〒180-0004　東京都武蔵野市吉祥寺本町1-35-14 M403

★トミーテック オアシス・ダイレクト　TEL 03-3603-1310
　　〒125-0062　東京都葛飾区青戸4-20-11

★中村特殊光学　　　　　　　TEL 06-6705-0448
　〒546-0042　大阪市東住吉区西今川 3-32-2

★永田光機　　　　　　　　　TEL 08388-6-0401
　〒758-0304　山口県阿武郡むつみ村吉部上 2416

★ニコンビジョン　　　　　　TEL 03-3788-7691
　〒142-0043　東京都品川区二葉 1-3-25

★西村製作所　　　　　　　　TEL 075-691-9589
　〒601-8115　京都市南区上鳥羽尻切町 10

★ビクセン　　　　　　　　　TEL 04-2944-4000
　〒359-0021　埼玉県所沢市東所沢 5-17-3

★日高光学研究所　　　　　　TEL 0298-87-7517
　〒300-0331　茨城県稲敷郡阿見町阿見字阿見原
　　　　　　　　　　　　　　　　　　5207-4

★ビットラン・CCD事業部　　TEL 048-554-7471
　〒361-0056　埼玉県行田市持田 2213

★フジノン　　　　　　　　　TEL 048-668-2149
　〒331-9624　埼玉県さいたま市北区植竹町 1-324

★ペンタックス・お客様相談センター TEL 0570-001313
　〒174-8639　東京都板橋区前野町2-36-9

★ミザール　　　　　　　　　TEL 03-3974-3760
　〒171-0051　東京都豊島区長崎 3-19-14

★三鷹光器　　　　　　　　　TEL 0422-49-1491
　〒181-0014　東京都三鷹市野崎1-18-8

★宮内光学工業　　　　　　　TEL 0494-62-3371
　〒369-1621　埼玉県秩父郡皆野町金崎 177

★ユーハン工業　　　　　　　TEL 0773-22-3785
　〒620-0948　京都府福知山市字天田夕陽が丘 109-14

★ヨシカワ光器研究所　　　　TEL 096-349-2377
　〒869-1101　熊本県菊池郡菊陽町津久礼 3398-2

◆輸入代理店一覧

★アクセス インターナショナル リソーセス
　（クエスター取扱い）　　　TEL 045-201-3300
　〒231-0005 神奈川県横浜市中区本町4-43
　　　　　　　　　　セボン関内第2ビル9F

★笠井トレーディング（INTES, AOK, ほか取扱い）
　　　　　　　　　　　　　　TEL 03-5724-5791
　〒153-0051　東京都目黒区上目黒 5-19-33

★国際光器（SBIG, ほか取扱い）　TEL 075-394-2625
　〒615-8215　京都市西京区上桂大野町7-7

★★スタークラウド（ウイリアムオプティクス取扱い）
　　　　　　　　　　　　　　TEL 042-519-4756
　〒190-0182　東京都西多摩郡日の出町平井1109-17

2007年版望遠鏡・双眼鏡カタログ　15

メーカー・輸入代理店・販売店一覧

★すばる光電子（アストロフィジクス取扱い）TEL 042-773-0012
　〒229-1131　神奈川県相模原市西橋本1-27-12
　　　　　　　　　　　　　　　日本医薬会館ビル3F
★タスコ・ジャパン（セレストロン取扱い）　TEL 03-3367-7131
　〒169-0073　東京都新宿区百人町 1-9-20
★ジズコ（テレビュー, コロナド, オライオンほか取扱い）
　　　　　　　　　　　　　　　　　　　　TEL 03-5789-2631
　〒150-0013　東京都渋谷区恵比寿 4-4-2
　　　　　　　　　　　　　　　クレスト恵比寿 1101
★日本シイベルヘグナー（ライカ取扱い）　TEL 03-5441-4517
　〒108-8360 東京都港区三田 3-4-19
　　　　　　　　　　　　　　シイベルヘグナー三田ビル
★ビクトリノックス・ジャパン（シュタイナー取扱い）
　　　　　　　　　　　　　　　　　　　　TEL 03-3796-0951
　〒106-0031　東京都港区西麻布 3-8-15
★ミックインターナショナル
　（ミード, スワロフスキー取扱い）TEL 045-858-1317
　〒245-0065　神奈川県横浜市戸塚区東俣野町 28-2

◆販売店一覧
★桐光商会　　　　　　　　　　　TEL 011-823-6604
　〒062-0933　札幌市豊平区平岸3条6丁目
★光映舎　　　　　　　　　　　　TEL 049-231-5319
　〒350-1175　埼玉県川越市笠幡 3640-155
★コンピューターシステムテレスコープ
　　　　　　　　　　　　　　　　TEL 048-553-3420
　〒361-0023　埼玉県行田市長野 1-34-1
★三ツ星　　　　　　　　　　　　TEL 043-250-7619
　〒262-0046　千葉県千葉市花見川区花見川4-4-505
★協栄産業　東京店　　　　　　　TEL 03-3526-3366
　〒101-0041　東京都千代田区神田須田町 1-5
　　　　　　　　　　　　　　　村山ビル1F
★コプティック星座館　　　　　　TEL 03-3207-4101
　〒160-0022　東京都新宿区新宿 6-24-22
★スターベース・東京　　　　　　TEL 03-3255-5535
　〒110-0006　東京都台東区秋葉原 5-8
　　　　　　　　　　　　　　　秋葉原富士ビル1F

★趣味人（シュミット）　　　　　TEL 03-5879-6398
　〒110-0005　東京都台東区上野3-6-10
　　　　　　　　　　　　　　　ユニオンビル1F
★誠報社　　　　　　　　　　　　TEL 03-3234-1033
　〒101-0061　東京都千代田区三崎町 2-9-2
　　　　　　　　　　　　　　　鶴屋総合ビル5F
★CAT（中古専門店）　　　　　　 TEL 048-752-0377
　〒344-0006　埼玉県春日部市8-35
★ニュートン　ヤエス光学館　　　TEL 03-3275-1255
　〒104-0028　東京都中央区八重洲2-7-4
★松島眼鏡店　　　　　　　　　　TEL 03-3535-3451
　〒104-0061　東京都中央区銀座3-5-6
★アストロショップ　スカイバード TEL 042-327-3805
　〒185-0023　東京都国分寺市西元町 3-8-5
★スコープタウン（スターライト・コーポレーション）
　　　　　　　　　　　　　　　　TEL 042-795-7687
　〒194-0011　東京都町田市成瀬が丘2-1-1 きめたビル4F-C
★スペースゲイト（通信販売）　　TEL 042-599-8420
　〒191-0034　東京都日野市落川 140-87
★コスモス　　　　　　　　　　　TEL 0266-58-7432
　〒392-0024　長野県諏訪市小和田 25-4
★スターベース・名古屋　　　　　TEL 052-735-7522
　〒464-0850　名古屋市千種区今池 3-24-12
★テレスコープセンター・アイベル TEL 059-228-4119
　〒514-0801　三重県津市津興船頭町 3412
　　　　　　　　　　　　　　　マスダビル2F
★協栄産業　大阪店　　　　　　　TEL 06-6375-9701
　〒530-0012　大阪市北区芝田 2-9-18
　　　　　　　　　　　　　　　アークスビル1F
★テレスコハウス大阪　　　　　　TEL 06-6762-1538
　〒542-0066　大阪市中央区瓦屋町 2-16-12
★メガネのマツモト　　　　　　　TEL 0857-22-2860
　〒680-0023　鳥取県鳥取市片原 1-102
★オプティック・アイポイント　　TEL 092-843-9446
　〒814-0032　福岡市早良区小田部 1-12-17
★天文ハウスTOMITA　　　　　　 TEL 095-844-0768
　〒852-8107　長崎市浜口町 7-10
★フルカワ光学販売　　　　　　　TEL 0968-86-4637
　〒865-0135　熊本県玉名郡菊水町瀬川 985

Makers' Best Choice

メーカーが推奨する ベストテレスコープ

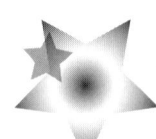

スタークラウド
ウイリアムオプティクス天体望遠鏡
SD・EDアポクロマート屈折望遠鏡

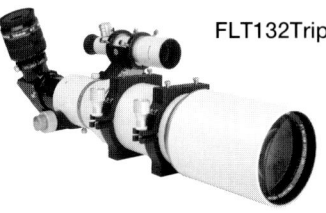

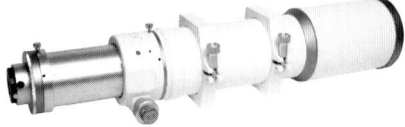

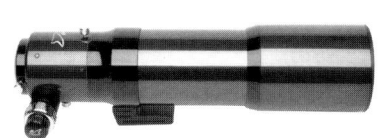

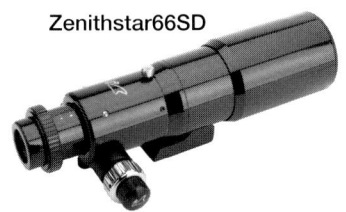

　ウイリアムオプティクスの望遠鏡は，高性能・コンパクト・美しい外観と三拍子揃っています．しかも価格はリーズナブルな設定です．

　対物レンズは全商品3枚玉または2枚玉のアポクロマートを使用し，レンズ設計の第一人者トマス・バック氏（米国）や世界の有名な設計者によって設計されています．高性能なレンズを生かすために，接眼部は全商品減速機構付きクレイフォードフォーカサーを採用．高倍率でもジャストなピントを再現します．

　全商品伸縮式のフードを採用しているので，とてもコンパクトになり携帯や移動にとても便利です．専用ハードケースが全商品に付属しています．CNC切削研磨加工による高級感ある丁寧な仕上げが，持つ喜びを与えてくれます．美しい鏡筒は部屋のインテリアにもなります．

　その他，ウイリアムオプティクス社では双眼装置・超広角アイピース・高性能天頂ミラーなども販売しています．ウイリアムオプティクスの望遠鏡なら，天体観測からバードウォッチング・写真撮影まで広く使用可能です．まさにウイリアムオプティクス望遠鏡は，世界屈指の「使える望遠鏡」と言えるでしょう．

名称	詳細	価格	付属品
FLT132Triplet APO エフエルティー132	口径132mm, fl 925, F7	525,000円	鏡筒バンド，専用ハードケース
FLT110Triplet APO エフエルティー110	口径110mm, fl 770, F7	298,000円	鏡筒バンド，専用ハードケース
Megrez110ED APO メグレス110	口径110mm, fl655, F5.95	198,000円	鏡筒バンド，専用ハードケース
Megrez90SD メグレス90	口径90mm, fl621, F6.9	155,000円	専用ハードケース
Zenithstar80 II ED ジェニスター80	口径80mm, fl545, F6.8	79,800円	専用ハードケース
Ferrari　ZenithStarAnniversary Ed フェラーリジェニスターアニバーサリー	口径70mm, fl430, F6.2	198,000円	専用バッグ，45°正立プリズム，ズームアイピース
Zenithstar66SD ジェニスター66	/口径66mm, fl388, F5.9	49,800円	専用ハードケース

スタークラウドのホームページ　「http://1hosi.com」

Maker's Choice

エイ・イー・エス
OSTSシリーズ
人工衛星光学観測装置

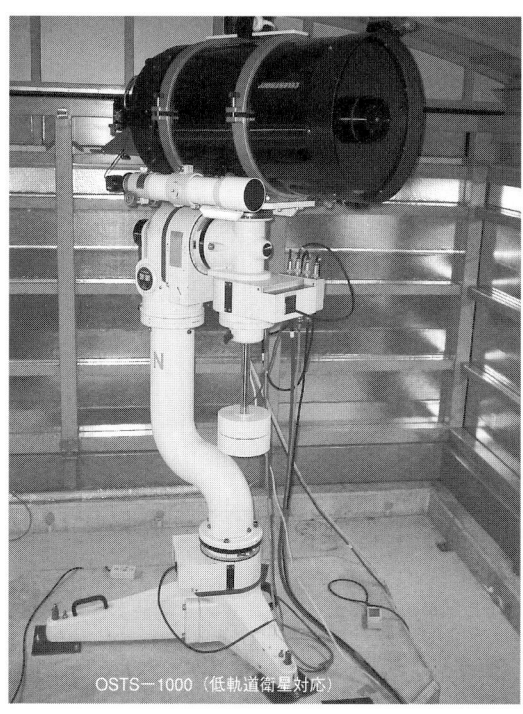

OSTS－1000（低軌道衛星対応）

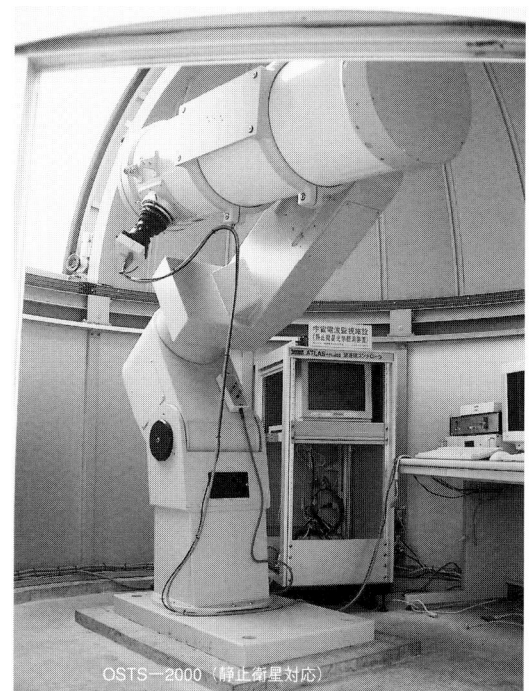

OSTS－2000（静止衛星対応）

　1957年人類史上初の人工衛星スプートニク1号の成功以来,現代までに実にさまざまな人工衛星が打上げられ利用されてきました.それから半世紀がたった今日,人工衛星は実験,研究の領域を出て,重要な社会インフラ基盤として,私達の生活を豊かで便利,そして安全なものにするための下支えとなっています.

　この人工衛星が活躍する衛星軌道に目を向けると,一見,宇宙は無限に思えますが,実は人工衛星が効率的に活躍できる場所は,ごく一部の軌道に限られます.最も知られている静止軌道は,地上高度約36,000kmで,例えば東経110度の赤道上空に目を向けると,そこには衛星放送を行うための人工衛星が集中しています.従って,ニアミスや接触を避けなければならないことは言うまでもありませんが,さらに,利用している電波の干渉などにも注意が必要で,特に新しい人工衛星を軌道上に投入するというような際には,自国が打上げた人工衛星だけでなく,目的の軌道位置に実在している他国の人工衛星も含めて,よく把握しておくことが重要です.この点で,「目で見て」位置を確認することができる「光学観測」は簡便で優れた方法です.

　最近のCCDカメラなどデバイスの急速な発展により,天文写真は,現像の手間がなくなり,リアルタイム性のあるデジタルデータになりました.OSTS－2000は,写真に写った背景の恒星を使ってデジタル処理により自動的に星野同定を行ない,人工衛星の正確な位置を求めることができます.

　私どもエイ・イー・エスでは,創立以来,光学望遠鏡／アストロカメラでのモノクロ写真フィルムによる人工衛星の光学観測に取り組んでおり,そこで培われたノウハウを盛り込んで,「こんな観測装置があったら….」を,これからも実現していきます.

★本機の仕様／価格

OSTS－1000

型　式	シュミットカセグレン
口　径	35cm
口径比	F11
特　徴	三軸経緯儀式高速追尾 （追尾時最速：3度／秒）

OSTS－2000

形　式	ハイパーボライドアストロカメラ （ニュートン焦点）
口　径	35cm
口径比	F3.6
特　徴	撮影時刻管理機能 （GPS受信機を標準装備）

Maker's Choice

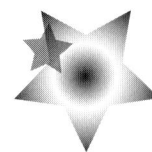

笠井トレーディング
Ninja-400
40cmニュートン式反射経緯台

　Ninjaシリーズは「日本人による，日本人のための高級ドブソニアン」というコンセプトのもとに，バックヤードプロダクツ社と笠井が共同開発した画期的な大口径ニュートン反射経緯台です．鏡筒・架台の主要部分は全て，ヨットやクルーザーなどに使用されるGFRP（グラスファイバー強化樹脂）の一体成形で製作し，架台を含む総重量は一般的な同口径ドブソニアンの1／2〜1／3以下に抑えています．しかも本体各部はスピーディな分割・組立が可能で，一般乗用車に乗せてどこへでも気軽に移動が可能です．

　一般的なドブソニアンとは異なり，Ninjaシリーズは細部に至るまで手抜きの無い徹底した「本格仕様」を採用しています．高倍率惑星観測まで余裕で対応できる高精度な光学系，総削り出し加工によるスムーズで精密なクレイフォード式マイクロフォーカス2インチ大型接眼部，暗視野照明装置取付可能＆アイピース交換可能な5cmファインダー，温度順応に優れたシースルー・フローテーション主鏡セル，回折像への影響を最小限に抑えた0.5mm厚VANE型4本足斜鏡スパイダー，迷光を徹底遮断してコントラストを向上させる鏡筒内バッフル群など，その贅沢な仕様は天文台用大型ニュートンに一歩もひけをとりません．

　Ninja-400は本シリーズの代表作で，鏡筒部にスタッキング（入れ子）構造を大胆に取り入れ，40cmの大口径でありながら一般乗用車の後部座席にすっぽり納まる超コンパクト仕様となっております．分解組立は1分でOK．光軸の再現性も抜群です．各パーツはすべて一人で軽々と持てる重量に抑え，体力を消耗せずに気楽な遠征観測が楽しめます．ロシア・ASTROSIB社製の非常に高精度な光学系を搭載し，直径比22.5％の小さな中央遮蔽と相まって高倍率観測でも秀逸な良像を示します．架台は上下水平とも反動の無い極めてスムーズな動きを示し，高倍率使用時でも実に軽快な手動追尾が可能です．

　Ninjaシリーズの出現により，「重い，かさばる，組立に時間がかかる，大きな車が必要」といった大口径ドブソニアンのイメージはもう全て過去のものになりました．Ninja-400は「最も使いやすく，最も軽く，最もコンパクトで，そして最も性能の良い40cmドブソニアン」として，全てのDEEP-SKY愛好家に笠井が磐石の自信を持ってお薦めできる逸品です．

★本機の仕様／価格

有効径：400mm	
焦点距離：1800mm	
ファインダー：8.7×50mm（アイピース交換可能／暗視野照明装置取付可能）	
鏡筒長：1810mm（4分割＆スタッキング可能）	
総重量：42kg（6kg＋4kg＋5kg＋17kg＋10kg）	
価格：600,000円（税込）	
Ninja-320（32cm／280,000円［税込］）	
Ninja-500（50cm／1,000,000円［税込］）	

※笠井トレーディングの全製品に関する詳細はウェブカタログ（http://www.kasai-trading.jp）をご参照下さい．

Maker's Choice

笠井トレーディング
CAPRI-102ED
EDアポクロマート屈折望遠鏡

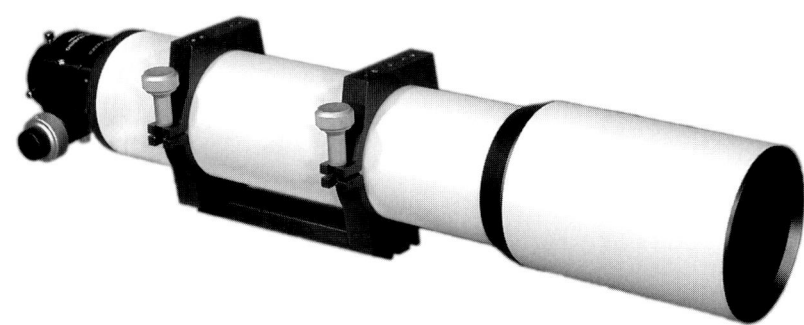

異常低分散（ED)硝材を含む2枚玉EDアポクロマート10.2cmF7対物レンズを搭載した10.2cmF7屈折鏡筒セット．色収差をはじめ各収差に対して非常に高度な補正が施されており，短波長から長波長までカラーシフトの極めて少ない非常にクリアな像質が得られます．球面収差も旧製品より更に高度に補正されており，口径cm×20倍を超える過剰倍率でもシャープネスは一向に衰えません．全面に丁寧なブロードバンドマルチコートが施されており，98％以上の高い総合透過率を誇ります．低倍率での星雲・星団観測から最高倍率での惑星・二重星観測まで，また直焦点星野撮影やデジカメコリメートによる地上撮影においても，色ズレが僅少でコントラスト＆シャープネス共に極めて優れた秀逸な像を示します．

アルミ合金製の鏡筒は全パーツがCNC切削加工で製作され，外面は上品なクリームホワイトのテクスチャードフィニッシュで仕上げられています．鏡筒内部にはナイフエッジ仕上げの遮光バッフル群が配置されており，迷光を効果的に遮断して像面コントラストの向上に大きく寄与しています．鏡筒と同素材・同仕上げの対物フードは収納時に全長を小さくできるスライド式を採用．フードの前後と接眼部接続部には高級感を醸し出す鮮やかな「カプリ・ブルー」のアノダイジングリングがあしらわれています．

肉厚のある堅牢な鏡筒バンドと互換性に富むアリガタ金具も標準付属．鏡筒バンド上部にはM6ネジ穴が5対設けられており，アクセサリー類の同架にフル対応しています．アリガタ金具はビクセン／タカハシ／INTES-MICROなどに採用されている標準規格幅を踏襲．更にタカハシ互換の架台取付穴（M8×2用／35mm幅）も設けられており，国内外の様々な架台への搭載が無加工で可能です．加えてカメラネジ互換の1/4インチ規格ネジ穴も完備していますので，写真三脚に搭載して地上観望やデジスコ撮影への転用にもフルに対応可能です．

接眼部にはCNC切削加工による高精度な2インチ大型クレイフォード式を採用．減速比1:10のマイクロフォーカス機構の標準装備により，非常にスムーズでバックラッシュの無い繊細な合焦タッチが得られ，シャープな短焦点対物レンズのシビアなピント位置を逃しません．ドローチューブ上部には各種計測や写真撮影時に便利なスケールも標準装備．付属の31.7mm変換アダプターには48mmフィルターネジ完備．2インチ＆31.7mmアイピースストッパーには真鍮リング締付式を採用．フォーカスストッパも完備しており，重いアクセサリーやカメラ等を装着した時のスリップ対策も万全です．160mmの長大なバックフォーカスと80mmのストロークにより，2インチミラーや正立プリズムはもちろん，より長いバックフォーカスを必要とするマツモト正立ミラー等の使用にも広く対応します．

10cmクラスのアポ屈折はコンパクトスコープの定番ですが，各部の造作に徹底した「作り込み」を施した高級仕様機は種類が少なく価格も高価でした．本機は高額な高級機に勝るとも劣らない特別仕様を満載しつつ，価格を普及機と同等のレベルに抑えた画期的な製品です．現実的なコストで気軽に使える高性能機として，既存の小口径アポ屈折に物足りなさを感じているマニア諸氏はもちろん，メンテナンスフリーの高性能アポ鏡筒を探しているビギナーやデジスコ愛好家の皆様にもぜひお薦めしたい逸品です．

★本機の仕様／価格

有効径	102mm
焦点距離	714mm
鏡筒長	690mm（対物フード縮引時580mm）
鏡筒重量	3.3kg（鏡筒バンド＋アリガタ金具込み 4.2kg）
付属品	鏡筒バンド，アリガタ金具，アルミフレームキャリングケース
価格	128,000円（税込）
	CAPRI-80ED（8cm／68,000円）

※笠井トレーディングの全製品に関する詳細はウェブカタログ（http://www.kasai-trading.jp）をご参照下さい．

Maker's Choice

笠井トレーディング
ALTER-N140DX
マクストフニュートン式望遠鏡

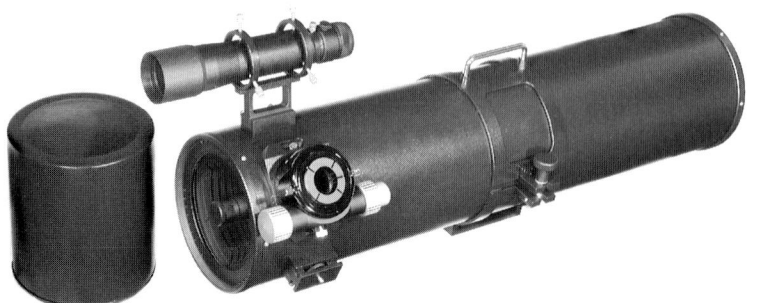

　マクストフニュートンはニュートン式の前にメニスカス補正板を配置した形式で，コマ収差や像面湾曲が同F値のニュートン式と比較して遥かに小さいため，主にアストロカメラとして利用されることが多かったものです．しかしこの設計は比較的短焦点でも極めて高いレベルのシャープネスが維持できる点や，コントラスト低下につながるスパイダー（斜鏡支持金具）が省略できる点，メニスカス補正板の強い曲率による迷光低減効果，そして特に小口径ではカセグレン系と比較して副鏡による中央遮蔽率をうんと小さくでき，そのぶん惑星面のコントラストを向上できる点など，惑星観測用として有利な点が数多くみられます．ALTER-N140DXはこういった理論的考察に基づき，特に惑星観測において突出した性能を発揮することを主眼としてロシア共和国・INTES-MICRO社と笠井トレーディングが共同開発した14cmマクストフニュートンです．

　ALTER-N140DXの光学系は，より精密な研磨が要求されるマクストフカセグレン光学系の製作で培った高度な技術を駆使してINTES-MICRO社が製作したもので，特に惑星観測において要求される結像性の高さと光学面の滑らかさは特筆すべきものがあります．主鏡・斜鏡には反射率96％の増反射コートを施し，散乱光の極めて少ない明瞭な像質を叩き出します．またALTER-N140DXは短径わずか30mm（口径の21.4％）という極めて小さな斜鏡を採用しています．これは同口径の市販ニュートンやカセグレン系より約3割も小さく，また回折像を乱すスパイダーも有りませんので，その像質改善効果は絶大なものがあります．惑星の模様が全体的により濃く，よりはっきりと見えてくるほか，特に木星のフェストーンや土星のエンケミニマムなど，極めてコントラストが低く背景に埋もれがちな部分も明瞭に浮かび上がってきます．その見事な惑星像は最高級の同口径アポ屈折に勝るとも劣らないレベルに達しています．

　ALTER-N140DXの鏡筒構造にも良像を得るための徹底したノウハウが投入されています．鏡筒＆フード内に配置された数多くの遮光環は，迷光を徹底遮断して像面コントラストを大きく向上させています．スムーズなクレイフォード式2インチ接眼部には高級顕微鏡のような微動装置を標準装備させ，惑星観測時の繊細なピント出しに威力を発揮します．補正板セル周辺から鏡筒内壁をかすめて主鏡裏面まで貫通する空気の流れを作り出す全系貫通電動ベンチレーション機構は筒内気流の発生をキャンセルし，気温の変動に左右されずに安定した良像を保ちます．10×50mm超広角ファインダーや国産架台に広い互換性を持つ鏡筒バンド＆プレート，便利なキャリングケースなども全て標準付属しています．

　笠井トレーディングのマクストフニュートンはALTER-N140をはじめ，12.7cmから40cmまで実に12種類の豊富なラインナップを揃えています．ずば抜けたシャープネスを示すマクストフニュートンの見事な惑星像は，旧来の凡庸な望遠鏡に慣れ親しんだ人には新鮮な驚きでしょう．もちろん低倍率でもマクストフ系特有の深みのある良像を示し，周辺収差も少なく，2インチアイピースも使えるので星雲星団観測にも好適です．笠井のマクストフニュートンは，既存望遠鏡の性能や仕様では決して満足できない熟練観測者の皆様に，笠井が磐石の自信を持ってお勧めできる逸品です．

★本機の仕様／価格

有効径	140mm
焦点距離	840mm
ファインダー	10×50mm（8°超広角／暗視野照明装置取付可能）
鏡筒長	850mm（フード込み1055mm）
鏡筒重量	7kg（フード，鏡筒バンド込み8.5kg）
付属品	バッフル入り金属対物フード 鏡筒バンド＆プレート ピギーバックカメラ雲台 キャリングケース
価格	198,000円（税込）

※笠井トレーディングの全製品に関する詳細は
ウェブカタログ（http://www.kasai-trading.jp）をご参照下さい．

笠井トレーディング
WideBino28
ガリレオ式超広角双眼鏡

　WideBino28は実視界28°という驚異的な広視界を示す特異なオペラグラスです．大抵の星座はひとつの視野に収まり，なおかつ肉眼よりも1〜2等暗い星まで明瞭に見え，あたかも肉眼がドーピングされたような独特の見え味が楽しめます．1990年代に販売され，全く新しいタイプの「星空観望グラス」として星空を愛する多くの人々の絶賛を博した伝説的製品「ワイドビノ」の復刻改良バージョン．ユニークな光学設計はそのままで，コーティングや各部の仕様を最新化し，前後キャップやハードレザーケースなどの付属品も更に充実させています．

　ガリレオ式オペラグラスは一般的に視野が狭く，この欠点を改善するためには極端に小さなF値（F2以下）の対物レンズを使用する必要がありますが，一般的なアクロマートレンズでは強烈な収差の影響によって像質が大きく乱れるため，とても実用にはなりません．WideBino 28は独自に設計された2群2枚のメニスカス系対物レンズと，1群2枚の円筒形接眼レンズを用いて各収差を極めて低いレベルまで抑え込み，視野中心から周辺まで良像を結ばせることに成功している画期的な超広視野オペラグラスです．更に最新の復刻バージョンでは，レンズの全面にブロードバンド・マルチコートを施して透過率を高め，かつ内面処理を徹底してフレアの発生を抑えることにより，旧製品より格段にコントラストが向上しています．カラーバランスも非常にナチュラルで，旧製品に見られた黄色系の視野着色は全くありません．

　最大長約12cm，重量280gの小型軽量ボディはほとんどのパーツが金属製．合焦は左右単独のIF式を採用しています．旧製品では金属剥き出しだったアイカップ部分にはラバーリングを追加貼付し，冬期に使用しても目の周りが冷たくなりません．更に旧製品では省略されていた前後キャップも付属しており，レンズ面を常に綺麗に保てます．長円形の洒落た羊皮製ハードレザーケースも標準付属．衝撃や圧迫から本体を保護できます．

　28°の広大な視野は，今までのオペラグラスでは決して味わえなかった圧倒的な開放感があり，星空観望には最高の適性を示します．星座ひとつを視野内に収めることも可能になり，また肉眼での限界等級よりも1〜2等暗い星まで認識できるため，星座の全景を眺めながら各所に散らばる星雲星団を確認する，といった「離れ業」ができる唯一の機材であると言えるでしょう．特に天の川周辺の星の多い領域を眺めた時のイメージの美しさと臨場感はたとえようもなく，一度これを見てしまうと病みつきになってしまうほどです．「肉眼で見ている範囲が，そのままぐっと近づいた」ような，今までにない独特の見え方をぜひ体験してみて下さい．

★本機の仕様／価格

有効径：40mm
倍率：2.3倍
実視野：28°
最大寸法：123mm×43mm×50mm
重量：280g
合焦機構：IF
付属品　ハードレザーケース（羊皮製）
価格：14,800円（税込）

※笠井トレーディングの全製品に関する詳細はウェブカタログ（http://www.kasai-trading.jp）をご参照下さい．

Maker's Choice

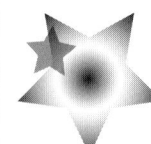

笠井トレーディング
SUPER-BINO 100CL
アイピース交換式45°対空双眼鏡

　SUPER-BINO 100CLはアイピース交換可能な高性能45°対空双眼望遠鏡です．対物レンズには低倍率専用の双眼鏡水準を大きく上回る高い精度に仕上げた10cm F5.3セミアポクロマートレンズを採用．色収差・球面収差が僅少なため，80〜100倍程度の高倍率まで明瞭でシャープなイメージを示します．正立プリズムには天体観測に便利な45°対空型を採用．精度の高い大型プリズムの採用により，高性能な対物レンズのシャープネスを劣化させることなくアイピースまで導きます．光学系の空気接触面には丁寧なブロードバンド・マルチコートが施され，色調に偏りのないクリアな像質が得られます．

　アイピースが自在に交換できることも本機の大きなメリットです．しかも天体望遠鏡用のφ31.7mmアイピースがそのまま使えるため，倍率も視野もユーザーのお好み次第．天体望遠鏡用アイピースを使えば，ネビュラフィルターをはじめとする各種フィルター類の併用ももちろん可能になります．合焦機構は最大ストローク幅16mmの回転ヘリコイドによるIFを用い，多くの市販アイピースでピントが得られます．目幅調整はプリズムハウス回転式を採用．45°対空式のため，水平方向から天頂まで無理の無い姿勢で観測可能．標準付属アイピースはフル・マルチコートの改良ケーニヒ設計を採用し，視野一杯にクリアでシャープな像を結びます．もちろんこれらの付属アイピースもφ31.7mm規格のため，他の双眼望遠鏡や双眼装置用の中・長焦点アイピースとしても利用価値大です．

　鏡胴素材には丈夫な硬質アルミ合金を採用．表面には美しい艶のあるブラックアノダイズ処理を施しています．筒先には迷光や夜露を防ぐ伸縮式の対物フードを採用．鏡胴上部には運搬や三脚搭載時に便利なキャリングハンドルを装備．全重量わずか6.4kgの軽量仕様と相まって携行性の高さは群を抜いています．鏡胴下部にはもちろん写真三脚台座が装備され，お手持ちの三脚に搭載して軽快な観望が可能です．別売の標準規格アリガタ金具を装着すれば，ビクセンHF経緯台等にも搭載可能．更に鏡胴の左右に5/16インチネジ穴（蓋付）が設けられており，自作フォーク式架台等への搭載にも対応．全部品がすっぽり収納できる頑丈なアルミフレームケースも標準付属しています．

　アイピース交換が可能な既製品の双眼望遠鏡はさほど多くありません．特に天体望遠鏡用のアイピースがそのまま使える機種は非常に限られています．天体望遠鏡と同じ感覚でアイピース交換できるSUPER-BINO 100CLは，その仕様だけでも非常に貴重な存在です．しかも本機は並の双眼鏡光学系では良像を保てない高倍率領域まで使用可能なため，観測対象が大きく広がります．長焦点広角アイピース＋ナローバンドネビュラフィルターを用いた淡い散光星雲の観測，中倍率を用いた惑星状星雲のディテール観測，高倍率での球状星団の分離や月面観測など，天体望遠鏡と同様の観測が双眼で思う存分楽しめます．自由度の高い本格的な双眼天体望遠鏡として，本機は「両目観測」にこだわる全ての天文愛好家に広くお勧めできるユニークな逸品です．

★本機の仕様／価格

有効径	100mm
焦点距離	530mm
最大長	460mm
最大幅	250mm
重量	6.4kg
合焦機構	IF
接眼部規格	φ31.7mm差込式
その他の仕様	写真三脚搭載台座／スライド式対物フード
付属品	23mm/50°アイピース（x2），13mm（60°）広角アイピース（x2），アルミフレームキャリングケース
価格	148,000円

※笠井トレーディングの全製品に関する詳細はウェブカタログ（http://www.kasai-trading.jp）をご参照下さい．

Maker's Choice

笠井トレーディング
Kasai HC-Or 5mm～18mm
Extra WideVue-32mm/85°

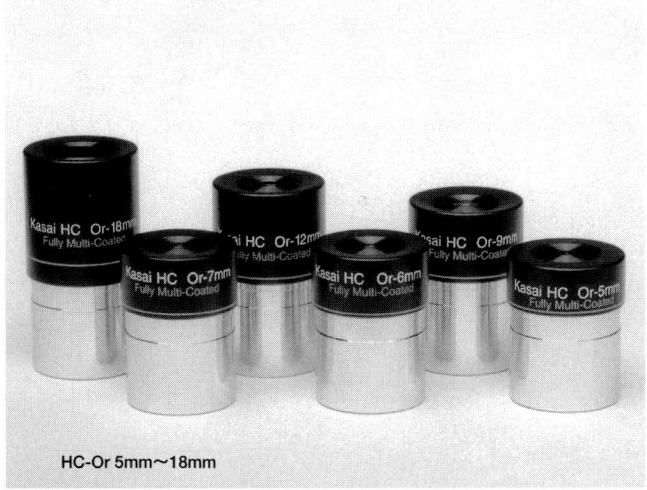

HC-Or 5mm～18mm

Extra WideVue-32mm/85°

　Kasai HC-Orシリーズは笠井トレーディングと日本の優秀なOEMメーカーとの共同開発による，惑星観測用・高性能「アッベオルソ」アイピースです．3枚＋1枚のクラシックなアッベオルソ設計を忠実に踏襲し，精密に研磨されたレンズの全面に5層フルマルチコーティングを施しています．旧来の1面マルチ＋3面モノコートの安価なオルソと比較すると反射迷光が極めて少ないためゴーストやフレアの発生が抑えられ，表面模様がクリアに際立つハイコントラストな惑星像が楽しめます．Fの明るい望遠鏡や各種バローレンズとの相性も良く，視野周辺まで気持ちの良いシャープな像を結ぶため月面観測にも最適です．

★本機の仕様／価格

焦点距離：	5mm・6mm・7mm・9mm・12mm・18mmの6種
見掛視野：	42度
アイレリーフ：	各焦点距離の約80%
コーティング：	全面5層マルチコーティング
取付サイズ：	φ31.7mm
価　　格：	各12,000円（税込）

　EWV-32mmは笠井トレーディングと日本の優秀なOEMメーカーとの共同開発による，星雲星団観測用32mm超広角2インチアイピースです．3群5枚の改良エルフレ設計に良質なマルチコートを各エレメントの空気接触面全てに施しており，非常にコントラストの高いクリアな像質が得られます．85°のダイナミックな見掛視野を示し，ルマック型マクストフカセグレンに用いるとほぼ100%，F5の短焦点ニュートンでも約80%以上の広い良像範囲を示します．アイレリーフも20mmと長い上，アイレンズを見口ぎりぎりに寄せて設置しているためアイレリーフ・ロスが無く，眼鏡常用者でも余裕で全視野を見渡すことが可能です．着脱・折畳み可能な大型ラバーアイカップも標準付属．バローレンズとの相性も非常に良好．鏡胴最大径は60mmに抑え，大型双眼望遠鏡にも使用できる汎用性を持たせています．重量は480gと比較的軽量で，ドブソニアンに使用しても前後バランスを大きく崩しません．目の前一杯に広がるハイコントラストで広大な「星の海」を，ぜひ体験してみて下さい．

★本機の仕様／価格

焦点距離：	32mm
見掛視野：	85度
アイレリーフ：	20mm
コーティング：	全面5層マルチコーティング
取付サイズ：	φ50.8mm
付属品：	着脱式大型ラバーアイカップ（折畳み可能）
価　　格：	29,500円（税込）

※笠井トレーディングの全製品に関する詳細はウェブカタログ（http://www.kasai-trading.jp）をご参照下さい．

Maker's Choice

カールツァイス
Victory 8x56T*FL, 10x56T*FL
56mmダハプリズム双眼鏡

カールツァイス社の先進的な光学設計と，ショット社の環境に配慮したレンズ素材の組み合わせによって開発されたVictory FL双眼鏡は，昼間はもちろん星雲・星団や彗星などの天体観察にも幅広く使用されています．特に光量の損失を最大限に抑えるツァイス社独自の位相差補正全反射アッベ・ケーニッヒプリズムと全光学系に施されたT*コーティングは，透明感ある理想的に広い視界を実現したハイレベルな双眼鏡です．さらに対物と接眼レンズ外面には，雨滴や汚れの付着を防止する撥水コート（LotuTec）が採用されています．

- 色のにじみを抑えたフローライト系対物レンズ(FL)の採用
- ハイコントラストで光透過率90%を超えるT*レンズ
- じっくりと観察ができる理想的に広い視界
- ファイバー強化合成樹脂製の軽量防水型ボディ
- −30℃〜＋60℃の温度範囲で使用できる精密なメカニック
- アイポイント位置が調節できるツイストアップ式アイカップ
- 対物・接眼レンズ外面に撥水コート（LotuTec）を採用
- 対物レンズ軸を外側に移動した設計で立体視を実現
- さまざまな観察条件で使用できる最短合焦距離3m

★本機の仕様／価格

	8x56T*FL	10x56T*FL
倍率	8x	10x
対物レンズ有効径	56mm	56mm
1,000m視界	130m	110mm
実視界	7.4°	6.3°
見掛視界	60°	63°
ひとみ径	7.0mm	5.6mm
薄暮係数	21.2	23.7
アイレリーフ	16mm	16mm
最短合焦距離	3m	3m
センタードライブ調整範囲ー(dpt)	7	7
視度補正範囲　(+/-)	4dpt	4dpt
プリズムタイプ	アッベ・ケーニッヒ	アッベ・ケーニッヒ
撥水コート(LotuTec)	○	○
可動温度範囲	-30/+60℃	-30/+60℃
高さ	200mm	200mm
幅	158mm	158mm
重さ	1,220g	1,250g
希望小売価格（税込）	¥262,500	¥269,850

（対物・接眼レンズキャップ、ストラップ、ケース付）

Maker's Choice

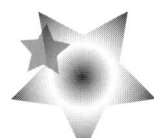

コーワ
ハイランダー／GENESIS44
32×82ポロプリズム双眼鏡／8.5×44/10.5×44ダハプリズム双眼鏡

ハイランダープロミナー

GENESIS44プロミナー

■ ハイランダー

　バードウォッチング業界では世界的に定評のあるスポッティングスコープの光学性能を双眼鏡に詰め込んだ高性能双眼鏡"ハイランダーシリーズ". アクロマートモデルの「ハイランダー」と，対物レンズにフローライト・クリスタルを搭載したアポクロマートモデルの「ハイランダープロミナー」の2機種をラインナップしております．

　標準装備の32×アイピースは，ワイドアングルとハイアイポイントを両立し，迫力ある視界と覗きやすさを提供します．オプションとして21×と50×のアイピースも用意しており，用途に合わせて観察を楽しむことができます．

　本体は頑強なアルミ合金製で，完全防水構造（窒素ガス封入）となっており，いかなる環境においても観測を確実にサポートします．野外への移動や据え付け時には，照準線内蔵のグリップが大変使いやすくなっております．

■ GENESIS44

　興和の小型双眼鏡BDシリーズ「BD42, BD32, BD25」のラインナップに世界最高水準の光学性能を持った超高級小型双眼鏡"GENESIS44"を新たにラインナップに加えました．
　倍率は8.5×，10.5×の2種類用意しております．
　GENESIS44は対物レンズの凸レンズにXDレンズ(eXtra low Dispersion lens)2枚，凹レンズにもクルツフリント系高級レンズを使用し，徹底的に色収差を抑えることに成功しました．さらに明るくハイコントラストな映像を得ることに注力し，従来よりも性能アップしたマルチコート，C³コート，フェーズコートを施し，さらに双眼鏡の心臓部ともいえるプリズムにはBaK4を超える高屈折率のガラスを採用．さらに高精度化に努めています．

　その結果，小型双眼鏡とは思えないシャープで高いコントラストの映像を得ることができました．GENESIS44はアクロマート対物レンズでは抑えきれなかった残存色収差を極限まで抑えることで最高の見え味をお約束します．

　また，ボディはマグネシウム合金製で防水構造（窒素ガス封入）になっており，様々な環境における観測をサポートします．手にしっくりとくるボディの形状，フォーカスリングは手袋をしていても操作しやすい大きさ，表面加工を行い操作性向上に配慮．左右視度調整はロック機構付です．

★本機の仕様／価格

ハイランダープロミナー（32×W標準アイピース装着時）
対物レンズ有効径：82mm（フローライトクリスタル）
倍率：32倍　　実視界：2.2°　　見かけ視界70°
ひとみ径：2.6mm／アイレリーフ：20mm／最短合焦距離：20m／サイズ：430×240×150mm／重量：6.2kg／フィルター径：95mm
価格：714,000円（税込）
ハイランダー（ノーマルレンズモデル）
価格：504,000円（税込）
付属品：32×ワイドアイピース，三脚台座，対物・接眼キャップ
オプション：21×ワイドアイピース26,250円（1個/税込）
50×ワイドアイピース　21,000円（1個/税込）
専用センターマウント　63,000円（税込）
三脚・マウントセット　126,000円（税込）

GENESIS44プロミナー　　※〈　〉内は10.5×44
8.5×44　　10.5×44
対物レンズ有効径：44mm（XDレンズ）
倍率：8.5倍〈10.5倍〉
実視界：7.0°　〈6.2°〉　　見かけ視界60°〈65°〉
ひとみ径：5.2mm〈4.2mm〉
アイレリーフ：18.3mm〈16.0mm〉
最短合焦距離：1.7m　　サイズ：165×138×64mm
重量：940g〈960g〉
価格：183,750円〈194,250円〉（税込）

Maker's Choice

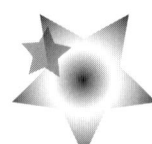

五藤光学
20cmCOUDEwithCATS-Ⅲ
据付型クーデ式屈折赤道儀

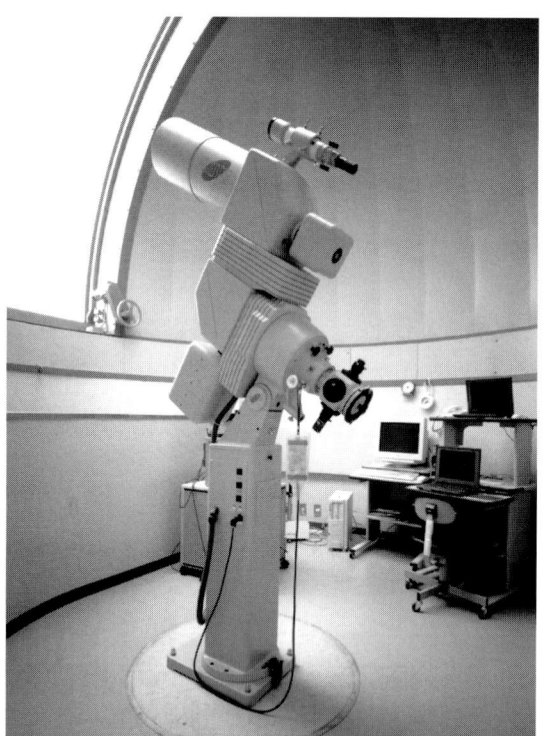

　クーデ式屈折赤道儀の持ち味は，覗く位置を変えずに楽な姿勢でどんな星へも望遠鏡を向けられ，大変使い良い望遠鏡です．1988年，天体望遠鏡の制御システムCATS-1と共に誕生した20cmクーデはバリアフリーのコンセプトが受け入れられ，数多くの公共施設に納入されてきました．さらに制御システムはCATS-Ⅱ，CATS-Ⅲへとバージョンアップを重ね，インターネット時代にふさわしいシステムへと変貌してまいりました．

　誰でも使えるよう，そして複雑な計算もコンピュータがバックアップ，クーデ式による脚立や踏み台が要らない便利さと安全性，シーイングによる悪影響を受け難い大きさで，しかも星像のシャープな20cmEDレンズを採用するなどアメニティーを徹底的に追求しました．さらに口径25cmEDレンズも採用可能です．

　いかに天体をとらえるか，安定した星像を得るか，そして使い良さとは．星と望遠鏡の大切なテーマを突き詰め，五藤光学研究所が送り出した天体望遠鏡20cmCOUDEwithCATS-Ⅲ．このコンセプトが受け入れられ，すでに多くの納入実績を上げています．

　そして制御システムは時代と共に進化し，現在「CATS-Ⅲ」へとバージョンアップしています．
CATS-Ⅲではさまざまな新機能が組み込まれています．例えばGPSを利用した観測地と時刻の補正機能，望遠鏡だけでなく天文ドームや冷却CCDのコントロール，そしてネットワークを利用したリモート操作機能，さらには雨，雷，温度，湿度，風向，風速等の気象監視と降雨時の自動格納といったセキュリティ機能等，公共施設に求められる安定性と拡張性を備えたシステムとなっています．

★本機の仕様／価格

・鏡　筒	
対物レンズ	：EDアポクロマート
コーティング	：マルチコート
有効口径	：200mm
焦点距離	：1800mm
口径比	：F 9

・赤道儀
コンピュータ制御クーデ式赤道儀

・制御システム
CATS-Ⅲ

※口径25cmも製作可能です．

価　格　別途お見積もり

Maker's Choice

五藤光学
NC-R550a
天体観測用 超高感度テレビカメラ

この新しい撮像装置は，天体をカラーで捉えることを目的に世界で初めて開発された動画カメラです．今までのカメラと決定的に異なる点は，撮像用CCDが増倍機能を持っている点にあります．

この新しいデバイスはEM-CCD（Electron Multiplying CCD）と呼ばれ，電子増倍レジスタがオンチップで素子に内蔵されており，増倍を行った後でアンプに映像信号が送られるため，感度が高く，しかも非常にノイズが少ないことが特色です．

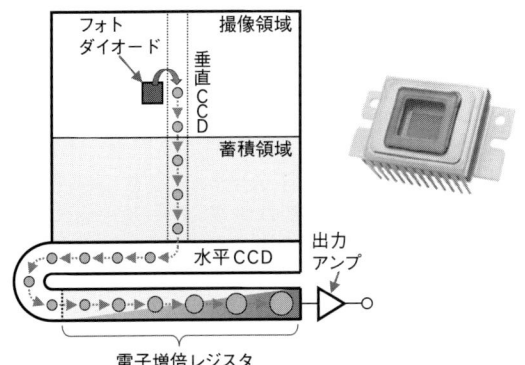

本機ではこのEM-CCD（1/2型）を3板使用した3CCDを採用しており，更にノイズ低減のため，各CCDチップをマイナス20℃まで電子冷却しています．これだけの性能を持ち，しかも市販されているテレビカメラは他に類例をみません．

EM-CCDといっても，増倍レジスタを除けば通常のCCDですので，CCDならではの他の超高感度カメラとは大きく違う特色があります．まず，突然明るい被写体が視野に入っても素子の焼付きが起こりません．これはこのカメラを扱う上で非常に大きなアドバンテージで，操作に特別な訓練が必要ありません．

またCCDは赤から赤外にかけて感度があることが特色ですが，赤外線スルーモードや天体観測として不可欠であるHα線パスモードなどの機能を備えています．

3CCDであるため，内部に3色分解プリズムが内蔵されています．このため撮影レンズはC-マウントレンズが使えず，業務用テレビカメラの1/2インチ型レンズが使用されます．画質を重視しているための結果と言えます．

天体望遠鏡への取り付けのためのアダプターも特注としてお受けしています．価格的にはアマチュア用途ではありませんが，公開天文台やプラネタリウム，科学館などでお使いいただきたいカメラです．流星，オーロラ，星食，人工衛星など，動きがある天体現象はもちろんですが，動きのない星座，星雲や星団，彗星などでも，ズームやパン，ティルトなどの効果で非常に臨場感ある映像になります．天体が動画で捉えられるという新しい感動を味わっていただけると思います．

詳細はスペシャルWEBサイトでご覧下さい．
www.emccd.net

	NC-R550a
撮像素子	電子増倍型フレームインターライン転送方式CCD
光学フォーマット	1/2型
レンズマウント	1/2インチバヨネットマウント
撮像方式	R/G/B 3板式
有効画素数	約33万画素
水平解像度	800TV本（標準）
映像出力	NTSC
内蔵フィルター	ノーマル、HAP（Hα pass）、クリア（赤外線透過＝IR pass）、ND64
最低被写体照度	動画 0.0003（lx）F1.4、最大感度設定 準動画 0.000003（lx）F1.4、最大感度設定、蓄積128倍
S／N	65dB（NR：ON）
冷却方式	ペルチェ方式電子冷却、マイナス20℃
カラーバー	カラーバー内蔵
輪郭補正	水平：両効き、垂直：両効き（2H）
ホワイトバランス	FAW/AWB
電気色温度変換	3,200K、5,600K
外形寸法	幅：110mm ±3mm 高さ：115mm ±3mm 奥行：219mm ±4mm
質量	本体 約2kg
電源	DC12V ±10%
動作温度	マイナス10℃～プラス45℃

Maker's Choice

スターライト・コーポレーション
SCOPETECH RAPTOR-50（ラプトル50）
簡易型望遠鏡
SCOPETECH SOLAR RAPTOR-50（ソーラーラプトル50）
太陽観測用望遠鏡（開発中）

メーカー推薦

　初めて天体望遠鏡を手に入れる時，最初につまづく原因のひとつに粗悪な望遠鏡の存在があります．世の中に流通する望遠鏡のうち，台数ベースで実に90％以上が機能的に問題を抱えた「まともに見えない」「まともに観測対象に向けられない天体望遠鏡」なのです（誤解が無いように言っておくと，「望遠鏡・双眼鏡カタログ」にはそのような「粗悪望遠鏡」は掲載されていません）．

　子ども達や，初心者が最初にどのような望遠鏡を手にするか．

　最初に手にした望遠鏡で土星を見ても，楕円形にしか見えない．あるいはV字型に見える．また，架台がガタガタで，視野内に天体を導くのに20分もかかる．そんな望遠鏡が市場に大量に流通する現状を放置して，星見人口の増加を望めるのでしょうか？ 天体望遠鏡市場の拡大は望めるのでしょうか？ 否です．

　弊社は設立以来，大手望遠鏡メーカーの天体観測の入門書やフリーペーパーの企画・製作を通して天体観測の楽しさを啓蒙し，販売店として良品の望遠鏡の販売に力を注いできました．さらに，メーカー製の望遠鏡を販売するだけでなく，協力工場にて屈折式経緯台SD-80AL（口径8センチ）や各種鏡筒の生産・販売をしています．そして，今回，入門機の専業メーカーとして，「SCOPETECH（スコープテック）」をブランドとして立ち上げる準備をしています．

SCOPETECH RAPTOR-50（ラプトル50）簡易型望遠鏡

　「ラプトル50」は，販売価格2万円以下の望遠鏡で良質なものと言えば，星の手帖社の「組立天体望遠鏡」とオルビィス社の「コルキット」くらいしか存在しない状況を打破すべく，2007年9月7日に発売を開始した弊社の戦略機です．

　発売以来，望遠鏡をさわったことのない参加者が使う補助望遠鏡として，科学館などが主催する観望会で活用されています．全国の高校・中学校・小学校での教材用望遠鏡としてもご支持頂き，まとまった台数での購入を頂いています．

　インターネットでの情報や口コミだけで，発売以来約半年で850台のラプトル50が使われています．googleやyahoo!などの検索サイトで「ラプトル50」と検索すると，評判の良さがおわかり頂けると思います．

Maker's Choice

ラプトル50の特徴
- トイグレードスコープにありがちな品質の低いアクロマートを使用せず，高品質なレンズ研磨で有名な「久保田光学」製のアクロマートレンズを採用しました．
- 徹底的な迷光処理3枚の遮光環と，弊社がカメラメーカーに納品している大型コリメーターと同等の艶消し塗料を鏡筒内部に使用しました．
- フリーストップ架台として操作を簡易にし，小学生にとって使いやすいものを追求しました．
- ファインダーは照準方式を採用し，ファインダーの調整なしに付属の低倍率と中倍率のアイピースでの視野内の導入が可能としました．小学校低学年でも一人で持ち出し，使えるように軽量化，全体重量で2キロ以下を目指しました．
- メタル三脚に開き止めを付け，三脚部の剛性を考慮しました．
- すでに型がある既存部品をできるだけ活用し，鏡筒の外側の塗装をしないなど徹底的なコストダウンを図り，子どもたちのお小遣いでも買える範囲の価格を実現しました．価格も粗悪望遠鏡にも対抗しうる価格設定としました．
- 品質の安定性に配慮し，100％日本製です．工場出荷時に全数をコリメーターで分解能検査しています．

比べる対象を持たない子ども達や初心者は，不良品にあたっても，それが不良品かどうかの判定ができません．故に，弊社は入門機の製品の均質性は，大人向けの機械以上に品質管理が重要であると考えています（まさにこの点を悪用し，一部の心なきメーカーにより作られた粗悪な望遠鏡が市場に氾濫しています）．

アカデミックディスカウントプライスの設定
公立の学校法人，公共性の高い施設，PTAや子供会等，公共性の高い使用用途の場合（要審査）の購入に関しては，弊社販売品の一部に定価より15％オフとなるアカデミックディスカウントプライスを設定しました．

SCOPETECH SOLAR RAPTOR-50（ソーラーラプトル50）太陽観測用望遠鏡（開発中）PL保険付

太陽観測をするための望遠鏡です．減光フィルターで安全かつ簡単に太陽観測ができます．減光フィルターの取り外しはできない構造になっています．2009年の皆既日食や黒点観測等に使用できます．発売予定は2008年第秋ごろを予定．

弊社の製品
各種アクロマート屈折望遠鏡80A-MAXI（80mmFL1200mmの長焦点屈折）などをはじめ，自作用パーツや各種接眼レンズ類，入門機をラインナップしております．また特注として，口径150mmの大手カメラメーカー向けのコリメーターや公共天文台向けのプロミネンス観測用の太陽望遠鏡用の鏡筒の供給もしております．

★SCOPETECH RAPTOR-50の仕様／価格
- 光学系　久保田光学製　分離式アクロマート
  有効径50mm 焦点距離600mm 口径比1:12
- ファインダー　照準式
- マウンティング　フリーストップ式経緯台
- 三脚　ワンタッチ折り畳みステー付メタルポール三脚
- 付属品　アイピース　K.20mm(30倍) F12.5mm(48倍) F8mm(75倍)，天頂ミラー
- 重量　1.8kg
- 価格　7980円（2008年4月現在）
- 生産国　日本

★（開発中）SCOPETECH SOLAR RAPTOR-50の仕様／価格
- 光学系　久保田光学製　分離式アクロマート
  有効径50mm 焦点距離600mm 口径比1:12（暫定）
  鏡筒ABS樹脂パイプ　外面オレンジ塗装，
  内面遮光環3枚黒艶消し塗装済み
  減光フィルターを鏡筒内部に内蔵
- マウンティング　フリーストップ式経緯台
- 三脚　ワンタッチ折り畳みステー付メタルポール三脚
- 付属品　アイピース　K.20mm（30倍），天頂ミラー
- 重量　1.8kg
- 価格　13800円から14800円を予定
- 生産国　日本

■弊社データ■
株式会社　スターライト・コーポレーション
〒194-0011　東京都町田市成瀬が丘2-1-1
代表取締役　大沼　崇
TEL0800-600-5759（フリーダイアル）
FAX 042-795-7687
http:// scopetown.jp/
e-mail webmaster@scopetown.jp
SCOPETECH望遠鏡事業部 担当　大沼

Maker's Choice

セレストロン
SKYSCOUT(スカイスカウト)
天体指示・導入支援装置

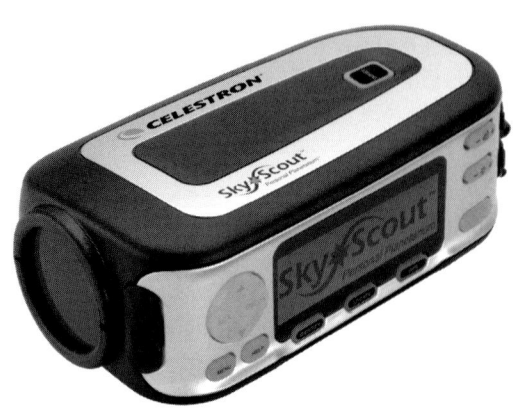

　セレストロン・スカイスカウトは，見たい天体や星座がどこにあるか導いてくれる，全く新しい天文アイテムです．

　いままで，見たい星を探すには「星座早見盤」が主流でした．しかし，このスカイスカウトは，内蔵のGPSと磁気センサーにより現在地・時刻・方位・仰角のデータを自動的に検知し，内部のCPUを使い演算処理にてバーチャルプラネタリウムを実現し，見たい星まで案内してくれます．

スカイスカウトの特徴

- 見たい星を導いてくれる「Locate」モード

液晶ディスプレイ上で，見たい星を選択しファインダー内を覗くと，その星がある方角にある視野の周りのイルミネーションが点滅し，その方向にスカイスカウトを向けると見たい星が視野に入ります．

- 天体位置確認「Identify」モード

星の名前を知りたい時に使用します．ファインダー内に見たい星を入れ，[TARGET]ボタンを押すと液晶ディスプレイに天体名が表示されます．

- 現在地がわかる「GPS」モード

現在地の緯度・経度・時刻をGPSからデータを受信し表示します．GPSの衛星データもあわせて表示します．

SkyScoutデータベース

- 月や惑星，6000個以上の星，星座などを見つける手助けをし，情報を表示・音声ガイドします．

内蔵フィールドガイド

- 6つの天文学に関して音声ガイドします．
- 惑星，彗星，銀河などの天文学用語集
- ガリレオ，アインシュタイン，コペルニクスなどの偉大な天文学者に関する伝記
- ハレー彗星などの有名な彗星の情報　などの機能を有します．

Skylinkテクノロジー

- 新しく発見された彗星や天体情報のダウンロード
- ファームウェアアップグレード対応

IN/OUT

- SDカードスロット
- USB端子（パソコン接続用）
- 3.5mmステレオヘッドフォン端子

★本機の仕様／価格

・スコープ部 倍率…等倍	
フィール枠と方向表示(8個のLED)	
・データベース	惑星・月
恒星…………………	約6000個
星座…………………	88個
重星・変光星………	約1500個
星雲・星団・銀河………	110個
・音声解説	200天体
・電源	単3アルカリ乾電池2本(別売)
・大きさ	100x65x170mm
・重さ	約520g
・付属品	ソフトケース・ストラップ・イヤフォン
・その他	三脚取り付け用ねじ穴があいています
・価格：79,800円	

Maker's Choice

CHUO COUDE TYPE II
中央光学
アーチ脚クーデ式望遠鏡

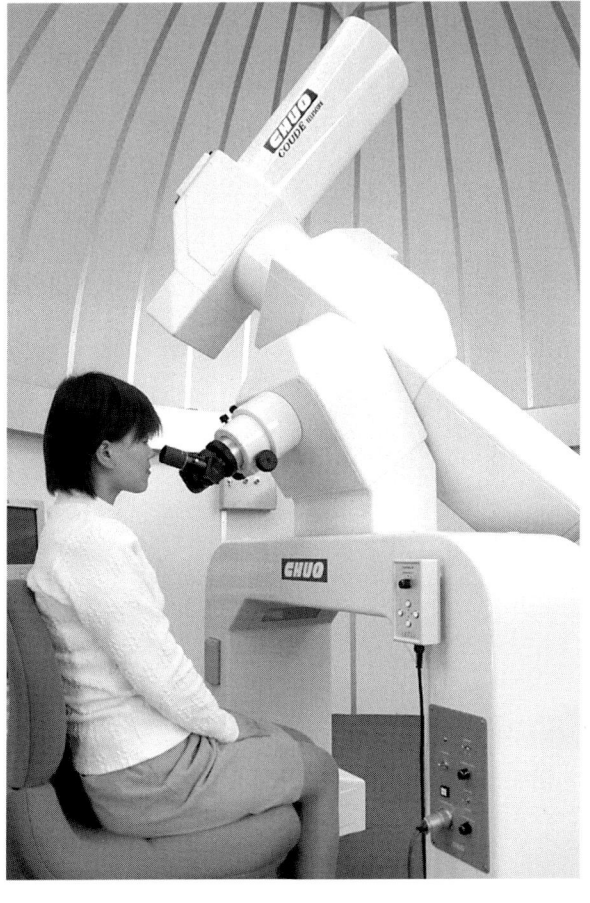

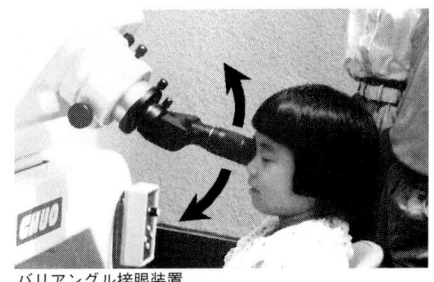

バリアングル接眼装置

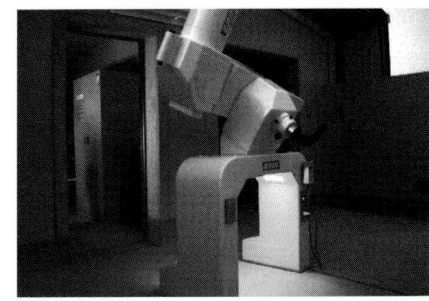

足もと安全照明

　当社ではより多くの人に星を楽しんでいただけるようにと創業以来「人に優しく,楽しめる望遠鏡」をテーマに望遠鏡開発の努力を続けてまいりました.
　踏み台や観測梯子を使わず「すわったまま」で楽しく安全に星の観察を行なっていただくことができたら.そんな使い易さの安全思想から誕生したのがCHUOのアーチ脚クーデ式望遠鏡です.

■いつも同じ位置で観察ができます
　鏡筒がどこを向いても接眼部は移動しないクーデ式なので常に同じ位置で観察することができます.

■足もとの広いアーチ脚なので座ったままで観察
　普通の椅子は勿論のこと,前に足置き台のある車椅子でも座ったままの姿勢で接眼部に楽々と近づいて星を見ていただけます.

■バリアングル接眼装置で楽々観察
　観察する人の体格に合わせ接眼レンズを任意の位置へ向けることのできる装置.子供でもイスに座ったままの楽な姿勢で星の観察をおこなっていただけます.

■ケーブル類を露出させない安全設計
　引っ掛け事故を起こしやすい露出ケーブル類をなくし望遠鏡の外観形状も突起のない滑らかデザイン.

■簡単操作の天体自動導入システム
　望遠鏡がどこを向いているかを自動認識,見たい星をクリックするだけで目的天体の自動導入ができます.

■足もとを照らす安全照明装置
　アーチ脚内側には目に刺激の少ない赤色光で足元だけを照らす間接光照明装置があり,暗闇での誘導と安全を確保しております.

★本機の仕様／価格
- 鏡筒
    対物レンズ：ＥＤアポクロマート
    有効口径　：　250ｍｍ／200ｍｍ／150ｍｍ
    焦点距離　：2,250ｍｍ／2,000ｍｍ／1,800ｍｍ
- 赤道儀
    コンピュータ制御アーチ脚クーデ式
- 主な付属品
    制御コンピュータ,ソフト一式,接眼鏡一式,
    テレビカメラ装置および写真撮影装置一式
    バリアングル接眼装置,太陽観測装置　　等
価格　　別途お見積もり

メーカー推薦

Maker's Choice

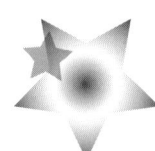

TOAST-TECHNOLOGY
モバイル赤道儀『TOAST』

メーカー推薦

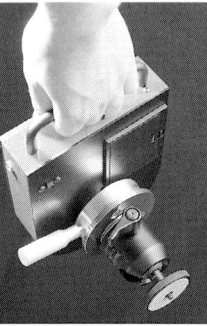
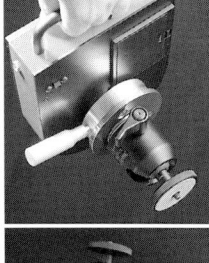
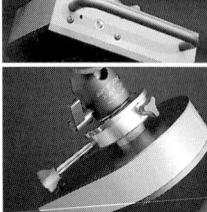

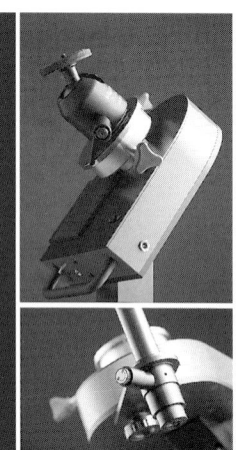

　『TOAST』は，高精度な追尾性能と優れた携帯性を両立する設計思想により誕生した，新スタイルのモバイル赤道儀です．従来機種では考えられなかった直径133ミリ，240歯というビッグウオームホイールを使用したポーラーディスク方式の流れを組んだ構造を採用することで，中型赤道儀に匹敵する±5″角以下という低ピリオディックモーションを実現しました．これにより広角から望遠まで多彩な撮影レンズに対応．様々なシチュエーションによる天体撮影を1台の装置で行うことができます．

　またキャリングハンドルを装備した独自のスタイルにより，移動，運用時の利便性を大幅に向上させています．『TOAST』は，望遠鏡用の赤道儀に比べ小型，軽量なうえ，三脚や架台など市販の汎用製品と自由な組み合わせで使用できるため，撮影者のスタイルに合った最適なシステムを構築することができます．

　さらに，デジタル一眼レフカメラを使った撮影で威力を発揮する「星景撮影モード」を搭載．星空と地上の景色を同時に写し込む星景写真をより美しく撮影できます．もちろん「北半球・南半球駆動切り替えモード」も搭載，世界中の星空の下で美しい天体写真を撮影することができます．

　コントローラ不要の単体駆動で業界初の電池内蔵式を実現したモバイル赤道儀『TOAST』は，手軽に携行，運用できるため，撮影スタイルを選ばず利用できるのが大きな特徴です．製品の詳細および購入は，専用Webサイトwww.toast-tech.comにて．

★本機の仕様／価格

型　　式：	モバイル型自動天体追尾赤道儀
方　　式：	ビッグウオームホイール方式（240歯・133mm）
本体寸法：	幅:160mm×高さ:48mm(87)×奥行き:205(240)mm
本体質量：	約3.0kg　※本体のみ
内蔵電池：	DC6V（単三アルカリ乾電池4本）
駆動時間：	12時間以上（常温　+20℃）
P　M：	±5″角以下
オプション：	調光式暗視野照明付ポーラファインダー，傾斜ウェッジ
本体価格：	78,750円
販　　売：	TOAST Online Shop（www.toast-tech.com/shop/）
問合せ：	TOAST-TECHNOLOGY（www.toast-tech.com）東京都武蔵野市吉祥寺本町1-35-14 M403　TEL 0422-26-8904

Maker's Choice

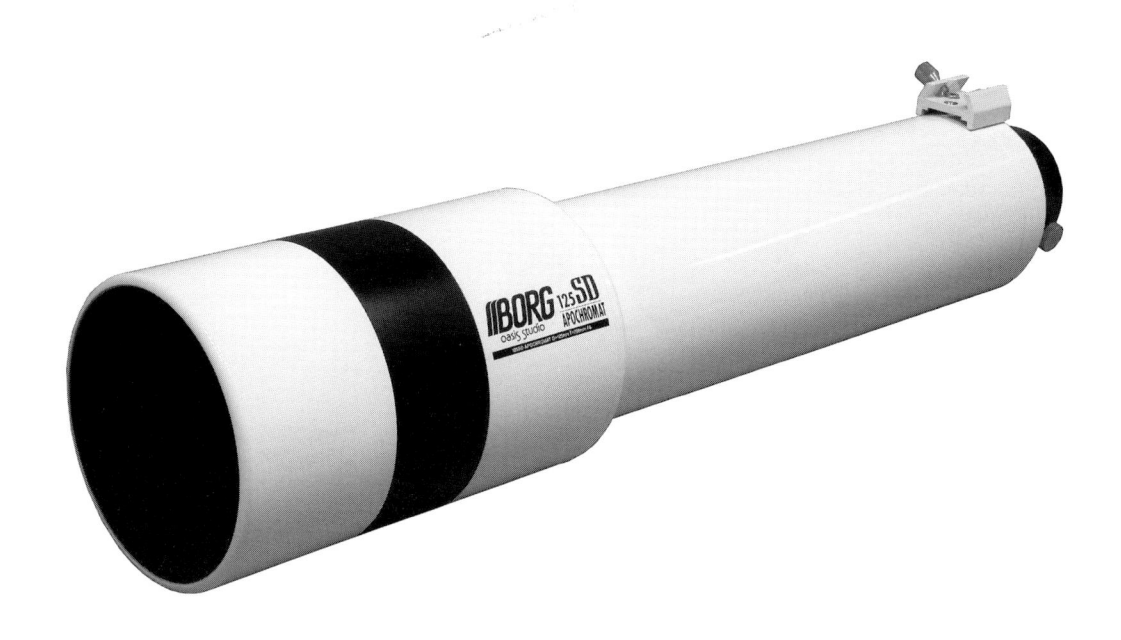

トミーテック
BORG125SD
屈折式望遠鏡

　BORG125SDは2007年12月に発売されたばかりの新製品です．本製品の一番の売りは，「高性能のSDレンズをコンパクトで軽量なボディに搭載した」ところです．3分割に可能なボディは，最大でも36cmとこのクラスとしては考えられないほどコンパクトです．重量も一式でわずか3.5kgとこのクラスとしては極めて軽量です．これにより，海外旅行にも手荷物で持っていけますので，皆既日食ツアーや南半球の星見ツアーなど，重量制限に縛られずに大口径でたっぷりと星空を楽しむことが可能になりました．

　対物レンズはオハラのS-FPL53を使用，生産は旧ペンタックスオプテック（株）に委託と今までのボーグの中でも最も力を注ぎました．また，対物セルも基本的に光軸がずれない方式を採用．激しい移動にも安心して持ち運びが出来ます．

　色収差も極限まで補正し，F6とは思えない非常に鮮鋭な像を結びます．写真撮影においても，星雲・星団はもとより，月面，惑星の撮影にも十分に耐える高性能レンズです．

　特に星雲・星団の撮影においては，EDレデューサーF4DGとの併用でF3.9と極めて明るくなり，最近の一眼デジカメと併用すると，短時間で素晴らしい星雲・星団の画像を得ることができるようになりました．鏡筒が軽量なため，赤道儀を含めたシステムの全重量がコンパクトで軽く，安くつくということも大きなメリットです．

　また，軽量・コンパクトということは，カメラ三脚にも搭載可能ですから，野鳥撮影用の超望遠レンズとしても使用可能です．750mmF6SDの超望遠レンズとして考えると，とてもリーズナブルな価格であることに気がつかれると思います．

　このように，BORG125SDは，大口径・高性能でありながら，あらゆるシュチエーションで大活躍してくれる身近な望遠鏡として，生涯の伴侶となることでしょう．

★本機の仕様／価格

対物レンズ：口径125mm	
焦点距離：750mm（F6）　2群2枚SDアポクロマート（オハラ製S-FPL53使用，マルチコート）	
※レンズの生産は（旧）ペンタックスオプテック（株）	
鏡筒：115φ L360mm	
付属品：115φファインダー台座N（別売アリミゾ式ファインダー台座n【7755】装着可能），眼視ユニットN（後端M68.8メス，ドロチューブのストローク77mm）	
鏡筒一式重量：3.5kg（上記写真の状態で）	
別売接眼部：ヘリコイドM，ヘリコイドMDX，マイクロフォーカス接眼部，フェザータッチフォーカサーM57，中判ヘリコイドのいずれも装着可能です．	
価格：498,000円（税込）	

Maker's Choice

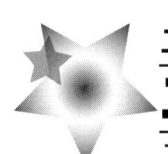

ニコン
ニコン10×42SE・CF／8×42HG L DCF
10×42／8×42双眼鏡

ニコン10×42SE・CF

　ニコン10×42SE・CFは，ニコンのポロプリズムCF双眼鏡の最高級機種です．その卓越した特長は，優れた光学性能だけではなく，以下のように機能全般にわたっています．

★特　長
- 4群6枚構成の接眼光学系を採用し，視野の隅々まで収差のきわめて少ない，優秀な光学性能を発揮します．
- 各レンズ，プリズム全面に多層膜コーティングを施し，明るい視界を実現しています．
- ボディ素材には，比重が従来の3分の2のマグネシウム合金を採用，軽量化を実現しています．
- 外装には，コラーゲン繊維粉末を配合した特殊ラバーコートを採用．従来のラバーコートより手になじみ，滑りにくくなっています．
- 人間工学に配慮した外観デザインで，従来の双眼鏡より持ちやすくなっています．
- アイレリーフが長く，眼鏡をかけた方でも覗きやすくなっています．
- ピント合わせは使いやすいセンターフォーカス式．ピントリングにもラバーコートを施し，操作性に優れています．

価　格　78,750円（税込）

ニコン8×42HG L DCF

　ニコンの光学技術を結集し，双眼鏡の完成度を徹底して追求した最高級ダハプリズム双眼鏡です．より明るい視野と高解像力を実現しました．

★特　長
- プリズム反射面に銀蒸着と位相差補正コーティングを，さらにレンズ・プリズム全面には光の透過率を高める多層膜コーティングを施しているため，より明るい視界と高解像力を実現．
- 像の平坦化を目指した接眼レンズ設計により，視界周辺部まで歪みやボケ，色のにじみの少ないシャープな見え味．
- 耐久性に優れ，また，本体内部に窒素ガスを充填した，温度差により光学系内部に曇りが生じにくい本格派防水タイプ．
- 対物レンズ有効径42ミリの大口径でありながら，強度にすぐれ，軽いマグネシウム合金を採用することで，大幅に軽量化されています．
- 視度調整リングにロック機構を設け，使用中に視度が不用意にずれることを防止，また，接眼目当てに，メガネ使用者でも使いやすいターンスライド（回転繰出し）方式を採用．

価　格　157,500円（税込）

★本機の仕様

	倍率	有効径	実視界	見かけ視界	ひとみ径	明るさ	アイレリーフ	質量	高さ	幅
10×42SE・CF	10倍	42mm	6°	60°	4.2mm	17.6	17.4mm	710g	149mm	192mm
8×42HG L DCF	8倍	42mm	7°	56.0°	5.3mm	28.1	20.0mm	790g	157mm	139mm

Maker's Choice

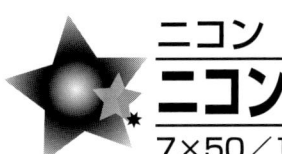

ニコン
ニコン 7×50SP 防水型／10×70SP 防水型
7×50／10×70双眼鏡

　この7×50SP, 10×70SP双眼鏡は、特に天体をはじめとする専門的で高度な用途を意識して開発された独自の光学系が採用されております。天体望遠鏡での観測時や写真撮影におけるサブ機としての使用はもちろんのこと、SP双眼鏡単体での星雲・星団の観測・観望にも、他の双眼鏡では得られない優れた性能を発揮します。
　光学理論上では、以下の三つの条件を満たす光学系を「理想光学系」と称します。
(1) 物空間の一点より放たれたすべての光線は光学系を通過した後、像空間の一点を通る（球面収差、コマ収差、非点収差の除去）。
(2) 物空間の軸に垂直な平面から放たれた光は像空間の軸に垂直な平面に結像する（像面の湾曲の除去）。
(3) 物平面上の任意の図形と、像平面上の図形は相似である（歪曲の除去）。
　双眼鏡の視界は望遠鏡のそれと異なり、かなり広い視野をカバーします。そのため、純粋な点光源を観察対象とする天体観測では、これらの条件が他の用途以上に厳しく要求されることとなります。たとえば、(2)の像面の湾曲が残存する場合、中心と周辺のピントの位置が異なるため、広い範囲に散らばる星雲などの観測がいちじるしく阻害されることになります。また、(1)の収差の残存は星像の尖鋭さを悪化させ、さらに(3)の歪曲は、星の位置関係を歪ませることになり、いずれも天体用としては適さないものです。
　SPの光学系は、ニコン独自の6群8枚のレンズ系（パテント取得済）を採用することにより、この「理想光学系」に近い特性を可能にしました。このため、視野の中心部のみならず、周辺部までシャープで歪みのない、美しい星像を誇っています。
　また、複雑なレンズ構成から生じるゴーストや光量のロス、また、鏡筒内部に散乱するフレアーを防止するために、SPの光学特性を考慮した独特の多層膜コーティングをプリズムおよびレンズ全面に施しました。
　また、ボディについては、過酷な船舶の用途でもすでに実証済の、耐久性・操作性に優れたアルミダイキャストと、窒素ガス置換方式の防水機構を採用しています。このことにより、天体観測での難敵である夜露のみならず、雨、波しぶきなどの悪条件下での使用や、長年にわたる酷使にも耐えうる機械性能が可能となっています。
　さらに、別売として三脚固定用の三脚アダプターが用意されています。

ニコン　7×50SP 防水型　価格　99,750円（税込）
ニコン10×70SP 防水型　価格　140,700円（税込）

★本機の仕様

	倍率	有効径	実視界	見かけ視界	ひとみ径	明るさ	アイレリーフ	質量	高さ	幅
7×50SP 防水型	7倍	50mm	7.3°	51.1°	7.1mm	50.4	16.2mm	1485g	217mm	210mm
10×70SP 防水型	10倍	70mm	5.1°	51°	7mm	49	16.3mm	2100g	304mm	234mm

Maker's Choice

ニコン
ニコンフィールドスコープED82-A／ED82
地上単眼望遠鏡

ニコンフィールドスコープED82シリーズは，高性能，大口径，コンパクトボディといった相反する要素をひとつの製品に結晶させたハイクオリティテレスコープです．

天文用としての利点は，

- 正立像が見えるので導入，操作が容易．
- 接眼レンズをはじめとする各種アクセサリーがニコンフィールドスコープ専用に設計されており，従来の望遠鏡のような対物と接眼が別設計の光学系よりも各収差が良好に補正されている．
- 平坦性に優れた見え味であり，視界内の端にある星も，クッキリと観察できる．
- 耐久性を重視して作られ，従来の天体望遠鏡にない防塵・防水構造を採用，付属ケースはスコープにかぶせたままで三脚に装着，観察ができるため，スコープが転倒した際の衝撃や汚れ，キズを防ぎ，雨などで本体が濡れることを極力避けることができる．
- 傾斜型のフィールドスコープED82-Aは接眼部に45度の仰角がついているため天頂付近を観察する時でも姿勢に無理なく，天体観察用に特に便利です．
- 汎用性が高く地上望遠鏡として，バードウォッチング，自然観察，一般観察など天体以外の用途にも幅広く対応でき，初心者からベテランまで幅広くお勧めできる望遠鏡といえます．

ニコンフィールドスコープED82シリーズの特徴

- 大口径とコンパクト：82ミリの大口径により集光力，解像力が高く，各種観察に威力を発揮します．また対物レンズには3群5枚構成のテレタイプ光学系を採用し，高い光学性能とコンパクトボディを実現しました．
- EDレンズ：対物レンズにはニコン独自のEDレンズ(特殊低分散ガラス)を2枚使用し，色収差を大幅に補正しクリアな視界をひらきます．
- 多層膜コーティング：レンズ，プリズム，防塵ガラスの全面に多層膜コーティングを施し，透過率を高め，より明るいシャープな視界を実現しています．
- 全反射型プリズム：直視型のみならず，傾斜型にもニコン独自の全反射プリズムを使用しています．従来の傾斜型光学系に使用されるような金属面による反射がなく，すべての反射面が全反射面となるため，光量の損失がほとんどありません．
- エコガラス：全てのレンズ，プリズム，防塵ガラスに鉛やヒ素を含まないエコガラスを採用しています．
- 本格防水，防塵構造：アウトドアでも安心して使用いただけるよう接眼レンズの各所にOリングを施し，防塵，防滴構造を採用．本体ボディの内部には窒素ガスを充填した本格的な防水構造を採用しています．
- 豊富なアクセサリー：接眼レンズシリーズは全て多層膜コーティングを施し，より明るい視野を実現しています．視界が広く見やすいワイド型接眼レンズや無段階に倍率を変えることができるズーム型接眼レンズなど自由に交換可能です．更にカメラアタッチメント，デジタルカメラアタッチメント，専用のフィールドスコープ三脚，フィールドスコープ雲台など豊富なアクセサリーにより，色々な用途に幅広く活用できます．

★本機の仕様／価格

有効径：82mm 集光力：137x
分解能：1.4"（ドーズの式による理論値）
合焦範囲：∞～5m
フィルターアタッチメントサイズ：86mm（P=1.0）
全長×高さ×幅：ED82　　327(*377) x 122 x 108 mm
（本体のみ）　　　ED82-A 339(*389) x 122 x 108 mm
※ フード引き出し時の全長
質量（重さ）（本体のみ）： ED82 1,575 g
ED82-A 1,670 g
価格：フィールドスコープED82　　147,000円（税込）
フィールドスコープED82-A 157,500円（税込）

接眼レンズ	倍率	実視界	見かけ視界	アイレリーフ	ひとみ径	希望小売価格（税込）
30xワイドMC(φ82)	30倍	2.4°	72°	15.1mm	2.7mm	¥21,000
38xワイドMC(φ82)	38倍	1.9°	72°	17.9mm	2.2mm	¥21,000
50xワイドMC(φ82)	50倍	1.4°	72°	17.8mm	1.6mm	¥23,100
75xワイドMC(φ82)	75倍	1.0°	72°	17.0mm	1.1mm	¥25,200
25-56xズームMC(φ82)	25～56倍	1.6°※	40°※	12.9mm※	3.3mm※	¥19,950
25-75xズームMCⅡ(φ82)	25～75倍	1.6°※	40°※	14.1mm※	3.3mm※	¥34,650
30xワイドDS(φ82)	30倍	2.4°	72°	18.7mm	2.7mm	¥25,200
50xワイドDS(φ82)	50倍	1.4°	72°	17.8mm	1.6mm	¥25,200
75xワイドDS(φ82)	75倍	1.0°	72°	17.0mm	1.1mm	¥27,300

＊他に25xMC(φ82)¥8,400, 50xMC(φ82)¥8,400があります．※ズームの最低倍率時の値

Maker's Choice

西村製作所
NRAPO-25D
254mmアポクロマート屈折望遠鏡

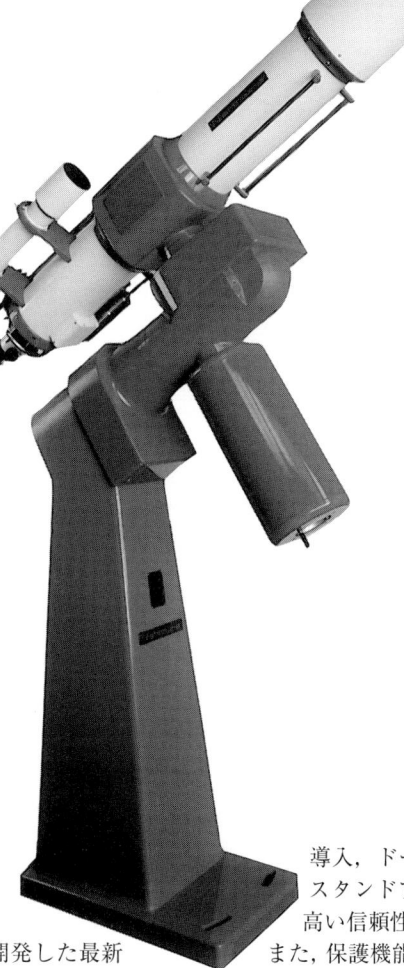

25cm屈折望遠鏡
天体望遠鏡コンピュータ制御システム

　学校・教育センター・科学館向けに開発した最新鋭コンピュータ制御システムを搭載した，据付型屈折望遠鏡です．対物レンズは，耐候性に優れた超低分散ガラスを使用したトリプレット・アポクロマートレンズを採用，色収差や球面収差などの残存収差を見事に補正．ストレール比0.95を上回る高度な研磨技術は，トワイマングリーン干渉計で測定され，優れたポテンシャルを秘めていることを証明し，レーリーリミットを遥かにクリアして，高倍率における惑星面のディテール検出に威力を発揮します．

　赤道儀架台は新設計のエルボータイプで，天頂付近の通過も可能．ウォームギアは，砲金製ホイールを採用，精密研磨と高周波焼入れ処理を施しています．また駆動制御は，円滑な回転で定評の高いACサーボモータドライブを採用，高精度なポインティングとトラッキングを実現しています．

　弊社オリジナルの制御コンピュータを立ち上げると，天体情報や望遠鏡・ドームの状態を表示します．望遠鏡及びドームの起動・終了操作は勿論のこと，天体の自動導入，ドームの連動などすべてのシステムがスタンドアローンで行える，トータル設計で高い信頼性を実現しています．

　また，保護機能としてオーバーラン自動停止機能，過電流自動停止機能，コンピュータ通信異常停止機能そして手動による非常停止ボタンを装備，警報ブザーで異常を知らせ原因と処置方法を知らせます．ドーム内だけでなくリモートコントロールも視野に入れた最新の制御システムです．

★**本機の仕様／価格**

・鏡筒部

対物レンズ	：トリプレット・アポクロマート
有効口径	：254mm
焦点距離	：2286mm
口径比	：F/9

・赤道儀

架台形式	：ドイツ式エルボータイプ
コンピュータ制御	ACサーボモーター

・重　量：約1,200kg

価　格　別途お見積もり

メーカー推薦

Maker's Choice

西村製作所
NC-60FS
コンピュータ制御反射望遠鏡

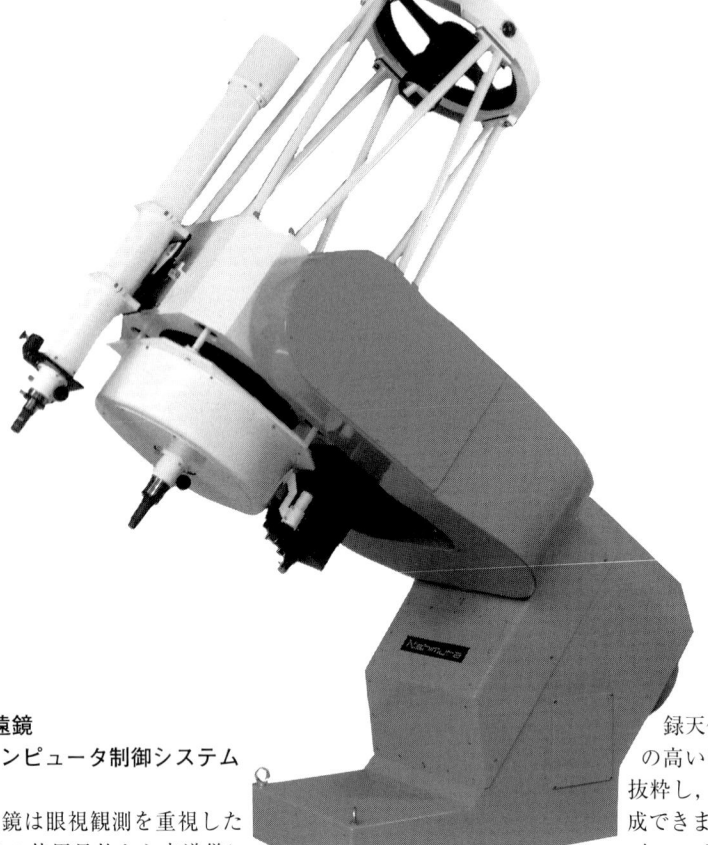

60cm反射望遠鏡
天体望遠鏡コンピュータ制御システム

　本反射望遠鏡は眼視観測を重視したモデルです。その使用目的から赤道儀にはフォーク式を，光学系にはカセグレン焦点を採用しました。この組み合わせは接眼部の移動量が少なく，眼視観測には大変有効な型式だと考えます。

　写真のモデルは，鏡筒にセルリエ・トラス式を採用しています。

　この方式では鏡筒の厳密なたわみ計算が可能なため，筒式と比べ，光軸の狂いを最小限に抑えることが可能となっています。

　また，シーイング劣化の原因の一つである筒内気流に関しても100%解決していると言っても過言ではないでしょう。

　もちろん，観測室内，屋外の光（迷光）の影響に関しては優位にある筒型鏡筒モデルもラインアップされています。

　天体導入に関しても簡単かつ迅速な操作を可能としたソフト，「The MASTER of TELESCOPE」（弊社オリジナル）を採用しています。

　本ソフトはマウスオペレーションを基本としています。代表的な恒星に関しては表示された星図から選択します。惑星，太陽，銀河，星雲・星団等はメニューより選択します。その他，特殊機能として，小惑星などケプラー運動を行う天体は，その軌道要素を入力することにより位置計算を行い，導入することが可能です。任意の天体のデータを入力し，登録天体リストを作成したり，観測頻度の高い天体をメニュー上のリストから抜粋し，自分だけの観測プログラムも作成できます。

　本ソフトはこのような「使い勝手の良さ」だけでなく，ハード（天体望遠鏡）のサポートも行っています。天体導入の補正機能としては極軸のずれ，フォークのたわみ，大気差を補正する機能を採用し，より正確な導入を実現しています。

　西村製作所のコンピュータ制御システムで，宇宙の神秘を再発見してみてください。

★本機の仕様／価格

・鏡　筒
　カセグレン式光学系
　有効径　：600mm
　焦点距離：7,200mm
　口径比　：F12
・赤道儀
　架台型式：フォーク式赤道儀
　コンピュータ制御　ACサーボモーター
・同架望遠鏡
　15cmEDアポクロマート（口径比 F12）
　7.5cmEDアポクロマート（口径比 F6.7）
価　格　別途お見積もり

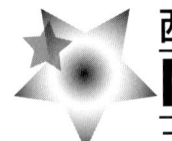

Maker's Choice

西村製作所
1m級反射経緯儀式望遠鏡
コンピュータリモート制御システム

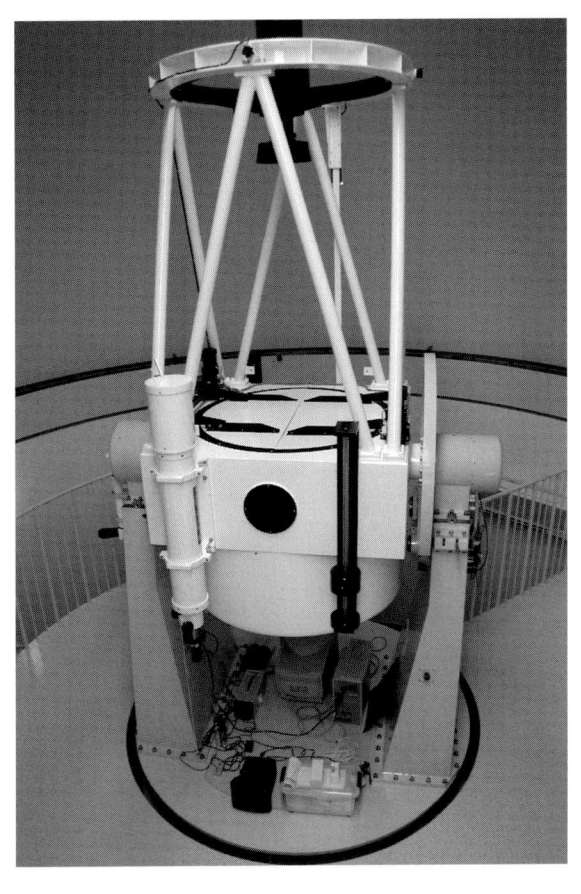

1.0m反射経緯儀式望遠鏡
コンピュータリモート制御システム

　本機は西村製作所の技術を結集した21世紀にふさわしい本格的なコンピュータ制御方式を採用した中口径経緯儀式望遠鏡です．プロトモデルは2000年に名古屋大学理学部と共同開発した南ア・サザーランド観測所の1.4m望遠鏡で既成概念にとらわれず優秀な性能とコストパフォーマンスを追及して試行錯誤の結果，構造力学的要素を解析し僅か1年余で高精度経緯儀式望遠鏡を完成させました．そして2001年，量産型1号機となった1.0m望遠鏡が鹿児島大学理学部宇宙コースに納入されました．光学系はR-Cを採用，合成口径比は光・赤外線用のためF/12に設定，一般公開用にナスミス焦点も装備しました．トラス鏡筒およびセルは撓み誤差の少ない構造で設置後のハルトマン試験ではT=0.19の好結果を得ております．また経緯儀設計の中枢である3軸駆動部には，方位・高度軸にダイナサーブモータを，視野軸にフィールドインストゥルメントローテータを採用．

ハイデンハイン社製の高分解能エンコーダーとのコンビネーションにより，ポインティング精度は1.5秒角／ｒｍｓ，追尾精度0.25秒角とまさにピンポイントの天体導入を可能としました．経緯儀式は従来の赤道儀式と比較しますと構造的にコンパクトにまとまりドーム径も小さく済み，1m望遠鏡は7mドームで収まりトータルで経済的です．

　弊社ではこれらの技術経験をもとに，国内外の大学・研究施設をはじめ，科学館や公開天文台を計画されている官公庁関係各位に2mオーバー迄の経緯儀望遠鏡の受注にお応えできる体制を整えております．

★本機の仕様／価格

・光学系：カセグレン，R-C，ナスミス他

口径0.6mから2mクラスまでを検討
仕様詳細は打合せによる

・経緯儀：コンピュータリモート制御
・モニタ望遠鏡：15cmEDアポクロマート（口径比F8）

価格　別途お見積もり

メーカー推薦

Maker's Choice

ビクセン
SXD赤道儀
高精度自動導入赤道儀

メーカー推薦

　SXD赤道儀は，2003年に発売したSX赤道儀の上位機種です．

　SX赤道儀開発当初から，SXDはそのアップグレードバージョンとして計画，設計されていました．基本的な構造はSX赤道儀と同じで，カラーリングやサイズなどはほぼ変わりありません．

　しかし，外観はSX赤道儀そのままではあるものの，内部は「強度の向上」を目的に赤経軸・赤緯軸をそれぞれアルミからスチールへ変更．ウォームホイールは「耐久性の向上」を目的にアルミから真鍮へ変更しています．また，ウォームネジ加工は極めて高い精度に仕上げ，組立時のラッピング作業もSX赤道儀と比較し大幅に工数をかけ，入念に行っています．

　高精度加工されたウォームネジを支えるウォーム軸受けにはボールベアリングを使用し，滑らかな回転を得ると共に，高精度な追尾を実現しています．赤経軸・赤緯軸の軸受けについても効果的にベアリングを追加することで，十分な剛性を確保しながらもコストアップを最小限に抑える工夫を凝らしています．

　基本構造がSX赤道儀と同じなので，「ウエイトが少なくて済む」というSX赤道儀の構造的な利点を活かすことで軸受け重量が少なく済むことになり，その結果，赤道儀本体の重量と比較して搭載重量が大きくできるということに繋がっています．このように，SXD赤道儀は，総合的なコストパフォーマンスがたいへんに高い赤道儀となっています．

　さらに，コントローラーは発売以来，好評を頂いておりますSTAR　BOOKを使用しています．他に類を見ない大型液晶画面を搭載，画面に表示された星図から天体を選択することで誰にでも簡単に自動導入ができる操作性，そして天体写真撮影時に有効なPEC機能やオートガイダー端子を標準装備．LAN端子を備えネットワーク接続によるバージョンアップも可能です．

　SXD赤道儀は，初心者の方からベテランの方までにお奨めできる，ビクセンの新世代架台です．

★本機の仕様／価格

SXDマウント	262,500円（税込）

Maker's Choice

ビクセン
ジオマⅡ / ジオマⅡ EDシリーズ
フィールドスコープ

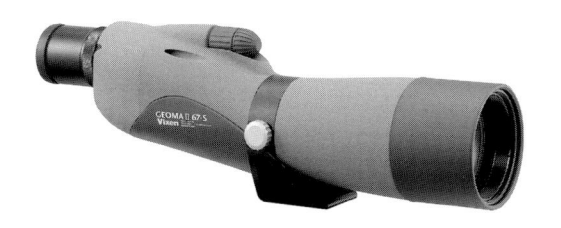

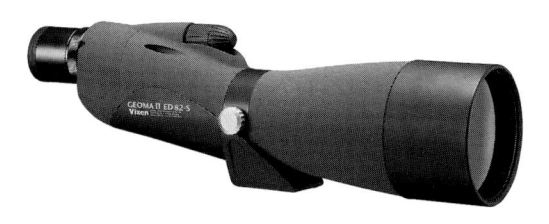

デザイン性に優れた製品に贈られる"グッドデザイン賞"を受賞した「ジオマ プロシリーズ」のフォルムと多彩な機能はそのままに，光学系とボディ外装をリニューアルし，誕生したのがジオマⅡ / ジオマⅡ EDシリーズです．

○新光学系/デジタル対応
　フィールドスコープにデジタルカメラを接続して野鳥を撮影する新しい趣味，"デジスコ"に対応するため，本体光学設計を見直すとともに，新型接眼レンズ「GLH20D」を開発．視野中心部はもちろん周辺部にわたってシャープな描写力を発揮し，写真にした時にも美しい仕上がりをみせます．

○特殊ビーズ塗装
　独特の手触りでしっとりと馴染む外装を「特殊ビーズ塗装」により実現しました．光の反射が少なく落ちついたカラーリングは，野鳥や野生動物の観察に適しています．

○デュアルフォーカス
　ピント機構には，粗動と微動のふたつの調節機能をもった従来からの「デュアルフォーカス」を採用．粗動と比べ1/8ピッチで動く微動により，精緻なピント合わせが可能です．

○回転式鏡筒
　鏡筒中央部を回転させることが可能です．カメラなど撮影機材を取付けた際の操作性向上に役立ちます．

○防水仕様
　不活性窒素ガス充填による防水仕様です．雨天の際，あるいは水辺で使う際に威力を発揮します．

○EDレンズ
　ジオマⅡ EDシリーズは，対物レンズにED（超低分散ガラス）レンズを使用．極めて高いレベルで収差が抑えられ，抜群のコントラストで対象をとらえます．

★本機の仕様／価格　ジオマⅡ 67-Sセット
接眼レンズGLH20D付属
対物レンズ　67ｍｍ
焦点距離　386ｍｍ
コーティング　パーフェクトフーリーマルチコート
サイズ　12.0×33.0×8.5cm
重さ　1,000g
価格　58,800円（税込）

ジオマⅡ 82-Sセット
接眼レンズGLH20D付属
対物レンズ　80ｍｍ
焦点距離　480ｍｍ
コーティング　パーフェクトフーリーマルチコート
サイズ　11.8×36.4×9.7cm
重さ　1,275g
価格　74,550円（税込）

ジオマⅡ 67-Aセット
価格　61,950円（税込）

ジオマⅡ 82-Aセット
価格　77,700円（税込）

ジオマⅡ ED67-Sセット
接眼レンズGLH20D付属
対物レンズ　67ｍｍ
焦点距離　386ｍｍ
コーティング　パーフェクトフーリーマルチコート
サイズ　12.0×33.0×8.5cm
重さ　1,010g
価格　85,050円（税込）

ジオマⅡ ED 82-Sセット
接眼レンズGLH20D付属
対物レンズ　80ｍｍ
焦点距離　514ｍｍ
コーティング　パーフェクトフーリーマルチコート
サイズ　11.8×36.4×9.7cm
重さ　1,330g
価格　115,500円（税込）

ジオマⅡ ED67-Aセット
価格　88,200円（税込）

ジオマⅡ ED82-Aセット
価格　117,600円（税込）

Maker's Choice

フジノン
FUJINON FMT／MTシリーズ
7×50～16×70双眼鏡

プロが選ぶ高性能双眼鏡として，各方面から高い評価を頂いている「FUJINON FMT／MTシリーズ」．

プロの信頼に応える双眼鏡「使う場所を選ばない」これが代々引き継がれた伝統です．厳しい環境下での使用にも耐える堅牢さ，そして，損なわれることのない優れた光学性能．「FUJINON FMT／MTシリーズ」は，監視から観察まで，いわゆる観測のプロに愛され続けるように，自然の中で使う道具としての姿を追求しました．

主な特長

・丈夫で扱いやすいボディ
あらゆる厳しい環境での使用を想定して，頑強な構造と，優れた防水性を持っています．さらに人間工学に基づいたデザインを随所に取り入れ，手にしっくり馴染み使いやすい工夫がされています．

・フジノン独自のマルチコーティング
すべてのレンズとプリズムには，フジノン独自のマルチコーティングであるEBCコーティング（Electronic Beam Coating）を施し，透過率をより一層高めています．

・フラットナーレンズ（FMTシリーズのみ）
像面フラットのレンズは，周辺まで明るくシャープな視野と長いアイレリーフを実現しました．

・充実の製品群
お客様の用途により，製品をお選びいただけるように，「FUJINON FMT／MTシリーズ」は，7倍から16倍までの製品を揃えております．どの製品も，価値ある高性能双眼鏡です．技術のFUJINONが自信を持ってお奨めいたします．

■FUJINON FMT／MTシリーズ・仕様

	7×50 MT-SX	7×50 MTR-SX	7×50 FMT-SX	7×50 FMTR-SX	7×50 MTRC-SX	7×50 FMTRC-SX	10×50 FMT-SX	10×50 FMTR-SX	10×70 FMT-SX	10×70 MT-SX	16×70 FMT-SX
倍率	7	7	7	7	7	7	10	10	10	10	16
対物レンズ有効径(mm)	50	50	50	50	50	50	50	50	70	70	70
アイレリーフ(mm)	12	12	23	23	12	23	19.8	19.8	12	23	15.5
実視界	7°30′	7°30′	7°30′	7°30′	7°30′	7°30′	6°30′	6°30′	5°18′	5°18′	4°
1000mでの視界(m)	131	131	131	131	131	131	113	113	93	93	70
射出瞳径(mm)	7.14	7.14	7.14	7.14	7.14	7.14	5	5	7	7	4.38
明るさ	51	51	51	51	51	51	25	25	49	49	19.1
眼幅調整範囲(mm)	56～74	56～74	56～74	56～74	56～74	56～74	56～74	56～74	56～74	56～74	56～74
高さ(mm)	185	187	196	198	187	198	191	191	269	280	270
幅(拡張時)(mm)	218	218	218	218	218	218	218	218	238	238	238
質量(kg)	1.22	1.30	1.38	1.41	1.36	1.46	1.40	1.43	1.80	1.93	1.92
希望小売価格	¥43,575	¥46,725	¥80,850	¥84,000	¥54,390	¥91,665	¥90,300	¥93,450	¥66,150	¥99,750	¥108,150

Maker's Choice

FUJINON LB150シリーズ
フジノン
25x150/40x150大型双眼鏡

　フジノンLB150シリーズは，対物レンズに150mmの大口径レンズを搭載．各レンズエレメントには，多層膜反射防止コート（EBCコーティング）を施し，周辺まで歪みや滲みを抑えたクリアでシャープな像を映し出します．夜間の集光力と解像力で特に天体観測に威力を発揮し，多くの観測者から絶大な信頼を得ています．

　本体は防水構造に加え，漁業の現場でも耐えうる優れた耐蝕性を持ち，厳しい環境下でも常に安定した性能を発揮します．

●EBCコーティング
フジノン独自のマルチコーティング技術で，透過率をより一層高め，視界のすみずみまで明るくシャープな像が得られます．

●EDレンズ
大型双眼鏡では，そのサイズ上の制約から，対物に短焦点のレンズを使用しなければならず，高倍率をかけるほど目立つ二次スペクトル（倍率による色収差）の補正が困難になります．フジノンでは25x150ED，40x150ED，25x150EMに特殊なEDレンズを採用．色の滲みを極限まで抑えることに成功しています．

標準付属品：・対物レンズキャップ　・ツノ型見口
オプション：・架台　・三脚　・フィルター各種
　　　　　　・アルミトランク

機種名	25x150MT-SX	25x150ED-SX	40x150ED-SX	25x150EM-SX
倍率	25	25	40	25
対物レンズ有効径（mm）	150	150	150	150
実視界	2.7°	2.7°	1.7°	2.7°
射出瞳径（mm）	6	6	3.75	6
明るさ	36	36	14.1	36
アイレリーフ（mm）	18.6	18.6	15	18.6
1000mでの視界（m）	47	47	30	47
長さx幅x高さ（架台付き、本体水平時/mm）	962x365x525	962x365x525	946x365x525	964x365x545
質量（kg）	18.5	18.5	18.5	19.5
	受注生産品	受注生産品	受注生産品	受注生産品

Maker's Choice

ペンタックス
PENTAX 150SDP/MS-55z
15cmSDアポクロマート屈折望遠鏡／ドイツ型赤道儀

ペンタックスが追求した究極の性能と圧倒的な存在感．上質かつ特徴的なデザイン．大きな安心感．それら全てを満たしたのがPENTAX 150SDP／MS-55z．まさに「オーナー」という呼び名がふさわしい望遠鏡です．

150SDPは大口径屈折望遠鏡に究極の光学系「SDP光学系」を採用．超特殊低分散新種ガラスの「SDガラス」と「EDガラス」を含む4群4枚アポクロマートの新開発光学系です．あらゆる観測シーンで高性能であることを設計目標とし，様々な光学系を調査・分析しました．そして，長焦点屈折系に匹敵する安定した眼視性能，回折限界まで色収差を排除したシャープな星像，フラットフィールド特性の更なる追求など，驚異的なスペックが実現しました．更には，ペンタックス独自の天体用特殊コートを新開発．レンズ材料毎にコーティングを変え，CCD受光素子を加味した近赤外を含む400～850nmで90％以上の透過率を確保．今までに感じたことのない透き通る美しい星像を実感していただけます．

完成度の高い合焦機構と接眼部には，内径90mmの大口径ドローチューブと高精度直進ヘリコイドの他，剛性の高いワンタッチ脱着式接眼部などを装備し，高い光学性能を最大限発揮出来るよう設計．外観色は落ち着いたなかに美しさが光るホワイトパールカラー．見る度に心踊る上品な仕上げにしました．

MS-55z赤道儀は，前身の素晴らしい諸性能を踏襲しつつ，更なる高速化とセッティング精度の向上，ユーザー側に立った細かな部分をリファインして誕生しました．MS-55zは，高トルク／高精度ステッピングモーターと新規制御回路の採用で最高500倍速（対恒星時，専用ACアダプター使用）を実現．その上，極軸セッティング精度向上と北極星導入時の負担軽減を同時に解決させる「正立ズーム式極軸望遠鏡」の新開発に成功しました．「正立ズーム式極軸望遠鏡」の採用で，低倍率・正立像化により視野への北極星導入が飛躍的に容易となり，大幅負担軽減と高倍率でのセッティング精度向上を同時に実現．パターンの認識性にも目を向け，都市部での明るい空用に認識性の高い緑色，郊外での暗い空用に目に負担をかけない赤色の2色が切り替え可能です．海外での使用も考え，北天用・南天用を標準装備（歳差補正2025年まで対応）．内部は，赤経・赤緯軸のモーターや材料を見直し，各軸の支持構造全てに高精度テーパーローラーベアリングを採用．外部は，ウェイト軸を鉄材のネジ式からステンレス材の直棒式に変更．ウェイト1個の質量が10kgと軽量になり脱着時の負担を軽減．また，方位・高度調整ネジにスルーホールを設け，各コードの接続もワンタッチ式に変更．スタブも改良し，突起を設け滑り難くしました．もちろん，「IC-55i」とパソコンとの接続で観察対象や撮影対象の高速自動導入が可能．持つ満足感，観る充実感，そして撮る安心感，それら全てに答えてくれるのが150SDP／MS-55zです．

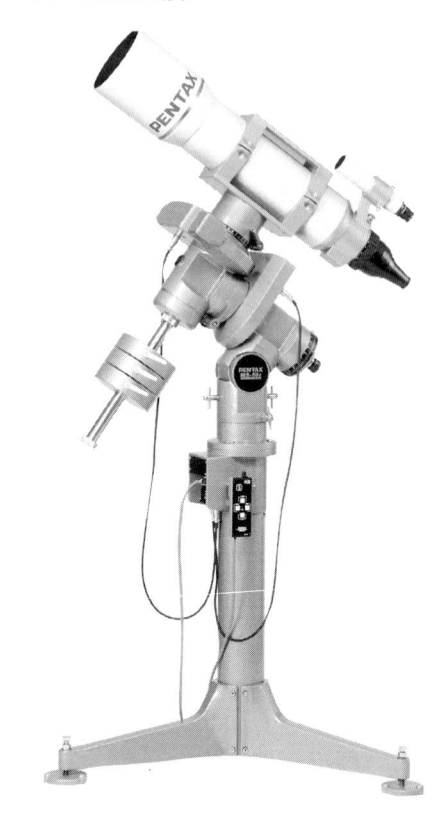

★本機の仕様／価格

■150SDP鏡筒	価格 2,604,000円（税込）
対物レンズ形式	：SDPアポクロマート
レンズ構成	：4群4枚
有効径	：150mm
焦点距離	：960mm
口径比	：1：6.4
分解能	：0.78秒
実視極限等級	：12.6等
集光力	：459倍
■MS-55z赤道儀	価格 2,276,400円（税込）
MS-55z型ドイツ型電動赤道儀ピラータイプ	
赤経赤緯両軸ステッピングモーター内蔵	
2色暗視野照明付正立ズーム式極軸望遠鏡（両極対応）内蔵	
搭載質量	：40kg
ピリオディックモーション	：±3.5秒以下
インテリジェントコントローラー（IC-55i）別売	

Maker's Choice

ペンタックス
PENTAX 125SDP/105SDP
12.5cm/10.5cmSDアポクロマート屈折望遠鏡

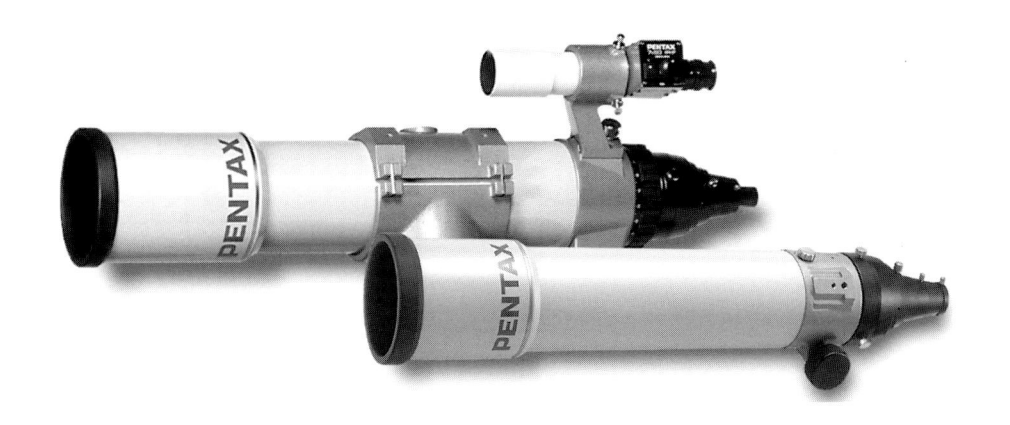

　あらゆる観測シーンで最高の性能を発揮する天体望遠鏡，それがPENTAX 125SDP／105SDPです．「究極のフォト・ビジュアル望遠鏡」としてペンタックスの技術を余すところなく投入し開発したSD・EDガラスを含む4群4枚構成の2群分離型アポクロマート光学系（SDP光学系）を採用しました．

　「SDP光学系」とは，超色消しや球面収差補正に優れた4枚玉対物レンズの特性をそのままに，後群の2枚を前群と大きく離してフィールドフラットナー効果を持たせた光学系です．それは「フォト・ビジュアル望遠鏡」の代名詞，"EDHF並びにSDHFシリーズ"が，フィールドフラットナー・レンズを内蔵したことで，レデューサー・レンズに頼ることなく眼視観測・写真撮影の相異なる性能の両立を実現したというコンセプトを受け継ぎ，更なる進化をさせた，このSDP光学系の採用で，眼視観測・写真撮影において非常に高いコントラストと安定した星像を実現．g線からC線の全波長域で回折限界に達する，従来のSDやフローライトアポクロマートとは一線を画するシャープな像が得られます．その他，レンズ材料ごとに新設計した"天体用特殊コート"を採用し，近赤外を含む400〜850nmで90%以上という透過率を確保しました．

　銀塩フィルムおよびCCDカメラによる撮影や，色収差を極限まで押さえた高いコントラストと安定した像を求める眼視観測に最高の性能を約束する望遠鏡．それが，このPENTAX 125SDP／105SDPです．

★本機の仕様／価格

125SDP鏡筒

対物レンズ形式	：SDPアポクロマート
レンズ構成	：4群4枚
有効径	：125mm
焦点距離	：800mm
口径比	：1：6.4
分解能	：0.93秒
実視極限等級	：12.2等
集光力	：318倍
価格	924,000円（税込）

105SDP鏡筒

対物レンズ形式	：SDPアポクロマート
レンズ構成	：4群4枚
有効径	：105mm
焦点距離	：670mm
口径比	：1：6.4
分解能	：1.11秒
実視極限等級	：11.8等
集光力	：225倍
価格	472,500円（税込）

メーカー推薦

Maker's Choice

ペンタックス
PENTAX 100SDUFⅡ/75SDHF XWセット
10cm/7.5cmSDアポクロマート屈折望遠鏡

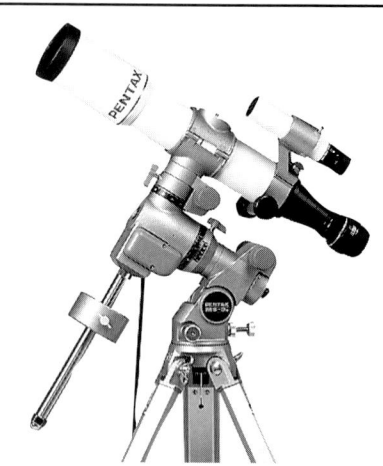

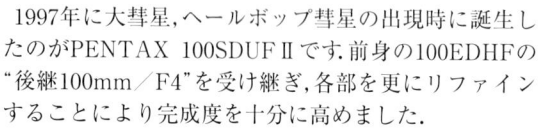

メーカー推薦

 1997年に大彗星,ヘールボップ彗星の出現時に誕生したのがPENTAX 100SDUFⅡです.前身の100EDHFの"後継100mm/F4"を受け継ぎ,各部を更にリファインすることにより完成度を十分に高めました.

 "UF"(Ultra hi-speed & Field flat)の名のごとく,「速写性」,「像の平坦性」そして6×7判対応の「広いイメージサークル」を持ち,高い写真性能を発揮.彗星以外にも星野写真や新星の発見,小惑星の発見など,幅広く活躍しています.

＜リファイン項目＞
1.内面反射のリファイン
光学系の再設計を実施,各レンズ面の曲率半径最適化によりフィルムからの反射を含むレンズ系全ての内面反射を大幅に減少.
2.コーティングのリファイン
各レンズに対応した「天体系特殊コート」を新開発.可視光域で1面当りの透過率を最大99.9％と大幅に向上.
3.収差のリファイン
「視野周辺部の像面湾曲」と「倍率の色収差」を従来の約1/3に低減.
4.操作性のリファイン
フィッティングと操作性を考慮し,「ラバー製ピントリング」と「回転クランプ」を新設計.
5.バーニアのリファイン
最小読み取り値20μmが確実に読めるように,目盛りを約2倍に大きく変更.

★本機の仕様／価格

対物レンズ形式	：SDUFアポクロマート
レンズ構成	：4群4枚
有効系	：100mm
焦点距離	：400mm
口径比	：1：4
分解能	：1.16秒
実視極限等級	：11.7等
集光力	：204倍
価　格　346,500円（税込）	

 優秀な光学性能と扱いやすい操作性,そして十分な機動性を考慮したコンパクトさ.これら天体観察に大切な要素を総合的にバランス良く盛り込み設計したのが,PENTAX 75SDHF XWセットです.

 対物レンズに特殊低分散SDガラスを採用し,屈折望遠鏡の永年の課題である色収差を極限まで克服.ペンタックス独自の光学設計技術を駆使して設計をした,フィールドフラットナー内蔵3群3枚光学系を採用しました.更にコーティングでは世界に誇るペンタックス独自のマルチコーティングをレンズ全面に施し,驚くほどの透過率と耐候性を実現.眼視観察や写真撮影で周辺まで,驚くほどシャープでコントラストの高い明るい像を作り出します.また,MS-3N型赤道儀にも高い技術を投入.このクラスでは類を見ない「赤経軸ダブル微動機構」を採用しました.星を全自動で追尾する,水晶発振制御赤経モータードライブを標準装備し,高精度でありながら使う側に立ったうれしい機能を充実させました.更に見掛け視界70°の広視界XWアイピース2本と天頂プリズムを付属.手に入れたその日からすぐに星空体験が可能です.高性能でありながら手軽に扱える機動性を実現した75SDHF XWセットは,気軽に星空を覗く楽しさ,撮る楽しさ,使う楽しさ,そんな様々な楽しさをお届けします.

★本機の仕様／価格

■75SDHF鏡筒　価格　113,400円（税込）	
対物レンズ形式	：SDHFアポクロマート
レンズ構成	：3群3枚
有効径	：75mm
焦点距離	：500mm
口径比	：1：6.7
分解能	：1.55秒
実視極限等級	：11.1等
集光力	：115倍
■MS-3N赤道儀　価格　189,000円（税込）	
ドイツ型電動赤道儀三脚タイプ	
赤経電動全周微動と赤経手動部微動（±10度可動）	
明視野照明付極軸望遠鏡内蔵	
付属品　アイピース：smc PENTAX XW5・XW14,天頂プリズムDP-317,正立ファインダー7×35CI-F,変換アダプター38mm→31.7mmN	
75SDHF XWセット価格　346,500円（税込）	

Maker's Choice

48

ペンタックス
smc PENTAX XOシリーズ/XWシリーズ
高解像 / 広視界アイピース

smc PENTAX XOシリーズ
2003年火星大接近の為に最高のアイピースを提供するというコンセプトのもと、「眼視性能」と「写真性能」を高次元で融合し「惑星のためだけに」新開発したのが、smc PENTAX XOシリーズです。

●眼視性能と写真性能を高次元で融合
独自の光学設計システム「POLARIS」で新設計。ランタン系高屈折率低分散ガラスを採用し、諸収差を最適に補正しました。「眼視性能」での際立つ中心解像力に加え、「写真性能」の像面湾曲や歪曲収差をも補正、中心部から周辺部まで優れた平坦性とシャープで歪みの少ない光学性能を実現しました。

●見掛け視界とアイレリーフ
見掛け視界は、高倍率観察を重点に44°を確保。アイレリーフはXO2.5mm・XO5mmとも3.5mm以上と、短焦点アイピースでは可能な限り覗きやすく設計しました。

●圧倒的な透過率
全ての空気接触面にペンタックス独自のマルチコーティングを、貼り合わせ面にも特殊コートを施し、可視光全域に渡って96%以上、550nmでは98%の透過率を実現しました。この優れた透過率は、高度なコーティング処理に加え、レンズの厚みを極力薄くした事で、レンズ材の光の吸収を抑えられ達成しました。

●コントラストを極限まで高めたクリアーな視野
コントラストが低下する様々な要因を詳細なコンピュータシミュレートを行い徹底的に除去。更に31.7mm径の採用で、懐を広くとり内面に充分なツヤ消し処理を施しました。これらによりコントラストを極限まで高め、非常にクリアーな視野を得ることに成功しました。細部までこだわった贅沢な作りと高度な各技術によって、このsmc PENTAX XOシリーズは誕生しました。その見え味と写真性能は十分にご満足頂けるものと自負しております。「優れた眼視高性能」と、「優れた写真性能」を存分にお楽しみください。

smc PENTAX XOシリーズの仕様
	焦点距離	レンズ構成	アイレリーフ	見掛け視界	取付径	価格 (税込)
XO2.5	2.5mm	3群6枚	3.9mm	44°	31.7mm	31,500円
XO5	5mm	3群5枚	3.6mm	44°	31.7mm	31,500円

smc PENTAX XWシリーズ
smc PENTAX XWシリーズは、XLシリーズの「ハイアイポイント」「広視界」「高画質」を踏襲しつつ、更なる高性能化へ発展させたアイピースです。
シリーズ全てでアイレリーフは20mm、見掛け視界70°に統一。光学系は高品位ランタン系高屈折率低分散ガラスの採用で、諸収差をバランスよく補正。特に「瞳の球面収差」に注目して設計し、ケラレによるブラックアウト現象を抑え、非常に見易くなっています。
また、全てのレンズの空気接触面にペンタックス独自のマルチコーティングを、接合面にはガラス同士の相性で最も透過率が上がるよう効果的に特殊コートを施し、可視光全域に渡って90%以上、550nmでは96%以上の最高の透過率を実現しました。迷光はコンピュータシミュレーションで解析し、適切な位置に遮光絞り等を設定。ゴーストやフレアーを抑えたコントラストの高い視野を実現しました。回転式見口アイカップは自由な位置に移動でき、裸眼・メガネ使用とも快適に全視野を見渡せます。アイカップを外すと43mm径／P0.75のネジがあり、デジタル関連機器等の接続に使用可能。JIS4級相当の日常生活防水対応で、夜露に濡れても安心です。
　XWシリーズは、焦点距離の見直しと短焦点アイピースの追加により、低倍率での星雲・星団観望から高倍率での惑星面観察まで、あらゆるシーンに適応するアイピースです。

smc PENTAX XWシリーズの仕様
	焦点距離	レンズ構成	アイレリーフ	見掛け視界	取付径	価格 (税込)
XW3.5	3.5mm	5群8枚	20mm	70°	31.7mm	37,800円
XW5	5mm	5群8枚	20mm	70°	31.7mm	34,650円
XW7	7mm	6群8枚	20mm	70°	31.7mm	34,650円
XW10	10mm	6群7枚	20mm	70°	31.7mm	34,650円
XW14	14mm	6群7枚	20mm	70°	31.7mm	34,650円
XW20	20mm	4群6枚	20mm	70°	31.7mm	34,650円
XW30	30mm	6群7枚	20mm	70°	50.8mm	60,900円
XW40	40mm	5群6枚	20mm	70°	50.8mm	63,000円

Maker's Choice

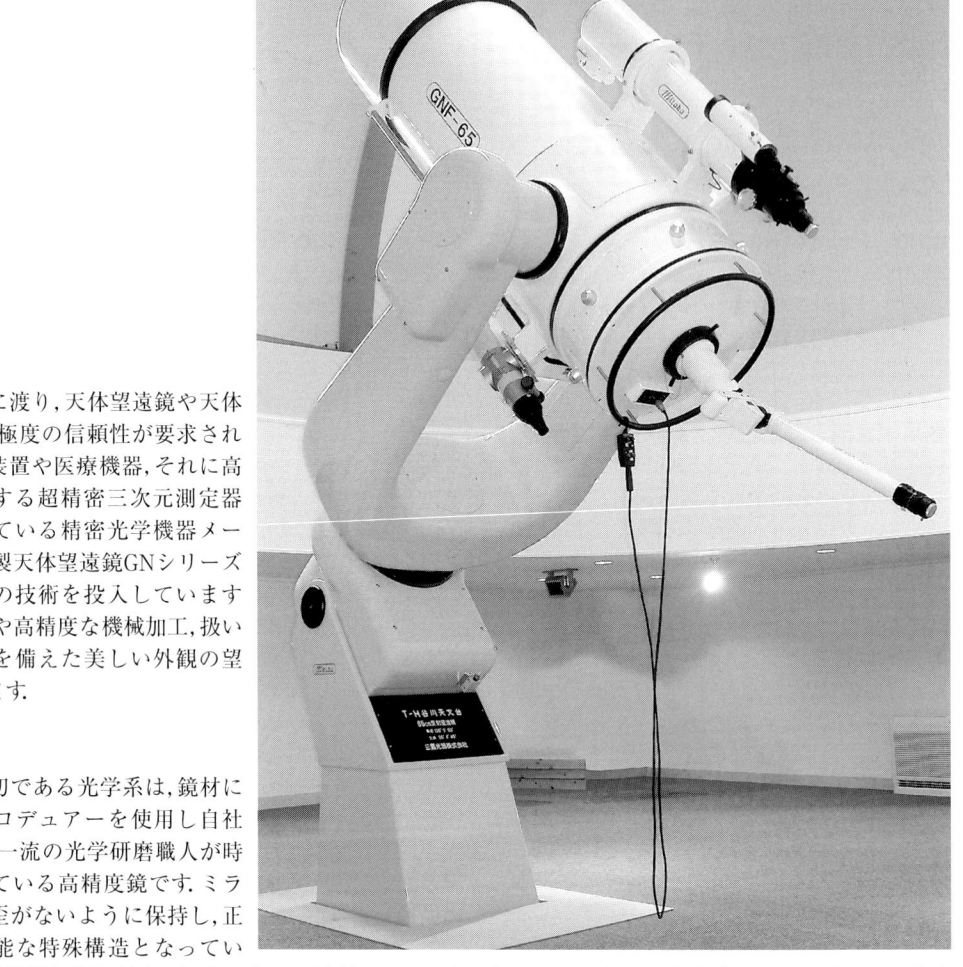

三鷹光器
GNF-65型
65cmカセグレン式反射望遠鏡

三鷹光器は長年に渡り,天体望遠鏡や天体観測機器をはじめ,極度の信頼性が要求されるロケット搭載用装置や医療機器,それに高度な精度を必要とする超精密三次元測定器などを設計製造している精密光学機器メーカーです。三鷹光器製天体望遠鏡GNシリーズには弊社の各部門の技術を投入していますので,優れた信頼性や高精度な機械加工,扱いやすい操作性などを備えた美しい外観の望遠鏡となっております。

・主な特長

望遠鏡で最も大切である光学系は,鏡材に最高級品であるゼロデューアーを使用し自社開発の研磨機にて,一流の光学研磨職人が時間をかけて仕上げている高精度鏡です。ミラーセルはその鏡を歪がないように保持し,正確な光軸調整が可能な特殊構造となっています。また,主鏡と副鏡間を熱膨張率が極度に少ない材質でつなげる事によりピント位置の変化を最小限にしてありますので,写真撮影等に有効であります。接眼部は独自のバヨネットによりワンダーアイ(接眼延長筒)や大型の冷却CCD等でもガタなく容易に脱着できます。大きな望遠鏡で意外とやっかいな高い位置での鏡筒フタの脱着は,電動開閉フタ機構を採用していますので簡単かつ安全になっています。

赤道儀架台はコンピュータ制御式で自社開発による望遠鏡制御ソフト「コズミッククルーザー」により,観測したい天体を画面上から選び,目的の天体の自動導入が可能です。望遠鏡制御画面上に現在の天体位置をわかりやすく表示しますので,今どの天体が観測可能か把握しやすく,どなたにでも簡単に操作ができるようになっています。安全面では制御コンピュータ脇と赤道儀に停止ボタンを取付けていますので高速導入中でも速やかに停止出来ます。また,ソフトウェアリミット以外にもハードウェアリミットを3重に設けて安全性を向上させています。望遠鏡指向精度ですが,コズミッククルーザーには観測用天文台の大型望遠鏡にも数多く採用されている機差補正ソフトT-POINTを採用していますので優れた指向精度が期待できます。これは,特にCCDカメラを使った撮影の効率が大幅に向上いたします。

GNシリーズ天体望遠鏡は高級グレードの望遠鏡ですが,天文の専門知識がなくても間単に操作ができますので公共施設の観望用望遠鏡として,また本格的な天体観測用として幅広く活用していただけます。

仕様:別途打合せ

Maker's Choice

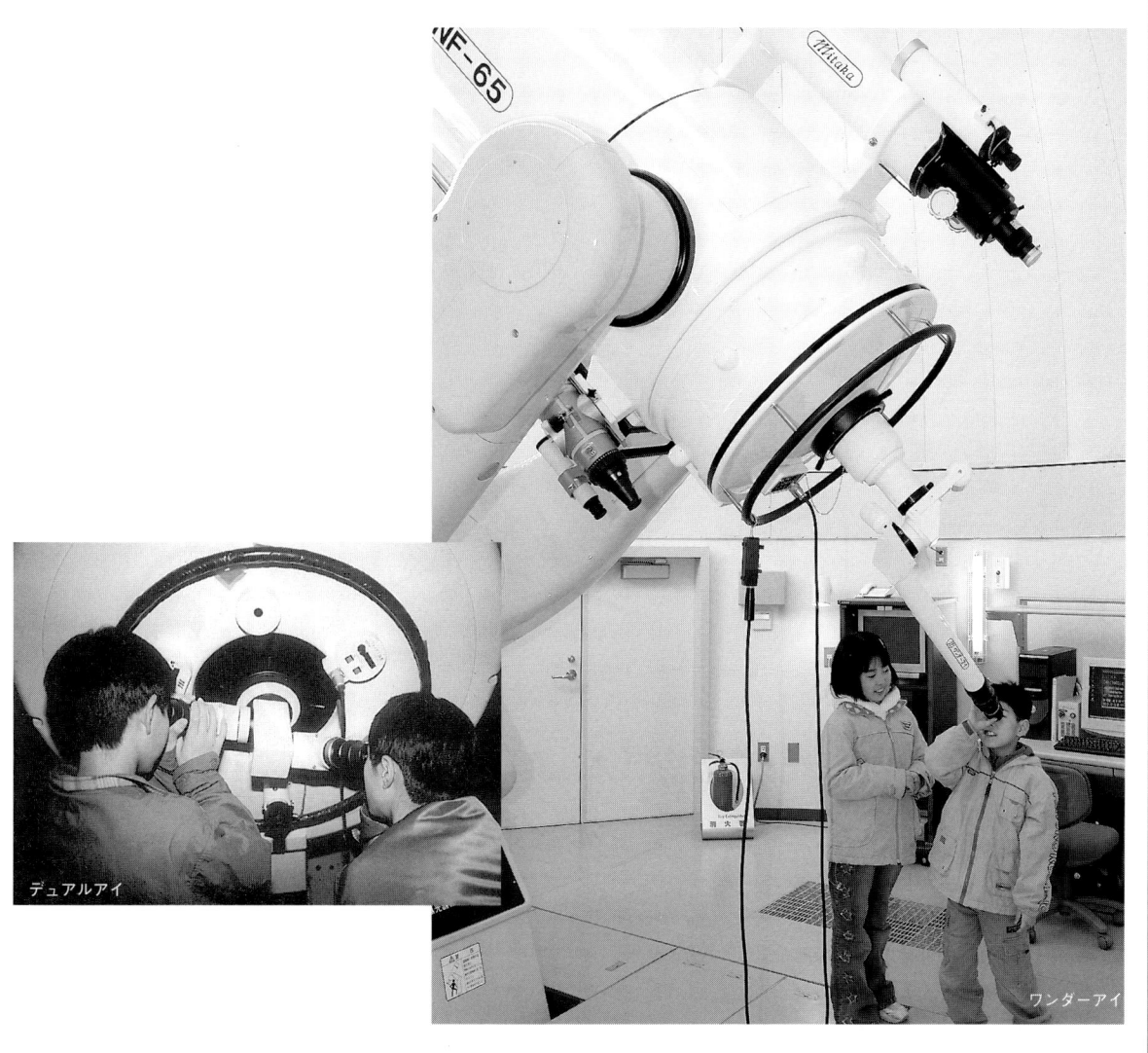

三鷹光器
ワンダー・アイ
公共望遠鏡用接眼部

メーカー推薦

　公共天文台などの公共施設では，不特定多数のお客様が利用され，小さいお子さまから背の高い方までがずらりと並んでワクワクしながら順番を待っています．しかし，ある方にはちょうど良い目の高さでも別の方には低すぎたり，その次の方は小さいお子さまで脚立に乗らないと届かないといった具合で，脚立をその都度移動させているのが現状です．

　ミタカのワンダー・アイならそんな問題は一気に解決！自由な角度で覗けますので，背の高い方から低い方まで脚立無しで大丈夫．車椅子に座ったままでも，モニターテレビやファイバーではなく，実際の星空を接眼部で安全，簡単に覗くことが出来るようになりました．リフトなどの特別な設備が必要なくなりますので，建設費もぐっと節約できます．休日や長期休暇時は大勢のお子様連れの家族でにぎわい，望遠鏡の周りには長蛇の列が出来，長時間待つのはいつものこと，やっと覗ける頃には待ち疲れ，大宇宙の神秘をかいま見る感動もどこへやら…．あるいは途中であきらめて「またにしようか…」なんて事がありませんか？　観望会のローテーションの効率化には，ミタカのデュアル・アイがお役に立ちます．二つに分岐した接眼部は可動式ですので，それぞれお好みの角度で楽に覗けます．それに二人で同時に同じ星を見ることができますから，親子で，兄弟で，あるいは指導員から説明を受けながらスターウォッチングが楽しめます．これからの天文台になくてはならない，スーパーアクセサリーを是非お楽しみ下さい．
（ワンダー・アイ，デュアル・アイは特許商品です）

Maker's Choice

ユーハン工業 U-150 赤道儀

メーカー推薦

ユーハン工業が誇る高精度赤道儀架台　U-150

【簡単】
・折りたたみ式ピラー三脚と2ヶ所のクイックターンホールドでの非常にすばやいセットアップ．

【屈強】
・折りたたみ式軽量アルミピラーにもかかわらず，3ヶ所のテンションボルトで，しっかりと振動を吸収．高倍率にも安定した星像が期待できます．
・両軸ともしっかりとしたハウジング，回転軸，ベアリングに適度な与圧がかけてあり，回転すること以外に動くことはなく，固定軸に近い強さがあります．

【精度】
・ジュラルミン切削ボディにしっかりと支えられ，合計で13ヶ所のベアリングを使用し，高荷重時にも滑らかな動きをする高精度回転部．
・わずかな量でも修正可能な極軸修正微動．極軸は狙った位置にピタリと止まります．クランプ時に動いてしまうことはありません．

【ノータッチガイド】
・完全に極軸があえば，挑戦してみてください．f=1,000ミリクラスの直焦点完全ノータッチガイド．今までになかった新しい赤道儀です．

・f=1,000ミリの直焦点撮影は，その許容範囲が±2秒角以下というシビアな撮影で細心の注意が必要です．

★本機の仕様／価格

・赤経，赤緯全周微動　φ約140ミリ　288：1
・U-150　赤道儀本体（モータードライブ別）
　　　　　　　　　　　60.6万円（税込み）
　　　　赤経体 16kg　赤緯体 9.5kg

・折りたたみ式　　　10.5万円　約600ミリ　18kg
　アルミピラー脚　　12.6万円　約900ミリ　20kg
・据付専用ピラー（高さ指定にて製作）1,000ミリ
　　　　　　　　　　　　　　　　　　18万円程度
・バランスウェイト　小（4.5kg）　9,450円
　　　　　　　　　　大（8kg）　　25,200円

・マッチプレート　　1.05万円〜　各種製作
・鏡筒バンド　　　　6.0万円〜　各種製作
・モータードライブ　MRD製またはK-ASTEC製
　自動導入タイプで15万円〜30万円　各種
・導入速度（対恒星時）　500×〜1600×各種
・極軸望遠鏡　ビクセン用またはケンコー用取付可
・極軸方位修正　360°＋（±10°ダブルスクリュー）
・極軸高度修正　約20°〜60°ダブルスクリュー
・搭載重量　30kg
・折りたたみピラー脚は，他社架台にも対応可
　アタッチメント製作費　2.0万円より

鏡筒は別売・荷造り送料別途

Maker's Choice

ユーハン工業
YOU! Hunter
双眼鏡用架台

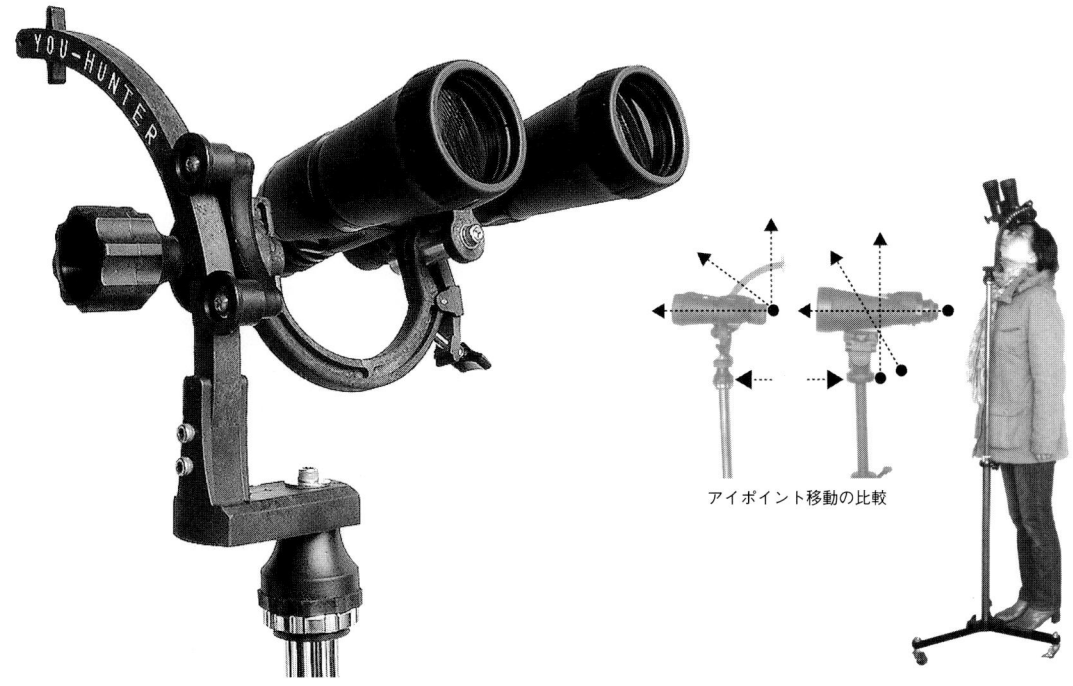

アイポイント移動の比較

「天体望遠鏡が欲しいのですが，どんな物がよいでしょうか？」
よく受ける質問です．

初めての方には，5センチクラスの双眼鏡を私どもはお勧めしています．
その上で望遠鏡でどうしても見たいものがあれば，「それを見るための望遠鏡を買ってください」とお願いしております．

ところが，双眼鏡で地上の景色を見ることができても，見たい星はなかなか見ることができないようです．
例えば，
・高度がついてくるとフラフラする．
・どこを見ているのかよくわからない．
と言った問題です．

三脚にアダプターで取り付けただけでは，天頂方向は見ることができません．

そこで登場したのが，「ユーハンター」です．
双眼鏡用の架台としては，他に見かけることはありません．
しっかりしたカメラ三脚に本体を固定してイラストのように双眼鏡を取り付けます．
水平，上下と思った方向に動かせるので，ふらつかないだけでなく，どこを見ているのかもよくわかります．

YOU! Hunterへの双眼鏡の取り付け方

センター軸
対物レンズ側のキャップを取るとカメラネジがあるもの

直接センター軸が挟めるもの

φ15 アタッチメント（付属品） カメラネジ YOU Hunter!の鋏部分

楽な姿勢で使用できることも大きな特徴で，お手持ちの双眼鏡で今まで思っていた以上によく見えることを実感されることでしょう．

ぜひ1台「ユーハンター」をベテランであるあなたの赤道儀の横にもお供させてください．5センチ7倍から12倍程度の双眼鏡用に製作しております．

★本機の仕様／価格

サイズ	高さ320mm　幅230mm
重量	850g
実用耐荷重	2kg以下
水平方向	フリーストップ式
上下方向	モノレール方式微動付
付属品	アタッチメント
価格	9,800円（税込，荷造送料別途）

＊写真の双眼鏡・三脚は商品に含まれません．

メーカー推薦

Maker's Choice

ライカ ULTRAVID HD
フローライドダハプリズム双眼鏡

イメージ画像

今までになかった世界がそこに

　画期的な技術と高性能な光学系により，これまでも絶賛されてきたライカウルトラビット．新たに革新的なHDモデルが登場しました．光学系には新開発のフローライド（FL）レンズを使用．これにより，視野周辺部まで色にじみがなくシャープで鮮明でコントラストが高い見え味を実現しています．また，忠実な色再現性を高めると同時に，色のコントラストを低下させることなく明るさまでも向上させています．迷光も大幅に低減し，トップクラスと呼ばれる性能をさらにレベルアップしています．

　また，今回初の採用となる新たなコーティング技術，AquaDura™を対物・接眼両レンズに施しています．これにより指紋やほこりがこれまで以上に簡単に落とせるだけでなく，水滴がレンズ表面から自然に流れ落ちるので，視界はいつでもクリアなままです．
ほかにも，より洗練されたプリズムコーティング技術の採用や，光透過率に優れた新しいレンズ素材の使用，また光透過率を全体で3％向上させる高度なコーティングをレンズの表面に施すなど，さまざまな新技術を取り入れています．

　さらに，フォーカシング機構にも改良を加えており，動作には潤滑油がほとんど使われていない為，どんな温度条件下でも操作はいつでもスムーズです．

　妥協のない最高レベルの双眼鏡を求める自然観察にふさわしい最新のウルトラビットHD．自然体験をもっと魅力的にしてくれるツールです．

ULTRAVID	8x32 HD	10x32 HD	7x42 HD	8x42 HD	10x42 HD	8x50 HD	10x50 HD	12x50 HD
税込価格	¥241,500	¥257,250	¥257,520	¥273,000	¥288,750	¥273,000	¥288,750	¥315,000

Maker's Choice

ライカ TELEVID
フローライドフィールドスコープ

イメージ画像

自然を限りなく近く，そして鮮明に

野生生物の感動的な姿を，刺激することなくクローズアップして観察する．そんな楽しみを10年以上も前から実現させてきたのが，高性能フィールドスコープ，テレビットです．その高い光学性能と格別な見え味は，常に新たなスタンダードとしても地位を確立してきました．そして今，光学性能を大幅に向上させた82mmと65mmのニューモデルが誕生しました．サイズは同クラスではもっともコンパクトで，最短合焦距離も非常に短くなっています．新設計のアポクロマート補正レンズは，新たにフローライドガラスを採用して，シャープさとコントラストを高めた最高の色再現性を実現しています．

ボディは全体にラバー外装を施したマグネシウムダイカスト製．高性能の光学系を野外での過酷な使用条件から保護するとともに，どんなシーンでもわずらわしい音を発しないデザインです．対物レンズには新技術のAquaDura™ コーティングを施しています．これにより付着した水滴をきれいにはじき，さらに指紋やほこりも拭きとりやすい為，悪天候でもフィールドスコープとしての性能を最大限に発揮できます．

また，アイピースのラインナップには，新開発の25〜50倍の広角ズームアイピースが加わりました．60°以上の広角で，全ズーム域で周辺部までシャープに見えるその見え味には，従来のユーザーも驚かずにはいられないはずです．類まれなるその光学性能により，圧倒的な倍率でこれまでにない観察が体験できます．数々の特長を備えた革新的なテレビット．自然とのふれあいをいっそう深めてくれるツールです．

日本での発売開始は，2008年秋を予定しています．

メーカー推薦

Maker's Choice

宇治天体精機
スカイマックスV,VI型システム図
SR・SP・SC・W-SR鏡筒

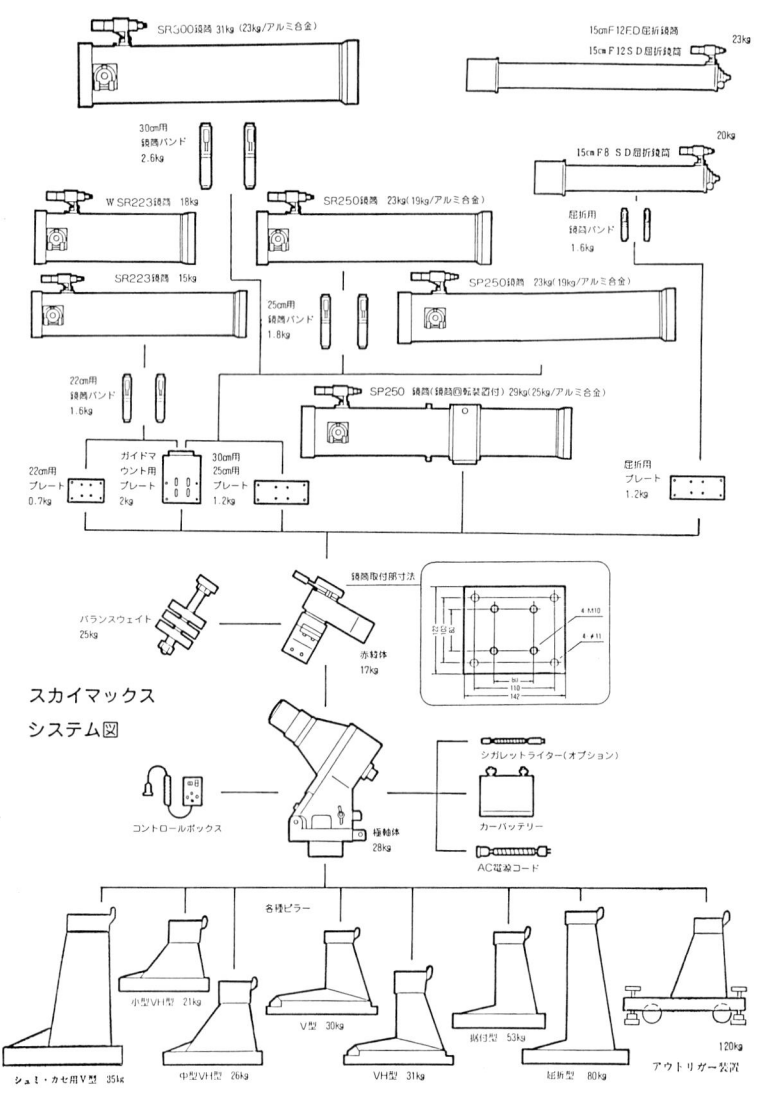

メーカー推薦

・SR鏡筒

SR223・SP250は普通乗用車の後部座席に入る移動可能な丈夫でコンパクトな軽量設計の鏡筒です．

・SP鏡筒

SP250は月面・惑星観測用として開発されました．面精度が高く，斜鏡支持金具による回折現象を軽減させた，専用鏡筒です．

・W-SR鏡筒

W-SR223は写真だけでなく，眼視も楽しんでいただける鏡筒として開発されました．星野写真や彗星・小惑星などの捜索写真として，また，歪曲収差の少ない特性を生かした精密な位置測定を可能にした天体観測用光学系です．

・SC鏡筒

SC300鏡筒は，コンパクトな鏡筒ですが，焦点距離が長く，高倍率が容易に得られ，月，惑星観測に適した鏡筒です．

鏡筒	面精度口径比	ピラー	価格（円）
SR223	λ/8	小型VH	1,302,000
SR223	λ/10	中型VH	1,420,000
W-SR223	F4	小型VH	1,648,000
SR250	λ/8	中型VH	1,560,000
SR250	λ/8	据付型	1,590,000
SR250	λ/10	大型VH	1,668,000
SC300	λ/8	シュミカセV	2,310,000
SR300	λ/8	大型VH	2,020,000
150ED	F12	屈折型	3,200,000
150SD	F8	シュミカセV	2,990,000

鏡筒	SR223	SR250	SR300	W-SR223	SP250	SC300
有効径	223mm	250mm	300mm	223mm	250mm	300mm
焦点距離	1,300mm	1,400mm	1,500mm	888mm	1,500mm	3,600mm
口径比	F5.8	F5.6	F5	F4	F6	F12
分解能	0.52秒	0.46秒	0.38秒	0.52秒	0.46秒	0.38秒
集光力	1,015倍	1,276倍	1,840倍	1,008倍	1,276倍	1,840倍
面精度	1/8 λ	1/8 λ	1/8 λ	1/4 λ	1/10 λ	1/8 λ
鏡筒径	240mm	265mm	320mm	265mm	265mm	320mm
鏡筒長	1,180mm	1,280mm	1,390mm	1,050mm	1,480mm	960mm
重量	15kg	23kg	31kg	18kg	23kg	25kg
（アルミ）		19kg	26kg		19kg	20kg
価格（円）	352,000	550,000	920,000	698,000	670,000	1,210,000

Maker's Choice

★USER REPORT

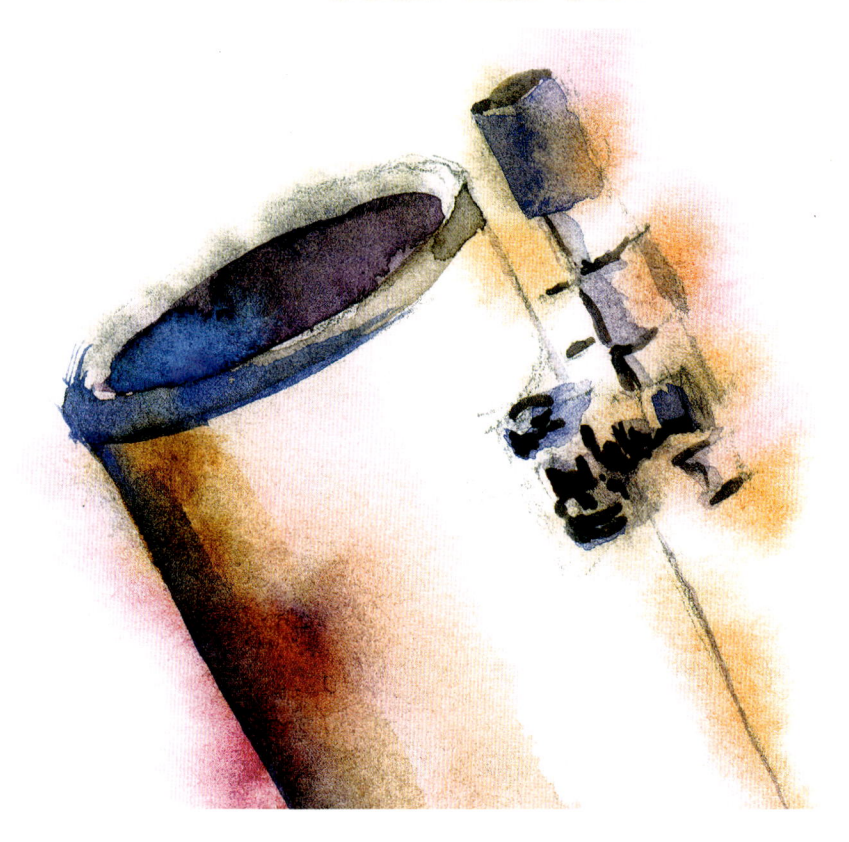

ユーザーリポート

■カタログを見たり，店頭でちょっと触ってみただけでは，その機材の本当の性能はなかなかわからないもの．特に使い勝手などは，長期間使ってみて初めてわかることもあります．いま，購入を考えているその機種の実際の性能はどうなのか？ 自分が持っている機材と同じものを，ほかの人たちはどう使いこなしているのか？ 「ユーザー」の生の声は，そんな貴方にとって，最も説得力のある望遠鏡・双眼鏡選びのための良きアドバイスです．

ウイリアムオプティクス
Zenithstar66SD
部屋に飾っておきたい望遠鏡
松本 孝

ウイリアムオプティクスの望遠鏡を知るきっかけは、ペンション"スターパーティー"のオーナーが、面白い望遠鏡があると青色のZenithstar66SDを紹介してくれたことです。派手な色にも驚きましたが、その高級感には強い印象を受けました。そこで、持ち運びのできる小型の望遠鏡を探していたことや、外国製の望遠鏡も試してみようと思っていたので、Zenithstar66SDを購入しました。

この望遠鏡は国産の望遠鏡を愛用していた者にとっては、大げさに言うとカルチャーショックみたいな印象があって、望遠鏡にも家電製品のようにデザインが大切だよと主張しているようです。そして、デザインが良いだけでなく丁寧な仕上げで高級感に溢れ、何年でも使えそうな丈夫な作りになっています。鏡筒はレンズフードが伸縮式でコンパクトになるほか、アリミゾ式の台座が付いているので鏡筒バンドがなくとも架台に搭載できます。

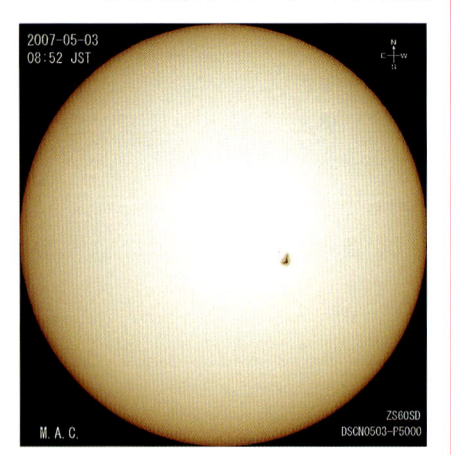

望遠鏡の操作感で一番気になるのが接眼部のピント合わせですが、この望遠鏡はギヤを使わないクレイフォード式を採用し、とてもなめらかで重みのある動きになっています。しかも10分の1の微動でピント合わせができるマイクロフォーカサーが付いているので、高倍率で見る時にとても便利です。接眼部の腹の部分にはネジが二つあり、黒色のネジでピントの動きの堅さを調整し、金属色のネジでピントを固定するようになっています。固定ネジを締めてもピント合わせのハンドルは動きますが、ピントは固定されています。

さて、肝心の光学性能については専門的な評価はできませんが、国産の高級望遠鏡で同様な仕様となっているタカハシのFS-60C(D=60mmf=355mm)と比較するため、実際に月や木星・土星を対象に見比べてみましたが、それほど差があるようには感じられませんでした。また、土星のベルトやカシニの空隙を見ることができたので(2007年4月)、このクラスの望遠鏡としては十分な性能があると思われます。

ウイリアムオプティクスでは手頃な価格で双眼装置を販売していて、この望遠鏡でも楽しむことができます。しかし、ねじ込み式でないためバランスを崩すと落としてしまう危険性があります。また、せっかくの光学性能がありながら、アイピースで拡大して一眼レフカメラで撮影するアタッチメントが用意されていないようです。こうしたアクセサリー類の配慮や充実を期待します。

Zenithstar66SDを手にすると、部屋に飾っておきたいと思わせる望遠鏡です。今は経緯台に載せて部屋に置いてあり、気の向いたときにベランダで月や惑星を眺めて楽しんでいます。また、昼間は正立プリズムを付けフィールドスコープとして野鳥を覗いています。最初に購入する望遠鏡として、また長く使える望遠鏡としてお勧めです。

ウイリアムオプティクス
Zenithstar80FD BINO
（双眼望遠鏡）
星，花鳥風月を愛でる望遠鏡
スノー

星を見ること四半世紀，観望用機材として辿り着いたのが双眼望遠鏡（通称「BINO」）です。愛用しているのは，「メガネのマツモト」さんにより発明され，製作されている，EMSを用いたBINOです。EMSはミラーにより正立が確保されており，容易に光軸の微調整が可能です。2本の望遠鏡と組み合わせると，正立双眼による，圧倒的な高コントラストと広視界を実現した，極めて機能的な双眼望遠鏡が完成します。

高倍率での月・惑星は，立体感を感じ，疲労も無く，詳細な模様の検出を容易にします。シャープな星像，際立つ透明感，この相乗効果で，双眼装置を寄せ付けない，圧倒的な月や惑星像が迫ります。広角低倍率においては，双眼鏡を寄せ付けない世界が待っています。星々の奥行きを感じ，さまざまな色の宝石を散らしたような二重星団，絹のように繊細で複雑にからむ襞のような形状で迫る網状星雲，複雑な乱気流の中に立つような錯覚を感じるオリオン星雲，かみのけ座からおとめ座にかけて漂うように見える無数の銀河団，空間を感じる天の川散策，そして，天文を趣味としない友人がアンド

ロメダ星雲を見て発した一言「写真見たいや！」……．

BINOは，ベースとなる鏡筒の選択により，多様な目的を満します．私の主力機材は15cmアクロマート屈折と，今回紹介する8cmアポクロマート屈折による2台のBINOです．8cmBINOは都会での月惑星観望を想定し，軽量かつ高倍率性能をコンセプトに，William Optics社製の鏡筒Zenithstar80FD（F/6.9）を選択しました（※現在はFDタイプは販売終了となっており，EDタイプレンズの鏡筒のみ販売されています）．

William Optics社は，実用十分な高性能レンズ，丁寧な迷光処理，クレイフォード・フォーカサー，天体望遠鏡のイメージを覆すお洒落なカラー（ワインレッド）と高い質感を誇る鏡筒で有名ですが，実際に期待を裏切らない製品です．このBINOでみる月・惑星は絶品です．小口径と思えないほど詳細な模様が観察でき，木星等は気付いたら数時間も眺めていた夜もしばしばで，飽きることがありません．対物レンズに選択したFDタイプは，像が滑らかで，星雲の先端まで絹のように見せる描写力も特徴的です．微調整が容易なクレイフォード・フォーカサーと相俟って，重量だけでなく使用感も軽快なものとなっています．

BINOの世界は星だけに留まりません．夜明けの雪を頂いた山々，夕焼けを背にした雲，木々で遊ぶ野鳥達・・・昼間の景色も圧倒的な立体感と筆舌し難い透明感で迫ります．スローな時間を求め，自然が好きな方々にもお勧めです．無論，天文ファンには，従来とは異次元の世界が待っています．ベテランには，ありきたりの対象が真に新鮮に感じるでしょう．ビギナーには，写真以上の迫力を感じる対象が多くあります．

特にZenithstar80FDによるBINOは，高倍率から低倍率超広角まで実現し，かつコンパクトです．高質感の鏡筒と相俟って，インテリアとしてもお洒落！見る対象も，機材自身も愛でる望遠鏡と言えるでしょう．

宇治天体精機

SKYMAX赤道儀＋SP223鏡筒

組立てが早く楽にでき
移動用に最適
石川嘉寿樹

私はSKYMAX（以後本機）を平成元年に購入しました．その時の選定基準は，①赤経ウォームホイル径が200mm前後　②搭載重量30kg　③ピリオディックモーション±3～4秒　④恒星時目盛環　⑤ジプシー観測で使うため，組み立て片付けが楽に出来ること　でした．当時これら5点全てを満たす赤道儀としては，本機しかありませんでした．

本機を実際に使ってみると，まずその組立ての早さに驚かされます．全体が4分割されており，ピラー，極軸体，赤緯体，バランスウエイトの順にはめ込むだけで自立します．その後各部の固定ボルトを締め付け，ケーブルを極軸下部のパネルに接続します．最後に鏡筒を載せ，各部のバランスを調整して組立て完了となりますが，ここまでは20分もあれば十分です．その後極軸を合わせますが，極軸望遠鏡のパターンはスカイメモと同じ3星導入式なので，時角計算や水平出しの必要が無く，5分もあれば800mmを20分程度ノータッチで撮影できる精度にセッティング出来ます．常に移動で使っていますが，このクラス随一の使い勝手だと思います．

次に耐久性ですが，本機を入手して約20年経ちますが，数年前にモーター駆動回路の調子が悪くなりIV型に交換した程度で，快調に動作しております．またピリオディックモーションの悪化等は，まったくありません．

搭載するSP223型鏡筒は，移動で使うことを前提に，光軸が狂いにくい構造であること惑星が十分に観測できること，またデジタル系のカメラで撮影可能なことの3点を満たしてもらうべく，SPタイプの鏡筒に斜鏡スパイダーと筒先リングが一体になったSR型の斜鏡を組み込んだ特注仕様にしました．

待つこと数ヶ月，宇治天体精機の村下さんから実際の恒星を使った光軸調整をするので，終わったらいつでも引き渡せますよとの連絡をいただき，調整当夜に工場の方へ伺いました．調整後，ロンキースクリーン越しに覗かせてもらうと，シーイングが落ち着いた瞬間に，一直線で線の間隔も均等な素晴らしいロンキー像を見ることができ，精度の高い鏡面であることが私にもわかりました．

遠征に持ち出してみると，現地で光軸を合わせることはほとんど無く，スパイダーが厚いわりには，惑星の微細な模様をハッキリと見ることができます．また冷却CCDで撮影しても，たわみ等に起因するガイドエラーは認められませんでした．なお現在，赤道儀にはスーパーナビゲーターを取り付け，鏡筒には3箇所，補強と持ち手を兼ねたバンドを取り付けています．

最後に改善してほしい点ですが，赤道儀では，PICマイコン全盛の時代なのでASCOM対応の自動導入，または導入支

M27

USER REPORT

援機能をもったモータードライバーを採用してほしいことと，駆動パルスを100PPS程度に上げてほしいことです．

鏡筒部では，接眼部をロープロファイル化し，クレイフォード式に変更すればバックフォーカスに余裕が出来，CCDのピントも追い込みやすくなります．ASCOM対応のモーターフォーカサーを設定してもらえると，ピントもコンピューターで調整でき，デジタル系で撮影するユーザーにとっては，最高の機材になることと思います．

カールツァイス
Victory10×56FL
光学性能と使いやすさの両立
松谷 研

手持ち使用可能な倍率，大きさ，重さで最高の見え味を求めて，ツァイスVictory10×56FLを選択しました．

良好な星空の下，空に向けてみてまず驚かされたのは，圧倒的なクリアネスとコントラストでした．シャープネス，周辺像，ディストーションといった面では国産の最高級クラスの双眼鏡と比較して大差ありませんが，視野のクリアネスとコントラストに関しては1クラス上という印象です．63°の準広角の視界と長いアイレリーフも気持ちのよいものです．

スタークラウドM24を中心としたいて・たて付近，北アメリカ星雲からとかげ・ケフェウス境界付近，いっかくじゅうからとも付近などの，銀河（天の川）の濃い部分にレンズを向けると，漆黒の空に無数の星々と星雲星団が浮かび上がり，筆舌に尽くしがたい美しさです．北アメリカ星雲，網状星雲は形が明瞭にわかります．系外星雲もメシエナンバーをもつものの多くが確認可能です．

私は望遠鏡や肉眼で観望しているときも双眼鏡は常に首から下げています．1250gという重さは普通ですと長時間になると苦痛になってきますが，ツァイス双眼鏡に付属しているネックストラップは，重さが肩の広い範囲に分散してかかるように計算された特殊な形状をしているため，3時間程度までならずっと首から下げていることが可能です．

また，ほとんどの双眼鏡は気温が下がるとピントリングの回転が固くなりますが，ツァイスの双眼鏡は－16℃でも常温時と同じなめらかさの回転が得られました．その他，保持しやすい形状，保持したときに自然に指がかかる位置にあるピントリング，ピントリングと同軸に配置され不用意にずれることのない左右視度差調整機構など，光学性能以外でも，手に持って使う道具としての完成度の高さは国産の双眼鏡がまだ及ばないところです．さらに，さすがにこれはまだ試したことはありませんが，対物レンズ最前面にはLotuTecコーティングという水を撥くコーティングがなされているそうなので，波しぶきや雨や霧などの悪条件下での使用にも威力を発揮すると思います．

国産の同クラスの双眼鏡に比べると高価ですが，それに十分見合った満足度の得られる双眼鏡です．この高度な思想と技術を生かしたアマチュア用小型天体望遠鏡の再発売を強く希望します．

笠井トレーディング
Ninja-400
夢に出てくるくらい素晴らしい眺め
安田俊一

Ninjaシリーズでも最後発のNinja-400は，機動力という点で最も完成度が高いと思います．Ninja-320から400にグレードアップしたのは，セダンでもNinja-320と同様に持ち運びできる手軽さと，口径40cmの威力で約0.5等級暗い天体が見れること，メジャー天体をより迫力ある姿で見たいため，購入を決断しました．設置は4〜5分でかなり楽な上，脚立無しに天頂付近が観望出来るのも魅力でした．

コロンブスの卵と言える鏡筒中間部がパッチン錠で留められていて，運搬時にはひっくり返して重ねることで半分の長さになるというアイデアが素晴らしいです．高さが70cmほどの二つのパーツになり，セダンの後部座席に収まります．車のドライブも趣味なのですが，観望に行く途中の走りを楽しみながら，口径40cmの望遠鏡を運べるのは本当にありがたい仕様だと思っています．

Ninja-400は自分なりにチューニングをしてきました．興味があるのは星雲星団・銀河なのですが，まずたくさん見てやろうと考えました．短時間で天体を導入して，なるべく長い時間天体を観望することを重視しました．メシエ天体はすべてファインダーで確認出来ること，広視野で中心像だけでなく周辺像も良く，天体を識別できることなどを考えました．実際にはSKY90をトップに付けて，レデューサーとナグラー22mmを直視で使い，倍率18.4倍，実視野4.5度で天体を探します．

ポータブルPCにMegaStar5を入れて星図を回転させて実視野と一致させ，天体を追い込みます．液晶は十分減光していますSKY90の視野中心に入れたら，Ninja-400で100倍程度の倍率で直接天体を探します．この方法で，これまでNinja-400で星雲星団・銀河を5500個ほど観望出来ました．特にスターホッピング式に星を追いかけながら導入するのが好きです．自力で手探りで導入すると場所も覚えるので，より宇宙の構造を感じられるように思います．

バランスを取るためマジックテープで鉛の錘を10kgほど付けます．SKY90の位置には気を使い，二つの接眼部を

近づけ、交互に見ることが多いので疲れないように移動距離を小さくします。SKY90の鏡筒長を短くするため、レデューサーを付けています。星像の劣化はほぼ問題ありません。

Ninja-400では主にライツプラノキュラー30mm、ナグラーシリーズ、イーソス13mmを付けて対象を見ています。バローとも良く組み合わせます。最近購入したイーソス13mmですが、見かけ視野が100度もありながら周辺像はナグラーよりも良く、ヌケも良いのでかなり気に入っています。140倍ながら満月の全景が見れるのは驚きです。

Ninja-400の光学性能ですが、迷光処理が優れていてコントラストが良いと思います。光軸が狂いにくいのも有難いです。オーストラリアに何回か仲間と運搬していますが、惑星を見ると非常に細かな模様が見られて、何時間見ていても飽きない素晴らしい惑星を堪能出来ました。もちろん星雲星団・銀河の見え味もシャープで気持ちが良いです。銀河中心核が輝いていたり、エッジオンの暗黒帯が切れ込んでいたり、見ごたえがあります。トラペジウムのそれぞれの輝星がディフラクションリングとして見れたのは吃驚しました。Ninja-400のミラーは高精度だと思います。日本だと口径40cmではまずディフラクションリングは見れませんので、十分な精度を持っていると言えるでしょう。

それにしてもNinja-400で見る南天のオメガ星団(球状)、NGC104(球状)、エータカリーナ(散光)、M42(散光)は、もう夢に出てくるくらい素晴らしい眺めでした。

笠井トレーディング
CAPRI-102ED 双眼仕様
シャープな像で低倍から高倍までカバー
太田英樹

本機の特徴は、マツモト式EMSシステムにより正立像が得られ、かつ低倍率から高倍率までカバーできることです。これに加え、さらに両目で見ることによる数多い効果があります。以下、導入の経緯から実際の観望インプレッションまでリポートいたします。

【導入の経緯】

以前は中倍率用に市販の10cmセミアポ双眼鏡を愛用しておりました。優秀な機材でしたが接眼レンズの選択に制約があり、手持ちの広視界アイピースが使用できません。また月を見た時、エッジ部での若干の色収差が気になりました。私の天文仲間にはSKY90-BINO、FS-102-BINOのフローライト双眼望遠鏡のユーザーがいて、彼らの機材を覗かせてもらう度に「いつかは自分もこのような双眼望遠鏡を手にしたい」と思うようになりました。

双眼望遠鏡を検討する際、低倍率から惑星など高倍率まで一台でこなせ、月を見ても色収差を感じない鏡筒となると、やはりアポクロマート鏡筒を使いたい。しかし、鏡筒だけでも高価でなかば諦めかけていた折り、笠井トレーディングから新製品CAPRI-102EDが発売となりました。スペックは希望どおり、これなら価格も手が届くのではと思うと高ぶる心が抑えきれず、今回の導入を決断しました。

【BINO完成・観望インプレッション】

写真のようにCAPRI双眼仕様は大変美しい仕上がりとなりました。星像は極めてシャープ、さすがアポクロマートです。微光星までカチッと見えます。かつ双眼視の効果で臨場感あふれる見事な光景が視野いっぱいに広がります。二重星団、M46&M47、プレアデス、M81&M82などは多くの天文仲間からも絶賛されました。また明るさについては単眼の2倍ではなく、数倍の明るさに感じます。10cm×2本の計算上の口径面積は14.4cmに相当しますが、感覚的には口径20cmかそれ以上の明るさに感じます。さらに倍率も双眼視の効果により、単眼よりも大きく感じます。

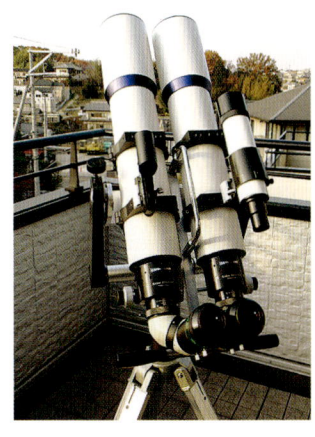

- 月：球体であることを強く感じます。また雲の流れが月面を通過する時などは、遠近感に溢れ、立体的な光景が楽しめます。200倍を超える倍率で月のエッジをみても、色収差はほとんど感じません。ED2枚玉とはいえ、大変パフォーマンスの高い鏡筒です。

- 土星／木星：高倍率の対象ですが、200倍を超える倍率においても十分にシャープな星像です。真っ暗なバックグラウンドに鮮明な惑星が浮かんでいます。コントラストも高く木星のみならず、土星の本体の縞も良く見え、そして本体が球形であることを感じます。

- おとめ座銀河団：32mmの広視界アイピースの装着で22倍、実視界3.8度が確保でき、口径10cmとは思えないぐらい、多数の銀河をはっきりと確認できます。

- 天の川：いて座からはくちょう座にかけて22倍、実視界3.8度で流すと感動の光景の連続です。視野いっぱいに広がる微光星の集団とその中のいくつもの暗黒帯が認識できます。中でもスタークラウドあたりは格別の美しさです。

- ナローバンドフィルターの装着でも双眼視の効果はあり、ばら星雲、M8&M20、M16&M17、網状星雲、北アメリカ星雲などの対象を単眼よりも明瞭に見ることができました。

【最後に】

本機はビクセンのHF経緯台に搭載しております。高倍率時は追尾と合焦操作などで機材に触れると振動が気になります。この振動は数秒で収まり、像は安

定しますが，今後，さらに耳軸部の大きな剛性の高いフォーク式架台が開発されるとさらに快適に観望できるのではと思います．以上，今後双眼望遠鏡の購入，製作を計画されている方に少しでも参考になれば幸甚です．

コーワ

GENESIS 44 PROMINAR 8.5×44

収差の感じられないクリアな視野

山下秀昭

医薬品で有名なコーワは光学機器も製造しています．スポッティングスコープや双眼鏡は世界的にも有名なブランドです．望遠鏡ショップの「スターベース名古屋」でGENESIS 44 PROMINARを試し見させていただいたとき，是非とも入手したい逸品だと直感しました．

まず第一印象として，地上の風景を覗いてみて驚いたのが，口径が44mmとは思えない明るさです．そしてクリアな視野には，軸上の色収差はもちろんのこと倍率の色収差も全くといっていいほどありません．着色が本当にないのです．ビルなどの建物を見ても歪曲収差もほとんど感じません．夜間，強烈な街路灯を視野に入れてみてもゴーストが全く発生しませんでした．他社製双眼鏡，数機種で見比べてみましたがどれもゴーストが現れていましたから，非常に優秀だということがわかりました．

また，長年星空を望遠鏡や双眼鏡で見ていますと，どうしても周辺の星像を確認したくなってしまいます．その結果は視野中央から70%くらいまで星像が崩れません．見かけ視界が60°ありますが，星空を視野全面にわたって気持ちよく観察することができます．収差はない

ないづくしで完璧に近い補正がされています．かつてこれほどまで収差のない双眼鏡に出会ったことがありません．これも，XDレンズ(Extra low Dispersion lens)を対物にそれぞれ2枚ずつ使っている豪華な光学設計と，KOWA C_3コーティングによるものでしょうか．

天体観察以外の用途では，最短合焦距離が1.7mと接近ができますので，たとえば花に止まった蝶などを間近に見ることができ，昼間の野外観察も楽しくなります．

アイレリーフは18.3mmあり，双眼鏡を覗くとき私は眼鏡をかけないので，ツイストアップ見口をいっぱいに上げたところで全視野を見渡すことができます．視度ロック機構も一度合わせてしまえば視度調整が不要となるので便利です．

絞り環にコーワの光学製品の高級機につけられる称号であるPROMINARの刻印がされていて，対物レンズ側から中を覗き込むと見ることができます．最高級機にふさわしい演出が密かになされていて，持つ喜びが倍増します．商品の良し悪しは価格だけで決定できるものではありませんが，私のもうひとつの趣味であるオーディオにも通じるものがあり，こだわりの高級機を所有することは格別です．

最後にメーカーに対する注文ですが，ダハ式双眼鏡では仕方のないこととは思いますが，私は眼幅が狭いので，眼幅調整で左右の鏡胴を狭めていくと双眼鏡を持つ両手の親指どうしが当たってしまうのです．やむをえず両手を前後にずらして保持しています．デザインに工夫はできないものでしょうか．また，星の観察では手ぶれ防止のため，是非三脚アダプターのオプションをお願いしたいところです．

スターライトコーポレーション

ラプトル50

初心者に自信を持って奨められる1台

天体観測のできるペンション
スター☆パーティ オーナー
木村　修

商売柄，初心者向け望遠鏡の購入や，購入した望遠鏡の使い方などの相談をよく受けます．でも，わりと気楽に購入できる価格で，自信を持って奨められるものとなると意外に選択肢が限られていて，困ることが多いです．そんな状況の中，スターライトコーポレーションから発売された「ラプトル50」は，基本的なところをキッチリ押えた初心者向け望遠鏡との評判だったので，入手してみました．

「ラプトル50」は微動装置もファインダーも無いので，初めは少し頼りない感じがします．でも，シンプルなぶん小さな子供や初心者にも直感的に，かつ気軽に扱うことができます．また，この望遠鏡の特徴の一つでもある簡易照準器は，ちょっと慣れてしまえば，初心者には扱いづらい安物のファインダーより，はるかに快適に星を導入することができます．

実際の見え具合ですが，「5cmの望遠鏡ってこんなに良く見えたんだぁ～」というのが初めにのぞいたときの感想でした．月のクレーターはもちろん，土星の輪や木星の縞2本は当たり前のようにしっかり見えます．対物レンズにはF12という無理のない口径比で，品質の安定した国産品を使用，適切な遮光絞

手前(黒)と奥(白)の穴を重ね、その先に星がその穴の中に見えるようにすると、望遠鏡の視野に導入することができる

りの配置、入念な反射防止塗装など、手を抜かないことが見え味に直結しているようです。

付属する3個の接眼レンズのうち、最低倍率用がケルナー(K20mm)であること、設定倍率がかなり抑えた設定であることなど、発売元の良心を感じます。ケルナー以外の接眼レンズ(f12.5mm、f8mm)はコストの都合上か、残念ながらそれほど高級なものではありません。オルソなど市販のものと比べると、少し収差が目立ちますが、それでもできの良い鏡筒に助けられて、このクラスとしては充分シャープな見え味です。

天頂ミラーと接眼レンズ3個(左からK20mm、f12.5mm、f8mm)が付属する

三脚は金属製脚と開き止めの採用により、モデルチェンジ前の木製脚に比べ、劇的に剛性と扱いやすさがアップしました。ただその分、架台の部分の弱さが少し気になるようになりました。このため(このクラスの望遠鏡に望むのは少し酷かもしれないのですが)、高倍率ではピント調整や追尾調節の時には視野が大きく揺れます。また、追尾調節時のキックバック(手を放した時に少し戻る現象)が少しあって、純正の75倍まではあまり気にならないのですが、100倍まで倍率を上げると、かなり追尾が難しくなります。始めから75倍以上は考えていないと言われればそれまでなのですが、光

学系が秀逸なだけにちょっと惜しい気がします。ぜひ今後の課題(架台?)にしてほしいと思います。

さて、厳しいことも書いたのですが、大手メーカーの製品でもこのクラスの望遠鏡の中には「明らかに手抜きでは?」と思える製品もある中で、この価格(7980円)でここまでの性能を確保したことは高く評価できます。子供さんや初心者に自信を持って奨められる1台といえます。

また、個人的には総重量1.5kg弱という、気軽に扱える軽快さがとても新鮮で、「ちょい見」の時に一番出番の多い望遠鏡になりました。マニア諸氏にも「お気楽星見」、「ちょっと星見」用にあると便利な1台だと思いますし、手元に置き、入門用望遠鏡の見本として啓蒙に活用いただけたら良いと思います。

スターライトコーポレーション
STL80A-MAXI
安価で優秀な 8cmF15アクロマート
松野文昭

近年のアクロマート鏡筒は安価な外国製品が目立つようになりましたが、80ミリF15アクロマートという今時の屈折望遠鏡としては珍しい存在の望遠鏡が、今回レポートさせていただきますSTL80A-MAXIです。

実際このスペックの望遠鏡を開発中だと知った時には、今時こんな長い小口径屈折を好き好んで買う人なんて、壮年前後の物好きなマニアが懐かしさや当時の憧れで買うだけだろうなと思いましたが、発売決定の告知を見た数分後には予約のメールを打っている自分がいました。どうやら私もその中の

STL80A-MAXIによる月面

一人だったようです。

その後、しばらくして鏡筒が届き、開梱しての第一印象はやはり「長い!」。しかしそれは、少年時代の私が憧れてやまなかった屈折望遠鏡の容姿そのものでした。鏡筒本体の塗装は純白ではなく薄いアイボリー系で、理化学臭さが幾分和らぎ穏やかな印象です。

対物セルは外側よりネジ3本で固定するタイプですが、その固定ネジの先端とタップ加工のエッジによる迷光防止に内側から植毛紙が適所に貼られており、また艶消し塗装も丁寧に作る側の意気込みをうかがい知ることができますが、鏡筒バンド、ファインダー脚、接眼部の仕上げ等に思い切ったコストダウンの影響が見られます。

接眼部はアメリカンサイズ、ややチープな印象の外観ですが、ハンドルはアルミ製でドローチューブのガタも無く、与圧を調整すれば伸縮も意外とスムーズで、価格から見て眼視鏡筒としては及第点でしょう。ただ、ファインダーは光軸調整がやりづらい支持方法でいただけません。支持脚の固定もいわゆるアリ型台座でなくネジ固定式なので、50mmタイプ等を使用するには接眼部を外して台座の取付け作業が必要で、拡張性に欠けます。このあたりはぜひ改善していただきたいところです。

さて実際の見え味ですが、結論から申しますと期待以上によく見えます。大きなF値は各収差を大きく緩和し、特に色収差は全く気にならないレベルで、優秀な光学精度と丁寧な迷光処理との相乗効果でしょうか、ハイコントラストで鋭い見え方です。

月に向ければバックは黒く締まり、背後の微光星もよく見え、周辺部の色滲みも極々僅かです。こと座のダブルダブルでは、綺麗に分離されたエアリーディスクの周りに理想的な干渉環が見られ、非常に見応えがあります。好条件下にて土星や木星を口径（ミリ）の3倍以上という相当な過剰倍率で比較観望したことがありましたが、MAXIは像が大きく破綻することもなく安定した星像を見せ、私を唸らせてくれました。

所有しております同口径F7の外国製アポよりも諸収差が少なく、星像に関して明らかにMAXIが優れていたのは嬉しい誤算でしたが、取り回しではその長さが災いし、軽量な鏡筒なのに架台についてはセット販売の設定もあるポルタ経緯台では若干強度不足で、高倍率での使用はGP2クラスの赤道儀に載せるのが理想でしょう。

このようなことからも、この鏡筒は安価で優秀ですが、初めての望遠鏡というよりは経験者の「酒の肴」的存在の逸品と言えるのかもしれません。

セレストロン
Nexstar 6SE
使い勝手も精度も良い自動導入機
すたーうるふ

私がNexstar 6SEを導入するに至ったきっかけは、同社のCPC-800を所有しており、使用方法がほぼ同じだったことが選択の主な要因です。セレストロンの自動導入望遠鏡はいろいろ使ってみましたが、大変使いやすく気に入っています。

その中でも現行のNexstar 6SE、またCPCも採用している「スカイアライン」というアライメント・システムは、他社製品には無い独自のシステムで、これは夜空に見えている明るい3つの星をアライメントの星にするという方法で、その時見えている2等星以上の著名な星であればどの星でも使えるというものです。ただし、相互の星同士が近すぎるとエラーとなってしまうので、ある程度の距離を取る必要があります。

導入精度はアライメントの仕方にも依存しますが、概ね標準25mmアイピースの視野内には入ってくれます。また別売のGPSユニットを取り付けることにより、位置、時間情報が正確に得られることで、さらに精度が向上します。

Nexstar 6SEを選択した理由は単にこれだけではありません。このSE架台になってから鏡筒が取り外し可能となり、それにより自由に鏡筒を付け替えることが可能となりました。鏡筒取り付け部はCG-5/GP規格のアリミゾ台座となっているので、通常のアリミゾレールが付いた鏡筒であれば、ほぼどの鏡筒でも載せることが可能です。ただし、屈折系長焦点鏡筒やC-8以上のシュミカセは、使用に際して物理的制約があることから搭載は無理です。鏡筒の取り外しが可能となったことで、本体がコンパクトに収納できるようになり、遠征などの旅行にも持ち運びがしやすくなりました。

本体のコントロールは架台アーム部にセットしてあるUGコントローラーで行います。このコントローラーも使いやすく、位置情報は一度入れると記憶しているので後は日付け、時間を入力してアライメントの星を3つ選んで導入すれば観測準備完了です。後は見たい天体をリストから探してENTERキーを押せば自動導入してくれます。登録天体数は40,000です。

PCからのコントロールも付属PCケーブルを使ってできます。ソフトウェアはステラナビゲータのVer.8.1がお勧めです。旧バージョンでは非対応です。Ver.8.0では非対応でしたが、8.1からSE対応となりました。本体の動作は単3電池8本か携帯バッテリーを別売のDC12Vシガーケーブルと共に使用します。

以上のようにいろいろ使い勝手も精度も良いNexstar SEですが、長いこと使っているとギア間に隙間ができてきて、バックラッシュが大きくなります。これは調整が赤道儀ほど簡単に調整できず、そのままだと自動導入の精度にも影響してくるので何とかして欲しいです。

また付属三脚が赤道儀モード非対応なのはちょっと理解できませんが、これは別売のウェッジを使って欲しいとのことです。5SE、4SEは赤道儀モード対応三脚になっています。今後さらなるバージョンアップを期待したいと思います。できることならGPSセンサー内蔵にして欲しいです。

高橋製作所
FSQ-106ED
"屈折のε"ともいえるシャープさ
和田光宣

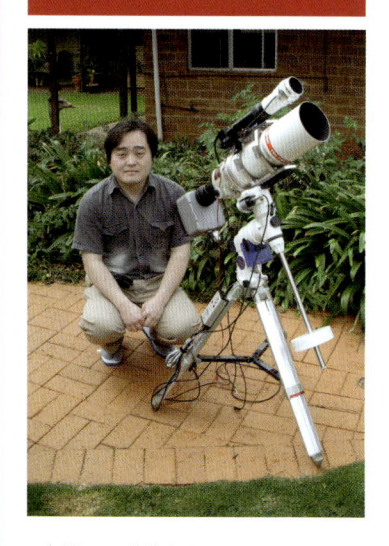

本機は、本格的なフォトビジュアル鏡筒であるFSQの第二世代品で、基本的なスペックは同じながら、デジタル時代に対応したモデルとなっていま

馬頭星雲

高橋製作所
ε-180ED

驚異的な明るさと
解像度の高さが魅力
瀬川康朗

す．眼視性能も高いのですが，やはり本機は写真撮影に重点を置いた設計がされていると思います．

標準の530mm/F5.0では中判をカバーするイメージサークルを持つため，35mmやAPSサイズのデジカメではほとんど周辺減光を感じることがありません．このときの星像はすばらしいもので，まさに「屈折のイプシロン」ともいえるべきシャープさを誇ります．

私が10cmの屈折ながら50万円近い価格である本機を購入するきっかけとなったのは，新規に開発されたF3.6のレデューサーの存在です．屈折光学系でこの明るさは，多くの天体写真ファンにとっては垂涎ものだと思います．

F5.0に比べて星像のシャープさでこそ劣りますが，約半分の露出時間ですむのがメリットです．特に複数枚の写野を合成するモザイク撮影では，印刷倍率が小さくなるため星像のわずかな違いは気になりません．それより，限られた時間内に稼げる枚数と写野の広さによる恩恵の方が遙かに大きいでしょう．

レデューサーのほか，1.6倍テレコンバーターも用意されており，約800mmでの利用も可能です．3種類の焦点距離を使い分けられるため，遠征時に1本に機材を絞り込むことができるメリットもあります．

メカニカル部では，ラックアンドピニオンのピント装置は，クランプ機構がラック部を固定するタイプになりました．旧来のようにドローチューブをネジで押すタイプではないので，クランプしても写野が動きません．標準で微動装置もついているため，ピントの追い込みはとてもやりやすいものとなっています．

ただ，難点もあります．写野回転装置が接眼体そのものであるため，ファインダーやピント調整装置もいっしょに動いてしまうことです．これらの突起部がガイド鏡やプレートと干渉する可能性があるので注意が必要です．

カメラとの接続も小さなイモネジによる固定箇所もあり，重めの冷却CCDを使うときはたわみなどの不安もあり，今後の改善に期待したいところです．

最後にメーカーの方に聞いた話ですが，本機は組み付け精度が非常にシビアなのだそうです．ユーザーが分解したりするのはもちろんのこと，光軸調整が必要な場合は下手に触らず，メーカーに依頼して欲しいとのことでした．

私は移動用として車で移動したり，海外に持ち出したりしましたが，今のところ光軸がずれたようなことはありません．明るく，扱いやすい鏡筒として初めての方にもお勧めできる望遠鏡です．

ε-180ED鏡筒は，高橋自身が「デジタル時代に適応した最高のアストロカメラ」と呼ぶように，それにふさわしい最高傑作の鏡筒の一つであると素直に思います．

私はこの鏡筒とSBIGの35ミリ判・モノクロ冷却CCDカメラを組み合わせ，EM-200赤道儀に載せることで3年ほど遠征スタイルによる撮影を続けてきましたが，難しい条件のなかでも満足のいく，そして思い出に残る多くの美しい写真を撮ることができたのは，この鏡筒があったからこそと心から感謝しています．

ε光学系は，中心部のシャープさに定評があるニュートン式光学系と基本構造は同じです．ニュートンは周辺部で星像が収差により急速に悪化するのに対し，高橋は最新の技術により凹面の主鏡と接眼部手前のED補正レンズで，44mmのイメージサークル周辺部まで限界に近いと思えるほどの鋭像を保つことに成功しています．

F2.8という驚異的な明るさもこの鏡筒の大きな武器になっています．私はF5のFSQ-106でも撮影をしていましたが，焦点距離がほぼ同じなのにF値が半分になったことで明るさは約4倍にもなりました．4時間の露出をかけていたFSQ-106と同じ星の光量をたった1時間で写しこんでしまうのですから，撮影効率が激変しただけでなく，その

魔女の横顔

差は歴然として写りに現れました．

　私のような遠征派が満天の星空に出会えるのはせいぜい一月に三日程度です．そのわずかなチャンスにめぐり合うだけでも大変なのに，限られた時間内に淡く複雑な構造を持つ銀河や散光星雲を微細構造まで描き出し，淡いガス雲や暗黒帯のうねりまでコントラストよく描き出すのはたやすい事ではありませんでした．FSQのときには3時間程度の露出をかけても絶対的な光量が不足していることが多々あり，たとえ無理に強調しても，冷却CCDの画像といえどもSNが悪化し，作品の質感が損なわれる限界点がすぐに来てしまうのを感じました．しかしこの鏡筒の導入で，淡い部分の強調処理にも余裕ができて一気に楽になりました．いままで海外のアマチュアが暗い空で撮っていたような猛烈に淡い対象も，この鏡筒でじっくりと写し込めば，日本の空でも十分に描きだせることもわかってきて楽しさは倍増です．

　εのもうひとつの魅力はその解像度の高さです．解像度は単純に口径に依存するので，口径が18cmもあるこの鏡筒を使うと大型の屈折鏡を彷彿とさせる写りになります．そこにシャープな星像も加わって，ゴミのように写りこむ深宇宙の銀河までが腕を巻いている姿で確認できるのには正直驚かされました．冷却CCDカメラで撮った生画像を等倍画像で眺めると，多くの微光星が1ピクセルの鋭い輝点として写り込むのがわかります．ノイズ処理時に注意しないと，ソフトが誤ってこの星の芯までかき消す事態が起こるほどです．非常にキメの細かい画像が撮れるからこそ，逆に無理にA4判程度に印刷などせずに，大きなPC画面でスクロールしながら微小なグロビュール群や背景の淡い小銀河を宇宙旅行気分で眺めるのも楽しいと思います．

　最後にこの鏡筒で注意すべき点も記しておきます．F2.8の宿命ですが，兎にも角にも「ピント合わせとスケアリングが非常にシビア」なのです．ピント位置がマイクロメータで僅か20ミクロン程ずれるだけで星像は目に見えて悪化します．EDレンズが温度変化に敏感なので，急激に冷え込んだ夜には1時間以内の画像比較でピントの移動が確認できることもあるほどです．重たいCCDカメラのせいもありますが，回転固定環を緩めて構図を変えただけでもピントやスケアリングに微妙な違いが出ることもありました．今後は大型のカメラの搭載も視野に入れて，取り付け部から回転環までの剛性をさらに高めていただけるとうれしいのですが．

　また撮影機材の取り付けが少しでも甘いと，デジカメといえどもすぐに片ボケを起こします．重たいCCDカメラは直接ねじ込む方法でしのいでいますが，デジカメでもアダプターに僅かなガタがあると満足な写りが得られず，ひどいときには周辺星像が縦長に割れることもあるので要注意です．

　以上のようにかなり繊細な部分を持ち合わせていますが，価格に見合った素晴らしい性能と可能性を秘めた望遠鏡なので，末永く大切に使っていきたいと考えております．

中央光学
コンピュータ制御式HG-35赤道儀
＋40cmカセグレン反射鏡筒

堅牢でシンプルなデザイン，そして扱いやすい
北崎勝彦

　自宅の新築を契機に屋上に観測所を設けることが決まり，早速望遠鏡メーカーの選定となりました．優秀な小型機を製作する某望遠鏡メーカーに知人がいましたので相談しましたところ，中央光学を紹介してもらいました．

　早速，中央光学へ相談をしましたところ，非常に誠実で丁寧な対応を頂き，信頼できるメーカーであるということを実感しました．当初はL型40赤道儀を視野に入れていましたが，相当の重量と架台を乗せる位置の制限といった問題がありました．

　そのような時に，クランプ付きのドイツ式赤道儀HG-35赤道儀が発表され

ました．JTBショーにHG-35の1号機が出品されることを聞き，早速見に行きました．まずその威容を見て大きさに驚かされました．軽量鏡筒ならば50cmも搭載可能ではないかと思えるほどの大きさでした．堅牢で低重心，シンプルで美しいデザイン，手動クランプまで付いている．いっぺんに惚れてしまい，購入することを決意しました．その後中央光学さんと交渉を続けるうちに，40cm鏡筒も合わせて製作して頂くことになりました．予算を超える出費となり苦労しましたが，この決断は正しかったと思います．

まずHG-35赤道儀の最大の特徴は，大きさに反して非常に扱いやすいという点です．手動でも25cm反射を扱う気分で楽に操作できます．これは凹凸を少なくし，操作に必要な部位を適切に配置しているためです．要所をしっかり押さえて製作されており，「良い機材は機能美に映える」ということを実感できます．

自宅は良くて4等星がやっとの空なので，通常はコンピュータ制御で観測対象を導入します．導入操作は非常に簡単で，制御ソフトとThe Sky Sixが連動するため，原点を自動検出した後に，天体導入は全てモニター上で視覚的に操作できます．ドームも連動します．導入精度は十分で，ワテック100Nの7.5′×10′の画角に難なく導入できます．制御コンピュータはLANによって他のPCと繋がれており，監視カメラの映像を見ながら別室から望遠鏡を制御することもできます．追尾精度は非常に良く，赤道儀駆動だけで4045mm長焦点で8分間露出しても星は流れません．

次に鏡筒ですが，ST9冷却CCD＋AO7の組み合わせで合焦するように設計して頂きましたので，さまざまな観測機器を取り付けることができます．このため接眼部は標準のものより大型で強度がアップされています．また遠隔操作のために電動合焦装置も付いております．星像はシャープでパラボラらしい像であり，同クラスでは初めて良く見えるカセグレンに出会ったという感じです．

操作性と精度の良い望遠鏡は観測能率を高め，失敗なく観測が行えます．私は主に小惑星による恒星の掩蔽のビデオ観測を行っていますが，悪条件でも望遠鏡の能力の高さに助けられて成功した観測はいくつもあります．その度に中央光学の望遠鏡製作に対する妥協無き姿勢を感じます．安い買い物とは言い難いですが，購入後はお買い得感を感じさせるほど満足のゆく望遠鏡です．

TOAST-TECHNOLOGY
星野撮影専用赤道儀「TOAST」

仕様書通りの素晴らしい追尾精度
三木信彦

本機を購入した動機は，普段は遠隔天文台でCCD撮像をすることが主なのですが，やはり満天の星空で撮像することへのあこがれからです．本格的な遠征は仕事柄困難なので，天気がよく，透明度の高い夜にちょっと近場の空の暗い所に出かけることを目的に購入しました．駆動は12Vバッテリー1個で，組立，撤収とも15分以内．デジタル一眼＋200mm程度の望遠レンズが搭載可能で，5分間のノータッチガイドができる精度から考えて，現状ではTOAST赤道儀は理想に近い形で発売されました．

本体重量は約3kg，ちょうど山型のトーストのような形をしています．カメラは極軸の末端にカメラ雲台を介して直結する構造で非常にシンプル．雲台取り付けステージはクランプ付きで360度可動可能です．南天にも対応する外付けのポーラーファインダーが用意されており，十分なセッティング精度があります．電源は単三電池4本もしくは12Vバッテリーからも供給可能です．

本機の最大の特徴は，直径133mm，240歯のウオームホイルを実装し，ピリオディックモーション±5秒以内を実現しているところです．この精度は中型の赤道儀でも達成していない

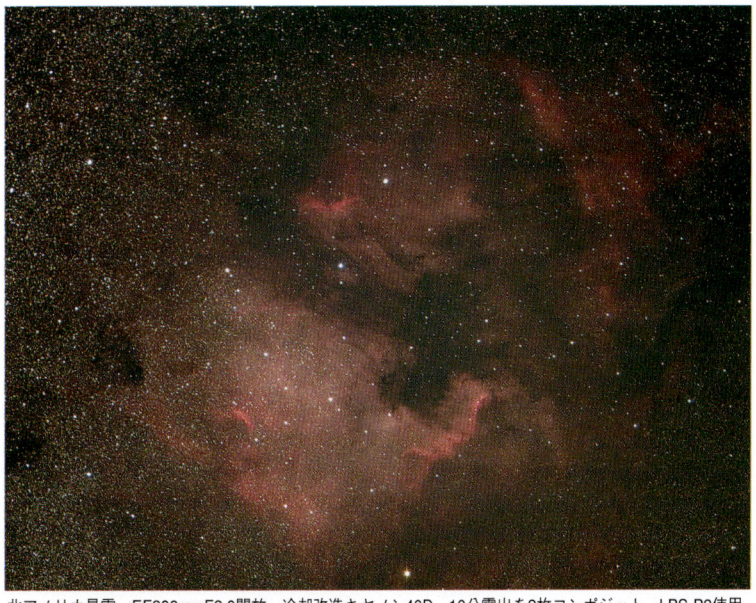

北アメリカ星雲　EF200mmF2.0開放，冷却改造キヤノン40D，10分露出を2枚コンポジット，LPS-P2使用

トミーテック

BORG101ED

機動性・性能抜群の10cm屈折

鈴木義人

　私は10年近くタカハシ65mmP-2屈折赤道儀を愛用してきましたが、さすがに口径不足を感じていました。そこで口径10cmクラスの屈折へのグレードアップを決意したのです。ただ予算的に総入れ替えとはいかないので、架台はP-2をそのまま使うことにし、今回は鏡筒のみの交換となりました。口径10cm高性能屈折といえば、タカハシTSA-102やペンタックス105SDPが思い浮かびますが、P-2に載せることを考えると重量的に無理があります。結局P-2に無理なく載せられ、リーズナブルということで、BORG101ED鏡筒を選びました。

　BORG101EDの最大の魅力は、コンパクトであること。口径101mmもあるのに鏡筒重量はたった2.3kg。これはちょっとした驚きです。

　ただ、口径比が6.3と他社製品に比べると小さめなので、EDアポクロマートでも多少性能が劣るのではないかという不安もありました。しかしその不安ものぞいた瞬間に消え去りました。とにかくコントラストが高く、シャープな星像を結んでくれるのです。心配した色収差もほとんど感じられません。口径101mmともなると、65mmに比べると光量も十分あるため、コンパクトデジカメによる手持ちコリメートでも驚くほどシャープな月の写真を撮ることができます。

　ものも多くあると思います。実機には追尾精度を証明する実際の撮像画像が同封されています。さらに星景モードで1/2倍速が選べ、デジタルカメラで風景と星空を同時に切り取るという芸当も可能です。

　三脚との接続は、カメラ雲台に直接本機を装着する方法と、別売の傾斜ウエッジ（角度55度）を介して行う方法があります。私は傾斜エッジを介して行っていますが、特に写真三脚に搭載する場合は全体のバランスをとるためにも必需品だと思います。私の使用法は、雲台ステージに望遠レンズキヤノンEF200mmF2.0と冷却改造キヤノン40Dを、マンフロット3軸ギア雲台を2軸に改造して装着（軽量・強固で導入・構図決定に非常に便利です）しています。全体の重量が4.2Kgでやや過積載ですが、問題なく追尾してくれます。EF85mm使用時は、カメラに回転機能がないので、さらにゴールデン光機のスーパーレボルビング606を介して使用します。

　実際の使用では、構造自体が非常にシンプルで軽量、機動力に富んでいるので現地到着後に15分で撮像が開始できます。作例はAPSサイズの冷却改造キヤノン40D＋200mm望遠レンズで10分露出を2枚合成したNGC7000＋ペリカン星雲です。極軸周りのバランスに注意しておけば、2×テレコンバーターで400mmで5分の追尾が可能でした。仕様書通りの素晴らしい追尾精度で、撮像するのが本当に楽しくなります。この高精度の機材を一式すべて飛行機内に持ち込めるのですから、長距離遠征にも最適でしょう。

　本機は、実際に遠征撮影されている方が作られた機材だと思いました。製品の完成度は非常に高く、目的を明確にした製品で、これといった改善点は特にないでしょう。メーカーへの要望としては、軽量な望遠鏡を載せられる、簡便な微動付きフォーク式マウントをぜひオプションで加えてもらいたいです。好条件の遠征地では、撮像だけでなく観望用にも使用できるでしょうから。

　性能と機動性には文句のないBORG101EDですが、問題がないわけではありません。まずやたらネジが多いこと。鏡筒摺動部の固定ネジ、ヘリコイドロックネジ、2インチスリーブ固定ネジ、アイピース固定ネジなどネジだらけで、慣れないうちは関係ないネジを緩めてしまい、思わぬところが動いたりして焦ります。また、ねじ込み式のリング類が多く、いろいろなところで緩んでしまうのもいただけません。いろいろと試行錯誤を繰り返した結果、現在はヘリコイドの後ろに2インチホルダーSSを取り付け、ビクセンフリップミラーをセットして使用しています。

　最近は、星雲星団の撮影もしたくなり、レデューサー0.85×DG.L（7887）を購入し、デジタル一眼レフを装着して撮影を始めました。赤道儀がP-2のため長時間露出はできませんが、2～3分の露出でも散開星団や球状星団は結構写ってくれます。星像は周辺までシャープで、輝星の青にじみもよく抑えられています。ただ周辺減光は若干見られるようです。

　それにしても、口径10cmのEDアポクロマート鏡筒が16万円弱で買えるのは驚異的です。しかもオール金属製で作りもしっかりしているので、末永く愛用してゆきたいと思います。

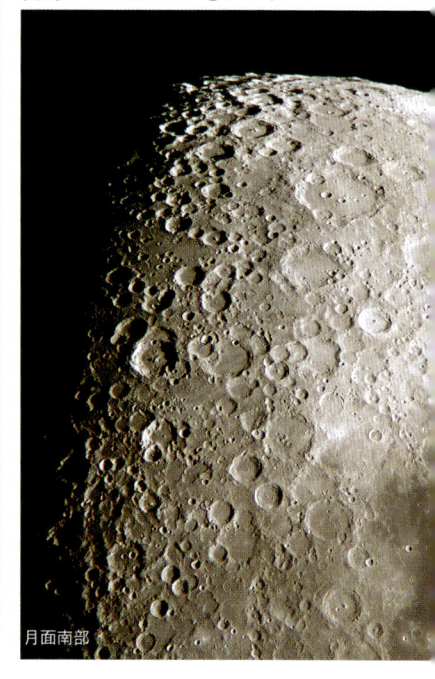

月面南部

USER REPORT

ニコン 8×30EII
ユーハン工業 ユーハンター
無骨でもかわいいパートナー
中島智美

ユーハンターに取り付けた ニコン8×30EII

十数年ぶりにプラネタリウムに行って、しばらく遠ざかっていたスターウォッチング熱が再発しました。以前は肉眼でのスターウォッチングが中心だったのですが、今回は望遠鏡がほしくなったのです。ところがプラネタリウムのスタッフの方や友人から、「最初は双眼鏡から始めたほうがいい」と、7×50や8×40を勧められました。

そこでものは試しと、友人の8×42を見せてもらったのですが、私には大きくて重く感じたのです。それに双眼鏡の魅力って手軽さじゃないですか。かといって口径20mm前後のコンパクトな双眼鏡では物足りません。

友人とも相談しながら、あれこれ探しているうちに目に留まったのが、ニコンの8×30EIIでした。理由はわかりませんが、あのクラシカルなデザインに引っかかってしまったのと、手に持った瞬間ジャストフィットする感覚が伝わってきたのです。友達の「口径30mmでは天文用には向かないんじゃない」という声にも耳を貸さず、衝動買いしてしまいました。これは完全に一目惚れですね。

しばらく使ってみて気が付いたことは、友人の双眼鏡と同じ8倍なのに、私の方が見える範囲が広いということでした。改めてカタログを見直してみると、私の双眼鏡は見かけ視界70度の広視界タイプで実視界8.8度、友人のより2.5度も広いのです。のぞき比べてみましたが、視野が広いというのは実に気持ちがいいものです。

また、これも後からわかったのですが、ボディはプラスチックではなくマグネシウム合金を使っていて、大きさの割にはとても軽いということです。

実際の使用感は、まずとても軽快なこと。長時間覗いていてもストレスを感じません。定番の天体用双眼鏡に比べると口径は小さいですが、星の輝きにメリハリがあって、プレアデスやプレセペなど、実に美しく神秘的に見えます。私のような非力な女性にはベストだということを実感しました。

最後に、最近友人からユーハンターという双眼鏡を三脚に取り付けるための道具を借りてスターウォッチングをしてみましたが、上下の微調整ハンドルが付いていてとても使いやすいと感じました。

将来、もう少し大きな双眼鏡を購入したときには、ぜひユーハンターもそろえたいと思います。

ビクセン
SXD赤道儀
搭載重量，強度，精度 ともにアップ
宇井幹尚

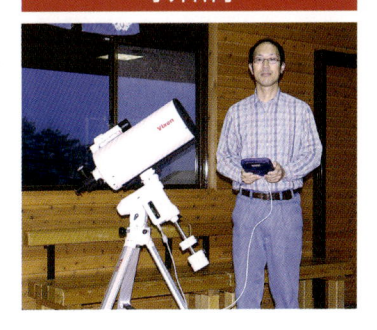

私がビクセンSXD赤道儀に決めたポイントはふたつありました。ひとつは20センチクラスの口径の鏡筒が楽に搭載できること。その理由は、M13やM22など大型の球状星団を星々に分解して見たい、惑星観察では高倍率をかけても明るくよく見たいという願いを実現するためです。もうひとつは、パソコンを接続せずに天体自動導入が可能なことでした。SXD赤道儀はその条件にピッタリはまったのです。当初、SX（スフィンクス）赤道儀を検討していたのですが、SXD赤道儀の発売があることを知り、こちらにしました。

SXD赤道儀は従来のSX赤道儀を強化した機種であり、搭載重量が12kgから15kgに増えていて、セットの鏡筒、口径20センチのVC200L（7kg）が楽に載ります。

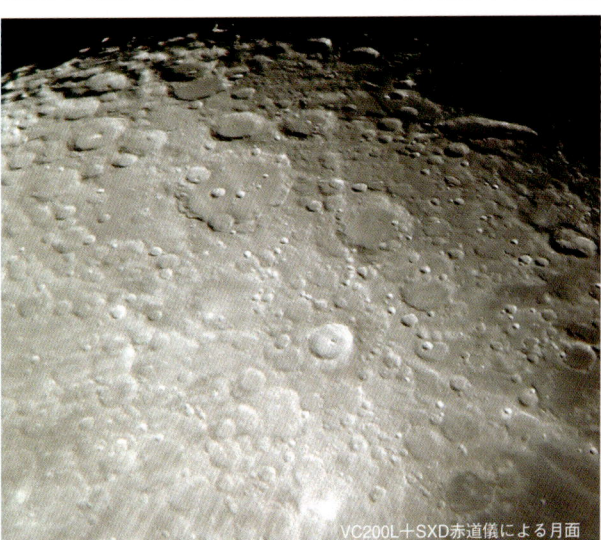

外見はSX赤道儀にそっくりですが、このSXD赤道儀の中身はかなり強化されています。各回転部分へのベアリングの採

VC200L＋SXD赤道儀による月面

用，赤経赤緯軸のアルミ材からスチール材への変更，歯車をアルミ製から真鍮製へ，さらにウォームネジの高精度加工とウォームネジとウォームホイールの全周ラッピングにより，搭載重量だけでなく，強度，精度ともにアップしているところが魅力でした．

カラー液晶画面をもつ天体自動導入コントローラーのスターブックは星図が表示されるので，そのときの星空との照会ができ大変便利です．パソコンを必要としませんので，ケーブルの接続がとてもシンプルです．電源もSXD赤道儀用にポータブル電源だけを用意すればよく，パソコンのために，ふたつめのバッテリーあるいは大容量バッテリーやインバーターを用意する必要がありません．望遠鏡以外が軽装備になるため，アウトドアへの持ち運びが簡単になりました．

メーカーへの要望としましては，液晶画面がもっと暗くなるかオフにできるようになること．暗闇では明るすぎて眩しいように思います．また，操作ボタンはバックライト付きか親指先で触った感覚にはっきり違いがわかる形状ですと，操作間違いが少なくなるような気がします．

観望会でも大活躍です．最高1200倍速での高速自動導入は，観察対象天体を変更する場合にも参加者を待たせません．50倍くらいの視野なら必ず目的天体が導入できます．工具レスですので組立と片付けが簡単で，本当に重宝しています．

バリ島の星空の下で

ビクセン

スカイポッド経緯台

お気楽天文旅に欠かす事ができない機材
斉藤尚敏

このスカイポッドを入手するに至った経緯をお話しするより，「何故スカイポッドを選んだのか？」ということを説明したほうがいいでしょう．

私の観測スタイルは「お気楽観望」を主目的としていますので，大袈裟な赤道儀や経緯台は不要です．また，観測場所も自宅に限らず海外のリゾート地なども多いので，必然的に軽量コンパクトな機材が適しています．その上，自動導入できることも機材選定の条件でした．

そんな時，ビクセンよりこのスカイポッドが発売されました．最初に見た瞬間，自分が南天のリゾート地のプールサイドで，テーブルにこのスカイポッドを置いてのんびりと観測している姿がくっきりと浮かびました．まさに自分の観測スタイルにピッタリな望遠鏡，それがこのスカイポッドです．

選択の理由はこれだけではありません．これは多くの方々にも支持されている理由でもありますが，鏡筒取り付け部がGP規格のアリミゾになっていることでしょう．スカイポッドは標準で「VMC-110」カセグレン式鏡筒を付けて販売されていますが，このアリミゾ台座があることで，汎用性が高くなっています．私の場合，セレストロンのC-6XLT鏡筒を載せて使ったりしています．

基本的に2.5kg以上の鏡筒を載せる場合，別売のバランスウェイトを取り付けるようにとありますが，実際に使った感じでは，ウェイトを付けずとも自動導入も問題ありませんでした．ただし，長期間に渡って使用する場合は，やはりウェイトを付けたほうがいいでしょう．

肝心な使い勝手は，自動導入の精度は同クラス機の中ではほぼ合格点に達していると言えます．本体のコントロールはスターブックType-Sにて行いますが，これまでに無かった画期的なコントローラーです．これがあることで，PCが無くても画面上の星図をたよりに星空散歩を楽しむことができます．導入速度も最大900倍速ですので，ミードのETXなどと比較してもストレスを感じない速度です．

一見するとプラスチックを多用した安っぽい感じがしますが，肝心な内部は，自動導入などの精度に影響を及ぼすような部分や負荷がかかる駆動部分はアルミダイキャストを使い，軸受け部にはベアリングを用いることで消費電力を抑えているそうです．またモーター駆動系も上位機種のスフィンクスと兼用の制御装置を使っているとのこと．つまり，このスカイポッドは自動導入の入門機的存在でありながら，同社の中級機並みの高精度を有しながら初心者でも楽しく天体観測ができるよう良く工夫された自動導入機だということでしょう．

メーカーに改善して欲しいところは，まずスターブックの画面を見やすくして欲しいこと，アライメントはスターブックの星図を見ながら行うのですが，星名が出ないのでわかりにくいこと，電源を一つにまとめて欲しいことなどです．多少の改善部分を省いても，私にとってこのスカイポッドは，お気楽天文旅には欠かす事のできない機材と言えるでしょう．

ビクセン
ポルタR135S
手軽な高性能機
高岡浩人

携帯で撮った月

天体望遠鏡を選ぶとき、最後まで悩むのが、鏡筒を屈折にするか反射にするか、また架台を経緯台式にするか赤道儀式にするかということだと聞いていましたが、私もそのスパイラルにはまり込んだ一人でした。

望遠鏡を買うにあたって、まず第一に予算。私は初めて買う望遠鏡に何十万もの投資をすることはできないので、7万円前後で考えました。この予算で買えるのは、屈折なら口径80mm前後、反射なら口径130mm前後の経緯台、もしくは超特価の赤道儀です。最初のうちは、気軽に使えるものということで、80mm屈折経緯台をと考えていましたが、望遠鏡の知識が増すにしたがって、少々重くても赤道儀のほうが便利じゃないか、口径は5mmでも大きいほうがいいんじゃないかと、雑念が増える一方でした。しかしそれでは予算が増すばかりです。そこで当面は写真を撮らないということで、架台は経緯台に決定。具体的には、経緯台として評価の高いビクセンのポルタに決めました。

最後まで決まらなかったのが鏡筒でした。当然口径が大きいほうが性能が良い。そうなると反射。しかし像の安定度は屈折のほうが勝っている。本によると80mm屈折と130mm反射では見え方はそんなに大きな差はないとも書いてある。散々迷った結果、星雲星団を見るなら少しでも口径が大きいほうが有利という判断から、予算内に収まる最大口径ということで135mm反射に落ち着きました。

つまり私が購入した望遠鏡は、ビクセンポルタR135S。定価81,900円が65,500円ということで、予算内に収まりました。

使ってみての印象は、架台はしっかりしていて回転も微動もスムーズ。ただ、クランプレスのフリーストップ式は振り回すのには都合がいいのですが、家族で見る場合は、だれかがちょっと強く触れたりすると簡単にずれてしまって、再度導入しなければならないという手間があったので、現在はつまみ付きのボルトに変えてクランプ式にしています。

135mmのニュートン式反射は、F5.3という短焦点にもかかわらず、面精度が高いのか土星などとてもよく見えます。光軸もちゃんと合っていました。また、携帯で月を撮ってみましたが意外とよく写りました。

全重量は、およそ10kgで経緯台としては少し重いかなとも思いますが、かえって安定感があり、安心して使える望遠鏡だと思っています。ただ、倍率1倍のスポットファインダーは、近視の私にはとても使いづらかったので、7×50mmのファインダーに付け替えたいと考えています。

ペンタックス
125SDP
欠点らしい欠点が見当たらない鏡筒
石橋直樹

私は屈折が好きで、30年前の銀塩フィルム時代からほとんどペンタックスの屈折望遠鏡で写真を撮り続けてきました。まず105EDHFから始まって、12年前に125SDHFから125SDPに替えて、現在でも主力望遠鏡として使い続けております。

1980年代前半は屈折望遠鏡を使って広視野で撮影されている方が少なかったせいもありますが、屈折望遠鏡の特徴である写野の均一性を大いに利用して、ブローニー判で天体を複数写野に入れて撮るコンビネーション写真が好きで、雑誌の天体写真コーナーの入選も多くさせていただきました。

世の中がデジタル化されてきた折にも、CCDカメラや一眼デジカメへの対応も125SDPはしっかりと受け止めてくれました。現在は冷却CCDや改造一眼デジカメで撮像を楽しんでいますが、しっかりしたシャープな星像を結んでくれます。

125SDPの最大のメリットとして、銀塩でもデジタルでも同じように十分な性能をもっていることがあげられます。銀塩の中判フィルムの隅々まで収差の少ないシャープな星像を実現でき、周辺減光が非常に少ない均一な広視界が確保されます。ブローニーフィルム上のシャープな星ぼしを見るとうっとりしてきます。

CCDに対しても色にじみが少なく、RGB合成においても十分に合格点を与えることができ、屈折ですので実効F値

も意外に明るくコンポジットする枚数もかせぐことができます。空の暗い場所での撮像では、フラット補正が不要なくらいかぶりが少ない画像を得ることが可能です。画像処理も高度なテクニックが不要になるぐらいの画質です。

また、私の場合、3種類の焦点距離の使い分けができるのもうれしいことのひとつです。レデューサーを使った616mm、直焦点の800mm、1.4倍のテレコンバーターを使った1120mm、対象物に合わせたどの焦点距離でも撮像でき、変わらない性能を有している望遠鏡は他にはないでしょう。

接眼部も10ミクロン単位まで把握できる直進ヘリコイドは、ガタも皆無でピント調整にはうってつけです。ナイフエッジとの組み合わせでピント合わせに困ったことはありません。

気温変動によるピントの移動も思ったより少なく、1夜でピントを合わせ直したこともなく、例えばCCDカメラでの10枚コンポジットの1枚目と10枚目を比較しても、ピントのズレは検知できませんでした。

いいことずくめなのですが、メーカーへの要望として、接眼部の接続リングサイズの互換性があまりなく、不便を感じることが多い点があげられます。特に冷却CCDカメラへの接続には工夫が必要になります。あと、長年使っているせいかもしれませんが、ヘリコイドの回転方向によっては回転が重くなる場合があります。

しかしながら、浮気もせずこの125SDPを主力望遠鏡として長年使ってきたのも、欠点らしい欠点が見当たらないためだと思います。屈折ですので光軸調整などのメンテも必要なく、焦点距離もほどほどにあり、特に初心者の方で撮影が好きな方にはうってつけの望遠鏡だと思います。

ペンタックス 105SDP
多目的に使えるフォトビジュアル機
石井隆元

天文を始めて最初に購入した鏡筒がペンタックス75SDHFで、主に観望に使っておりました。その後、天体写真を始めるのに同社の125SDPを購入して、造りの良さと性能に感動、撮影機材がフィルムからCCDに移行し画角が大幅に狭くなったことと、一回り小さな赤道儀に載る軽快な取り回しを考え、105SDPを購入しました。

光学系は4群4枚、670mmF6.4、第一レンズにSDを使ったアポクロマート鏡筒で、後群の2枚の大口径フラットナーレデューサーレンズにより平坦で収差が少なく、中判フィルム対応のイメージサークル周辺までシャープな星像を結びます。さらに別売のリアコンバーターRC0.77×67Pを付けると516mmF4.9の明るさで淡く広がりのある星雲の撮影、リアコンバーターRC1.4×67Pを付けて938mm F9で惑星や月の観望や撮影ができ、どちらも口径が大きくて周辺減光が少ないので、中判のイメージサークルを保ったまま3通りの筒として使用出来ます。

しかし、困ったことにSDP最大の売りであるリアコンバーター類が軒並み販売(生産)終了しているのが悔やまれます。ユーザーのために、ぜひとも再生産して欲しい重要パーツです。また合焦装置が上位機種のヘリコイドからラック&ピニオンに格下げされており、微妙なピント合わせに微動装置はぜひ付けて欲しかったです。

もともとペンタックスの重い中判カメラボディの取り付けを考慮した設計ですので、バックフォーカス(約155mm)が長く、それを支える太く頑丈なドローチューブ(ネジ径92mmP1.0)が、後ろに取り付ける機材の選択範囲を広げています。

しかし、大きなカメラやアクセサリーを取り付けると重心が後ろに偏り、

ペンタックス125SDPによるクラゲ星雲(LRGB)

ペンタックス105SDPによるエータカリーナ星雲(2枚モザイク)

純正鏡筒バンドをオフセットして取り付けないとバランスがとれません。接眼部は堅牢な造りですが6ピースに分割されていて、各面にさまざまな装置の取り付けが可能ですが、パズルのように複雑です。

鏡筒は約6kg（接眼部を除けば5kg弱）と比較的軽量で、経緯台式の簡易な三脚を使って観望に使用したり、コンパクトで旅行トランクにすっぽり収まる携行性を生かして、「三ツ星」のOff-axis GuiderとSBIGのST-402の組み合わせで、ガイド鏡不要のシンプルな撮影システムを構築して、海外遠征にも使用しています。

現在はデジタル一眼レフによる撮影が中心で、鏡筒の明るいF値を活かして、キヤノンKissDXをIR改造してIDASのブロードバンドフィルターV3やLPS-P2を取り付け、たっぷり露出をかけることで階調豊かなデータが取得出来ます。ワンショットでカラー画像が得られるデジカメの速写性にベストマッチで、露出後に直ちに背面液晶に現れるカラー画像にうっとりする時が撮影時の最高の楽しみです。その後は現像ソフトであっさり現像を心掛けています。

105mmの口径ながら価格が45万円、周辺装置を含めると高額の出費を強いられますが、しっかりした造りと屈折ならではのメンテナンスフリー性で、一生使えるマルチパーパスなフォトビジュアル望遠鏡です。

フジノン
25×150EM-SX
プレアデスの7姉妹の輝きは絶品
杉野友司

始まりは、大きな双眼鏡で星空を見たときからでした。望遠鏡の見え方とは違い、双眼鏡の視野の星々に奥行きを感じました。しかもツヤツヤしていて、まるで宇宙船の窓から外をみているようでした。しかも長時間見ていても疲れません。すっかり両眼で見ることの魅力にはまってしまったのです。

それ以来、スターベースの双眼装置をはじめ宮内光学のBj-100iBF等を購入し、両眼で星空を楽しんでいましたが、日本最大級の15センチの双眼鏡では「もっと良く見えるのでは」という思いが「いつかはフジノン！」になっていました。

2007年、夢をかなえるときがきました。15センチのフジノンの光学性能は、どの本を読んでも評判が良く迷いはありませんでした。後は、直視型か傾斜型のどちらにするかで迷いました。傾斜型のフジノン25×150EM-SXは直視型のフジノン25×150ED-SXより63万円も高いので、「直視型でも良いのでは」と考えもしましたが、以前、直視型のフジノン25×150MT-SXで天頂付近を見たとき、無理な姿勢で首や腰が痛くなった経験があり、観望姿勢の楽な傾斜型にすることに決めました。

三脚は、予算を抑えるために所有のミードのLX200-35の三脚を使用しましたが、純正品かと思えるくらいサイズがぴったりでした。

1991年のモデルチェンジで軽量化されているとはいえ、重さ約20kg、長さ約1mの双眼鏡を1人で架台にセットするときは、「落としでもしたら‥」と思うとドキドキします。ハンドルの類がないため、抱え込む感じで架台へセットします。できれば二人の方がベストです。

傾斜型は接眼部が直視型に比べ重いため、高度クランプをフリーにしたときはバランスに注意が必要です。星の導入は、傾斜型なので直視型に比べると難しく、ファインダーを付けたほうがベストです。そのためのネジ穴が左右に用意されています。

困っている点としては、接眼部のゴム見口がツノ型なので、メガネをかけている私には使いづらく、ゴム見口をはずしています。ゴム見口をはずすとメガネと接眼部の金属が接触するので、「メガネに傷が付くのでは！」と気になります。

ファーストライトはM45（すばる）でした。25倍の倍率でちょうどよい対象です。15センチの集光力はさすがで、双眼鏡の視野いっぱいに星々が広がり、プレアデスの7姉妹がキラキラと輝いてとっても綺麗でした。買ってよかったと本当に思いました。

いつか、ヘールボップ彗星のような彗星をこの双眼鏡で見ることを楽しみにしています。

ミード
ETX-125PE
アライメント時の面倒な初期設定が不要
びんたんぽんた

自動導入望遠鏡は数多くありますが、その中でもETX-125PEを選んだのは、デザイン的に使いやすそうな感じがしたことと、これまでのETXに無かった方位センサーや内蔵時計などによってアライメント時の面倒な初期設定が不要になったことです。

この他、ファインダーがこれまでの光学式からドットタイプに変更となり、電源も本体から供給となりました。このファインダーはコントローラーからコントロール可能です。購入当初はこれまでと違ったファインダーに戸惑いました。

使用目的は主に月や惑星観測です。私は光害地に在住しているので、星雲・星

団などの暗い天体の観測には不向きと考えています．付属スチール三脚は赤道儀モードにも対応しているので，撮影時には便利です．

アライメントは「オートマチック・アライメント」という方法が新たに取り入れられました．電源投入した後に，鏡筒の方位と傾きを内蔵センサーにより自動的に修正した後，最初のアライメントスターを導入してくれます．これをコントローラーで修正した後に次のアライメントスターを導入してくれます．修正完了するとアライメント成功で，観測開始となります．

つまりこのアライメントは，これまでの「イージー・アライメント」から「ホームポジション」の設定と日付け，時間等の入力作業を省いたものと考えて良いでしょう．観測地の設定はこれまで通り必要ですが，これも一度設定すれば次からは不要です．他のアライメント方法もこれまでの「イージー」なども含めて使用可能です．

オート・アライメントはこれまで旧ETXを使ってきた者にとっては一見便利な機能に思えますが，実際使ってみると，そうでもないことがわかります．まず，最初のアライメント・スターを導入するまでに数分の時間を要することです．旧機種でこの自動作業を手動で行うと数十秒で完了します．

また，アライメントをスタートさせる前に鏡筒が真北より東側を向いていると，方位センサーにより真北を探すために台座部が360度近く回転してしまいます．この動作は大変無駄な作業であり，電池消耗も早くなります．私の場合はスタート時に筒を若干西向きに設定します．そうすることで，少し動いただけで真北を見つけてくれます．

ETXは旧タイプもそうですが，方位回転に不動点があります．約2回転弱ほどしか回転しませんので，この不動点を超えて動こうとすると故障の原因にもなります．ちなみにセレストロンの経緯台には不動点はありません．この不動点はできれば無くして欲しいです．

他にも，ファインダーの焦点をETXと合わせる時に，ファインダーの調整ネジを一杯まで押し込んでも合致しないことが多いようです．これも大変困ったことで，これについては販売店の担当者も困っているそうです．ファインダーは取り外したり簡単にできないので，台座部の下に薄い板状のものを入れて調整できるようにしています．今後これらの部分を改善して，さらなる進化したETXを作り上げて欲しいと願っております．

ライカ
ウルトラビット8×50 HD

持つものに喜びを与える
究極の双眼鏡
三浦幸四郎

とかく双眼鏡というものは，1台か2台あれば事足りるものであるが，ひとたび双眼鏡の魅力に取りつかれると，いくつも欲しくなるものらしい．かくいう私も，気がつけば大小とり合わせて十数台の双眼鏡持ちになってしまった．

最初はどんな双眼鏡でも十分満足するのだが，スターウォッチングに双眼鏡を使っていると，天体像は正直なもの，いとも簡単に双眼鏡の性能を露わにしてしまうのである．色収差は，月の縁を見れば一目瞭然，コマ収差や非点収差は視野の端の星を見ることでわかる．

こうして重箱の隅をつつくように双眼鏡の見え味が気になりだしたら最後，双眼鏡おたくの道をまっしぐら．最初は正統派7×50から始まり，次は星雲星団が少しでもよく見える70mm以上の中口径双眼鏡にはまり，大型高性能双眼鏡が欲しくなる．そして再び7倍50mm高性能双眼鏡に落ち着くといったところ．結局のところ，天文用には性能には全く申し分のないニコン7×50SPをいちばん長く使っていた．

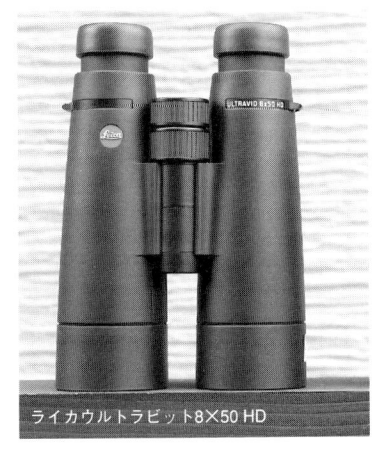

ライカウルトラビット8×50 HD

しかし最近また双眼鏡の虫が騒ぎ出した．今度は一生使えるSPをも凌ぐ究極の双眼鏡だ．考えられるのは，ツァイスかライカかスワロフスキー……ネットで調べたり，所有者に尋ねたり，ショップで覗いたりさんざん迷った挙句，日本ではまだあまり見かけないライカ ウルトラビット8×50 HDを選んだ．とはいっても，定価27万円以上もするシロモノ．まさに清水の舞台から飛び降りんがごときである．

さて，この手の双眼鏡の性能を云々するのも愚の骨頂だが，フローライトレンズを使っているだけあって，色再現性，コントラストは文句なし．実視界は6.9°で標準的だが，色収差は視野周辺で像の周りにうっすらと緑が付く程度で優秀．像面歪曲も十分補正されている．

それよりも口径50mmありながら，重量は1kgと一般の防水型7×50双眼鏡よりも0.5kg近く軽いうえ，ダハタイプなのでとても構えやすくなっているのがシルバー世代にはうれしい．

また，ボディに燦然と輝く"Leica"のエンブレムが，往年のライカファンである私に，このうえない喜びと至福のときを与えてくれる．

天体望遠鏡がほしい

解説/浅田英夫

　サトシは高校1年生．前からあこがれていた天文部に所属することにした．なんとなくなし崩し的に入部してしまったが，部長が女子だったからという理由がないわけでもない……．

　部長のハルカは2年生．もちろん持ち上がりの新米部長だ．

　初めての活動に出るため，部室のドアを開けると，そこには部長しかいない．

　「あれっ，他の人はまだですか？」

　「いや，これで全員よ．さっそく今度の校内観望会の打ち合わせをするからそこに座って」

　サトシの顔が引きつった．唖然とするとともに，ハマッタと思った．しかし後の祭り．「あなたは，天体望遠鏡持ってる？」

　「いいえ．欲しいとは思ってるんですが……」

　「そう，観望会では望遠鏡を操作してもらわなきゃいけないの．準備室に天体望遠鏡がいくつかあるから見に行こ」

　「えーっと，これが屈折式で，この太めのが反射式．そして，これが経緯台で，そっちが赤道儀．経緯台は望遠鏡を上下左右に動かすことができて，赤道儀は星の動きと同じように動くの」ハルカの頼りない声が準備室に響く．

　いくら初心者とはいえ，サトシもそれぐらいのことは知っていた．そんなことより，どうして赤道儀は星を追いかけることができるかということが，永遠の謎だった．

　「赤道儀はどうして星を追いかけることができるんですか？」

　ハルカはたじろいだ．実は自分もよくわからなかった．今まで先輩に教わったとおりに据え付けていればよかったので，理屈なんてどうでもよかった．しかしここで弱みを見せては部長の面目丸つぶれだ．

　「それはねー……」

　それまでのハルカの元気がどこかへいってしまった．そのとき強力な助っ人が現れた．

　「やー君たち，若い二人がこんなところで，怪しいぞー」ハルカの2年先輩の大学生・タクヤだった．

　「あっ！先輩．どうしたんですか？でもよかった．今望遠鏡の説明をしてるんですが，先輩のほうがうまいのでお願いしまーす」ハルカの顔色にほんの少し紅がさした．

　「そ，そうか，ハルカに言われると弱いなー」

　「あのー，僕1年生のサトシといいます．もし差し支えなければ望遠鏡の基礎から教えていただけませんか？」とサトシが遠慮がちに言う．

　「よしわかった．いい機会だからここにいくつか望遠鏡カタログがあるからそれを見ながら話をすることにしよう」先輩は得意そうにしゃべり始めた．

●望遠鏡の性能は何で決まる？

　「望遠鏡選びの第一歩は，まずカタログを読み解く力を養うことから始まる．ここにある望遠鏡のカタログに書いてある意味はわかるよね？」

　先輩がニヤニヤしながら二人の顔を覗き込む．

　「うーん，何となくわかるけど，専門用語が多くていまいちわかりづらい感じ」

　「似たような望遠鏡でもメーカーによって価格がかなり違うし，望遠鏡の形式もいろいろあるみたい」ハルカとサトシが顔を見合わせる．

　「そうだな，望遠鏡のカッコや価格はわかっても，性能については専門用語や数字ばかりでよくわからんよな．ところで，望遠鏡の性能は何で決まるのだろう？筒の太さか，筒の長さか，倍率か，それともそれ以外か？」

　「望遠鏡は，像を拡大してみるための道具だから，やっぱり倍率でしょ」サトシが言う．ハルカもそれにつられて自信なさげにうなずいた．

　「確かに倍率が高いほど像は大きくなるので，よく見えそうな気がするけど，それには限度がある．その限度は筒の太さ，つまり対物レンズ（主鏡）の口径で決まるんだ」

　納得できないという顔をしている二人を見た先輩は続けた．

　「たとえば，雨が降る日に径の大きなバケツと小さなバケツを1時間外に出して雨水を溜めるとすると，どちらのバケツのほうがたくさん溜まるか？」

　「そりゃー，径が大きいほうが雨をたくさん受けることができるでしょ」サトシが答えた．

　「そのとおりだな．望遠鏡もこれと同じで，星からの光をどれだけ受けることができるかで性能が決まるというわけだ」

　「じゃあ，倍率は関係ないの？」とハルカ．

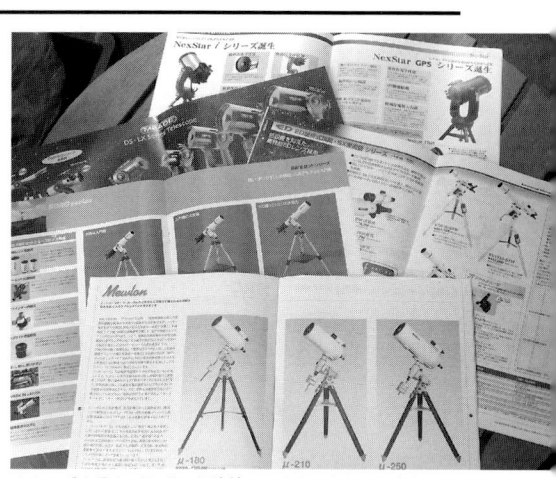

カタログを見ながらどの望遠鏡にしようかあれこれ考えているときが一番楽しい．しかしカタログを読み解く力がないと，希望の望遠鏡は手に入らないかも……

倍率が高くなればなるほど像は大きくなる一方で暗くなってしまう。最高倍率は、対物レンズの口径(mm)×2程度まで。

「いや、一概にそうとは言えない。よく見るためには、できるだけ拡大したほうがいい。しかし、望遠鏡の原理は、対物レンズによってできた実像を、接眼レンズ（アイピース）で拡大して見るわけだから、対物レンズの口径が同じなら、入ってくる光の量も一定なので、倍率を上げれば上げるほど、像は暗くなってボケてしまうことになる。だから望遠鏡にはこれ以上倍率を上げても無駄であるという有効最高倍率（限界倍率）というのがある。経験的には小型望遠鏡の場合は、有効最高倍率＝対物レンズの口径(mm)×2となっている。ちなみに倍率は、対物レンズの焦点距離÷接眼レンズの焦点距離で計算することができる」

「なるほど。ということは、この望遠鏡の口径は80mmだから、有効最高倍率は、80×2で160倍ってことですね。先輩！」ハルカが元気よく答えた。

「そのとおり。これでひとつ賢くなったな。それでは、望遠鏡の性能を表す用語について考えてみよう」

● 望遠鏡の性能

そう言うと先輩は、テキストを見ながら性能の見方について説明を始めた。

★ 有効口径（ゆうこうこうけい）

口径とは、屈折式なら星からの光を最初に受ける対物レンズの直径のこと。対物レンズは対物セルと呼ばれる金枠に収めてリングで押さえてあるので、厳密にはこのリングの内径が事実上使える口径となる。これを有効口径と呼んでいる。有効口径80mmの対物レンズの直径は82mm程あるのが普通だ。一方、反射式の場合は、主鏡のアルミメッキしてある部分の直径。シュミットカセグレン式の場合は、補正板を固定してあるリングの内径がそれにあたる。

望遠鏡の性能は、理論的には対物鏡の口径が大きいほど良い。

★ 焦点距離（しょうてんきょり）

天体の光のように平行光線は、対物レンズで屈折して一点に集まる。この光が集まる点を焦点といい、対物レンズから焦点までの距離を焦点距離と呼ぶ。カセグレン式のように副鏡で主鏡の焦点距離をさらに伸ばすタイプでは、合成焦点距離ということがある。

焦点距離が長いほど大きな像が得られる。つまり高倍率になる。また、同じ口径なら焦点距離が長い方が、性能の良いものを作りやすい。

★ 口径比（こうけいひ）

焦点距離を有効口径で割算した数字が口径比で、Fを付けて表す。たとえば有効口径80mm、焦点距離800mmの対物レンズの口径比Fは、

F＝800÷80＝10

となる。この数字は、カメラレンズの絞りのF値と同じ意味を持ち、数字が小さいほど明るいレンズという表現をする。ただしこれは写真撮影のときだけのことで、目で見る場合、F値が違っても口径と倍率が同じなら、明るさは同じだ。

また、屈折式と反射式では計算上の口径比が同じでも、実際の口径比は反射式の方が暗くなる。理由は、副鏡によって遮られる部分があること、レンズの透過率より鏡の反射率のほうが悪いことによる。

★ 分解能（ぶんかいのう）

どれぐらい細かいところまで見ることができるかを示す。同じ明るさの2つの星が2つに見えるギリギリの距離を角度で表したもので、一般的には火星観測者のドーズが経験的に求めた次の式で計算され、単位は、1°の1/3600の秒で表される。

分解能＝116″÷有効口径

数字が小さいほど、細かいところまで見えることになる。

★ 極限等級（きょくげんとうきゅう）

望遠鏡で何等星まで見えるかを示す。ただし瞳径が7mmの人が6等星まで見える場合という条件付きだ。6等星まで見えない都会地では、もちろん極限等級まで見ることはできない。極限等級は次の式で計算することができる。

極限等級＝5log有効口径＋1.774

数字が大きいほど暗い星まで見ることができる。

★ 集光力

瞳径7mmの人が集めることができる光を1として、望遠鏡がそれに対して何倍の光を集めるかを示す。集光力は対物レンズと瞳径の面積比で表されるので、次の式で計算することができる。

集光力＝有効口径^2÷7^2

数字が大きいほどたくさんの光を集めることができる。

● 望遠鏡の3つの部分

「というわけで、望遠鏡の性能を表す、分解能や集光力、極限等級もすべて口径に依存していることがわかったところで、ここに並べてあ

口径3cm　　　口径10cm　　　口径20cm

望遠鏡の性能は倍率ではなく、対物レンズ(主鏡)の口径で決まる。大きければ大きいほど分解能や集光力が上がり、像が細かいところまではっきり見えるようになる。

る天体望遠鏡をよく見てみよう」

二人の目は，準備室の天体望遠鏡に釘付けになった．

「一口に天体望遠鏡といっても，大きく3つのパーツに分けることができる．まず，天体望遠鏡は，光学系が組み込まれている鏡筒部，鏡筒を見たい方向に向けるためにXY方向に回転することができる架台部，そしてそれを支える脚部の3つの部分．さらに鏡筒部には，屈折式と反射式．それを支える架台部には，経緯台式と赤道儀式があり，脚には三脚とピラーがあるというわけだ」と先輩は自信ありげに説明する．

「なるほど，だからカタログには屈折式経緯台とか，反射赤道儀って書いてあるんだ」

「そのとおり．いいところに気がついたな．それでは鏡筒から詳しく見てゆくことにしよう」

続いて先輩は望遠鏡双眼鏡カタログという本を本棚から取り出して，鏡筒の種類について説明を始めた．

●鏡筒（きょうとう）部

望遠鏡の生命とも言える，対物レンズや接眼部が付いた筒の部分だ．鏡筒部は，光学系によって，屈折式，反射式，カタディオプトリック式に分けることができる．

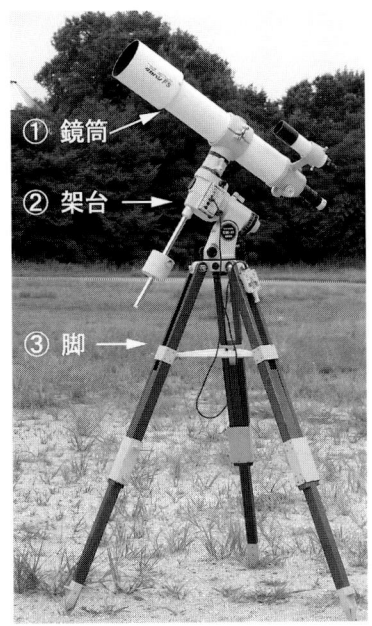

天体望遠鏡は，鏡筒，架台，脚の3つの部分に分かれる．

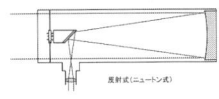

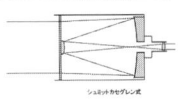

鏡筒のタイプには，屈折式，反射式（図はニュートン式），カタディオプトリック式（図はシュミットカセグレン式）がある．

★屈折（くっせつ）式

レンズによる光の屈折を利用して結像することから，屈折式と呼ばれ，対物レンズと呼ばれる筒の先に付いている凸レンズでできた像を，筒のおしりに付けた接眼レンズで拡大するという仕組みだ．全体のフォルムは，細長くスマートで，最も望遠鏡らしいスタイルをしている．

ガリレオ・ガリレイが，月のクレーターや木星の衛星を発見した記念すべき望遠鏡も屈折式で，ガリレオ式と呼ばれ，接眼レンズに凹レンズを使っている．しかしこのタイプは，正立像が見られる半面，極端に視野が狭いという欠点を持っていた．その後ケプラーは，接眼レンズにも凸レンズを使い，ガリレオ式の欠点を改善したケプラー式望遠鏡を発明し，屈折望遠鏡はケプラー式が主流となった．現在市販されている天体望遠鏡は，すべてケプラー式だ．ただし像はひっくり返った倒立像になる．

ところで凸レンズは，屈折によって光を1点に集めて像を作る働きをするが，光は色（波長）によって屈折率が違う．そのため，赤い色（波長が長い）ほどレンズから離れたところに集まり，青い色（波長が短い）ほどレンズに近いところに集まるという，色収差（いろしゅうさ）と呼ばれる現象がおきて，せっかくの像がぼけてしまう．

シャープな像を必要とする天体望遠鏡では，この色収差によるぼけを取り除くために，対物レンズは，2～3枚の凸レンズと凹レンズを組み合わせてあるのが普通だ．これを色消しレンズと呼んでいるが，もちろん像がモノクロになるというわけではない．

色消しレンズには，色消し（色収差の補正）の度合いによって，次の三種類がある．

①アクロマート・レンズ

屈折率の異なる凸と凹の2枚のレンズを組み合わせることによって，

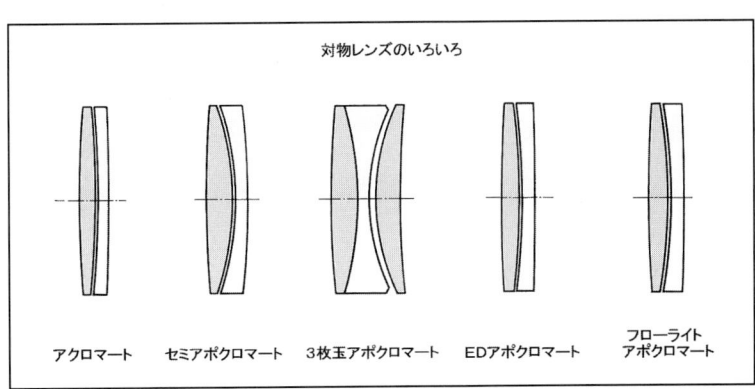

対物レンズは，収差の補正の仕方で，いろいろなタイプに分れる．

2009年版望遠鏡・双眼鏡カタログ 77

2つの色について焦点が合うように設計されたレンズ．完全に色収差が補正されているわけではないので，口径比（焦点距離／口径）が小さいと，色収差のため星のまわりに色が付いてぼけてしまう．口径比（対物レンズの焦点距離÷口径）がF12以上のレンズなら性能は悪くはない．また，最近では，眼視用に特化した設計をすることにより短焦点でも高性能なアクロマートも登場している．

② アポクロマート・レンズ

屈折率の異なる特殊な凸と凹の2〜3枚のレンズを組み合わせることによって，3つの色について焦点が合うように設計されたレンズ．アクロマートに比べると格段に性能がいいが，設計・製造が難しく高価なのが難点．最近はフローライト（蛍石）やEDガラス・SDガラスなど，アポクロマートレンズを作るのに適したガラス材が人工的に生産できるようになったため，中級機以上に採用されている．口径比F8前後のものが主流となっている．

③ セミアポクロマート・レンズ

色収差の補正が，アクロマートとアポクロマートの中間程度のレンズのことを言う．

★反射（はんしゃ）式

凹面鏡による光の反射を利用して結像することから反射式と呼ばれ，筒の底に付いている表面にアルミ蒸着（メッキのようなもの）された凹面鏡で反射した光を，小さな鏡でもう一度反射させて，光を筒の外に引き出し，接眼レンズで拡大するという仕組みだ．凹面鏡のことを主鏡，小さい鏡のことを副鏡（第2鏡）といい，副鏡の位置や役割によって，主に次の種類に分けられる．光がガラスの中を通過しないので，色収差がないことが最大の特徴．

① ニュートン式

反射式のなかでは最もポピュラーな形式で，市販されている多くの反射望遠鏡はニュートン式だ．主鏡の表面は平行光線が一点に集まるように放物面に磨かれ，そこで反射された光は，筒の上方に45°に傾けて取付けてある平面に磨かれた副鏡（斜鏡ともいう）によって直角に曲げられ，筒の外で焦点を結ぶ．全体のフォルムは，ちょっと太めで，接眼部が筒の上方に筒に対して直角に突き出すように付いている．つまり横から覗くことになる．

ニュートン式の最大の特徴は，中心像があらゆる光学系の中で最もシャープであること．しかし視野の周辺像は，コマ収差のため放射状に伸びてしまうという欠点がある．コマ収差は，口径比がF8以上なら目立たないが，F5以下になると，急激に像が悪くなる．そのため最近は，口径比をF6程度にして，コマ補正レンズを併用するものが主流になっている．

ただし最近は，コンパクトなカセグレン系に押され，すっかり影が薄くなってきた．

② カセグレン式

口径30cm以上の比較的大口径の望遠鏡に採用されることが多い型式だ．主鏡に中央に穴をあけた放物面鏡を用い，副鏡には凸の双曲面鏡を使う．副鏡で反射した光は，焦点距離を伸ばし，主鏡の方へ戻り，主鏡中央の穴から筒の外に出て焦点を結ぶ．

特徴は，筒の長さが焦点距離の約1/3で済むため，非常にコンパクトにできることである．欠点は，副鏡の研磨が難しいことだ．最近は，カセグレン式の変形タイプとして，主鏡に楕円面，副鏡に研磨しやすい凸球面を用いた，ドール・カーカム式の小型機が登場している．

★カタディオプトリック式

屈折式と反射式の長所を生かして作られた望遠鏡のこと．製作が難しく量産が困難だったため，なかなか普及しなかったが，アメリカのメーカーで量産技術が確立されてから急速に普及し，今では屈折式・反射式とならんで，望遠鏡の一形式として完全に市民権を得ている．日本のメーカーでも，数社が作っているが，市販されているもののほとんどは，アメリカ製だ．ただし，アポクロマート屈折や，ニュートン反射に比べると像が若干甘いことは否めない．鏡筒前面の補正板によって，次の二つの形式に分けられる．

① シュミット・カセグレン式

カセグレン式の主鏡を研磨しやすい球面にして，それによって生じる球面収差を鏡筒の先端に取付けた非球面の補正板で補正した望遠鏡．カセグレン式と同じように，鏡筒の長さは焦点距離の1/3程というコンパクトさ．像は，アポクロマートの屈折やニュートン式反射に比べるとやや甘い．口径比はF10〜12．中にはF6.3というものもある．

② メニスカス・カセグレン式

非球面の補正板のかわりに，凹レンズのような形のメニスカスレンズを使った望遠鏡．補正板の中央をメッキして副鏡としている．つまりすべてが球面で構成された望遠鏡だ．マクストフ・カセグレンとも呼ばれる．アメリカのクエスターは，この光学系にさらに改良が加えられた望遠鏡だが，最近は口径9cm〜15cmのコンパクトな望遠鏡に，この光学系の物が多い．

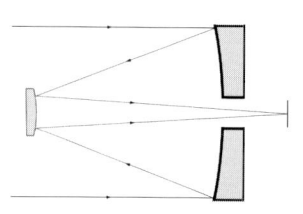

カセグレン式　主鏡に中央に穴をあけた放物面鏡を用い，副鏡には凸の双曲面鏡を使う．副鏡で反射した光は，焦点距離を伸ばし，主鏡の方へ戻り，主鏡中央の穴から筒の外に出て焦点を結ぶ．

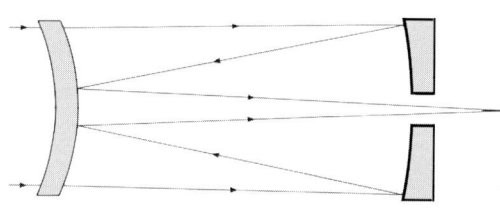

マクストフカセグレン式　鏡筒先端には，大きく湾曲したメニスカスレンズが付いている．最近では，シュミットカセグレン式とともに望遠鏡の主流になりつつある．

「鏡筒だけでもこんなに種類があるんですね．いったいどれを選べばいいんでしょう．恋人選びよりたいへんかも」ハルカが困った顔をした．すると半ばあきれた顔をしながらサトシが口を開いた．

「カタログによると，アクロマートでもアポクロマートも口径が同じなら，分解能や集光力は同じになってますよね．だとしたらアクロマートでもいいんじゃないですか？」

「いいところに気がついたな．カタログに登場する数値は実際のところ，その望遠鏡で実際に測定した値ではなく計算値なので，口径が同じならアクロマートもアポクロマートも反射もみんな同じ数値になってしまう．しかし実際の性能は違うのだ．たとえばアポクロマートでも，使用する材質によって性能が変わってくる．F10以上ではその違いは感じられないが，F8以下になると，フローライトとEDでは，色収差補正の差がはっきりしてくるんだ」先輩は自信を持って答えた．

「やっぱりアポクロマートのほうがいいんだ．それにしても反射は屈折に比べると安いですよね．性能が口径で決まるとしたら，反射のほうがお買い得ということになりませんか？色収差もないし」ハルカもたまには真面目な質問をする．

「お買い得ときましたか．ハルカの言うとおり，屈折式と反射式では口径が同じなら反射式の方が安い．その理由は，屈折は対物レンズは2〜3枚のレンズを組み合わせて使ううえ，フローライトなど高価なガラス材を使わなくてはならない．それに対し反射鏡は表面で光を反射するのでガラスの材質に気を使わなくてもいいし，基本的に2枚しか使わないからだ」と先輩．

「だから世界中の大望遠鏡は，すばる望遠鏡にしてもみんな反射なんだ．じゃあやっぱり反射のほうがいいってことですか？」なんとなくわかったようだが，サトシはさらに突っ込んだ．

「もしそうだとすると，屈折望遠鏡はこの世から消えてなくなっ てもいいはずだ．なのにちゃんと存在している．それにはこんな理由がある」

先輩はその理由を黒板に書き始めた．

①実口径は主鏡口径より小さい

反射式の場合は，副鏡による口径の損失がある．また鏡面の反射率は100%ではなく90%程度である．つまり実口径は主鏡口径の80〜85%ほどになってしまう．

②メンテナンスに手間がかかる

屈折に比べると反射は光軸のずれに敏感であるため，性能をフルに発揮するためには光軸を完璧に合わせておく必要がある．また，基本的に鏡筒の先は開放されているので，主鏡や副鏡が汚れやすい．つまり頻繁に清掃をし，数年ごとに再メッキの必要がある．

③気流の影響を受けやすい

反射は大気の気流（シンチレーション）の影響を受けやすい．また鏡筒の内と外で気温差があると，そこで乱気流（筒内気流）が発生して像を悪化させる．

「望遠鏡の形としては，屈折が理想的といえるが，しっかり調整された反射望遠鏡で気流が安定したときに見る像にはすばらしいものがある」

「じゃあ，屈折と反射のいいところをとったというカタディオプトリック系はどうですか？」とハルカ．

「確かに大口径でもコンパクトな，シュミットカセグレンやマクストフカセグレンも魅力だ．ただ，屈折や 反射に比べると像に甘さがあることと，筒内対流の影響で像がなかなか安定しないという欠点がある」

「じゃあどれを買ったらいいんですか？悩んでしまってどれも買えないじゃないですか」と二人が口をそろえる．

「そのとおり，屈折にするか反射にするかは永遠の課題だ．悩んでしまったときは視点を変えて，自分自身の性格をよく考えてみることだ．機械いじりやパズルなど手間暇のかかることが嫌いな人は，手間いらずの屈折式を選ぶほうがいい」先輩は自分で言って自分で納得するように首を縦に振っていた．

「あら，もうこんな時間．私帰らなきゃ．先輩ありがとうございました．ではこの続きはまた明日ということでお願いしまーす」

●架台部

ハルカに頼まれるといやとはいえない優しい先輩は，大学の講義もそこそこに，母校の部室に現れた．

「では今日は架台の話をしよう」

「よろしくお願いしまーす」とハルカとサトシ．先輩は望遠鏡を見ながら説明を始めた．

「鏡筒を支えて，鏡筒を天球のあらゆる方向に向け，固定する部分が架台だ．マウントとかヘッドと呼ぶこともある．架台は，直交する二つの回転軸があり，それぞれの軸には回転を固定するクランプと呼ぶネジが付いている．望遠鏡を天体に向けるときは，このクランプをゆるめて，

反射は屈折に比べてシンチレーションの影響を受けやすい．特に冬場は像が安定せず絶えず揺れ動いているので，細部まで見えないことが多い．（左は良シンチレーション，右は悪シンチレーション）

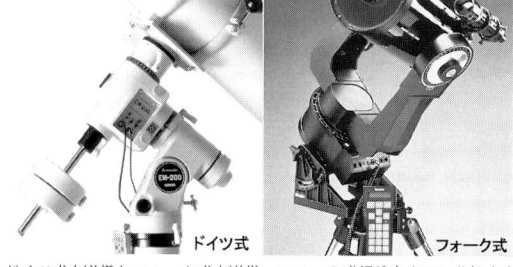

経緯台（左）と赤道儀（右）

ドイツ式赤道儀とフォーク式赤道儀．フォーク式経緯台を天の北極方向に傾けるとフォーク式赤道儀に変身する．フォーク式は，カタディオプトリックタイプの鏡筒との組み合わせでコンパクトにまとまる．

鏡筒を動かし，捉えたらクランプを締めて固定する」

「架台には，経緯台と赤道儀があるんですよね．先輩」ハルカがサトシを制するように言った．

★経緯台（けいいだい）

鏡筒を水平と垂直の二方向に動かして天体を捉える架台．景色や星座を探すときと同じように，方位と高度で望遠鏡を操作することができるので，とてもわかりやすい．まめんどうな組立や据付作業がないため，庭先・ベランダ・キャンプ場などいつでもどこでも手軽に使うことができる．

ただし，時間とともに日周運動で東から西へと動いてゆく星を長時間追いかけるのは，水平垂直方向を絶えず動かさなくてはならないので，ちょっと大変だ．

★赤道儀（せきどうぎ）

直交している二軸の一つを天の北極に向けてセットすることで，日周運動と全く同じ動きをする架台．天の北極に向いている軸を極軸（きょくじく）または赤経軸（せっけいじく）といい，それに直交している軸を赤緯軸（せきいじく）という．両軸は，天球に引かれた赤経線・赤緯線に沿って回転するので，星の追尾は極軸（赤経軸）の回転だけで可能なことはもちろん，天体の赤経・赤緯がわかれば，両軸についている目盛環を使ってその天体を捉えることもできる．また長時間露出が必要な天体写真撮影も可能だ．

赤道儀にはいろいろな形式のものがあるが，小型機では次の二つが代表的な架台である．

①ドイツ式

屈折から反射まであらゆる鏡筒を載せることができる最もポピュラーな赤道儀架台．極軸の先に赤緯軸が付いて，その赤緯軸の片側に鏡筒が載り，もう片側には，極軸を支点として鏡筒とバランスをとるためのバランスウエイトが付いている．

天体が子午線を通過する前後に，鏡筒が三脚やピラーにぶつかってしまうので，そのときは鏡筒を極軸の東側へ反転させる必要がある．

②フォーク式

極軸の先端をフォークのように二股にして，その間に鏡筒をはさみこんだ形をしている．鏡筒長が長い屈折や反射では，フォークの腕を長くしなくてはならず，それでは強度・安定度が不足するため小型機ではあまり使われなかったが，水平回転軸を傾けることで簡単に赤道儀に変身できることから，鏡筒長が極端に短いシュミットカセグレンの登場とともに，一気に普及した赤道儀架台である．

ドイツ式のようなバランスウエイトが不要なこと，子午線に関係なく東から西までどこにもぶつかることなく回すことができるというメリットがある．

●赤道儀が星を追いかけられるワケ

「あのー，経緯台の動きは縦と横だから理解できるんですけど，赤道儀はどうして星を追いかけることができるんですか？」サトシの永遠の謎の核心に迫ろうとしていた．

「赤道儀は一見不可解な動きをするから難しく考えてしまうんだが，経緯台と赤道儀の違いは，経緯台の左右回転軸が天頂ではなくて傾いているだけだと思えばいい．ほらこの小型フォーク式望遠鏡を見ればわかる．経緯台の左右の回転が赤道儀の赤経回転，つまり赤経軸，経緯台の上下の動きが，赤道儀の赤緯方向の回転，つまり赤緯軸になる．そして，赤経の回転軸を極軸ともいって，極軸を地軸の延長線上にある天の北極に向けるところに意味がある．星は天の北極を中心に，東から西に回転しているだろ．その回転中心に向けた極軸を中心に，望遠鏡も東から西

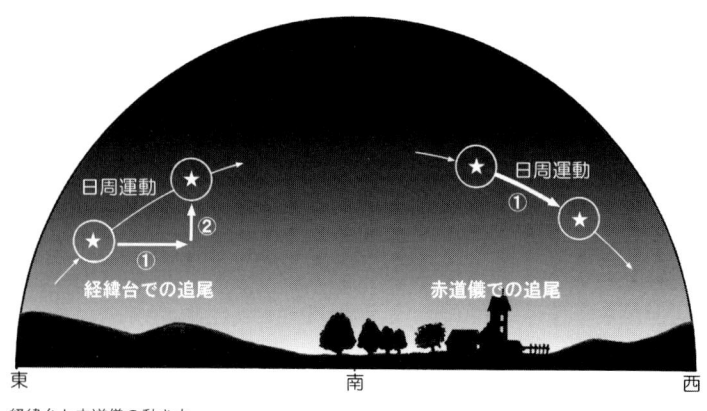

経緯台と赤道儀の動き方

赤道儀は，1つの回転軸(極軸)を地球を北に伸ばしたところにある天の北極に向けて，地球の自転方向と反対方向に望遠鏡を回転すると，いつまでも星を追尾することができる．

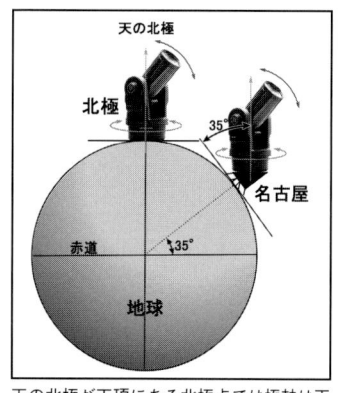

天の北極が天頂にある北極点では極軸は天頂を向く．つまり経緯台でも星を追尾することが可能だ．北極点から緯度で55°南下した名古屋では，天の北極の傾きは35°となるため，極軸の傾きも35°となる．

●極軸の合わせ方

「ところで，極軸はどうやって合わせたらいいんですか？北極星はわかっても天の北極は見えないですよね」サトシが困ったような顔をして質問した．

「うん，君の悩みはもっともだ．ではマニュアルを見てみよう」

極軸のセッティング

① 極軸をほぼその土地の緯度まで傾け，おおまかに北に向けて設置する．
② 北極星時角早見で北極星の位置を調べる
③ 極軸望遠鏡を覗きながら，極軸の高度方位調節ネジを回して，北極星を視野の中に捉え，時角早見で調べた位置に北極星を合わせる．

「ついでに赤道儀の操作法も実際に赤道儀を触って確かめておこう」先輩はそう言うと実際に赤道儀を操作して見せたあと，二人にも操作をさせた．

赤道儀の操作

① 極軸クランプと赤緯クランプをゆるめ，望遠鏡を目標天体の方向に向ける．
② 目標天体がファインダーの視野に入ったらクランプを締める．

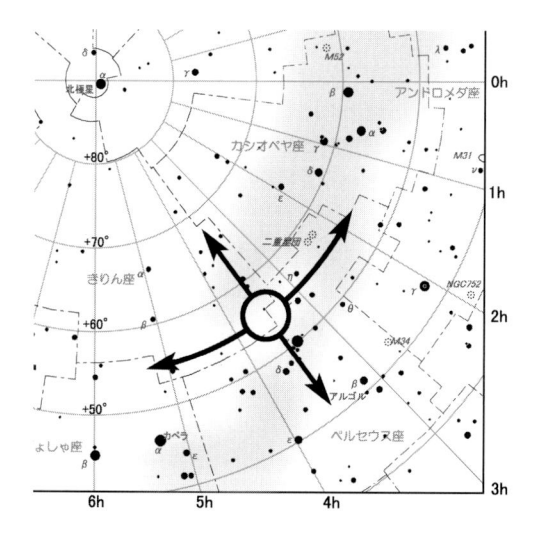

に回せば星の動きと同じになるよな．わかった？」

「はあ，なんとなく……」質問したサトシの頭の中は，ぐるぐる回っているだけで今ひとつはっきりしなかった．

「じゃあこう考えてみよう．もし北極点で赤道儀を使うとしたら，極軸はどこに向ければいいと思う？」

「天の北極は北極点の延長線上にあるわけだから……真上だ．極軸は天頂に向ければいいんですね」サトシの顔がぱっと明るくなった．

「そのとおり．北極点では，天頂にある天の北極を中心に星が東から西に回るのだから，すべての星は，水平に回転することになる．つまり昇る星も沈む星もないってことだ．ここでは，極軸は天頂に合わせればいいわけだから，赤経方向の回転は左右回転，赤緯方向の回転は，上下回転ということになる．つまりわざわざ赤道儀を持っていかなくても経緯台でいいってことになる．あとはこのまま日本まで南下してゆくとどうなるか．南下した角度分だけ天の北極の高度も下がる．下がった分だけ極軸の角度も下げればいいわけさ．つまり，赤道儀は経緯台の左右回転軸が天頂ではなくて，観測地の緯度分傾いているだけ」

「なるほど．よくわかりました」サトシは，人生がバラ色のような気がしていた．

「どうやら理解してくれたようだね．ついでに，赤道儀は，星図の赤経線と赤緯線に沿って動くということを覚えておくと，天体を導入するときに便利だよ」

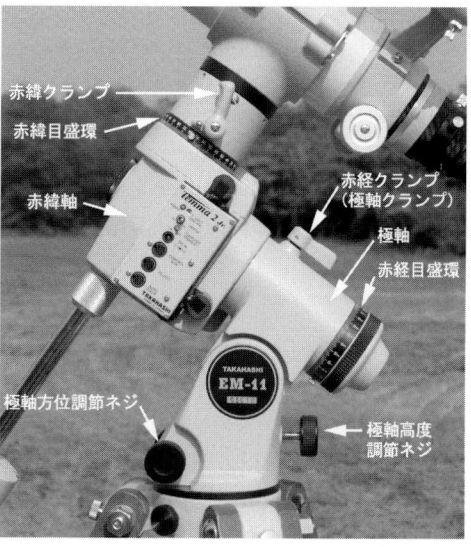

極軸合わせは，高度と方位調節ネジで行い，望遠鏡を動かすときは，極軸・赤緯クランプをゆるめて行う．

赤道儀は，赤道座標に沿って赤経線・赤緯線に沿って動く架台だ．

2009年版望遠鏡・双眼鏡カタログ 81

極軸を合わせた後は，天体の導入は，赤道儀の赤経クランプと赤緯クランプをゆるめて望遠鏡を動かして行う．望遠鏡がどこを向いても極軸の向きは変わらない．図は左から北向き，東向き，天頂向き，西向き，南向き．

極軸セッティングとは，極軸を天の北極に向けること．極軸の傾きはその土地の緯度と同じになる．

極軸内には極軸望遠鏡が組み込まれているか，取り付け可能な機種がほとんどで，極軸合わせが簡単にできる．

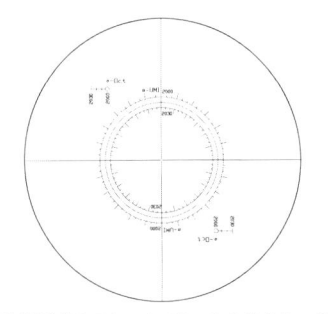

③ 微動装置を使って，目標天体をファインダーの十字線の中心に合わせる．

最初はなかなか望遠鏡を思った方向に向けることができずイライラしていたが，あれこれくねくね動かしているうちに，二人ともなんとなく向けたい方向に向けることができるようになっていた．

「そうか，極軸と赤緯軸を動かせば，極軸の向きはそのままで望遠鏡をどの方向にも向けられるんだ」サトシは，生まれて初めて赤道儀を操作してみて，やっと原理や仕組みがわかったような気がした．

●経緯台か赤道儀どっちがいいの

「ところで，経緯台と赤道儀ではどっちがいいんでしょう」ハルカが聞いた．

「それは，どっちがいいかではなくて，どういう使い方をするかで決まるんだ．いつでもどこでも，手軽に覗いて楽しみたいというなら，断然経緯台．観望会など大勢がのぞくことが多いなら，赤道儀のほうが都合がいいし，天体写真を撮りたいというのであれば，赤道儀しかない．

極軸望遠鏡のスケールパターンの多くは，北極星が日周運動する位置にリングと時角目盛りが描かれたものが主流．北極星の時角は北極星時角早見やパソコンソフトPolar2001（シェアウエア）で調べる．（図はタカハシEM-11のもの）

いずれにしても，基本はしっかりしていてガタがないこと．これは店頭で望遠鏡をゆすってみればすぐわかることだが，それができないときは，カタログの写真と重量から判断する．まず鏡筒に比べて架台部が小さい頭でっかちなものは避ける．重量は重いほど架台はしっかりしているはずだ．軽いフォーク式架台は，強度不足のものが多い」

「最後は脚の話．鏡筒や架台に比べて，あまり重視されていないけど，鏡筒が載った架台を大地にふんばって支える部分だ．おろそかにはできない．脚には，移動に適した三脚と，据付に適したピラー脚とがある」

「あの1本足のピラー脚ってかっこいいですね」とサトシ．

「木の三脚とアルミ脚があるけど，私は木のほうがぬくもりがあって好きだわ」

「では脚について簡単に説明しておこう」

★三脚

小型望遠鏡は移動用として使うことがほとんどなので，脚は三脚が一般的だ．接眼部が鏡筒の底にある屈折式やシュミットカセグレン式の場合は，長い脚の方が覗きやすいので，長さを可変することができる伸縮三脚が便利．一方，接眼部が鏡筒の上方にあるニュートン式反射は，短い三脚の方が都合がいい．三脚の材質は，木製と金属（アルミ）製があるが，ねじれとかたわみに対して十分な強度があればどちらでもかまわない．振動の吸収や質感は木の方が勝っている．

★ピラー脚

望遠鏡をスライディングルーフやドームに入れて使う場合は，脚をボルトで基礎に固定できるピラー式が便利だ．三脚に比べて死角が少ないという利点もある．

ただし，ピラーの支柱部の肉厚が薄いと，共振して振動がなかなか収まらない場合がある．

「つまり，好みやデザインで決めるのではなく，使用する望遠鏡や，使用目的によって選ばなくてはいけないということだ」と先輩は締めくくった．

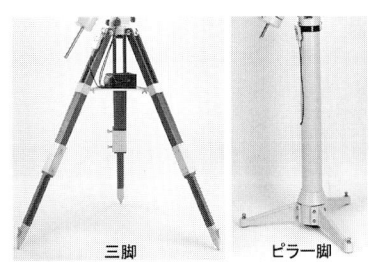

三脚　　ピラー脚

三脚は移動用，ピラー脚は据え付け用と考えるのが妥当だ．三脚には，主にニュートン式反射に使われる直脚と，屈折やカタディオプトリック式に使われる伸縮脚がある．

●ファインダーの性能が重要

「さて,天体望遠鏡のことについてざっと説明してきたわけだけど,何か質問はあるかな?」

「はい,鏡筒の上についている小さな望遠鏡は何ですか?」とハルカ.

「おー,この望遠鏡のことね」先輩がファインダーを指差しながら言った.

「これは,目標天体に照準を合わせるときに使う小望遠鏡で,ファインダーと言うんだ.ファインダーには十字線が付いていて,その交点に目標天体を合わせれば主鏡筒の視野にも捉えられるというわけ」

「ライフルスコープみたいなものですね」サトシが言った.

「そんなところだ.ただし合わせるためには,主鏡筒とファインダーがぴったり同じ方向を向いている必要があって,ファインダー支持脚に付いているネジであらかじめ調節しておかなければならない.よく,ファインダーの中心に合わせても望遠鏡の視野には入ってこないという質問を受けるが,ほとんどはファインダーをしっかり合わせていないためなんだ」

「ファインダーの倍率はどれぐらいなんですか?」

「倍率は5倍から10倍が一般的だ.これで見える範囲の実視野は5°〜10°ほどとなる.天体を望遠鏡の視野に捉えるのは意外に難しい.理由は50倍で実視界は1°程度と予想以上に狭いためだが,そんな狭い視野に天体をスムーズに捉えるには,できるだけ視野が広いほうが助かる.またファインダーの口径も重要になってくる.月・惑星など明るい対象は,どんなファインダーでも簡単に捉えることができるが,星雲・星団となると,しっかりした光学性能のものと,そうでないものとでは,見え方にはっきり差がついてくる.星雲・星団を観望したい人は,7×50程度のファインダーが付いたものがおすすめ」

●自動導入望遠鏡

「ところで先輩,このあいだ科学館の観望会のときに見たんですが,自動導入式の望遠鏡っていいですねえ.僕みたいに星雲や星団の位置を知らなくても望遠鏡が自動的に捉えてくれるんだから,もう最高ですよ」とサトシが,思い出すように言った.

「最近は卓上型の小さな望遠鏡でも自動導入になっていて,おしゃれでかっこいいわよね.わが天文部にも」とハルカも続く.

「自動導入は人を堕落させる……」

先輩の思わぬ発言に二人はぽかんとしたが,

「冗談だよ.でもほんとに便利だから,一度自動導入に手を染めると,手動の望遠鏡には戻れなくなってしまうのもまんざらうそではないな」と先輩は笑いながら言った.

「でも,自動導入ってどんな仕組みで導入することができるんですか?」とサトシ.

「基本的には,赤道儀の目盛環を使っての導入方法と同じだ」

「目盛環?」二人はピンとこなかったようなので,先輩は赤道儀の目盛環を指差して話し始めた.

「これのことだよ.この目盛は,赤道座標の目盛が刻んであって,赤緯軸に付いているのが赤緯目盛環,赤経軸に付いているのが赤経目盛環だ.基準になる星の赤経・赤緯と目標天体の赤経・赤緯の値がわかれば,目盛環を使って簡単に導入することができるんだ」先輩はそう言うと,目盛環導入法を解説してある本を開いて説明を始めた.

目盛環導入

① 見たい星雲の赤経・赤緯と,その星雲の近くで自分がよく知っている恒星(基準星)の赤経・赤緯を調べる.たとえばこと座のベガから,こぎつね座のアレイ星雲M27を導入する場合は,
目標天体:M27(アレイ星雲) α(赤経)=20h00m, δ(赤緯)=+22°43′
基準星:こと座のベガ α(赤経)=18h37m, δ(赤緯)=+38°47′
② 赤道儀の極軸を合わせ,低倍率用のアイピースを付けて,まず調べておいた恒星を視野の中央に捉える.(ベガを視野の中央に捉える)
③ このとき赤緯目盛はその恒星の赤緯値を示しているはずだ.もし示していない場合は目盛リングを回してその値に合わせる.(α(赤経)=18h37m, δ(赤緯)=+38°47′)
④ 赤経目盛はまったく違う位置を示しているので,リングを回してその恒星の赤経値に合わせる.
⑤ もう一度,恒星が視野の中央に入っていることを確かめる.ずれてしまった場合は,中央に合わせてから,③からやり直す.
⑥ まず赤経目盛が目標星雲の赤経値を指すまで,極軸のクランプをゆるめて望遠鏡をゆっくり動かし,クランプを締める.(18h37m→20h00m)
⑦ 今度は赤緯目盛が目標星雲の赤緯値を指すまで,赤緯軸のクランプをゆるめて望遠鏡をゆっくり動かし,クランプを締める.(+38°47′→+22°43′)⑧ 望遠鏡をのぞくと,視野の中に目的の星雲が入っているはずだ.(α(赤経)=20h00m, δ(赤緯)=+22°43′)

「へー,意外と簡単そうですね.今度やってみよ」とサトシ.

「目盛環導入って,なんだか手動自動導入みたいですね」とハルカが続く.

目標天体を捉えるとき,照準を合わせるための小望遠鏡がファインダー.7倍50mmが,集光力もあり実視界7°前後で最も使いやすい.

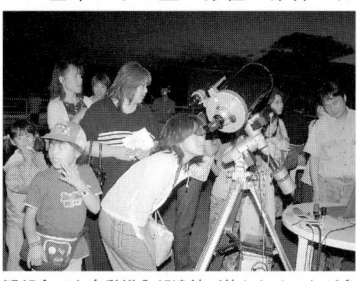

観望会でも自動導入望遠鏡が使われることが多くなってきた.

2009年版望遠鏡・双眼鏡カタログ 83

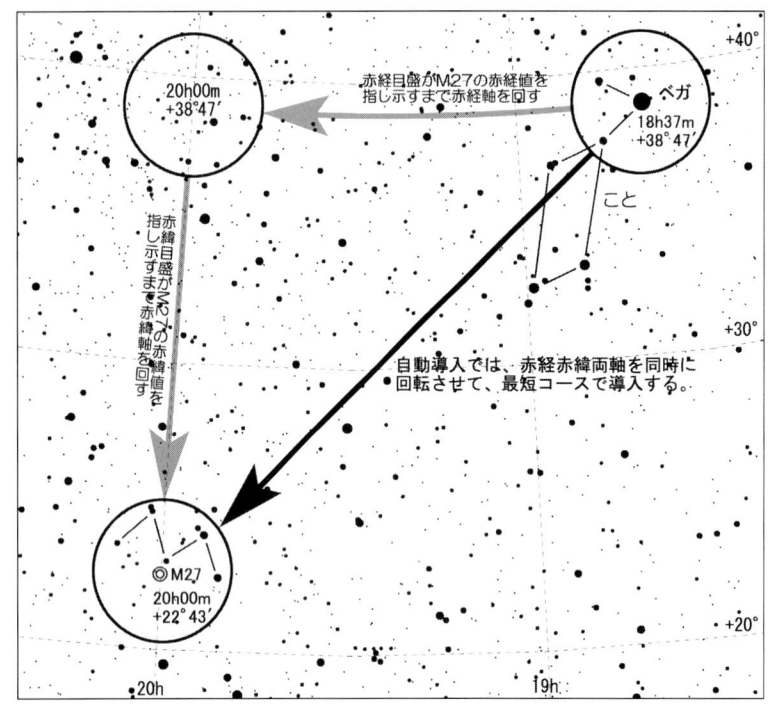

基準星の赤経赤緯に目盛をセットし，目盛を見ながら，目標天体の赤経赤緯になるまで望遠鏡を動かす．

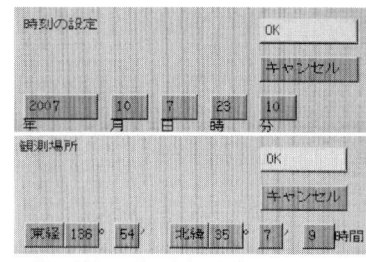

日付・時刻・時差，緯度・経度を入力する．（スターブック）

「まさにそのとおり．自動導入とは，目盛環導入を人間の代わりにコンピューターとモーターがやっているというわけだ」

●自動導入の約束事

「でも，やっぱり自動導入のほうがかっこいいし，パソコン画面で見たい星を選択するだけでいいのだから，目盛環導入よりも簡単なんですよね」とサトシがうらやましそうに言った．

「いやいやそれは違う．確かに導入システムは膨大な天体の位置データなどを記憶しているという点では優れているが，実際に望遠鏡がどこを向いているかは，人間が教えてやるまでわからない」と先輩がさとすように言う．

「つまり，自動導入式だからといって，望遠鏡を外に出して即自動導入とは行かないって事ですか？」ハルカが尋ねた．

「そのとおり．自動導入に入る前に，いくつかのデータを導入システムに入力する初期設定が必要なんだ」

「いったいどんなデータを入力するんですか？」今度はサトシが尋ねた．

「ほらここに書いてある」そう言うと先輩は解説書を開いて見せた．

初期設定

日付・時刻・観測地の緯度・経度の入力をする．

システムはこの情報により，地方恒星時を計算し，今どんな天体が地平線上に出ているかを判断する．また，太陽系天体の位置計算も行う．

なお，日付・時刻・緯度・経度は，一度入力すれば，導入システムのバッテリーバックアップ機能により記憶して，2回目以降は入力する必要がない機種がほとんど．ただし時刻はずれて行く恐れがあるので，起動時には必ずチェックすること．また，観測地が変れば，緯度・経度を入力し直す必要がある．

「なるほど．まず見たい天体がその時刻に見えるか見えないかをシステムが把握することと，天球上を移動する太陽系天体の位置を正確に計算するために，日付・時刻・観測地の緯度・経度データが必要なんだ」サトシは自分自身に納得させるようにつぶやいた．

「これで，天体の位置がわかったわけだから，いよいよ自動導入開始ですね」とハルカ．

●アライメントって何？

「いやまだだめだ．自動導入システムは，まだ望遠鏡がどこを向いているかを認識していないんだ」

「つまり，正確な地図はあっても自分がどこにいるのかわからないってこと？」とハルカ．

「そのとおり．だからまず望遠鏡を手動で動かして，明るい星を視野の中央に捉えて，その星の名前か位置を導入システムに教える必要がある．これをアライメントと呼んでいる」

アライメント

システムは起動時には望遠鏡がどこを向いているか全くわからない．ファインダーを合わせるように，システムに望遠鏡の向きを教える必要がある．一般的には，望遠鏡を特定の方向に向けて（ホームポジションという）から，明るい恒星（基準星）などの天体を使って，導入システムに表示されている天体と同じ天体を，視野中央に導入してリンクさせる．これで望遠鏡の向いている方向と，導入システムのコンピューターが同調したことになる．導入システムによっては，2つもしくは3つの基準星を設定することにより，導入精

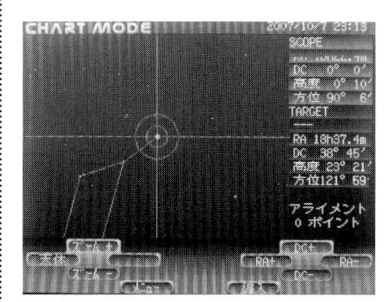

望遠鏡が向いている方向を，導入システムに記憶させる．通常は明るい星を望遠鏡で捉え，アライメントキーを押す．（スターブック）

度を高めているものもある．初期設定を完了したら，目標天体の導入が可能となる．

「自動導入とはいっても，自動導入できるようになるまでが結構手間なんですねえ．私にできるかしら」ハルカが心配そうに言った．

「確かに，初めて自動導入望遠鏡を買った人にとってはうんざりかもしれないな．とくにアライメントは手動で望遠鏡を動かして基準となる星をとらえる必要があった．つまり明るい星の名前と位置は最低把握していなければならないわけだ．その点は望遠鏡メーカーも努力していて，いろいろと工夫されている」

オートアライメント

ホームポジション（鏡筒を水平にし，北の方向を向ける）からスタートすることによって，あらかじめ望遠鏡がどこを向いているかをコンピューターに把握させ，自動的にアライメントに最適な星に望遠鏡を向けるという機能を盛り込んだ．ただしこの方法では，ホームポジションの精度で基準星がファインダーの視野にすら入らない可能性もある．それでも少なくとも基準星の方向には向いてくれるので，アライメントは以前より進化したと言える．

「それに最近では，カーナビでおなじみのGPSレシーバーを望遠鏡に組み込んで，初期設定も自動化している機種も登場している」と先輩．

「ということは，わずらわしい初期設定も必要ないってことですか？」ハルカの目が輝く．

GPSレシーバー内蔵機種

初期設定を完全自動化するには，緯度・経度，日付・時刻，望遠鏡のホームポジションを自動的に取得すればよいことになる．

ミードやセレストロンでは，これらの情報のうち緯度・経度，日付・時刻は，架台部に組み込まれたGPSレシーバーで受け取り，水平は水平

GPSレシーバー内蔵の望遠鏡ミードLX200-20

レベルセンサー，方位は磁気方位センサーで検出するという方法で，初期設定を自動化した機種を発売している．

「ところで，赤道儀で自動導入が可能なことは理解できるんですが，ETXやスカイポッドは経緯台ですよね．経緯台でも自動導入できるんですか？」とサトシが自信なさそうに聞いた．

「うん，いい質問だねえ．データはすべて赤経赤緯なんだから，高度方位を使う経緯台では自動導入できないと思うのは当然だし，赤道儀のほうが理にかなっている．しかしコンピューターなら，赤経赤緯を高度方位に変換することなんかどうってことない．現にETXやNexStarは，日周運動も，高度方位に変換して，水平垂直のモーターを制御しながら，追尾しているぐらいだから，天体の位置データを赤経赤緯から高度方位に変換したり，望遠鏡の向いている方向を，赤経赤緯に変換することなど，大したことではないというわけさ．赤道儀より経緯台のほうが構造がシンプルで使いやすいというハードウエアのメリットを，ソフトウエアで生かした結果だね」

●コントローラー

「小型の自動導入望遠鏡では，ハンドコントローラーで行いますよね．あれって使いにくくないですか」ハルカがかなり具体的な質問をした．

「たしかに，ハンドコントローラーでは，表示文字数が限られるので，最初はとっつきにくいな．でもすぐ慣れるよ．それに，専用のパソコン接続ケーブルを使えば，パソコンと接続することもできる」と先輩．

「でも，パソコンとの接続には，確かRS232Cを使うんですよね．僕のノートにはRS232Cコネクターが

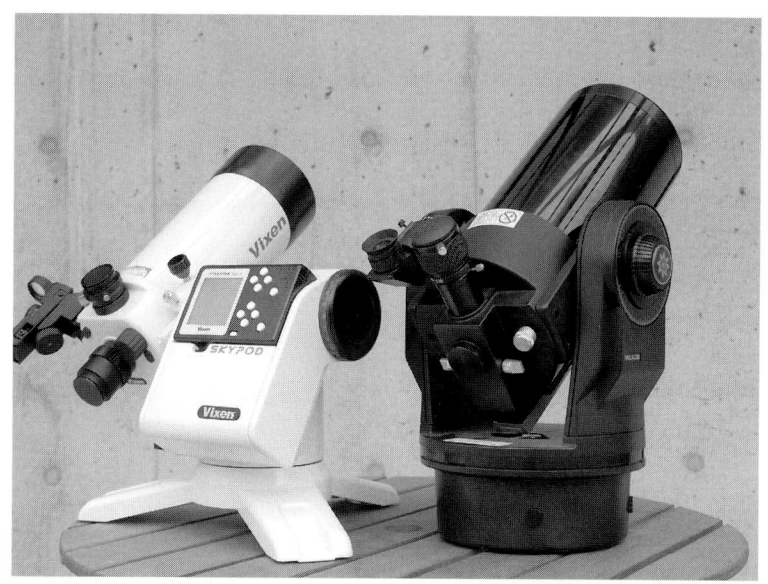

卓上型の小型自動導入望遠鏡も，いくつか登場している．
左：ビクセンSKYPOD　右：ミードETX125EC

自動導入は、携帯電話のようなコントローラーで行う。ディスプレイには2行程度しか表示されない。

パソコンには、星図や目標天体の詳細データ・画像まで表示されるので、とてもわかりやすく楽しい。ただし十分な電源を確保しておく必要がある。

パソコンとの接続はRS232Cコネクターを使う。RS232Cコネクターが省かれているパソコンでは、市販のRS232C-USB変換アダプターを使ってUSBコネクターに接続する。

ないんですけど……」

「USBコネクターはあるだろ．パソコンショップに行くとRS232CをUSBに変換するアダプターを売っているからそれを使えば解決だ．それから知っているとは思うけど，導入用ソフトも必要だからな」先輩は笑いながらさらに続けた．

「パソコン画面の星図上なら，どこにどんな天体があるかが視覚的にわかってとても便利だ．それから，星図表示が可能な，大型液晶モニターを装備した自動導入システムを搭載した赤道儀がビクセンから登場している．名前何とかいったなあ」先輩の目が宙をさまよう．

「あ，知ってます！スフィンクスですね」サトシが待ってましたとばかりに答えた．

「それそれ，スフィンクス．パソコンをつながなくても星図導入できるというのは，シンプルで使いやすいと思うよ」

●目的に合った望遠鏡を選ぼう

「君たちと話していると夜中になってしまいそうだな」と言いながら先輩はまんざらでもなさそう．

「あらもうこんな時間．先輩，ごめんなさい．でも望遠鏡のことがすっごく詳しくなったような気がします」

「それはよかった．僕がここへ通ったのは，どうやら無駄ではなかったようだな」

「では，最後の質問です．望遠鏡を買うときこれならすべての観望に最適という理想的な天体望遠鏡はないんですか？」二人が聞いた．

「そんな望遠鏡があったら，僕が真っ先に買っているよ．すべての対象に対してオールマイティーの天体望遠鏡は，残念ながら存在しない．しかし太陽・月・惑星・星雲・星団・変光星・彗星それぞれの対象にベストの望遠鏡なら存在する．だから，望遠鏡で何をしたいのかがはっきりしていれば，ぴったりの機種を選ぶのはそんなに難しくはない．それに，カタログやガイドブックを見ながら，あれやこれや迷いに迷ってマイ望遠鏡を決めるのが楽しいんじゃないか．それでも結論が出ないときは，とりあえず口径8cm以上の屈折赤道儀を買って，自分で使いこなせるようになること．そうすれば，自然にベストマイ望遠鏡が見えてくるさ」

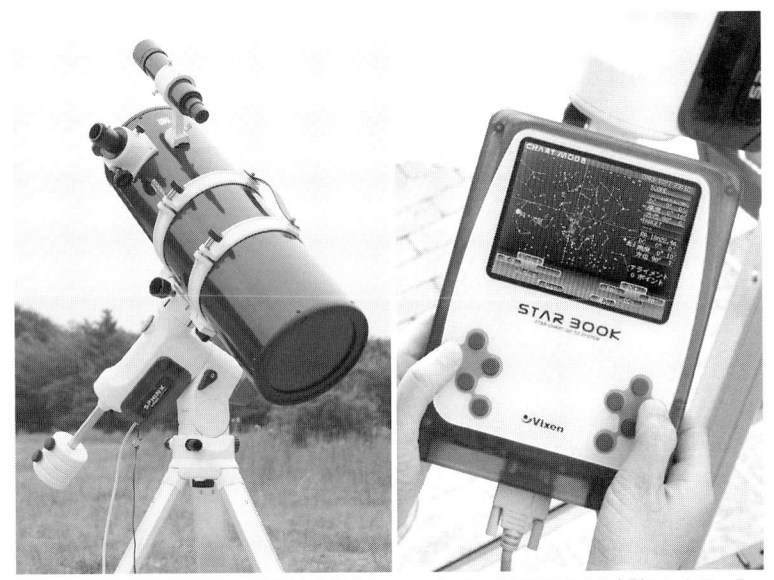

ビクセンから2003年に登場した新型赤道儀"スフィンクス"．星図表示できる大型コントローラー"スターブック"が標準装備されている．

86　天体望遠鏡がほしい

双眼鏡がほしい

解説/ 浅田英夫

翌年になり、早いもので気がつけばもう8月。夏休みになっても天文部は近々行われる恒例の合宿に向けて研修に余念がない。今回はスターウォッチングの必需品双眼鏡について。

「暑いなあ。おれもう死にそうだよ」
「天文部なのになんで昼間から集まるのかなー」

1年生部員たちが、ぶつぶつ言いながら部室に入ってきた。

「ハイみなさん静かに。今日は皆さんの大先輩が冷たいジュースの差し入れとともに来てくれました」。部長のハルカは、差し入れのジュースを配るように指示しながら続けた。「だから今日は大先輩から、星見七つ道具の一つでもある双眼鏡についてお話ししてもらいます。じゃ先輩よろしくお願いします」

「おお、ちょっと様子見に来ただけなのに、いきなりこっちにふられちゃったなあ」と言いながらもうれしそうに話し始めた。

「天体を見るというと天体望遠鏡を思い浮かべるけど、小さな双眼鏡だってバカにならない。人間の目の瞳の大きさは、どんなにがんばっても7mmにしかならないから、見えるものに限界がある。でも双眼鏡を使えば見えるものはぐっと広がる。たとえば口径21mmの小さな双眼鏡だって、目よりも9倍もたくさんの光を集めることができるんだ。それに望遠鏡と違って一度に広い範囲を両目で、しかも正立像で見ることができるという利点がある」

「ところで君たちは、どんな双眼鏡がいいと思う？たとえば倍率とか」先輩は少し意地悪そうな目で質問を投げかけた。すると後輩たちは口々にボソボソとしゃべり始めた。

「そりゃ倍率は高いほうがいいんじゃないか」

「ほら、倍率が変わるやつなんて言ったっけ、そうそうズーム式とか」

「そういえば、新聞の広告に20倍〜100倍のズーム式で29800円ってのが載ってたっけ。あれよく見えるんじゃないか」

「いろいろと意見が出たようだけど、みんな倍率が高いほど性能がいいように思っているようだな。でもそれは違うんだ。倍率よりも重要なのが対物レンズの口径だ。さっきも言ったように対物レンズの口径が大きいほど、より多くの光を集めることができるので、暗いものまではっきり見ることができる」先輩はジュースを一口飲んでからさらに続けた。

「倍率は、口径と密接な関係があって、対物レンズの口径を倍率で割った値をひとみ径という。天文用の双眼鏡は、この値が人間の瞳が最も大きくなったときの7mmと同じものが、双眼鏡を通過した光が無駄なく目に入るということで、最適だと言われている。つまり、口径50mmの双眼鏡で瞳径が7mmになる倍率は、50÷7で約7倍ということだ。それに7倍から8倍という倍率は、覗いたときに見える範囲(実視野)が6°〜7°と手ごろな広さとなる」

「そうか、だから星雲星団の本に出てくる双眼鏡の視野の広さは7°なんだ！」サトシが妙に納得するように言った。

「ただし7倍50mmはけっこう大きくて重いから、7倍50mmにこだわることはない。これから君たちも双眼鏡を手にするときがくると思うけど、こんなことに注意して選ぶといいだろう」そう言いながら先輩は双眼鏡を選ぶ基準を黒板に書いた。

一口に双眼鏡といってもいろいろな種類がある。購入するときはショップで実際に覗きながら選ぶのがベスト。左から8×20CF、10×42CF、7×50IF

①倍率は10倍まで

双眼鏡は手で持って使うことが前提となる。倍率が高過ぎると、手ぶれが伝わって視野の中の星がブルブル踊ってしまって、かえってよく見えない。

②対物レンズの口径は30mm以上

何等星まで見えるかは、口径で決まる。あまり口径が小さいと暗い星や星雲がよく見えない。最低でも30mm、50mmあればいうことなし。

③ズーム式は便利だがオススメできない

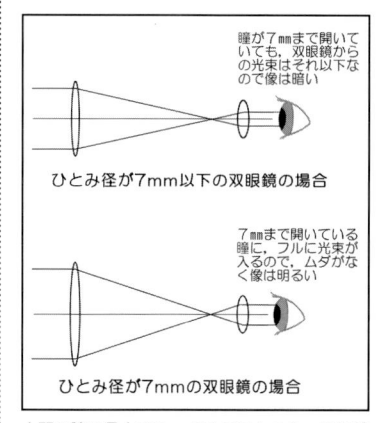

ひとみ径が7mm以下の双眼鏡の場合
瞳が7mmまで開いていても、双眼鏡からの光束はそれ以下なので像は暗い

ひとみ径が7mmの双眼鏡の場合
7mmまで開いている瞳に、フルに光束が入るので、ムダがなく像は明るい

人間の瞳は最大で7mmになることから、双眼鏡で集めた光がすべて瞳の中に入るひとみ径7mmの双眼鏡が天文用としてベター。ただひとみ径がいつも7mmになるとは限らない。天文用としては5mm以上あればいい。

双眼鏡のスペック、つまり口径や倍率はすべて双眼鏡のどこかに書いてある。
上は、倍率7倍、対物レンズ口径40mm、実視野（覗いたときに見える範囲）7.3°。下は、倍率10倍、対物レンズ口径42mm、実視野6°を表している。

ポロタイプとダハタイプ
ポロプリズムタイプ（左）
2～3個の直角プリズムを組み合わせて像を正立させるタイプ。プリズムの加工が楽なので、昔から作られている。外観がでこぼこしたようなごついフォルムの双眼鏡がこのタイプだ。
ダハプリズムタイプ（右）
光が反射する面に屋根形のダハプリズムを使って、像を正立させるタイプ。プリズムの加工が難しいためポロ型に比べて若干高価だが、外観はでこぼこがなくスマート。最近主流になりつつある。

低倍率から高倍率まで連続的に可変できるズーム式双眼鏡は一見便利だが、一般的に固定倍率の双眼鏡に比べて、視野が狭いことと像が甘いことから、スターウォッチング用にはオススメできない。

④大き過ぎたり重過ぎたりしない

大きすぎたり重過ぎたりすると、使いにくいばかりで性能を発揮できない。ひとみ径7mmにあまりこだわらずに、倍率7倍～10倍、口径40mm～50mmで、自分の手になじんで、かまえやすいものを選ぶ。

双眼鏡に俄然興味を持った新入部員たちは、先輩を囲んで双眼鏡談義が延々と続く気配であった。

「わかったわかった。じゃあこの続きは次回にしよう」そういい残すと、先輩は時計を気にしながら足早に部室を出て行った。

双眼鏡がほしいⅡ

再び先輩が大きなダンボール箱を持ってやってきた。

「あ！先輩こんにちは。その大きな箱何ですか？」サトシが不思議そうに聞いた。

「これか、オレのささやかな道楽さ」先輩は笑いながら答える。

「さあ、始めるわよ。席について」とハルカがどなったあと、先輩に小声で尋ねた。「先輩その中身ひょっとしたら双眼鏡？」

「まあそんなとこだ」と言いながら先輩は箱から双眼鏡を次から次へと出しては机に並べた。

「先輩すごい！何台双眼鏡持ってるんですか」「オレたちにくれるんですか？」「先輩も相当マニアですね」など1年生部員から驚嘆の声が飛んだ。

「一口に双眼鏡と言ってもいろんなタイプのものがあって、あれもこれもとそろえているうちに増えてしまったんだ」先輩は楽しそうに笑った。「みんな近くで見ていいぞ」

部員全員が双眼鏡の前に集まると、再び双眼鏡談義が始まった。

「先輩、これ口径は同じだけど形が全然違いますね」1年生部員の一人が尋ねた。

「これとこれか。双眼鏡は倒立像を正立像にするために、対物レンズと接眼レンズの間にプリズムを入れてあるんだが、使ってあるプリズムの種類がちがうんだ。左側のが直角プリズムを2個使ったポロタイプ、右側のがダハプリズムを使ったダハタイプ。昔はポロタイプがほとんどだったけど、最近はダハタイプが多くなってきた」

「どっちがいいんですか？」

「性能には差がないから、気に入ったタイプを選べばいい」

「あれっ、これ真ん中でピントが合わせられないじゃん」

「それは、IF（インディビディアルフォーカス）タイプといって、右目と左目のピントをそれぞれの見口のリングを回して合わせるんだ。真ん中のリングでピントを合わせるタイプをCF（センターフォーカス）タイプと呼んでいる」

「へー、でも使いにくそう」

「CFタイプより使い勝手は良くないけど、中に窒素ガスを充填した防水タイプにしやすいんですよね」サトシがすかさず答える。

「そのとおり。さすが2年生」先輩が持ち上げた。

「あれーこの二つの双眼鏡、倍率が同じなのに見える範囲が違う。先輩これどっちか倍率が間違ってるんじゃないですか？」二つの双眼鏡をのぞき比べていた1年生が口を開いた。

「おお、いいところに気がついたな。双眼鏡のスペックを見比べてみろよ」先輩はうれしそうに続けた。

「ちなみに双眼鏡のスペックの読み方は、7×50なら、7が倍率で50が対物レンズの口径(mm)。その後ろの7.3°は、のぞいたときに見える視野の直径で、実視野という」

「ハイ。こちらが8×40で実視界8.2°で、もうひとつが8×40で実視界が6.3°……あっ！実視界が違う」

「ということは、見えてるものの大きさは同じだけど、見えてる範囲が違うってことですね。でもどうしてそんなことが起こるのかしら」男子部員に圧倒されていたハルカがやっと口をはさんだ。

「一般的には、倍率が同じなら実視界も同じになるんだけど、実視界は接眼レンズの見かけ視界の大きさで決まるんだ。倍率と実視界と見かけ視界の関係を式に書くとこうなる」先輩は黒板に式を書いた。

倍率＝見かけ視界÷実視界

「実視界と見かけ視界の違いがなんとなくはっきりしないんですけど」サトシが遠慮がちに言った。

「そうだなあ。見かけ視界は、双眼鏡を覗いたときに円く開けて見える範囲を角度で表したもので、実視界はその範囲を肉眼で見たときの角度ってことだな」と言いながら黒板に図を描いた。

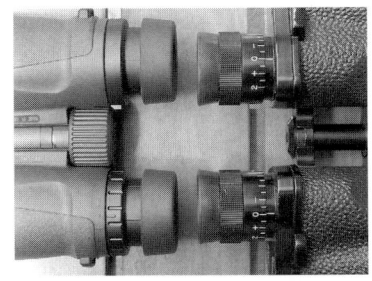

実視界と見かけ視界

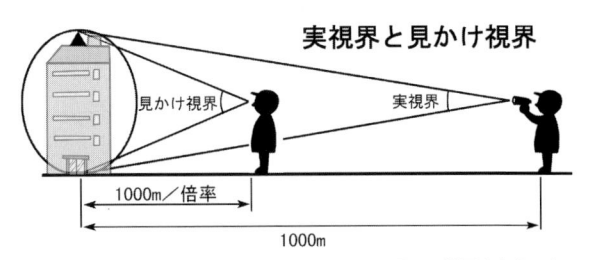

見かけ視界は，双眼鏡を覗いたときに円く開けて見える範囲を角度で表したもので，実視界はその範囲を肉眼で見たときの角度のこと．

CF（センターフォーカス）タイプ（左）
左右の接眼部の中央にあるピントリングを回して，両目のピントを同時に合わせるタイプ．操作性がよくすばやくピントが合わせられるので，バードウォッチングのように，観察対象までの距離がたえず変化する物を見るときに便利．双眼鏡の大半はこのタイプ．

IF（インディビディアルフォーカス）タイプ（右）
左右の接眼部にピントリングが付いていて，左右個別にピントを合わせるタイプ．CF型ほど操作性はよくないが，双眼鏡内部の機密性を高めることができる．完全防水型はすべてこのタイプだ．またCF型よりも構造が簡単なので外部からのショックに強い．

「さっきの双眼鏡の話に戻るけど，8×40実視界8.2°の双眼鏡の見かけ視界は65.6°で，実視界6.3°の双眼鏡の見かけ視界は50.4°ってことだ．見かけ視界65°以上の双眼鏡を広角タイプと呼んでいる」

さっきまで静かに先輩の話を聞いていた1年生部員が突然口を開いた．
「オレ，合宿までに双眼鏡買うことにした」

双眼鏡がほしいⅢ

いよいよ待ちに待った天文部夏季合宿が始まった．双眼鏡にはまってしまった1年生部員たちは，手に手にピカピカの双眼鏡をもって参加した．

山あいにある合宿所に着いた部員たちは，荷物を部屋に置くと，研修室に集合した．

「皆さんお疲れ様でした．今日から4日間ここで，双眼鏡や望遠鏡の使い方をマスターするとともに，都会では見えない星雲星団の観望をします」部長のハルカが型どおりのあいさつをしていると，研修室の扉が開くとともに，双眼鏡マニアの先輩が入ってきた．「あれ？先輩どうしたんですか？」ハルカがびっくりした顔をした．

「こんにちは．その大きな箱何ですか？」サトシが不思議そうに聞いた．

「イヤー驚かす気はなかったんだけど，いろいろと双眼鏡の話をした手前，ほっとけなくなっちゃってなー．とくに予定もないのでちょっと覗きに来たってわけ．じゃまかな？」

「邪魔なんてとんでもありません……・・」ハルカがしゃべり終える前から，1年生部員たちは，先輩を囲んで持ってきた双眼鏡を見せている．

「わかったわかった，まだ打ち合わせ終わってないだろ．終わったら双眼鏡を持ってグランドに集合」先輩はハルカの視線を感じながらそう言うと，外に出て行った．

それから30分後，部長以下全員が手に手に双眼鏡を持ってグランドに集まった．

「おお，みんないい双眼鏡を持っているじゃないか．サトシは7×50IFで1年生は8×40CFだな」先輩は楽しそうに双眼鏡を眺めながら続けた．「簡単そうに見える双眼鏡も正しい使い方をしなくては，その性能をフルに発揮することはできない．そこでまず使い方の確認をしておくことにしよう．まず最初にやることは，双眼鏡の接眼鏡の左右の間隔と左右の目の間隔を合わせる」

「どうやって合わせるんですか？物差で間隔を測るんですか？」1年生部員が聞いた．

「いやいやそんな面倒なことはしない．ほら双眼鏡は中心からこんなふうに折れ曲がるようになっているだろ．実際にできるだけ遠くの景色を覗きながら折り曲げてみて左右の視野円が重なって一つの円になるようにするんだ」先輩は実演しながら説明した．

「次にピント合わせだ．IF型は左右別々に合わせればいいが，CF型は2段階で合わせる」

「あれ？真ん中のリングを回せばいいんじゃないんですか？」1年生

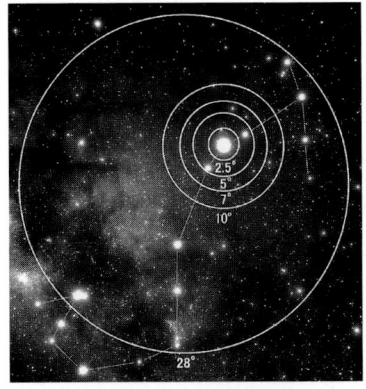

いろいろな実視界での見える範囲の違い

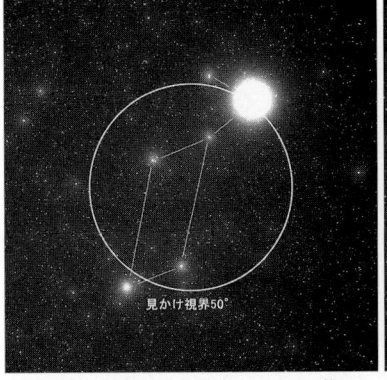

広角タイプは見える範囲が広い．同じ8倍でも，接眼レンズの見かけ視界が50度では実視界6.3°（内側の円）だが，見かけ視界65度では実視界8.2°（外側の円）になって，広々感が味わえる．

双眼鏡を使うには、まず中央の軸を中心に折り曲げるようにして、接眼部の間隔を目の間隔に合わせる。写真上は狭まった状態、写真下は広がった状態。

CF型は、右側の接眼部にある視度調節リングで、左右の目の視度の違いによるピント位置のずれを補正してから、中央のピントリングでピントを合わせる。

接眼部は、裸眼でのぞくときは、見口を引き伸ばして、眼鏡をかけて覗く場合は、見口を縮めて覗く。接眼部がゴム見口の場合は折り返すと覗きやすい。

部員が尋ねた。

「その通りだけど、左右の目の視力が違うときは、右目ではピントが合っても左目ではピンボケということが起こってしまうだろ。その視力の差をキャンセルする必要があるんだ。まず、左目だけで覗いて、中央のピントリングを回してピントを合わせる。こんどは右目だけで覗いて、右側接眼部にある視度調節リングを回してピントを合わせるわけだ」「先輩質問です。眼鏡をかけている場合は、かけたままがいいですか？それともはずした方がいいですか？」部長のハルカが手を上げた。

「うん、いい質問だね。眼鏡ははずした方がのぞきやすい。ただし遠視や近視だけならピントが合う位置が違うだけで性能には影響しないけど、乱視の場合は、像に影響が出るから、眼鏡をかけたまま覗くしかない。眼鏡をかけたま ま覗く場合は、接眼部のゴム見口をこうやって折り返せば覗きやすくなる」先輩は話しながら実際に見口を折り返して見せた。

先輩の説明を一通り聞いた部員たちは、思い思いの方向を覗きながらピント合わせの練習をしていたが、1年生部員がつぶやいた。「たった8倍なのによく揺れるなー」

「そうだな、たった8倍でもブレも8倍拡大されているわけだから、双眼鏡をしっかり支えなければならない。彼のように脇を開いて持つとよく揺れる。基本は足を少し開いて脇をぐっと締めて構えること」先輩からアドバイスがとぶ。

「ほんとだ。さっきより見やすくなった」

「さらに、立って覗くよりすわって覗いた方が安定する。また、机やベンチや車の屋根に肘をついて覗くともっと安定するぞ」先輩は実に楽しそうに話した。

先輩は、車からカメラ三脚を持ってきて組み立てると、そこに双眼鏡を取り付けた。

「落ち着いてしっかり見たいとき や、大勢で見るときは、市販の三脚アダプターを使って双眼鏡をカメラ三脚に固定するといい。このときパーン棒は手前ではなく向こう側になるようにセットすると天頂近くまで見ることができる」

「あっ、もう食事の時間だ」サトシが叫んだ。

双眼鏡でウォッチング

夕食が終わるころ、合宿所の空はじれったい薄明が終わり、空は闇に包まれようとしていた。さあいよいよ双眼鏡での天体ウォッチングの始まりだ。

「みんな静かに！食事が終わったらいよいよ実習よ。8時に双眼鏡を持ってグランドに集合してください」部長のハルカが大声でどなったあと続けた。「先輩、何か付け加えることはないですか？」

「そうだな、夏とはいっても、夜は冷えるから上着を着てこいよ」

外はもう薄明が終わりかけ、南西の空には月齢5の月が出ているが、はくちょう座付近の天の川はうっすらと見え始めている。

「うわー、こんなきれいな星空見るのオレ生まれて初めてだ」などと叫びながら1年生部員がグランドに集まってきた。

「先輩、部長、全員そろいました」自慢の7×50IFを首から下げたサトシが少しカッコをつけながら言った。

「はい、それじゃあさっそく山の上の月を双眼鏡で見てみましょう」ハルカが先輩をチラッとみてから言った。

しっかり覗くときや大勢で覗いたりするときは、双眼鏡をカメラ三脚にセットすると便利。このとき三脚のパーン棒を向こう側にしてセットすると天頂付近が見やすくなる。

双眼鏡を三脚に取り付けるパーツは、三脚アダプターとかビノホルダーと呼ばれていて、双眼鏡メーカーから販売されている。

「双眼鏡で月見ておもしろいのかなー」,「アレッ,月はどこだ.ちっとも見つからない」ブツブツ言いながら双眼鏡を月に向けた新入部員たち.しばらく月を視野にとらえるのに悪戦苦闘していたが,一人が叫んだ.「アッ!クレーターが見える」

「ウソだろ……・ホントだ」もう一人が続いた.

「そうなんだ.月は地球に一番近い天体だからな.8倍程度の双眼鏡でも口径が40mmもあれば,クレーターの存在ぐらいはわかるのさ.月を見たらこんどは,アルタイル付近を見てみることにしよう」先輩は新入部員の新鮮な反応を楽しむように言った.「アルタイルってどの星だ?」

「わし座のα星だろ.だから……」

新入部員が,ボソボソしゃべっていると,サトシが先輩風を吹かすように指差して言った.

「なんだ,アルタイルもわからないの?ほら星座早見盤を見てよ.今南中してるあの星だよ」

「うわっ!星だらけ」新入部員が口をそろえて叫んだ.

「先輩,双眼鏡ってこんなに星が見えるんですか」

「アルタイルは天の川の端にある星だから,特に多いんだ.天の川が星の集まりだってことがはっきりわかるだろ」

「ところで何等星ぐらいまで見えてるんですか?」

「おっ,少しはまともな質問ができるようになってきたな.ここみたいに6等星まで見える空なら口径40mmの双眼鏡で,9等星までは見えているはずだ」先輩はうれしそうにしゃべった.

「9等星までの星っていったいいくつあるんですか?」今度はサトシがたずねた.

「そうだな,数えたことないから正確にはわからないけど,9.5等までの星のデータをまとめたSAO星表には,約25万個の星が載っている」少し間をおいて先輩は続けた.

「それから,アルタイルの上と下に星があるだろ.この間隔は約4°なんだ.これによって実際の空での双眼鏡の見える範囲を見当つけるんだ.よし,今度は星雲星団を双眼鏡で見ようと思うけど,まず私の双眼鏡でアンドロメダ銀河を見てもらおうか」

先輩は,すでにアンドロメダ銀河が入っている11×70mm双眼鏡を指さして言った.

「まず部長からよ」そう言ってまずハルカが覗いた.「うわぅ.前に市民天文台で望遠鏡で見せてもらったアンドロメダ銀河よりずっとよく見えるわ.暗黒帯も見えてなんとなく渦を巻いているような感じがわかりますね」

「そうだろ,口径もさることながら,星雲星団の見え方は,空の良し悪しで全然違うんだ.だから都会の大望遠鏡より,ここでの双眼鏡の方がずっとよく見えるってわけさ.じゃあアンドロメダ銀河を見たら夜食タイムにして,その後他の星雲星団をみんなで探してみることにしよう」

「ねぇ,部長早く代わってくださいよー」サトシがせかすように言った.

双眼鏡でウォッチング

先輩の双眼鏡でアンドロメダ銀河を見て興奮気味の部員たちは,夜食もそこそこに,再び満天の星空の下に飛び出していった.

「部長早く行きましょうよ」早々にカップラーメンを食べ終わった新入部員が,ハルカをせかすように言った.

「あれ?もう食べちゃったの.私まだこれからよ」ハルカは焼きそばにソースをかけながらあきれたように答えた.「いいわ,先行ってて.サトシ頼むわね」

サトシは,口をもごもごさせながら,後輩たちに引っ張られるようにして出て行った.

外は月が沈んで満天の星空.東の空には,ひときわにぎやかな冬の星座たちが昇っている.

「去年も来たけど,こんなすごい星空を見るのは初めてだ」サトシは感動のため息を吐いたあと,先輩として指示を出した.「それじゃ,まずプレアデスを見よう」

「プレアデスってすばるのことですよね」後輩の一人が確認するように言った.

「そのとおり,あそこにモヤっとしたのが見えるだろ.あれだよ」サトシが答えた.

「うーん高すぎて首が痛い」「どこだ,ちっとも入らん」などとつぶやきながら後輩たちは双眼鏡を振り回していると,大先輩がハルカとともに現れた.

「おっ,プレアデスを見ているな.プレアデスは散開星団の中でも大き

倍率7～8倍の双眼鏡でも月の大きなクレータなら十分見ることができる.

双眼鏡を使えば,肉眼では見えない暗い星が見えてくる.口径40mmで9等星まで見えてしまうので,天の川が星の集まりだということもわかる.

口径70mm倍率11倍(実視界4°)の双眼鏡で見たアンドロメダ銀河.空の条件がよければ,かなり淡い部分まで見える.

プレアデスは，巨大な散開星団なので，望遠鏡より双眼鏡の方が，きりっと引き締まってより美しく見える．

星雲は，空の条件で大きく見え方が変わる．満天の星空の下では，明るい星雲は写真に近いイメージで見ることができる．

口径100mm倍率25倍(実視界2°)の対空双眼鏡で見たかに星雲．かに星雲は視直径が5′ほどしかないので，25倍でも小さいがいびつな形をした星雲状に見える．

い方だから，双眼鏡での眺めが一番美しいんだ」

「明るい星暗い星が入り乱れて……」後輩のひとりが口を開いたが，あとことばにならなかった．

「プレアデスは，まだ若い星の集まりなんだ．人間でいうとちょうど我々の年齢ぐらいかな．じゃあ今度は，星のゆりかごを見てみることにしよう」大先輩の声は楽しさに弾んでいる．

「ひょっとしたら，オリオン座の三ツ星の下にあるオリオン大星雲ですね？」ハルカがニコニコしながら口を開いた．

「この星雲も肉眼で確認できるし，超メジャー星座オリオン座の三ツ星の南という探しやすい場所にあるから，とらえるのは難しくないだろ」大先輩がしゃべり終わらないうちに後輩のひとりが声を上げた．

「ウオー，これはすごい星雲が見える！なんかプテラノドンが飛んでいるようなカッコに見えますねえ」

「星雲に重なるようにして星が見えるだろ．その星のいくつかはその星雲の中で生まれて，今すくすく育っているところなんだ」先輩が満足げに答える．

「だから星のゆりかごって言ったんですね」サトシが言った．

「今度は星の死骸を見ようか」大先輩は絶好調だ．それに引きずられるように部員全員が乗っている．

「星の死骸ですか．気味わるー」

「知ってる知ってる．超新星爆発したかに星雲のことでしょ」

「そのとおり，おうし座のツノの先にある．ほらあそこ，明るい星が見えるだろ」

「どれどれ」後輩のひとりが探し始めたが「全然わかりません」

「そうだろうな．とても小さいから，7～8倍の双眼鏡では，ほとんど星と区別がつかないから，無理もないよ．だけど，星雲星団ウォッチングに慣れてくると，ほんの少しのにじみ方の違いから，見分けることができるようになってくる」と先輩．

「ところで，これは口径50mmだが，倍率は18倍もある」といいながら先輩は少し大きめの双眼鏡を取り出した．

「えー，倍率がちょっと高すぎるんじゃないですかー．重そうだし，手持ちでは使えませんね」1年生が自信を持って発言した．

「ところが手持ちで使えるんだ．これは防振双眼鏡といって，手ぶれ防止機能を装備した双眼鏡だ．だから18倍という高倍率にもかかわらず，手持ちでもほとんどぶれを感じない」

「へー，すごいですねえ．ちょっとのぞかせてください」とサトシ．

口径70mm倍率11倍(実視界4°)の双眼鏡．倍率が高いので実視界は狭くなるが，三脚にしっかり固定すれば，星雲星団がすごくよく見える．

先輩は，今度はもっと大きな双眼鏡を車から降ろした．

「うわー，でっかい双眼鏡．まるで望遠鏡みたい」1年生部員が口をそろえて言うと，先輩は待ってましたとばかりに答えた．

「まるで望遠鏡が2本並んだように見えるだろ．だから双眼望遠鏡というんだ．倍率も20倍以上で，アイピースを変えることによって，倍率を変えられるものもある」

「覗くところが真っ直ぐじゃなくて斜めになってますね」1年生部員が指差して尋ねた．

「これは，対空型といって，接眼部を45°傾けることによって，天頂付近を見やすくしてある」

「それじゃこの双眼望遠鏡で見てみることにしよう」先輩はそう言うと，口径100mm25倍の双眼望遠鏡を，かに星雲に向けた．

「見えるかな？小さいけど中央にボヤッとしたのがあるだろ．よく見ると形がいびつなこともわかると思うよ」

「うん，確かになんとなく佐渡島のような形に見えないこともない」サトシがつぶやいた．

「この星雲は，1054年に超新星爆発を起こした星の名残なんだ．このことは，鎌倉時代の歌人，藤原定家が書いた明月記にも紹介されている」

「へー，星を見るって，天文だけじゃなく，いろんな勉強になるんですねえ」

「まさに総合学習だね」

こうして，双眼鏡ウォッチングは，夜更けまで続いた．

1970年代の天体望遠鏡
「往年の名機」
&
「往年の"迷機"」

往年の名機&迷機選考委員会編

■我が国のアマチュア天文家・天文ファンの間にも高齢化の波が押し寄せている今日，その中心的存在となるのが40〜50代の天文ファンである．彼らの多くが，昨今流行のコンピュータ制御の自動導入ハイテク望遠鏡よりも，昔懐かしいメカニカルな望遠鏡を好む傾向が強いようだ．

とくに，多くの望遠鏡業界が乱立し，互いに切磋琢磨して優れた望遠鏡を多々世に送り出した1970年代は，"望遠鏡黄金時代"と称しても過言ではなく，当時の優れた望遠鏡には一種のノスタルジーさえ感じられる．だが同時に，箸にも棒にもかからない，「望遠鏡」と呼ぶのもおこがましい，とんでもないシロモノも数多く世の中に出回った玉石混淆の時代でもあった．

そこで本企画では，1970年代の望遠鏡に特化し，この時代に大活躍した往年の名機と共に，同時代を大暴走し，アマチュア天文史にその悪名を轟かせたトンデモ望遠鏡にもご登場願い，当時を懐かしみつつも，今日の望遠鏡に何が欠けているのか，望遠鏡メーカー各社に，そして読者諸氏も自ら読み取って頂きたいと考えている．

天文少年・少女の心をときめかせた

1970年代を飾った「往年の名機」たち…

■1980年代以降，天体望遠鏡の対物レンズに，フローライトやEDガラスなどの特殊光学ガラスの使用が普及し出すと，その持てる光学特性をフルに活かして，望遠鏡は短焦点化の一途をたどるようになっていった．

やがて，望遠鏡の多くは眼視観測のための機材から，カメラの望遠レンズの延長線上に位置する撮影レンズ的なものや，軽薄短小のものが幅を利かせるようになり，その傾向は今日においてもなお続いている．その点，1970年代の望遠鏡は，今日主流のものと対極をなし，重厚長大の，風格ある，「これぞ望遠鏡！」を地でいくものが大半だった．

アマチュア天文家の星への取り組みが，眼視観測中心から写真撮影へと移り変わっていったことが最大の原因だが，ゆえに，メーカーとしてもそのようなユーザーのニーズに応えるべく，望遠鏡の短焦点化に力を注ぐようになった．

だが，一時は短焦点望遠鏡に手を伸ばした方も，今ふたたび基本を忠実に守った往年の名機を見直し，そして愛おしく思う方が増えている．たとえ性能面では今日のハイテク望遠鏡には遠く及ばなくとも，長年使い慣れた名機は捨てがたい魅力があるものだ．

そこで本稿で取り上げる「名機」とは，以下の要件に合致するものとし，その選考理由，評価は，選考委員会委員の実体験に即した主観的なものとする．従って，読者諸氏の中には異論を唱えられる方もおられようが，それはそれで，ご自身が信頼する望遠鏡と引き続き大切に付き合っていただきたい．決して，「以下に取り上げる機種以外は名機ではない」と申し上げているわけでは毛頭ないのであるから….

★「1970年代の名機」選定基準

本稿で取り上げる「名機」は，以下の選考基準をもとに選定された．

1) 1970年代中に開発され，販売されたもの（1980年代以降に継続販売されたものも含むが，発売期間は1970年代を中心とするもの）
2) 光学系はもとより，架台・脚共に優れた性能を有し，かつ機能性・耐久性・デザイン面でも秀でており，総合的に評価の高いもの
3) ユーザーの立場に立ち，実践面に即して使い易いもの
4) 安心・信頼して，長年使うことができる望遠鏡であること
5) 平均的な所得の個人レベルで購入できる価格帯で，コスト・パフォーマンスが高いもの（たとえどんなに優れた望遠鏡であっても，あまりにも高額なもの，また天文台用の大型望遠鏡は除外する）

その他，補助的要素として，

6) 必ずしもポータブル性にはこだわらず，据え置き式でも個人ユースで優れたものは選考資格を有する
7) 多くのユーザーを有し，彼らの実体験から高く評価されているもの
8) ユーザーの工夫次第で，よりいっそう発展的に活用できるもの
9) 30年以上を経た今日においても十分現役機材として活躍でき，いまだ根強い人気を博しているもの
10) その設計思想が，これからの望遠鏡の開発にも十分活用できるもの

以上の選考基準・補助的要素を加味して総合判断した結果が，以下にご紹介する10社16機種である．

高橋製作所
TS式65mm 屈折赤道儀D型
TS式80mm 屈折赤道儀

★6cmクラスの王者「D型」

1970年，一般アマチュア用の小型天体望遠鏡として，対物レンズに世界初の3枚玉セミ・アポクロマート（以降「セミアポ」と略す）を採用したことが本機最大の特徴といえ，従来のアクロマートと比べて残存色収差は半分以下，球面収差は約3分の1と，極めてシャープで安定した像を誇る．

実際に見た感じではセミアポと言うよりも，れっきとしたアポクロマートを彷彿とさせる色消し性能を発揮しており，月面や惑星面の高倍率観測に遺憾なくその威力を発揮してくれる．

接眼部はφ42mmと36.4mmの目盛付き二重ドローチューブで，アイピース・アダプターで24.5mmの標準サイズのアイピースが使用可能．ただし，目盛が5mm間隔で，最低1mm間隔が望ましい．

いくら光学系が素晴らしくとも，それを載せる架台や脚がガタガタでは何にもならない．しかし，D型の赤道儀と三脚はユーザーの期待を決して裏切らない．高橋の前身は鋳物屋だけあって鋳物製の赤道儀の出来栄えには定評があり，D型用のヘビー級赤道儀は，他社ならば1クラス上の8cm級に使われるほどの風格と性能を併せ持つ極めて堅固なつくり．同時に高いギア加工精度を有し，ピリオディック・モーションも実質無視できるレベルに抑えられており，長焦点の長時間ガイド撮影にも十分に耐えられる．

極軸・赤緯軸共にφ20mmのスチール・シャフトを用い，テーパー・ローラー・ベアリングと相まってなめらかな動きを確保している．

赤緯微動は，タカハシ独自のスプリング式タンジェント・スクリュー（可動域20°）を採用．完璧にガタを抑えているが，反面，このスプリングが極めて強力であるため，手動での赤緯微動が相当きつい．極軸合わせが甘いと，長焦点撮影時の赤緯方向の修正に固い微動ハンドルに力を入れすぎ，ガイドエラーを招きやすい．さらには，フレキシブル・ハンドルによる振動を抑えるために採用された直棒式ハンドルが10cmと短すぎるため，望遠鏡の角度によっては赤緯微動ハンドルに手が届きにくかったり，一時視野から目を離さざるを得ないこともあり，この点は後述の8cm屈赤同様，タカハシTS式赤道儀にほぼ共通した難点と言える．

極軸北端に，70年代後半に発売されたポラーファインダーを取り付ければ，比較的短時間に極軸調整が可能だが，極軸の微調整は仰角のみで，水平方向の調整は三脚台座への赤道儀固定ボルトを緩めての粗動のみのため，この点は慣れが必要だ．

また，極軸の仰角は緯度25～47°の範囲で，日本国内をほぼカバーできるものの，低緯度地域での使用には北側の三脚を縮めてアンバランスな状態で使わざるを得ない．この点は他社を含め，海外遠征が稀だったこの時代の赤道儀共通の悩みの種でもある．

D型の三脚は伸縮式ながら極めて頑丈で振動吸収にも優れ，開き止めの三角板は大型で使い勝手がよい．

総合的に見て，6cmクラスの望遠鏡として最高峰に位置付けられる名機と称して異論のないところであろう．

タカハシD型は，同社8cm屈赤同様，1970年代の「これぞタカハシ！」といった堅牢・高精度赤道儀のシンボル的存在だった．

★TS式80mm屈折赤道儀

1971年，D型を発展的に改良し，光学系にフルコートの3枚玉セミアポを採用した8cm屈赤が登場した．

優れた筒内つや消し塗装と3枚の絞り環とが相まって高コントラストの像を確立．光軸修正装置を内蔵したセルは強固で，移動に伴う光軸ズレの心配はまずもってない．

赤道儀の極軸はφ25mmシャフトに強化され，同時にスラスト・ベアリングとテーパー・ローラー・ベアリングを併用し，ウォーム・ギアとホイル共に耐摩耗性，耐久性，耐寒性，耐振動性に優れた素材を採用．さらには，2分割のバランス・ウェイトはネジ式を採用し，微妙なバランス調整が可能である．

脚は，優れた耐震性を誇る直脚式三脚の他，底部が4本足のピラー脚（φ11cm，肉厚3mm，高さ1.3m）もあるが，望遠鏡の死角を大幅に軽減してくれる反面，3本足のピラー脚に比べて安定性に欠け，赤道儀よりも塗装の強度が弱く，振動の減衰性能が意外と悪いという面もあった．

完成度の極めて高いD型の設計思想を礎にした，TS式80mm屈赤（三脚式）は，この時代の8cmクラスのトップ・レベルをマークする名機といえよう．

高橋製作所 TS式65mm 屈折赤道儀P型

★ポタ赤の定番「P型」

1960年代の高度経済成長のあおりで，日本の多くの都市とその周辺市街地では，急速に光害の度合いを増していった．1970年代を迎えると，多くの地域で，自宅では満足のゆく星野写真の撮影などももはや不可能となり，きれいな星空を求め，海へ，山へと，多くの天文ファンが大きく重たい望遠鏡や撮影機材を苦労して運び，天体撮影に精を出す時代へと変わっていった．

そのような天文ファンたちの，「移動に便利な，軽く，かつ堅固なポータブル赤道儀（ポタ赤）があればどんなに助かるだろう」との夢や，また切望が形となって現れたのが，タカハシTS式65mm屈折赤道儀P型だった．自らもアマチュア天文家だった高橋喜一郎社長ならではのアイデア商品といえる逸品で，アマチュア天文界に絶賛の嵐を巻き起こした不朽の名機となった．

まず第一に，従来の屈折望遠鏡は，F15が標準とされ，口径6.5cmの望遠鏡ならば焦点距離は1mほどになり，車での移動ならばいざ知らず，電車やバスなどの公共交通機関での移動や，車の入れない奥まった撮影地までの持ち運びには難渋するのが常だった．

しかし，P型では焦点距離を一挙に半分の500mm（F7.7）に短縮し，類い希なポータブル性を打ち出した．

ただし，このような短焦点レンズではまともな像を結ばない，というのが通り相場で，従来のポタ赤の望遠鏡はガイド鏡以外に使い物にならなかった．

このような厳しい現実に果敢に立ち向かったのがP型だった．たとえポタ赤用の望遠鏡であれ，直焦点はもとより，拡大撮影や眼視観測にも耐えうるようしっかりと光学設計がなされ，D型で培った3枚玉セミアポを短焦点化して投入．「短焦点＝見るに堪えない像」という従来の常識を根底から打ち破り，D型よりは若干分解能が劣るものの，回折値で2″の分解能をマーク．カメラレンズとしてはF値が暗い部類に入るものの，500mmの超望遠レンズとしての使い方も可能となった．

赤道儀はポタ赤とはいえ通常の望遠鏡にも使用可能なほど頑強で，高精度のギア加工が施されているため，長時間のガイド撮影にも狂いはない．また，極軸望遠鏡が内蔵されているのも大きな特長である．ただ，極軸の仰角・水平角の微調装置が省かれているため，実際にはセッティングはある程度の慣れとコツが必要だった．

P型では，赤道儀を経緯儀として使用することも出来るので，赤道直下から高緯度地方まで，たいがいの国で使用可能となり，ポタ赤の海外需要が急速に膨らむのであった．

三脚には狂いの少ない桜材を用い，耐振動性にも優れている．ただし，ポータブル性を重視するあまり，標準仕様では高さ30cmほどの椅子での使用を基準とし，通常の高さの椅子に座っての観測・ガイド撮影には，別途赤道儀の高さを嵩上げする専用延長筒がオプションで用意されていた．

P型一式と付属のアクセサリー類は専用木製ケース（全長50cm，幅35cm，高さ20cm）のケースにすっぽり収まり，箱を含めた総重量約15kgは決して軽いとは言えないも

ポータブル性を打ち出しながら，同社のポリシーとも言える堅牢さはいささかも犠牲にしなかったタカハシP型．

のの，頑強なつくりを鑑みれば納得のいく線と言えよう．

唯一目立った欠点としては，P型の対物レンズは発売から35年ほど経った今日，白濁が目立つ特有の欠点に悩まされる鏡筒が多いことがあげられる．また，この時代のタカハシのレンズはソフトコーティングが施されていたため，P型に限らず，経年変化によるヤケが目立ったり，ハードコーティングのレンズを扱うように手入れを行うと，いとも容易くコーティングを剥がしてしまうトラブルが続出した点が挙げられる．

このように多少のトラブルも存在したものの，その画期的な設計思想にぞっこん惚れ込んだ天体写真マニアは跡を絶たず，1979年にP型はP-2型へと生まれ変わった．P-2型では，極軸回りの強度と精度をさらに高め，極軸の仰角・水平微調装置も新設され，よりスピーディで高精度な極軸セッティングが可能となった．

P-2型は，その後もマイナーチェンジを重ね，現在でも現行機種としてP-2Z型が販売されており，同社の小型赤道儀としては異例の超ロングランモデルとなっている．このP-2型シリーズの原型となったのがP型であることを考えると，P型はやはり1970年代を代表するポタ赤と言っても過言ではないだろう．

高橋製作所
TS式100mm
反射赤道儀Ⅰ型

★究極の10cm反射赤道儀

　1967年（昭和42年）に天体望遠鏡の製造販売を開始して以来，屈折望遠鏡を中心に手掛けてきた高橋製作所が満を持して世に送り出した高級タイプ反射望遠鏡，それが1972年に登場した「TS式100mm反射赤道儀Ⅰ型」である．

　この時代，屈折ならば6cm，反射ならば10cmがアマチュア天文家の間でスタンダードモデルとなっていた．反射望遠鏡はF10と比較的焦点距離の長いものが多数生産されていたのは，その多くがパラボラ鏡ではなく，機械研磨で自動的に作れる球面鏡を用いていたからであろう．Ⅰ型も球面主鏡が用いられてはいたが，その星像はかなりシャープな像を結んでいた．

　Ⅰ型の主鏡は青板ガラスが用いられているが，もともと反射望遠鏡での太陽観測は不向きであるため，10cmクラスならば青板ガラスでも熱膨張による目立った鏡面変化は認められず，問題なく用いることができる．一方，斜鏡はパイレックス製で短径25mmと標準的なサイズだ．

　主鏡のメッキが，マルチコートによる増反射メッキを採用していることも大きな特徴で，これにより視野の明るさが20％増加したほか，メッキの耐久力も10年は保つというメリットがある．アルミメッキ鏡面へのマルチコート化は，この望遠鏡に触発されるかたちとなり，その後他社も追随するようになった．

　そしてもっとも特徴的なのが，斜鏡のサポート方法だ．通常3本スポークで支えられることが多いニュートン式だが，それでは回折のために星像に6本のゴースト像が生じてしまい，著しく分解能を低下させてしまう．

　そこで，Ⅰ型では1本スポークでの支持を採用した．もちろん，そのことでスポークのたわみや，斜鏡の光軸に狂いが生じないよう，頑丈なつくりになっていることは言うまでもなく，優れた分解能を示している．

　また，斜鏡の光軸修正方法は通常の3本のネジからなる方式ではなく，独自の修正方式を採用し，比較的容易に光軸修正が可能となった．

　鏡筒は厚手の引き抜きパイプを用いているため頑強かつ真円度が極めて高く，ニュートン式につきものの鏡筒回転にもスムーズに対応可能．

　接眼部はラックピニオン式フォーカシングで，ガタひとつなく，極めてスムーズなフォーカシングが確保されている．屈折式同様，Ⅰ型でもアイピースの固定は通常の1点ビス式ではなく，リング状のストッパーでアイピース全周を均等に締め付けるタイプであるため，アイピースやカメラ・アダプターをしっかり固定できる．

　赤道儀はD型とほぼ同スペックのものを用い，10cmF10の鏡筒も難なく支持し，高精度の追尾が可能だ．

　ただし，鏡筒の断面積からしてD型よりもⅠ型の方が横風には弱く，横風が強いときには多少星像が踊るような場面も見受けられるが，程度の差があるものの，どのような望遠鏡でも横風は大敵と言えよう．

　なお，D型を始め大半の高橋製赤道儀で不評だった，極端に短い赤緯微動用の直棒ハンドルはⅠ型でも健在だが，ニュートン式反射であるⅠ型には，その取り付け位置からして特別苦に思うことなく操作できる．

　脚は直脚式の三脚とピラー脚が用

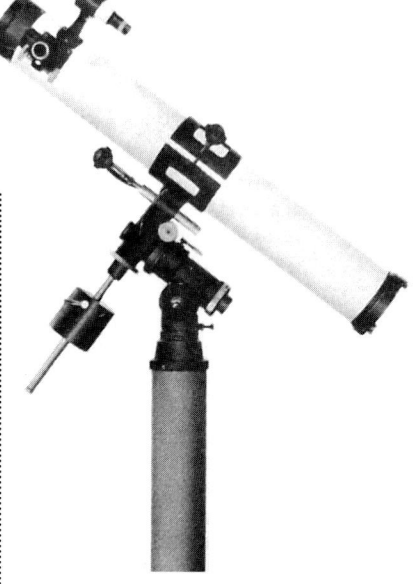

10cm反赤の最高峰と称えられた，タカハシⅠ型．総合評価でも他社の追随を許さぬほど，抜きん出ていた．

意され，ピラー脚は3本足で支えるタイプであるため，安定性に優れている．また，架台部とピラー脚との分離・接続も容易にできる構造で，組み立てにも便利である．

　木製三脚のセットで約20kg，ピラー脚では32kgもあるため，移動観測となるとシンドイ面があり，自宅での観測時にはピラー脚でしっかり固定し，遠征観測には木製三脚を用いるというように，用途に応じて使い分けることも可能で，無骨に見えるほどがっしりとした見掛けよりは機動性に富み，オールマイティーな観測分野に用いることが可能である．

　当委員会では，すべての望遠鏡メーカーの10cm反赤全機種を比較検証したわけではないが，この時代の反射望遠鏡のスタンダード・モデルとしてこのクラスの反赤の大半を検証した結果では，タカハシⅠ型反赤が強度の点でも，性能面でも，さらには使い勝手の良さにおいても，もっとも高得点をマーク．価格面では他社の同等機と比べて割高ではあるが，総合的に見てもっともコスト・パフォーマンスが高く，「安心して使える10cm反赤」と称して過言ではないものと判定するに至った．

ニコン 80mm屈折赤道儀

★ "Nikon is best" の精神で

我が国を代表する光学機器メーカーであるニコン（旧日本光学工業）が満を持して開発したハイエンド・アマチュア向け，あるいは学校など教育の現場で多々活躍した望遠鏡に，ニコン8cm屈折赤道儀が挙げられる．

光学系はオーソドックスなアクロマートであるが，基本に忠実な光学設計がもたらしたその見え味は言わずもがな．さすがはニコンである．諸収差を極限まで補正しており，シャープで気持ちよい像を結んでくれる．

色収差に関しては，やや黄色が目立つ気がするが，アポクロマートでない以上，仕方のない面があろう．

F15と，当時の屈折望遠鏡としてはスタンダードなF値であり，そのことも諸収差の抑制に寄与しているはずだ．全面ハード・コーティングと同時に，筒内のつや消し塗装も完璧で，迷光の遮光もしっかりなされているため，非常に高いコントラストが得られている．F値からして，星雲星団の観測には不向きと思われがちだが，実際にのぞいた感じでは，高コントラストに大いに助けられ，想像以上に星雲星団も見やすい味付けに仕上がっている．

もちろん，惑星や月面などの観測にはいうまでもなく，屈折ならではの安定した像を，そしてニコンならではの鋭い像を提供してくれる．また，学校の天文部の日中の活動では，太陽黒点の継続観測にも定評があり，熱的に各部の狂いもなく常に安定した投影像を提供してくれた．こと，見え味に関しては異議を唱える部分がほとんど見当たらない．

接眼部はラックピニオン式のフォーカシングで，非常に滑らかだ．ドローチューブには2mm刻みの目盛が刻まれているため，直焦点撮影時など，毎回同一条件での使用において目安を付けやすい．

なお，同社の同焦点アイピースは誤差が少ないため，たとえフォーカシングの微調整が必要なときにも，その修正量は1目盛以内で収まっている．

ところで，この望遠鏡の赤道儀は，実にユニークな発想で設計がなされている．通常，どの赤道儀にもつきものの，極軸の仰角調整用のクランプも，微調装置も一切付いていないのだ．つまり，赤道儀側だけでは正確な極軸合わせができないのである．

なぜ，このような変則的な設計仕様になったのか？ 答えは至って簡単．可動部分が増えれば，それだけ強度が弱まり，またガタのもとにもなるからである．そのため，本機では北緯35°用と40°用，2種類の極軸仰角のものが用意されており，居住地の緯度により近いタイプを購入することになる．つまり，海外での使用はまったく考えていないのである．

もっとも，このクラスの望遠鏡になると，おいそれと持ち歩くことなどできない相談なので，自宅での観測，あるいは学校など特定の場所での観測に自ずと限られるため，このように割り切った発想も通用するのだろう．

では，中間の緯度での使用には，どのように極軸を合わせるのだろう？

これまた至って簡単明瞭な答えである．三脚仕様の場合には，三脚の開き具合を水準器を見ながら調整し，正しい向きに極軸が向くように微調整を行うのである．慣れないと，そのままバランスを崩

基本に忠実なシンプルな作りと高性能が融合したニコン8cm屈赤は，学校の理科鏡材としても親しまれた．

して望遠鏡が転倒するのでは，との恐怖心に駆られることもあろうが，実際にやってみると意外と容易に調整できるのだ．

ただし，三脚の開き止めがチェーンによるもので，このクラスの望遠鏡にしては何とも頼り許ない気分にさせられる．そのため，開き止めだけは金属板などで改造して使った方が無難ではと思われる．

一方，ピラー脚の場合には，底部の3本足のアジャスター用のネジで傾き具合を調整する．こちらの方がはるかに安定感があり，事実，三脚よりもピラー脚の方が耐震性に優れているように見受けられた．価格的にも三脚と1万円しか差がなかったため，ピラー式を求める人が多かったようである．

望遠鏡本体はもとより，アクセサリー類も，ニコン製は総じて高価である．しかし，信頼できる品質で，長期間安心して使えることを考えれば，費用対効果は決して悪くはないだろう．

五藤光学
マークXシステム赤道儀＋80mm3枚玉スーパー・アポ

★待望のシステム赤道儀登場！

 日頃は「がっちりした望遠鏡で，安定した観測をしたい」という思いと，夏休みや年末年始など，「まとまった休日を取れた際には，ポタ赤片手に，きれいな星野を求めて遠征撮影に足を伸ばしたい」との欲求もときにはあるだろう．あるいは，望遠鏡を買い換えた際に，使い慣れた従来の赤道儀を活用したいという当然の願いも……．

 しかし，従前の望遠鏡では，これらの願いを一つとして叶えることができなかった．鏡筒バンドはその望遠鏡専用のもので，たとえ赤道儀が強度的に十分耐えうるものであっても，他の鏡筒に付け替えるには，自らの手で赤緯軸と鏡筒バンドを分離させたり，鏡筒バンドを大幅に改造しなければならず，誰もができる作業ではなかった．

 このようなアマチュア天文家の悩みを一挙に解決してくれる"夢の望遠鏡"が，五藤光学が開発した「マークXシステム赤道儀」だった．

 従来，赤道儀は一体型だったものを，マークXは「ベースモデル」と称する極軸をはじめ，赤緯軸，さらにはベースモデルを載せる架台部，取り外し可能な鏡筒バンド，これら4つの主要パーツに分解できる奇抜な赤道儀で，同時に，従来の赤道儀はおしなべて黒一色の塗装だったのが，マークXでは鮮やかなスカイブルーのカラーリングを採用し，これまた目を見張らされた．

 各主要パーツは，共通の4本のヘリサートスクリューで結合され，取り付け・取り外しは六角レンチ1本で可能という，今日では広く普及したシステム赤道儀の元祖的存在となった．

 マークXシステム赤道儀の登場により，通常の望遠鏡としての使用の他，ポタ赤にもなるし，自作観測機器の搭載もマルチ・プレートを用いれば工夫次第．汎用性は非常に高い．

 もっともコンパクトな構成では，ベース・モデルを直接カメラ三脚に載せ，マルチ・プレートを介してカメラを取り付けたもの．追尾はモータードライブの他，ガイド鏡がなくとも，極軸さえきちんと合っていれば一定時間毎に1目盛手回しする「減速微動装置」を用いて200mm望遠レンズくらいまでは十分対応でき，星野撮影に長大な望遠鏡本体を持参する煩わしさから解放された．

 しかも，ベース・モデルには「極軸ファインダー」が内蔵されているので，慣れれば短時間のうちに高精度の極軸セッティングが可能となる．

 ただし，北天用では北斗七星とカシオペヤのペアから天の北極を，南天用では南十字星を用いて天の南極を導くのだが，実際には北斗七星もカシオペヤも，さらには南十字星も視野内に見ることができず，視野の外にある実際の星の位置とファインダー内の指標を同じ向きに合わせ直して極軸セッティングをしなければならないため，慣れるまでは相当苦労を強いられる．

 それでも，赤道儀に極軸ファインダー（極軸望遠鏡）が取り付けられたことは大助かりで，それだけでもマークXのお株を大いに上げるのだった．

 脚は三脚とピラー脚があり，各々屈折用のロングサイズと反射用のショートサイズが用意されている．

赤道儀を中心に，主要パーツ毎に分解し，多種多様な組み合わせを選べるマークXシステムは爆発的にヒット．

 そして何よりもバリエーションに富むのが鏡筒である．基本は8cm屈折で，アクロマート（F15），セミアポ（F8.25／12.5／15），2枚玉スーパー・アポ（F12.5／15），カールツァイスのアポクロマートを基準とした3枚玉標準アポ（F8.25／12.5／15），蛍石（フローライト）スーパー・アポ（F15），3枚玉スーパー・アポ（F15）の他に，10cmマクストフ・カセグレン，12cmF8ニュートン式反射も用意され，用途と予算に合わせて自由にレンズや焦点距離を選べるのである．

 なかでも突出した色消し効果を発揮したのが，特殊低分散ガラスを用いた3枚玉スーパー・アポで，眼視ではほとんど色収差を検出できないほどの出来栄えだった．ただし，短波長側に色収差のピークをシフトさせた設計とみえ，写真撮影ではかなりの"青かぶり"が生じるのであった．

 マークXの登場と天文ファンの熱烈歓迎に刺激された望遠鏡メーカー各社は，その後，急速にシステム赤道儀の開発に追随しはじめるのであった．

ミザール カイザー型 80mm屈折赤道儀

★70年代不朽の名機の一つ

　日野金属産業（現ミザール）が1970年代に世に送り出した同社屈折望遠鏡の頂点に輝いたのが，8cm屈赤「カイザー型」と言えよう．

　対物レンズはF15のアクロマートながら，諸収差は非常によく抑えられており，色収差はやや残るものの，観測に悪影響を与えるものではない．非常にシャープでバランスのよい見え味に調和が取れており，長時間見ていてもまったく疲れを感じない．特殊ガラスを用いたアポクロマートが普及した今日においても，カイザーの魅力と威力は決して色あせるものではない．

　この時代の望遠鏡は「重厚長大」を地で行く，「これぞ天体望遠鏡！」といった貫禄のあるものが多く，いかにも無骨で扱い難い印象を抱かせたり，事実扱いにくいものも中には存在したが，ことカイザーは基本を忠実に守り，かつ細部に至るまで細心の配慮がなされた名機と評価できる．

　ところで，カイザーを一目見て気が付くのが，接眼部に設けられたステアリング・ハンドルだ．フォーカシングは二重ドローチューブで，内筒は引き抜き式，外筒はヘリコイド式の微調整用になっている．この部分がステアリングになっており，カイザーならではの独特の風格を現している．

　ところが，このステアリングは，手放しでは喜べないのもまた事実．ガタは一切なく，見事な加工が施されているのだが，塗布されているグリスがいただけない．夏場は実にスムーズに繰り出せるのだが，冬場は一転凍結し，あるいは非常に固化し，フォーカシング操作に大きな支障を来すのだ．微調整の段階で像が視野内を大暴れするほど力を込めてハンドル操作をしなければならず，これでは何のためのフォーカシング装置かわからない．カイザーのシンボル的な装置が，冬場にはかえって仇をなしてしまうのだ．

　この点は，多くのユーザー共通の不満な点で，日野金属では，申し出のあったユーザーに対して寒冷地用のグリスを提供し，冬場はそちらに塗り替えるのである．グリスを寒冷地仕様のものに塗り替えることで，ステアリングの動きは見違えるほど滑らかなものになったが，そのまま夏を迎えてしまうとグリスが溶けて流れ出す恐れがあるため，春を迎えた頃には再び通常仕様のグリスに塗り替える必要に迫られる．これらはすべてユーザー自らの手による作業となるため，決して難しい作業工程ではないものの，毎年のことだけに煩わしさは否定できない．

　しかし，それさえクリアーすれば，ラックピニオンよりも微妙なフォーカシング調整が可能で，ドンピシャ切れのよい像を楽しめる．

　付属の4cmファインダーはアイピースを自由に交換できるため，バローレンズ併用で簡易ガイド鏡としても利用でき，がっちりした鋳物製の支持脚も十分信頼に値する．

　赤道儀はオーソドックスなドイツ式だが，非常に堅牢で，別売りの6.8cmガイド鏡や大判カメラを搭載してもビクともするものではない．それどころか，鏡筒バンド部分を改造して15cmF8反射や，20cm短焦点反射の搭載も可能なほどがっしりした作りで，歯数180枚の赤経微動は非常に使いやすく，ガタなく滑らかな追尾を保証してくれる．ただし，同社のMMD（DCモーター）は追尾精度があまりよくなく，半自動ガイドにならざるを得なかった．しかし，ウォーム減速比が1:180のため，自作モータードライブの取り付けや微動減速装置の活用には非常に便利であった．

　赤緯微動はタンジェント・スクリュー式だが，このクラスの望遠鏡には，やはりウォーム式の全周微動を投入してもらいたかった．

　唯一架台に関する悩みは，ウォーム部のカバーがなく，ギアやホイールがむき出しになっているため，どうしてもグリスにゴミが付着したり，組み立て中や観測中に手をグリスで汚してしまうことがしばしばあることだろう．

　極軸には仰角・水平共に微調装置があるが，仰角を上げるときには望遠鏡の自重が掛かってくるため，いくぶん望遠鏡を支えつつ調整するのがコツである．

　三脚は直脚式で，非常にしっかりしており，ほとんど振動を伝えないし，伝わった振動もすぐに減衰させる．三脚の開き止めを兼ねたアクセサリー皿は三角板と異なり暗闇でもアイピースなどを落下させる心配がなく，安心して使用できる．

　価格等を含めた総合的な面で言えば，1970年代の8cm屈折のトップクラスの1台に位置付けられよう．

ミザールが持てる力のすべてを投入して生み出した「カイザー型」は，70年代の同社屈赤の最高峰に輝いた名機．

ミザール CX−150型 カタディオプトリック式赤道儀

★扱い易い鏡筒を目指して

　日野金属産業が，カイザーで培った技術と設計理念を礎に，新たに設計開発した同社反射望遠鏡の最高峰に位置するのが，「CX-150型」である．

　CX-150型が登場した1970年代半ばには，既に反射はニュートン式の10cmがスタンダード機種として広く普及していた．しかし，その多くが高橋10cm1型を除き，華奢な架台と三脚にF10クラスの長い鏡筒を載せていたため，総じてまともに精密観測に耐えうるものが少なかったのもまた偽らざる事実であった．

　また，この頃から10cmクラスでは物足りなく感じるアマチュア天文家も急増し，反射望遠鏡の次なるスタンダードは15cmクラスへと移行する兆しが見え始めた頃でもあった．

　ただし，15cmの反射望遠鏡を普及させるには，10cmのものをそのまま1.5倍拡大すればよいという単純な問題ではなく，名実共に15cmの持つ威力をフルに発揮させるべく，根本から設計し直す必要に迫られるのであった．

　当時，反射望遠鏡の標準タイプはF8〜10で，そのくくりで行くと，15cm反射は焦点距離が1200〜1500mmとなり，相当長い鏡筒を覚悟しなければならない．これではとても扱い難く，架台にも大きな負荷を掛けることになり，総合して相当大きく重いシステムに膨れ上がってしまい，価格面でも普及に暗い影を投げ掛けてしまっていた．

　そこで，大口径ながら短い鏡筒で扱い易く，かつ全体の重量が過大にならないように抑える方針で開発されたのがCX-150型だった．

　外観は短焦点ニュートン式に見受けられるが，実際には焦点距離が1310mmもあり，有効径が153mmのため，F値は約8.6となり，オールマイティーな観測に対応できる設計だ．なのに，鏡筒は70cmほどの長さに収まっている．なぜなのか？

　実はこの望遠鏡，主鏡の焦点距離はわずか720mm（F4.7）しかなく，このままではコマ収差をはじめとする諸収差が強く現れてしまい，使い物にならない．

　そこで，斜鏡のすぐ手前に凹レンズ系の補正レンズを仕込み，焦点距離を伸ばすと共に，諸収差を補正しているのである．つまり，正式には純粋な反射望遠鏡ではなく，カタディオプトリック式（反射屈折望遠鏡）なのである．

　主鏡は球面鏡のため製作は容易で，かつ，シュミット・カセグレンのような，複雑な高次の曲面を要する補正板も不用で，鏡筒が短くなった分，架台や三脚への負担も大幅に軽減され，全体的にコストダウンに大いに寄与しているのである．

　さらには，望遠鏡の発売から少し遅れて，合成Fを5.6に変換するフィールド補正レンズも登場し，その姿通り，短焦点望遠鏡として彗星や星雲星団など，淡い天体の観測・撮影にも明るい光学系を確立させ，大いに威力を発揮するのであった．

　では，実際の見え味はどうか？通常仕様で見た印象は，純粋なニュートン式と比べれば若干像の甘さはあるものの，それとて高倍率で惑星などを見たときにわずかに感じられる程度で，非常によく像補正がなされている．フィールド補正レンズを用いた際も，周辺まで比較的よく補正がなされているため，短焦点にありがちな中心視野のみがよくて，少し端に行くと一気に像が乱れるという問題は見受けられない．従って，焦点距離を切り替えることで多目的に使い分けられ，コンパクトで小回りが利き，非常に使い勝手のよい望遠鏡と言えるだろう．

　ただし，筒先を補正板で密閉されたシュミット系と異なり，通常の反射望遠鏡同様に，観測前には外気温に十分馴染ませるなど，筒内気流対策は必要である．

　架台や三脚は，カイザーのものを基本に大幅に強化されており，鏡筒の短縮化と相まって非常にバランスのよい組み合わせになっている．カイザーになかった極軸仰角目盛や水準器も装備され，よりいっそう使い易い仕様となり，強固な直脚式三脚も十分頼もしい存在だ．

　なお，CX-150型には前期型と後期型2機種があり，後期型では2割ほど値上がりしたものの，ウォーム部にカバーが装着され，カイザーで手こずったグリス汚れやゴミの付着から解放された．さらには，鏡筒に2つの取っ手が装着され，持ち運び易さと共に，観測時の鏡筒回転にも大いに寄与した．

　CX-150型の登場により，15cm反射を身近なものにした効果は，大きいと言えよう．

ミザール初のカタディオプトリック式望遠鏡となったCX-150型は，コンパクトさと高性能を併せ持つ名機．（写真は後期型モデル）

アストロ光学 S-5型 6cm屈折赤道儀

★気負わず使える6cm屈赤

1970年代，屈折望遠鏡のスタンダード・モデルとして広く普及していたのは口径6cmクラスであった．

ただし，天文ビギナーがいきなり赤道儀を操るのは困難であるため，経緯台が大きなシェアーを占めており，経験を積んでから後，赤道儀へと移行するパターンが一般的だった．

そのためには，経緯台から赤道儀へと"進級"する際に，望遠鏡を丸ごと一式買い換えざるを得ない事態も少なくなく，今日とは異なり，いまだ望遠鏡が高嶺の花だったこの時代，なかなか思うように買い換えることが難しい状況にあったと言えよう．

このような事情と，ユーザーのレベルアップに対応すべく，望遠鏡メーカー各社は，中級機として経緯台と赤道儀が兼用の特殊なマウントを開発し，屈折ならば6cmクラスに，反射ならば10cmクラスに投入し，ユーザー離れが起きないよう腐心していた．

経緯台兼用の赤道儀とは，見掛けは赤道儀なれど，極軸クランプと，さらには架台と三脚台座間の結合をフリーロックとし，架台を上下・水平方向に自由に回転できる機構を備えたものであるため，ビギナー時代には使いやすい経緯台として使い，慣れてきたら日周運動の追尾ができる赤道儀として発展的に使える，というものである．

ところが，「二兎を追う者は一兎をも得ず」のことわざ通り，実際には経緯台と赤道儀の機能を立派に果たせる架台は数限られていた．たいていの架台は，赤道儀として使っているときにもカクンと極軸がうなだれてしまったり，架台が水平回転してしまい，容易に極軸がずれてしまうことが度々あったからである．

そのような不甲斐ない望遠鏡が少なくなかったがため，たとえ求めやすい価格帯であっても，ベテランになるほど，このような中途半端な望遠鏡には見向きもしなかったきらいがある．

本機アストロ光学S-5型望遠鏡も経緯台兼用の赤道儀だが，そんじょそこらの兼用機とはわけが違う．外観では特別無骨な印象を与えるものではなく，スマートなボディでありながら，実際に使ってみると兼用機にありがちなへたりもなく，一人前の赤道儀としてしっかりとその職務を果たしてくれた．同時に，経緯台としても滑らかな動きを併せもつ数少ない逸品だ．

光学系は口径6cm，f＝910mm（F15）というスタンダードな作りで，特筆すべき目立った味付けはないものの，逆に，それゆえに長年使っていても飽きのこない上手い光学設計がなされており，必要十分な収差補正がなされている．

筒内のつや消し処理もたいへんよく，乱反射も極めて少なく，高コントラストを演出している．

ドローチューブはラックピニオン式の一筒もので，全域ムラやガタなく合焦でき，至ってシンプルゆえに使い易い．

ただ，付属の鏡筒バンド式のカメラ雲台は"おまけ"的な存在で，あまりにも華奢だった．そのため，鏡筒バンドを利用して，雲台部分をより強固なものへと改造して使った方がよいだろう．同時に，カ

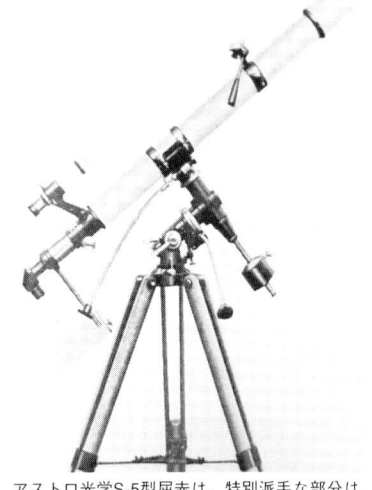

アストロ光学S-5型屈折赤は，特別派手な部分はどこもないが，オーソドックスな作りゆえの使い易さがうれしい．

タログ写真にあるような位置にカメラ雲台を設置すると，まずもって赤緯軸回りのバランスに欠けるため，実際には赤道儀の鏡筒バンドに寄せた位置でカメラを取り付けるとよい．

そのような使い方をするのならば，この赤道儀は必要にして十分な強度を有している．バランスウェイトを追加し，極軸回りのバランスさえきちんと取れれば，細身のボディながら，長焦点レンズを搭載しても不安なく使えるだろう．6cmクラスの赤道儀としてはかなりの信頼性を有しており，長年使っていても目立ったガタもなく，十分に親しめる名機と言えよう．

ひとつ特徴的なのは，多くの赤道儀は日周運動に伴い赤経微動のウォーム・ギアの位置が徐々に変化し，微動ハンドルに手が届かなくなったり，反対側に付け替える必要に迫られる．しかし，本機では，ウォーム・ギアの位置が常時ホイールの上部に固定されているため，微動ハンドルの位置が常に一定で，非常に使い易い．

三脚自体は必要十分な強度を有しているが，開き止めと三脚板の作りが華奢で，この部分をユーザー自ら補強を図れば，この望遠鏡の応用範囲は大幅に拡大し，末永くお付き合いできるだろう．

ペンタックス
100型10cmF12
屈折赤道儀

★カメラメーカーが
##　 天体望遠鏡に進出

　現在はHOYAに吸収合併された旭光学工業（ペンタックス）だが，1970年代後半に天体望遠鏡事業にも進出，以来，多くの天文ファンを魅了する素晴らしい逸品を数々世に送り続けている．

　ペンタックスが天体望遠鏡に進出した当初は，「カメラメーカーなので光学系は信頼出来るが，はたしてマウンティングなどはどれほどのものを作れるのだろう？」と案ずる方が少なくなかった．確かに無理からぬ懸念と言えよう．望遠鏡の命はレンズや鏡などの光学系にかかっているとは言え，いくら立派な光学系を有していたとしても，架台がガタガタでは全く使い物にならないからだ．

　同じくカメラメーカーでもあるニコン（日本光学工業）も同様に天体望遠鏡を製造していたが，定評あるアマチュア向け天体望遠鏡の他，天文台への豊富な納入実績をもつニコンと，この分野ではまったくの新参者のペンタックスとでは，同じ土俵で優劣を云々すること自体に無理がある，と見下す向きもあったことは否定できない．

　しかし，ペンタックスは，一部の不安をよそに，発売当初から完成度の高い望遠鏡を続々と発表したのである．

　共通するスタイリッシュなフォルムをなす7cm，8.5cm，10cmと，3機種の屈折赤道儀を発売し，いずれも光学系はもとより，マウンティングも含めて総合的に見てもたいへん素晴らしい出来栄えの望遠鏡揃いで，一挙望遠鏡業界のトップクラスに躍り出たのである．この快挙には業界各社は驚異の眼差しを向け，天文ファンは驚喜した．

　ペンタックスが満を持して世に問うた望遠鏡で，最高峰に輝いたのが「ペンタックス100型10cm屈赤」だった．

　有効径102mm，f＝1200mmと，有効径において若干ながら嬉しいおまけ付きのレンズは，天文ファンの期待を裏切ることなく，アクロマートながら非常に鋭く，かついやな癖のない，実にスマートな像を提供してくれた．

　1980年代に入ると，EDレンズを用いたアポクロマート仕様の10cm屈赤を追加投入してきたが，それはまったく非の打ち所のない素晴らしい逸品に仕上がっていた．ただし，本稿の趣旨から外れるため，この場では1970年代に登場したアクロマート機で話を進める．

　F12という光学設計は，像に無理なく，8cm屈折並みの扱いやすさで，明るく，切れ味の鋭いシャープな像をよりいっそう引き立てるがごとく，たいへんコントラストの高い，見ていて清々しい像を生み出すのは，完璧なまでの筒内つや消し処理と，ドローチューブ内に仕込まれた9枚もの遮光絞りのお陰だろう．このように，目に見えないところへの細かな気配りが素晴らしい像へと結実するのだ．

　ドローチューブは引き抜き式の粗動と，ラックピニオン式の微調整用との二重構造をなし，いずれもガタひとつなくしっかりした作りである．

　ひとつ苦言を述べるとすると，対物フードが若干短すぎ，夜露が付きやすい点だろう．

　一方，架台の方もしっかりとした作りで，スマートな外観からはか弱ささえも感じなくはないが，実際に使ってみればわかる通り，実にがっしりと10cm屈折の巨体を支えてくれている．

　赤経・赤緯共に全周微動で，常にスムーズな回転を約束してくれる．赤緯微動は接眼部近くまで伸びた直棒式の微動ハンドルで，ブレなく，非常に扱い易い．一方，赤経微動はフレキシブル・ハンドルによるが，反対側にはオプションのモータードライブが装着でき，ツマミひとつでクラッチのオン／オフが切り替えられる．また，モータードライブは水晶発振により極めて正確に駆動され，日周速度の異なる恒星・太陽・月と，3つの速度を選択可能だ．

　脚は移動観測に便利な特殊軽合金製の三脚と，据え置き観測のためのピラー脚が選択可能で，三脚は見掛けはスリムだが，特殊素材と，特殊な断面形成により非常によく振動を吸収している．ただし，三脚を組み立てたときの高さが1.3m強もあるため，日本人の平均身長では低空の天体を眺めるときには踏み台が必要となる．逆に，天頂付近に向けたときには比較的楽な姿勢で観測できるので，その点は痛し痒しといったところだろう．

　望遠鏡事業に参入早々，極めて完成度の高い望遠鏡を生み出したペンタックス．ぜひ，21世紀に相応しい新たな名機を期待したい．

ペンタックスは後発メーカーながら，いきなり素晴らしい望遠鏡を提供．10cm屈赤は自信作の一つとなった．

ユニトロン 132型10cm屈折赤道儀／134型屈折経緯台

ユニトロン132型10cm屈赤は極めて完成度の高い逸品で，30年以上経っても，いまだ末長く愛用されている．

ユニトロン134型10cm屈経は，132型と同じ光学系ながら，非常に使いやすく安定した経緯台仕様の名機．

★ユーザー心をくすぐる数々の工夫

いまはなき日本精光研究所が一般アマチュア向けに提供した大型の屈折望遠鏡が，ユニトロン・ブランドでお馴染みだった132型10cm屈赤と言えよう．

とにかく，至る所にユーザーの立場に立ったきめ細かな工夫がなされている．もちろん，光学系，耐久性，精密加工精度など，いずれも望遠鏡の柱となるところに一切の妥協はない．

光学系はF15のアクロマートだが，特殊光学ガラスを使用し，厳重な品質管理のもとで全工程自社研磨された対物レンズは，諸収差の抑制はもとより，憎いほどシャープで高コントラストの像を楽しめる．3枚玉のアポクロマートと比べても特に遜色のない，たいへん素晴らしい像を結んでくれる．

口径の割りに鏡筒が細く見えるのは，対物レンズの光軸修正装置が対物セルの外側に設けられているからで，いざ星を使っての光軸修正のときには，フードの外側に修正ネジが露出しているためにたいへん効率よく作業ができる．しかも，相当頑丈に作られているため，よほどの衝撃を加えない限り光軸ズレの心配はないだろう．

6cm，f＝700mmのガイド鏡も標準装備されているため，通常ならば赤緯軸回りのバランスが取り難くなるところだが，本機には鏡筒バランスウェイトまで備わっているため，赤緯軸回りのバランスも非常に取り易い．

また，付属のファインダーやガイド鏡には，各々の鏡筒に傷を付けないよう，固定ネジの先端ひとつひとつに保護リングが備わっている．ユーザー自らがこのような工夫を施すことはあれど，メーカーの段階でここまで細部に気を配ってくれているとは，実に心憎い限りである．

接眼部はラックピニオン式フォーカシングだが，ドローチューブは三重構造をなしている．単に粗動用と微動用に分かれているわけではなく，ドローチューブ毎にさまざまなサイズのアイピースやアクセサリー類を取り付けられるように，との配慮からである．ドローチューブはいずれもガタひとつなく，スムーズに出し入れでき，各々にストッパーが付いており，微調整部分には目盛も備わっている．

架台は一見したところ普通のドイツ式赤道儀に見受けられるが，一度でも使ってみたならば，これまた細部に至るまで，心憎いほどのきめ細かな配慮の数々にぞっこんとなるだろう．

まずは肝心の強度だが，見掛けは細身に見える極軸と赤緯軸だが，実際の強度は驚くほど頑強で，焦点距離1500mmというたいへん長い鏡筒も易々とサポートしてくれる．もちろん，ガタの心配など皆無である．

同クラスの他社の赤道儀と大きく異なるのが，赤経に「二重微動装置」が搭載されている点だろう．ウォーム・ギアによる全周微動とは別に，タンジェント・スクリュー方式の部分微動が備わっているため，自動駆動中の誤差修正もいとも容易くできるのだ．赤経クランプも2箇所に配されており，両者を緩めるとクランプと部分微動が一体となって自由に回転するため，方向により締め難くなる心配がない．赤緯微動はタンジェント・スクリュー方式の直棒ハンドルで，これも扱いやすく，長い鏡筒でも取り回しがたいへんよい．

通常お飾り的な赤経・赤緯の目盛環だが，本機はバーニア式で，赤経1′，赤緯5′の精度で読み取れる．

オプションのドライブはシンクロナス・モーターと，ユニトロン独自の重錘式とがあり，後者は駆動ギアの切り替えで太陽や月，恒星など，それぞれに見合った速度に合致させられ，1回の錘の巻き上げで1時間は追尾可能である．

三脚は見た目には弱々しく感じるが，実際には十分に振動除去が可能だ．

また，オプションのターレット・レボルバーも実に使い易く，即座にアイピース交換が可能である．

何から何まで至れり尽くせりで，一度この望遠鏡に親しんでしまうと，なかなか浮気ができない逸品である．

なお，同じ光学系で経緯台仕様の「134型」もあり，こちらは経緯台にもかかわらずバランスウェイトを備え，天頂付近の観測時に安定した使用が可能．垂直・水平方向の微動と粗動の切り替えは1つのツマミででき，部分微動ながらたいへん使い勝手がよい．

価格も赤道儀の3分の1以下で，極めてコストパフォーマンスが高い逸品と言えよう．

アスコ スカイルック160B 16cm反射赤道儀

★強靱なマウントが信頼感を醸し出す

　旭精光製の16cm反射赤道儀「アスコ・スカイルック160B」は，15cm級の反赤の頂点に輝く逸品と称しても過言ではないだろう．

　光学系はニュートン式で，有効径160mm，f＝1350mm（F8.4）のスタンダードな光学設計だが，その見え味はワンランク上の機種と比べても遜色がないほどシャープで高コントラストの像を結んでくれる．鏡面精度の良さと，筒内のつや消し処理がよく施されている賜と言えよう．

　鏡筒部には大型ニュートン式には必須の鏡筒回転装置とクランプも備わっている．鏡筒の真円度も極めて高く，スムーズに回転できる．カメラなど重たい機材を載せるときにはしっかりとクランプでロックする必要があるが，単に眼視観測のときにはいちいちロックせずとも，適度な固さで保持されているため，アンロック状態でも4方向に配された鏡筒回転用の取っ手を用いて自由に鏡筒回転が可能で，非常に使い勝手がよい．

　鏡筒部でやや不満に感じることは，なにぶん鏡筒が長いため，自然放置で筒内気流をおさめるのに少々時間を要することで，主鏡脇に扉を設けてあればもっと早く換気できたはずである．同時に，このクラスの望遠鏡には主鏡を保護する主鏡蓋もあった方がなおよかっただろう．

　接眼部は，オーソドックスなラックピニオン式のフォーカシングで，ガタひとつなく，実に滑らかなフォーカシングができる．ドローチューブは3mmほどの肉厚真鍮パイプが採用されており，重たいカメラも難なく支えてくれる．さらには，接眼部の回転装置も内蔵されているため，写真撮影時の構図も決めやすい．

　赤道儀はこの上なく頑丈で，20cmクラスでも十分搭載できる強度と精度が確保されている．総重量は80kgもあるため，移動観測には不向きで，据え置きとして観測することになろうが，ヘビー級だけあって，どっしりとした安定感はスカイルックならではの信頼感と相まって，どのような観測にも安心して使うことができる．

　赤経・赤緯の微動ハンドルは直付けの円筒形のツマミからなり，フレキシブルハンドルのように振動の原因になる心配がない．ただし，鏡筒の向きによっては，赤経微動ハンドルに手が届かず，一時視野から目を離さなければならないこともあるので，そのような状況では別途フレキシブル・ハンドルも装着でき，望遠鏡の向きに応じてハンドルを使い分けるのもよいだろう．

　赤経微動は，モーター駆動用の全周微動と，手動調整用の部分微動の二重構造をなしている．全周微動は歯数288枚の砲金製ウォーム・ホイールとギアからなり，ガタや偏心ひとつなく，実にスムーズな追尾が可能だ．後者は扇形のホイールからなる部分微動で，こちらもとてもスムーズである．一方，赤緯微動は，赤経の手動用と同じ構造の部分微動となっている．

　モータードライブはシンクロナス・モーターで，極軸さえきちんと設定されていれば，直焦点撮影でも1～2分はノータッチでガイド可能で，200mm望遠程度ならば30分以上も完全自動追尾が可能なほど高精度なものである．

アスコ・スカイルック160Bは，15cmクラスの望遠鏡ながら，がっちりとした観測室据え置きタイプの路線を歩んだ．

　脚は3本脚のピラー脚で，これまたヘビー級ではあるが，それ故の安定感と振動抑制効果が働き，鏡筒が長い（断面積が大きい）のに横風にも強く，安定した観測環境が提供されている．もちろん，望遠鏡を吹き曝しで使うより，観測室内に納めて使った方がより安定した環境で観測に専念できることは言うまでもないが，よしんば周囲に風を遮るもののない広場などでの観測でも，必要かつ十分な安定度が確保されているのは，このクラスの望遠鏡としては貴重な存在と言えよう．

　前述の通り，この望遠鏡はヘビー級に位置付けられるため，移動観測には不向きである．しかし，15cm級の望遠鏡は移動に供するのか，スカイルックのように据え置き観測するかの違いで，これほどまでに架台回りの作りに開きが生じてくる．

　今日では優秀なマクストフ・カセグレンやシュミット・カセグレンも比較的手頃な価格帯で供給されているが，この時代の15cm反射クラスは，日野のCX-150を除いて安定性を取るか，機動性を取るかの二者択一を迫られる口径と言え，スカイルックは前者を選択した代表的な存在で，据え置き型としては小型ながら，個人レベルの観測所実現の夢を叶えてくれた名機と言えよう．

西村製作所
15cmF8反射経緯台／
15cmF6反射経緯台
コメットシーカー

★Simple is best

観測現場の声を忠実に反映させた西村製作所の望遠鏡は，洗練さには欠けるが使い勝手がとても良いと好評．（左はF8反射経緯台，右はF6反射経緯台）

東日本では，天文台用の大型機を除いて馴染みが薄かったが，西日本では戦前から圧倒的な人気を得た望遠鏡メーカーに西村製作所がある．

創業以来，反射望遠鏡の製作に力を注いできた実績があり，鏡面研磨にも定評がある．また，かつては木辺鏡，今日では苗村鏡をオプションとして搭載することも可能（自作鏡を収めることも可能）で，よりいっそう素晴らしい星像が楽しめる．

ここで取り上げるのは，昔ながらのクラシカルな雰囲気を漂わせた15cm反射2機種（F8，F6）である．

F8反経は，そのルーツを戦前にまで遡る歴史あるオールマイティーな望遠鏡である．1926年，京都大学の研究者や，当時はまだ数少なかったアマチュア天文家たちの要望をもとに設計されたもので，安価で，扱いやすさを旨とし，フォーク式経緯台が採用された．

鏡筒は引き抜きパイプではなく，1枚板を丸めて加工したもの．真円度には多少の難があるが，経緯台に搭載する分には何ら問題はない．1mm厚の鉄板を用いた鏡筒は頼もしく，15cmと口径が大きい分，鏡筒のアールが緩く，ちょっとした衝突でもすぐにへこんでしまう今日主流となったアルミ鏡筒とは安全度に雲泥の差がある．

鏡筒底部は主鏡セルより1cmほど突出しているため，たとえ鏡筒を立てて保管しても光軸がずれる心配がない．

鏡筒の塗装はごく標準的なレベルだが，望遠鏡を雨ざらしにするはずもなく，夜露程度ならば，観測後の手入れさえしっかりしていれば，長年使ってもめったに錆びることはない．

接眼部は二重チューブで，微調整はラックピニオン式を採用．ギアにやや遊びが大きく，ドローチューブが伸びた状態でカメラを取り付けると，多少チューブがうなだれ気味になる．即ち，光軸が多少ずれてしまう形になるが，経緯台ということで眼視観測をメインに割り切って作られているのならば，この程度は致し方のないところかも知れない．アイピースのみでの使用ならば，ほとんど問題はない．

筒先の蓋はもとより，主鏡と斜鏡にも専用の蓋が用意されているため，鏡面が埃で汚れる心配もない．ただし，観測後には鏡面をしっかり乾かしてから蓋を閉めるよう心掛けないと，かえってカビの発生を誘発する．しかし，主鏡の脇には大きな扉が設けられているため，筒内気流の対策にも，観測後の筒内換気にも大いに役立つ．

鏡面はたいへん素晴らしい出来栄えで，気温差の大きな朝夕の観測にも熱膨張の影響がないよう，鏡材にはパイレックスを使用．機械研磨の後，1枚ずつミラー職人の手研磨で1/16λ以上の高精度パラボラ鏡に仕上げている．

経緯台はシンプルなフォーク式で，見掛けは華奢だが，実際に使ってみると軽やかに操ることができる．接眼部の真下には上下支持棒が位置しているため，鏡筒を微動で下げるときにはスムーズに動くものの，上げるときには自重が掛かるためやや重くなる．また，支持棒のクランプを迂闊に緩めると，一気にガクンと鏡筒が"落下"するため，その点は細心の注意が必要だ．

鏡筒を天頂付近に向けた際には，ややバランスに欠けるため，強風に煽られる場合などには念のために三脚下部に重しを置くなどの工夫が必要だ．

この当時の西村製の三脚は，下部が曲線を描いたお洒落な形をしていたが，後に直脚式に変更された．いずれも，アンバランスで弱々しく感じるが，実際にはよくマッチしている．ただし，低空での水平回転には，ときおり上下支持棒が三脚に引っ掛かる場合があるので注意が必要となる．

F6のコメットシーカーは，基本部分はF8で培ったノウハウをフルに活かし，彗星捜索にも対応できるよう短焦点化したもの．パラボラ鏡では，F6を切ると一気にコマ収差が増大するため，明るい視野を確保しつつもコマ収差を抑えた絶妙なバランスで鏡面を仕上げている．また，大型斜鏡の採用で，広視野のエルフレ式アイピースにも対応している．

三脚はシンプルな直脚に変わったが，開き止めが全面アクセサリー収納棚となり，観測に必要な小道具一式をまとめて保管できるようになった．

いずれもシンプルで，華奢に見受けられるものの，使い込むほどに味わい深さが増していく逸品である．

三鷹光器 MK-100型赤道儀＋MKT-N15ニュートン式反射望遠鏡

★精密さを具現化した望遠鏡

　天体望遠鏡は精密機器である．しかし，世の中に広く普及している天体望遠鏡を眺めてみると，かなり雑な作りで，とても精密機器とは呼べないものも少なからず出回っているのが悲しき現実である．

　しかし，三鷹光器の手に掛かれば，望遠鏡はここまで精密な機器なのかと，改めて感激するほどの名機となって天文学の発展に寄与してくれる．さすがは，数多くの天文台や科学館等に納入実績のあるメーカーである．

　その中で，三鷹光器がアマチュア向けに開発した15cmニュートン式反射望遠鏡「MKT-N15」と，15cmクラスの望遠鏡のために開発した赤道儀「MK-100」はたいへん素晴らしい組み合わせと言える．

　この望遠鏡は，鏡筒と架台・三脚を各々単体でも購入でき，架台は自作機や他社の望遠鏡にも用いることができ，極めて汎用性が高い．

　三鷹純正の光学系，15cm（有効径148mm）・F6ニュートン式反射望遠鏡は，比較的短焦点ながらよく収差補正がなされており，周辺部でわずかにケラレが生じるものの，ほとんどコマ収差が目立つこともなく，シャープな像を維持している．

　接眼部はヘリコイド式のフォーカシングを採用し，ドローチューブには目盛が刻まれているため，写真撮影時には目安になって便利だ．

　鏡筒はシンプルなデザインなれど，細部までしっかりと作られているため，一般的に「反射望遠鏡は屈折望遠鏡と比べて光軸がずれやすい」と言われるが，本機においてはほとんどそのような心配は無用だろう．

　鏡筒のMK-100架台への取り付けはアリ溝式で，スムーズかつスピーディーに着脱が可能だが，着脱時に鏡筒を支える取っ手などがあるとなお扱いやすかっただろう．また，構造的に鏡筒回転装置がないのがニュートン式としては不便な点だが，反射鏡仕様では専用三脚使用時の不動点高が64cmと低めに設計されているため，大人の身長があれば，接眼部をのぞくのに苦労させられることは少ないだろう．

　架台はポータブル性と堅牢さを兼ね備えた設計で，先述の通り，純正品以外にも多目的に使用できる．ただし，架台だけでも19kgほどもあるため，持ち運びが出来ないことはないが，言葉通りに「ポータブル」とは言い難い面がある．車での移動ならば，十分に活躍の場が広がることだろう．

　肝心の赤道儀の出来栄えだが，とにかくしっかりとした作りで，かつ，精密加工が細部まで行き届いている．各部の可動部分は極めてスムーズで，ガタの心配など無縁である．赤経・赤緯は全周微動で，赤経モーターは標準装備．オプションで赤緯モーターも装着可能で，微動・粗動共に対応できる．ただし，赤緯のモーター装備仕様では，手動操作ができなくなるため，より速やかに望遠鏡の向きを変えたいときには多少の焦れったさを感じてしまう．

　モーターの電源は乾電池が標準仕様で，オプションでAC電源も利用できるように変更できる．追尾精度は十分満足のいくもので，300mmくらいの追尾ならば30分程度はノータッチで任せられる．900mmの直焦点でのガイドの際には，ガイド星のモニターと，ときおり微修正を要する．ピリオディック・モーションも極めて小さく抑えられており，上の通り，長焦点ガイド時にも優れた性能を発揮してくれる．

　極軸望遠鏡は赤色LEDの明視野照明付きで，最微光でも照明はやや明るすぎる．極望の十字線と赤経目盛が連動しているため，十字線の交点に北極星を合わせれば自ずと極軸が合う設計で，これはとても便利な機能である．

　金属製の伸縮式三脚はとても頑丈で，ガタなく，しっかりと架台を支えてくれる．三脚の先には足踏みも備わっているので，不安定な場所でもしっかりと固定できる．振動吸収にも優れ，持ち運びにも大型のカメラ三脚程度のコンパクトさで，非常に扱いやすい．開き止めは三脚最下部に金属製のフックを掛ける形で，見掛けよりしっかりしている．ただし，三角板のようなアクセサリー置き場が全くないので，この点が不便ではある．

　しかし，「しっかりした望遠鏡での移動観測」を，との目的には実によく合致した設計がなされており，きれいな星空を求めて移動観測・撮影をする方には，とても重宝されることだろう．

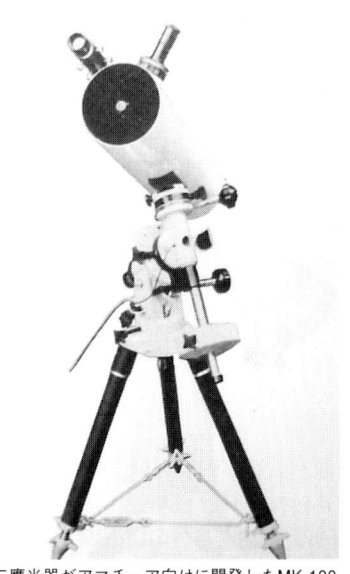

三鷹光器がアマチュア向けに開発したMK-100型赤道儀とMKT-N15ニュートン反射のコンビネーションは抜群．

往年のトンデモ"迷機"軍団
1970年代の
トンデモ望遠鏡を斬る！

■アマチュア用の優れた望遠鏡が数多く登場した輝かしき1970年代．しかし，冒頭で触れた通り，この時代は「詐欺商法」以外の何ものでもない，悪辣卑劣な謳い文句で誇大広告を打った"トンデモ望遠鏡"も少なからず実在した．

なかでも，純真な天文少年・少女の期待と信頼をものの見事に裏切ったのが，"トンデモ望遠鏡メーカーの御三家"と称された，S商会（D光学），株式会社S，P光学だった．さらには，有名望遠鏡メーカーのB級・C級品を名称を変えて並行販売する傍ら，自社ブランドの超々高倍率望遠鏡を数々発売していたN通販も御三家と同罪で，これら4社の悪行のお陰で，本来なら，今日，我が国の天文界を背負って立っていたであろう貴重な人材を数多く失ったことは想像にかたくない．

だが，「天網恢々疎にして漏らさず」とはよく言ったもので，幸いにも，これらの悪徳業者はいずれも廃業，もしくは望遠鏡製造から撤退して久しい．だが，30年以上の歳月が流れてもなお，被害に遭われた元天文少年・少女たちの恨み辛み，怒りはいささかも薄らぐことはなく，これらのトンデモ望遠鏡は世界天文遺産の"負の遺産"として未来永劫，子々孫々に至るまで，その悪行のすべてを知らしめるべく，「トンデモ望遠鏡博物館」を設立し，永久展示されて然るべきものと考える．

このコーナーでは，彼ら，生き証人たちの告発を受け，トンデモ望遠鏡の全てを余すところなく白日の下にさらけ出したいと思う．

★1970年代の"迷機"とは…

1970年代の"迷機"（トンデモ望遠鏡）とは，以下の認定基準をもとに立件されたものである．

1) お世辞にも性能の良い望遠鏡とは呼べない，お粗末極まりない光学系であること
2) 蚊トンボを連想させる，華奢な架台・三脚で，ガタ・振動を増幅させるどうしようもないシロモノ
3) 人的，物的被害を及ぼしかねない致命的な欠陥を内包するもの
4) コスト・パフォーマンスが極めて悪いもの（どんなに価格は安くとも，あまりにも性能面がお粗末なため，結果的にはコストに見合ったパフォーマンスを得られていない）
5) 「不当表示」に該当する嘘八百の誇大広告を展開し，メーカーの良心など爪の垢ほども感じられないもの

前述の御三家＋1は，いずれの望遠鏡もこれらの「迷機認定基準」に見事に合致し，多少の程度の差はあれど，基本的にはどれもこれも，箸にも棒にもかからないトンデモ望遠鏡と断じてはばかられるものではないと確信する．

しかし，残念ながら，当時の天文誌のみならず，本書の前身『天体望遠鏡のすべて』においても，これらトンデモ望遠鏡メーカーの広告を掲載し，彼らの悪事に加担した負の歴史をもつ．

そのような過ちを二度と繰り返さぬためにも，自責の念を込めて，いま改めてトンデモ望遠鏡の実態を明らかにしなければなるまい．

ふたたび"天体望遠鏡暗黒時代"に逆戻りすることのなきよう，以下に各トンデモメーカーご自慢の"迷機"の代表作を被害者の証言をもとに取り上げることにする．このような人心を惑わす，歴史にその名を残す迷機を世に広め続けた各社の首謀者たちに猛省を促すためにも……．

S商会（D光学）
12cm反射赤道儀

★空前絶後の「極悪望遠鏡」

アマチュア天文史上にその名を永遠にとどめるであろう，極悪望遠鏡のなかでも，おそらく筆頭にあげられるのが，S商会（D光学）が嘘八百億の誇大広告で純真な天文少年・少女を騙しに騙して売りつけた「12cm反射赤道儀」だ．

その望遠鏡が（いやいや，とてもじゃないが「望遠鏡」などと呼べたものでは毛頭ないのだが），いかにまやかしの集大成であったのかは，被害者の一人で，30余年が経過してもなお，怒り心頭に発している元天文少年A君の聞きしに勝る凄まじい実態を暴露した告発に耳を傾ければ，彼の悔しさ，無念さがひしひしと伝わってくる．

ではここで，A証人にご登場願い，D光学の12cm反射赤道儀のありのままの姿を語っていただこう．

＜A証言＞

30有余年，この日の訪れを待ってました．この望遠鏡がいかにひどいものか，余すところなく告発したいと思います．そもそも，こんな望遠鏡を買うつもりなど，毛頭なかったんです．

はじめはT社の10cm反射赤道儀を買うために父と電車で上京したのですが，なぜか途中下車してしまい，S商会に立ち寄ったのが運の尽きでした．天文誌にはデカデカとこの会社の広告が載っており，「高級赤道儀は素晴らしい製品です」だの，「親子二代で愛用されている当社の製品は絶対安心です」と，事実とはまったく正反対のキャッチ・コピーが誌面を飾っていましたので，いかにも素晴らしい望遠鏡だろうと思ってしまいますよね．まだ天文ビギナーでしたから．

S商会の嘘つき親父は，「T社の10cm反赤を買うお金があれば，当社の12cm反赤を買えますよ」と盛んにアピール．口径が2cm大きければ，まともに考えればその分性能がよいわけで，まさに殺し文句でした．

でも，実態は詐欺商法以外の何ものでもなく，肝心な光学系は，同社のOr5mmを使用すると，どんなにピントを合わせてもピンぼけ状態で，話になりません．ドローチューブはストッパーもなければ根元のツバもなく，同社のアダプターでカメラを取り付けた接眼部が下向きになった途端にドローチューブごとズルズルとすっぽ抜け，カメラが地面に落下してしまう始末です．

また，鏡筒の作りもえらく雑で，1枚板を丸めて加工しているのですが，あまりにも真円度が悪く，鏡筒回転もひっかかりがあってままなりません．それどころか，ほどなくして鏡筒の接合部の一部が開いてしまったのです．ゴミ箱だって，もっとまともな作りをしてますよね．

口径2cmのファインダーもとんでもないシロモノで，視野が異常に狭く肉眼で見た場合と大差なかったですし，月など，明るい天体は視野の外にありながらものすごいゴーストが発生していました．十字線は太い針金状で，交点に星を入れれば，星が完全にかき消されてしまいます．

許し難いのが"ご自慢"の赤道儀で，まるで蚊トンボのような華奢なもので，赤経・赤緯のクランプはどれだけ強く締めてもきちんと固定できません．

ウォームギアとホイールのガタ，おまけに赤緯微動のガタは凄まじく，赤経微動ハンドルをどんなに慎重に回しても"度"単位のブレが発生し，そのままでは魚眼レンズでさえもガイド撮影など出来ません．タンジェントスクリュー式の赤緯微動のガタも，±2〜3度はあろうかという酷いものでした．

三脚だって，箸にも棒にもかからないお粗末極まりないもので，ボルトを絞めるといくらでもめりこんで行くような軟弱な三脚です．このような有り様ですので，何をどう手を加えようとも，まったく使い物になりません．

せめて，ショールームで実物をさわってみられたならば騙されずに済んだのでしょうが，あの会社はただの1台も展示品がないんです．あまりにひどいシロモノなので，展示などできないのでしょう．触れないよう，ビニール張りの段ボール箱に収められた見本が置いてあるだけで，外観しか確認できなかったのです．

友人の，T社製の優秀な8cmセミアポ屈折望遠鏡を見せてもらう度に屈辱感にさいなまれ，あまりのショックで，私はそれ以降7年間も，天文の世界から離れてしまいました．

なるほど，聞くも涙，語るも涙の物語で，誠に許し難い極悪望遠鏡と言えよう．

「T社の10cm反赤と同じ価格で口径が2cm大きい」という殺し文句でA少年を騙して売り付け，A少年に多大なる精神的苦痛を味わわせた極悪望遠鏡がこのS商会12cm反射赤道儀

株式会社S 10cmF6／F8／F10／F12反射赤道儀

★10cm劣悪反赤の代名詞

1970年代初頭，トンデモ望遠鏡メーカー御三家の株式会社Sから，「ワイド・バリエーション」と銘打って，焦点距離600mm，800mm，1000mm，1200mmと，短焦点から長焦点まで，4機種の10cm反赤が発売されていた．

いずれの主鏡もパラボラ鏡を採用している旨を堂々と謳っているのだが，現実にはお世辞にもまともな鏡とは言えない出来で，いずれの機種を取ってもお粗末極まりないシロモノばかりだった．架台と三脚のお粗末さも加わり，数々の悲喜劇をもたらすのであった……．

10cm反赤シリーズは，いずれの焦点距離でもパラボラ鏡とは思えぬ劣悪ぶり．架台と三脚は，共に見事なまでの華奢な作りでさすがは"御三家"だけのことはある．（左はF6モデル，右はF10モデル）

・証言： F6反赤の事例

コメットハンターを夢見てF6反赤を選んだB君は，一目その像を見るなり，思わずのけぞってしまったという．

「あの望遠鏡は，本当にすごかったですよ．F6反射で初めて星野をのぞき込むなり，視野一杯に"彗星"が輝いていたんですから……」と，当時の苦々しい経験を振り返るのだった．

短焦点ニュートン式反射の場合，コマ収差を完全には避けられないという宿命がある．そのため，どこまで良像範囲を拡大できるかが鏡面研磨の腕の見せ所と言えよう．

しかるに，この望遠鏡は視野中心部においても，しっかりとコマ収差が現れており，見るものすべてが彗星状に尾を引いていた，というのである．

「一瞬，光軸がずれているのではと疑い，一生懸命光軸修正も試みたのですが，結果は同じでした」とB君．

もっとも，その光軸修正装置も実にお粗末で，ちょっとした弾みで軸ズレを生じる頼り許ないものだった．

さらには，このシリーズはいずれも短径20mmの斜鏡を用いているため，F6鏡ではほとんど筒外焦点を稼げず，引き抜き式とラックピニオン式の二重ドローチューブはほとんどその用をなさなかった，という．おまけに，視野周辺部は大きくケラレが生じていたのだから，返す言葉を失してしまう．

口径5cm，f＝380mmのガイド鏡もお粗末なシロモノで，「これでもか」というくらいに色収差をはじめ，諸収差で賑わい，ガイド鏡付属の天頂プリズムは光路を光学的に直角に曲げることができず，分光プリズム状態．ファインダーに至っては，もはや論外だった．

赤道儀は，この手の望遠鏡に共通するガタガタ状態で，S商会の12cm反赤同様の有り様．強度的にも頼り許ないことこの上なく，F6の短い鏡筒さえもやっとこ支えている状況だった．その点は，他の焦点距離を買った被害者たちも異口同音のことを述べている．

・証言： F8反赤の事例

F8という口径比は，ニュートン式反射望遠鏡の標準的なものである．これよりも焦点距離が短いと，きちんとパラボラ面に研磨しておかないと，一気に像が悪化する．本機は，堂々とパラボラ面と謳っているのだから，球面鏡で誤魔化している量産品と比べ，その見え味は明らかに改善されて然りだが，被害者C君は異議を唱える．

「友だちが，球面鏡を用いた量産品の望遠鏡をもっていたので比べてみたのです．ところが，パラボラ面であるはずのこの望遠鏡より，球面鏡の望遠鏡の方がはるかにシャープだったんです．ショックで，言葉を失いました」

・証言： F10反赤の事例

同様のコメントは，F10反射の被害者D君も唱えていた．しかも，全長1mほどある鏡筒を支えることができず，しばしば蚊トンボのような細い赤道儀の極軸がガクンとうなだれてしまうという．

また，三脚も見るからにお粗末なもので，鏡筒の動きに伴ってねじれが生じ，振動の増幅の原因となっているというから始末に負えない．

・証言： F12反赤の事例

最後の告発者E子さんは，凄まじい経験の持ち主である．何しろ，観望中に主鏡セルが壊れ，主鏡が宙ぶらりんになってしまったというのだから…．

しかも，きちんと光軸が合った状態でも恒星が点像にならなかったというのだから，もはや何をかいわんやだ．

くだんの蚊トンボ赤道儀＋割り箸三脚の組み合わせゆえに，F12鏡筒はそよ風が吹いただけで星が視野から飛び出すほどに乱舞を繰り返すのだった．

なるほど，いずれの機種を取っても，さすがは"御三家"の名に恥じぬ素晴らしい劣悪ぶりだったと言えよう．

P光学
13cm反射赤道儀

★安かろう悪かろうの13cm反赤

　メーカーの設計者自ら「安かろう悪かろうの望遠鏡は作らない」と豪語しておきながら，その典型例として上げられるのが，これまた御三家のP光学が推薦する名機（いや「迷機」），13cmニュートン式反射赤道儀である．

　一見，中途半端な口径ではあるが，その狙い目は10cmでは物足りない，されど15cmでは取り扱いがたいへんだ，という中間層向けに設計されたものらしく，焦点距離も扱いやすいように短めに抑えている．その分，収差の方もしっかり抑えてもらわなければ困るのだが，そこは御三家のこと．その見え味は，天文通の期待を裏切ることなく，以下に示す通り，何をのぞいてもたいへん"素晴らしい像"だった．

　有効径130mm, f=1000mm (F7.7)の光学系は，アルミメッキの上にシリコンコーティングが施されており，更に，オプションでマルチコーティングも可能という．設計者は続けて語る．「光学的には，技術面に責任を持ち，保証しております」と．

　ならば，実際の見え味を，悲劇のヒロインと化したF子さんにたっぷりと語っていただこう．

・証言： 13cm反赤の実力とは

　「私はV社の6cm屈経，H社の10cm反赤に続き，この望遠鏡が3台目だったのです．しかし，一目見たあの星像は，何十年経っても決して忘れられるものではありません．それほどまでにすごいものでした……」と，悔し涙にむせびながら語るのだった．

　「その当時，私は盛んに木星を観測していたのですが，10cmではもはやもの足りず，されど15cmには手が届かず，ちょうどよい口径と価格帯でこの望遠鏡を見つけたものですから，メーカーの謳い文句にまんまと引っ掛かり，つい買ってしまったのです．そして，望遠鏡が届いた最初の晩に，さっそく木星をながめたところ，どんなにピントを合わせても，はたまた，どんなに目を凝らしてみても，縞模様1本も見えなかったのです．当夜のシーイングは非常に安定してましたし，筒内気流も十分に収まっていました．光軸がずれている様子も見受けられませんでした．何度挑戦しても，結果は同じ．目に入るのは，アイボリーに輝くひしゃげた楕円形の姿だけで，とても木星とは思えませんでした．6cmの屈折で見ても，SEB，NEBの赤道縞はもとより，もう少し細かな模様までしっかり見て取れますよ．それが，倍以上の口径がありながらこの始末．一体，どのような鏡面をしているのか，不思議でなりませんでした．仮に球面鏡であったとしても，もっとまともな像を結ぶはずです．後日，気を取り直して火星ものぞいてみたのですが，やはり何一つ模様を認めることができませんでした．小口径の望遠鏡でも十分に楽しめる極冠や大シルチスさえも……．目の前には，ただ明るく輝く線香花火の火の玉を彷彿とさせる火星像があるのみ．土星もご多分に漏れず，すごい有り様でした．通常このクラスの望遠鏡なら，カッシニの空隙など簡単に見ることができます．ところが，この望遠鏡にかかれば，環が開いた状態でも土星本体に"取っ手"のようなものが左右に付いたようにしか見えないのです．さらには，恒星でさえも点像には見えず，どうピントを合わせても，まったく"芯"が見当たらず，毛羽立ったピンぼけ状態なんです．まるで，イガ栗を見ているようです．あんな像では理論的分解能0.89″など夢のまた夢です．もう，何から何まで，あまりのショック続きで，頭がおかしくなりそうでした」

　架台，そして三脚も，ご多分に漏れることなく，劣悪望遠鏡の名に恥じぬ出来栄えだったという．

　「こんな望遠鏡ですから，ガタガタなのは当たり前で，まだ罪が軽い方です．絶対に許せないのが，構造的にこの赤道儀はとてもアンバランスで，私は危うく脳しんとうを起こすところでした．この赤道儀は極軸の南端に支点があるため，望遠鏡全体の重心が三脚の中心線から大幅に北側にシフトしているのです．そこに，このか細い脚ですから，ちょっと強風にあおられた弾みで北側によろけるんですよ．折悪しく，望遠鏡の前にしゃがんで星図を開いていた私の頭目掛けて，13cm鏡筒が直撃したんです．私の頭には大きなたんこぶができ，もともとペナペナだった鏡筒には大きなへこみが……．私は決して石頭ではないのに……」

　なるほど，御三家だけのことはある．ひとつ間違えれば観測者の人命にも関わる大惨事をもたらすとは……．

口径13cmもありながら6cm屈折にも遠く及ばぬ見え味は，覚悟をもって買う者の期待を裏切らない迷機である．

N通販
76.2mm屈折赤道儀

★御三家に引けを取らぬ粗悪品

　御三家謹製「極悪劣悪望遠鏡」と並び，どうしようもないのが，N通販が「N」ブランドで製造・販売していた望遠鏡で，屈折・反射の別なく，ろくでもない望遠鏡が勢揃いしていた．なかでも，粗悪望遠鏡共通の謳い文句は，天文素人のビギナーを引っ掛けるために，まったく無意味な「倍率競争」で人目を引こうという，実に悪辣な販売手法である．

　ご存じの通り，望遠鏡の倍率は，（対物レンズの焦点距離）÷（接眼レンズの焦点距離）で求められる．しかし実際には，望遠鏡には適正倍率や最高倍率が自ずとあり，前者は対物レンズの口径をmmで表した値と同じ数値の倍率を，後者は口径（mm）の2倍の倍率が目安となっている．さらに，対物レンズ・接眼レンズ共に高性能のもので，シーイングなどの条件もよい場合には，口径（mm）の3倍くらいまでの過剰倍率も使える場合がある．しかし，それ以上はいたずらに倍率を上げても収差ばかりが拡大されてしまい，シャープな像は結ばなくなり，結果的によく見えないことになる．

　それにもかかわらず，粗悪望遠鏡の謳い文句は超々高倍率を示すキャッチなのである．逆に，このような不適切な倍率表示がある望遠鏡は，十中八九，いや100％ろくでもないシロモノと相場が決まっている．

　そのように，望遠鏡光学の基礎知識を少しでも知っておけば，このようなまやかし望遠鏡に騙される確率は大幅に減るのだが，その段階に行く前に騙されてしまうビギナーが多いのもまた事実．そして，期待に胸を膨らませて初めての望遠鏡を手にした途端，トンデモ望遠鏡にものの見事に裏切られ，あまりのショックでせっかく芽生えた天文学への興味も関心も消え失せてしまい，天文人口減少に一役買うのが，いままで見てきたような"望遠鏡もどき"のイカサマ望遠鏡なのである．

　最後に紹介するN通販が天文界に送り込んだトンデモ望遠鏡が，76.2mm屈折赤道儀だった．

　有効径76.2mm，f＝1250mm（F16.4）のこの望遠鏡は，見るからにひょろひょろしている．架台は，既に見てきた御三家の"蚊トンボ赤道儀"といい勝負で，まぁ，蚊トンボの兄貴分程度に過ぎない．言うまでもなく，ギアの噛み合わせやガタは論外であり，三脚も見るからに華奢で，簡単にねじれや歪み，へたりを生じ，まともに振動を抑えることなどできない相談だ．

　では，肝心の光学系の見え味はいかがなものか？　哀れな被害者の声に耳を傾けてみよう．

・証言：　最高倍率312倍といえど…

　8cm級の屈赤を物色していたG君は，当初はH社の8cm屈赤を視野に入れていたものの，予算的に困難と判断し，およそ半額で買えるこの望遠鏡に手を伸ばしたのが運の尽き．

　「とにかく，呆れるばかりでした．付属のアイピース（接眼鏡）は，H20mm（62倍），HM6mm

分不相応の超高倍率を売りにするN通販の望遠鏡は，決して"御三家"に引けを取らぬ素晴しい粗悪品だった．

（208倍），Or4mm（312倍）となりますが，さすがに62倍くらいまでは比較的シャープな像を結ぶものの，次の208倍になると，もはやまともに像を結ばないんですよ．ましてや，この望遠鏡の最高倍率とされている312倍だと，まったく使い物になりません．念のために，一流メーカーのアイピースに差し替えて試してみたのですが，基本的に変化はありませんでしたので，対物レンズがあまりにもひどすぎたのでしょう．架台といい三脚といい，いずれもろくでもないシロモノで，結局はリサイクル・ショップにタダ同然の値で売り払ってしまいました．『安物買いの銭失い』とはよく言ったもので，えらく高い授業料になりました」と後悔しきり．

　確かに噂に違わず，御三家に勝るとも劣らぬ素晴しい粗悪ぶりである．

★　表　彰　状　★
～「至高の迷機」グランプリ～

- **グランプリ受賞迷機：　S商会12cm反射赤道儀**
- **受賞理由**：S商会（D光学）の望遠鏡・関連光学商品は，いずれを取っても誠に素晴しいものであり，中でも同社の12cm反赤は，何をどう改造しようとも救い難く，まさしく迷機中の迷機と言え，"至高の迷機"の名に恥じぬ天下一の迷機であることを認め，ここに栄えある『至高の迷機グランプリ』に輝いたことを表します．

　　　　　　　平成20年7月1日　　　往年の名機＆迷機選考委員会

〈特集〉
2009.7.22
中国～トカラ列島皆既日食を見よう！

■2009年7月22日，最大皆既継続時間6分39秒となる今世紀最大級の皆既日食が，中国大陸と日本のトカラ列島周辺の島々で見られる．これだけ規模の大きい皆既日食が日本の周辺で見られるとなると，天文ファンならずとも，"黒い太陽"を眺めに皆既帯の下まで出掛けてみたくなるのが人情だ．

しかし今回の日食は，"黒い太陽"を無事拝むためには，越えなくてはならない数多くのハードルが横たわっている．中国には中国特有の問題が，またトカラ列島周辺の島々にはそれらの島々に特有の問題があると言ってもよい．具体的には，中国では大気汚染の問題と晴天率の問題，トカラでは観測地への"足"の問題と宿泊の問題，観測者のキャパシティーの問題，そ れに季節柄，台風の襲来などといった問題などである．

これらをクリアーするためには，一体どうすれば良いのか？ 天候の問題は，当日になってみないとわからないので，はっきり言って如何ともし難い．しかし，他の問題をクリアするための指針と，中国とトカラ周辺の島々の観測地事情については，今回，本特集で詳しく取り上げることにした．最大のポイントは，早めの行動と情報収集，そして最後まで決して諦めないことだ．特に，トカラ列島日食ツアーの募集は本番の1年前からスタートする．そう，"黒い太陽"を見るための戦いはもう始まっているのだ．日食当日，貴方が無事皆既帯の下まで辿り着き，見事なコロナを拝めることを祈っている．

- ●Total Eclips in「屋久島・トカラ・奄美大島」……………………斎藤尚敏・114
- ●"黒い太陽"を狙い撃て！―中国皆既日食観測情報……………………青木 満・122
- ●中国～トカラ列島皆既日食を撮影しよう!!……………………浅田英夫・129

Total Eclips in Southwest of Japan 2009

Total Eclips in 屋久島・トカラ・奄美

◆長い間待ち望んだ世紀の天文現象があと1年後にせまってきた．最大皆既継続時間6分40秒にも及ぶ，ほとんどの天文ファンがかつて経験したことのない壮大な皆既日食がまもなく見られるのだ！　2年前にも現地取材してみて多くの困難が予想されたが，それが1年後にせまってきていろいろ取材する中でその困難さは想像を遥かに超えたものであることが次第にわかってきた．現地では既に壮絶な戦いが始まっている．果たして屋久島，トカラ，奄美大島のいずれで観測できるのか？

Photo & Text Naotoshi Saito

2009年7月22日

今回の皆既日食は，西はインド中西部から南大平洋中心付近まで及ぶもので，最大皆既時間6分40秒にも及ぶ皆既日食史上最大級のものである．凄いのはそれだけではない．何とこの日本で見ることができるのだ．それもほぼ皆既帯中心付近で観測できる．その中心地域となっているのが「トカラ列島-悪石島」であるが，ここでは最長6分20秒ほどの黒い太陽が観測できる．

トカラ列島と言ってもほとんどの方がどこにあるのか理解されていないと思うほどの場所で，ここへ行くには関東圏からだと飛行機と船を乗り継いでほぼ1日がかりでないと行けないところである．こんなことを書いても，50年に一度あるかどうかの世紀の天文ショーを観測するので，「そんなことは大したことじゃあない！」と言われるかもしれないが，事はそれほど簡単ではない．このトカラ列島は鹿児島県の南部にある10個ほどの小さな島々から成り立っており，ほとんどの島は人口数百人程度の小さな島である．この島々へ渡るには十島村村営の「フェリーとしま」へ乗って約10時間ほどかけて来るしか方法がない．またこの船は1週間で3便ほどで乗員数も200名ほどしか乗れない．今回の日食は国内はもとより，海外からも相当な人数の観測者が訪れるはずである．筆者が想定しているトカラ，屋久島，奄美への来訪人数は10万～50万人くらいにはなるのではないかと考えている．

つまり，どれだけ多くの来訪者が訪れようと200名/日しかトカラには入れないのである．では，いったいどうすれば皆既帯中心部のトカラに入れるのか？　ということだが，これについては鹿児島県の十島村では対応策を発表している．当初，島により多くの観測者を受け入れるためにチャーター船を使うなどの案があったようであるが，肝心の島自体のキャパシティーの問題や，滞在期間が長期になるための滞在場所の問題，ゴミや医療の問題があるために，"受け入れ人数を限定"するという案に至ったのであるが・・・

2009年7月の日食では，皆既帯は北は屋久島全島から南は奄美大島北部まで．そして皆既中心帯となるのがトカラ列島の「悪石島」「諏訪之瀬島」「中之島」などになる．トカラ7島（有人島）の全てで6分弱以上の皆既時間があるので，基本的にはどの島も観測地として申し分ない．

原始の森で見る世紀の黒い太陽は，世界中の人々を感動に導くのだろうか？

観測地の天候

　観測地の天候は屋久島，トカラ，奄美大島ともそれぞれ7月末は梅雨も開けていて良好と思われるが，最も心配なのは台風である．時期的にはONシーズンではないが皆無ではない．特にトカラは波の高さが5m以上あると港が小さいので接岸できなくなる．そうなると運行がキャンセルとなってしまう．日食前に島へ入れたらまだ良いが，最悪ツアー自体がキャンセルとなることも特にトカラでは十分ありうるのだ．

●トカラがダメなら中国へ？

　今回の皆既日食は過去の皆既食の中でも，ツアー会社はもとより，個人旅行者にとっても多くの困難が予想されるものとなるだろう．日本の場合，それぞれの島の受け入れ可能人数が渡航希望者数より格段に下回ることが確定的となっていることから，その遠征先をお隣の中国へと考えている方々もいるだろう．しかし，5月中旬に起こった「四川大地震」によって特に西側の観測地周辺が大打撃を受けてしまったため，現地の交通，道路網がズタズタになってしまった．問題はそれだけでなく，上海などの都市部では工場から出る噴煙やばい煙により，太陽に薄いベールがかかったように見えるということで，淡いコロナを観測するには適さないだろう．また現地での反日感情などの悪さや様々な政治問題等を考慮すると例えお隣と言えど，うかつに行けないという現状がある．ただ，トカラなどの観測地の実情を考えると・・・．いずれにせよ，世紀の皆既日食遠征は誰もが究極の選択を迫られることになるかもしれない．

たった1000人？

　驚かれるかもしれないが，この皆既日食で皆既中心帯のトカラ列島へ入れるのは「1000名」程度である．私も最初にこの数字を聞いた時は正直驚いたというより，何で1000人？　という感じだった．この数字は「フェリーとしま」ともう一隻の漁船程度の団体専用チャーター船をフル稼動させての数字である．結局，他からは船を持ってこないということになったのだが，しかしあまりにも少ない！

　この1000人は旅行会社の「近畿日本ツーリスト」が7月下旬にツアーとして募集することになるということである．問題はその中に入れるかどうかだ．当然ながら募集人数以上の申し込みがあると予想されるが，どうやら抽選による選定となるようである．申し込みを開始すれば数十分で定員に達すると思われる．しかし，いったいどのくらいの申し込みが殺到するか全くわからない．仮に運良くこの数字の中に入れたとしても喜んではいられない．

天国と地獄？

　何故なら多くの困難が予想されるからだ．このツアー，まずその代金は30万円前後になるそうである．国内の日食観測ツアーでは前例がない代金だと思う．それでも「世紀の日食が見られるのだから良いだろう」と考える方は多いだろう．しかしこの観測ツアー，現地に最大1週間程度は滞在しなければいけないことになるそうで，日食が終わっても直ぐには島から出られないそうである．7月末のトカラは暑くてサウナに入っているような環境で暑さに弱い人間には過酷だ．

　こんなことばかり書いたら近ツリさんに怒られてしまうので，少しはフォローしておくと，宿泊はとりあえず屋根のある場所で寝れるそうであるが，それでも足りない時はテント泊となるそうで，暑さ対策も何らかのものが講じられるようだ．また急な病気や怪我に対しても，医者を常駐させることで病弱な方でも安心して観測に専念できるようである．

観測地へ入れない！？

　トカラツアーに参加できないからといって諦める必要はない．しかし，最初の頁にも書いたように今回の日食に訪れる人の数を考えた時，トカラを外した観測地「屋久島」，「奄美大島」そして，実は筆者も忘れていた「種子島」にそれぞれ分散しても相当数の人間が溢れかえってしまう．信じられないかも知れないが，この記事の執筆をした5月の時点で予約を開始していた宿に関してはほぼ「満室」であった．3つの島で来年の予約を受けていないところでも，既に相当な問い合わせが入っているということで，予約を開始すれば，当然その日数分以内で完売することは容易に想像できる．

　私自身は宿に泊まることは既に諦めている．キャンプ泊まりを予定しているが，問題は「交通手段」を確保できるかである．宿同様に現地への交通手段も限られているのだが，これも宿同様に壮絶な争奪戦が予約開始と同時に始まり一瞬で終わってしまうだろう．

Total Eclips in Yakushima 2009
Yakushima

◆トカラへ入れなかったからといって，諦めないで欲しい．ここ屋久島でも十分満足できる4分弱の皆既食が観測できるのだ．トカラと違い，本土からのアクセスも良く，かつ宿泊施設や万一の時の医療施設なども完備されているので，長期滞在となっても安心できる．また屋久島には世界自然遺産の美しい太古の原生林がある．光害による影響も極少なので，星空も第一級の美しさである．

宮之浦港から見た屋久島の山々
この山々によって出来る雲が当日の観測良否を左右する

この楕円のエリアが屋久島での観測中心となるが，付近で宿泊ができなかった方々は，レンタカー，タクシー，シャトルバス（運行は不明）等により移動することになる．

(C) 2007 RMC, HK, GeoC

高速船トッピー
島まで約2時間で到着する

湯泊温泉の露天風呂
屋久島には他にも「平内海中温泉」もある

樹齢数千年にもなる太古の森が残されている
夜は満天の星空　そして昼間はトレッキング

大川の滝
ここは星景写真のおすすめスポット

4分弱は長い

今回の皆既食は最大6分40秒にも及ぶ過去の皆既食に於いても横綱クラスの最長皆既食と言える．しかし，前頁にも書いたがそのエリアに入れる人数が極少である．この数字を見たら絶望的になるが，幸いにも国内では屋久島や奄美大島北部，そして種子島南部でも2分弱の皆既食を観測できる．その中でも屋久島は北部で2分，南部で4分もの皆既食を観測できるのだ．

屋久島でも・・・

屋久島はご存じのように世界自然遺産に指定されているので来訪された方もいらっしゃると思うが，車で回っても，島を一周するのにせいぜい2時間ほどしかかからない小さな島である．そんな島にいったいどれだけの人数が訪れる，あるいは訪れたいと思っているかであるが・・・．

この薩南諸島全体で考えると，少なく見積もって数十万人が日食観測に訪れた場合，トカラ，奄美大島を外しても10万人程度はいるのではないかと予想している．1991年にあったハワイ・メキシコ日食でさえ，ハワイ島には1万弱の日本人が行ったと言われている．阪神-巨人戦でも3万以上の来場者があることを考えると，それほど驚く数字ではないだろう．

3500人/日

問題は「どのくらいの人数が屋久島へ入れるのか？」である．単に交通手段だけ考えると，1日に入れるのは，せいぜい3500人程度ということになる．この数字のうち，旅行会社が1年前からおさえた席などを除外すると，一般個人で屋久島へ入れるのはさらに少なくなる．たぶん1/3くらいかと？この数字はさておいて，仮に島へ入れたとしても，問題は泊まる場所だ．

テント泊1週間？

屋久島の宿泊施設は魅力の観光地であってもそれほど多くはない．この取材をしていた本年5月の時点で，予約を開始していたところはほぼ満室であった．また問い合わせが大変多いそうで，宿の方もどう対応して良いのか困っていた．民宿の中には，より多くの方々を受け入れるために敢えて相部屋スタイルで受け入れる所もあった．
こんな状況なので最終的には屋久島全体でテント村を設置するなどの協議が現在行われている．しかし，いくらテント村ができても先の"3500人"という数字は，臨時便などを入れてもそれほど増えないであろう．では「どうすれば屋久島へ入れるか？」ということであるが・・・．単純に考えて，要するに「早く島へ入れば良い」ということである．それも1週間前～という感じにだ．それが許されれば，観測できる確率はさらに増えるだろう．

◆屋久島各種情報
JAL-航空券　http://www.jal.co.jp/　日本エアコミューターHP　http://www.jac.co.jp/　高速船トッピーHP　http://www.toppy.jp/
コスモライン（ロケット）HP　http://www.cosmoline.jp/　折田汽船（屋久島2）HP　http://www.f2.dion.ne.jp/~orita.k/
はいびすかすHP　http://www.toppy.jp/fare_time/hibiscus_kagoshima_yakushima.html

屋久島（宮之浦） 皆既継続時間 02m0.2s					
30°25'43"N 130°34'04"E 標高0m					
	時刻	食分	高度	方位	位置角	天頂角
第1接触	09:36:57.8	0.000	51.1	95.0	288.4	354.5
第2接触	10:56:51.2	1.000	67.9	112.2	41.4	99.7
最大食	10:57:51.1	1.080	68.1	112.5	203.2	261.3
第3接触	10:58:51.4	1.000	68.3	112.8	4.9	62.8
第4接触	12:22:12.6	0.000	79.8	177.3	117.9	120.1

屋久島（安房） 皆既継続時間 03m9.6s					
30°18'47"N 130°39'27"E 標高0m					
	時刻	食分	高度	方位	位置角	天頂角
第1接触	09:37:06.8	0.000	51.2	95.0	288.6	355.1
第2接触	10:56:32.1	1.000	67.9	111.9	52.7	111.3
最大食	10:58:06.7	1.080	68.2	112.4	203.3	261.5
第3接触	10:59:41.7	1.000	68.5	113.0	353.7	51.6
第4接触	12:22:32.9	0.000	79.9	178.2	117.8	119.4

屋久島（湯泊） 皆既継続時間 04m10.9s					
30°13'47"N 130°25'31"E 標高0m					
	時刻	食分	高度	方位	位置角	天頂角
第1接触	09:36:42.3	0.000	51.0	94.7	288.7	355.4
第2接触	10:55:34.4	1.000	67.6	111.1	63.8	123.1
最大食	10:57:39.6	1.080	68.0	111.8	203.2	262.0
第3接触	10:59:45.3	1.000	68.4	112.5	342.4	40.7
第4接触	12:22:09.3	0.000	80.0	176.4	117.5	120.8

（エクリプスナビゲーターによる計算値）

Canon EOS-1Ds Sigma 8mmF4.0 千尋の滝展望台にて撮影

島南部の「回廊パーク」黒崎公園
ここが屋久島での観測中心地となる

栗生にある「屋久島青少年旅行村」キャンプ場
ここも相当前からいっぱいになると予想される

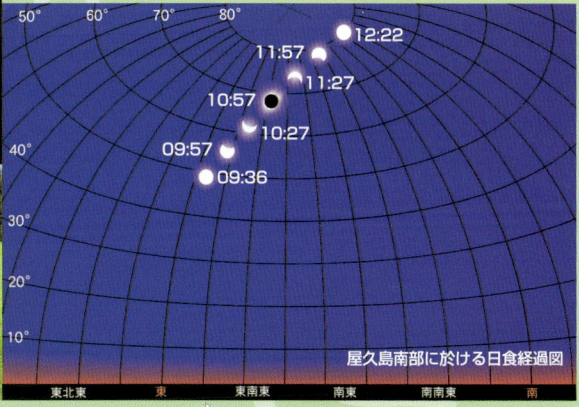

屋久島南部に於ける日食経過図

屋久島へ入るには？

これは屋久島に限らず奄美大島でも言えることであるが・・・．要するに"早く行動を起こす"ということだ．現在各旅行会社がツアーを企画検討しているところで，ほぼ1年前の7月には現地受け入れ体制と共に募集なども開始されるだろう．ただし各交通機関，宿泊施設に関してはそれぞれ異なるので出来るだけ多くの情報をネットから入手し，予約開始日には確実に予約を入れることが必要である．

個人の場合は宿泊施設，交通機関とも既に旅行会社等がおさえてしまっているので，本誌が出た時点ではかなり厳しい状況であることは知っておいてもらいたい．これはツアーでも同じことで，現地へ入れる交通機関が限られるので，募集人数もそれを超えることは考えられない．そこで，予約の優先順位を考えてみた．

1) ツアーの予約をする
2) 宿泊施設の予約をする
3) 交通機関の予約をする

という感じになるだろう．3つの中でツアーに参加するのが最も確実であるということ．つまり最も早く予約が開始されるということだ．次に宿泊施設も同じ理由で，1年前から数カ月前に予約が開始されるということ．最後に交通機関に関しては最も直前で2ヶ月〜1ヶ月前に予約開始となるので順位が最後になる．行きたい気持ちはよくわかるが，確実だからといって二重予約などくれぐれも慎んでもらいたい．多くの方々が迷惑するからだ．

星空も素晴らしい！

上の写真は4年前に島南部の「千尋の滝-展望台」で撮影したものだ．滞在が長引くことが予想されるので，天体観測や撮影ができる機材をあらかじめ用意して，屋久島の素晴らしい星空を堪能満喫してもらいたい．

レンタカーは必要

私が訪れた時，レンタカーを利用して島内を回った．料金は4千円ほどの激安で借りられる．ほとんどの観光客がレンタカーを利用しているために利用率が高く，それがレンタカー料金に反映されているようだ．バスもあるが本数が少なく，夜間に天体観測などをする場合は使えない．しかし，レンタカーの確保は数が極端に少ないので，予約はかなり難しい．

屋久島への行き方

屋久島へは船舶が，「高速船トッピー」10便，「高速船ロケット」4便，「フェリー屋久島2」2便，「フェリーはいびすかす」1便出ている．いずれも往復の便数である．飛行機は「JAC（日本エアコミューター）が鹿児島から1日5便就航している．左ページ下記にそれぞれの問い合わせ先を記した．

◆屋久島各種情報
屋久島町役場HP　http://www.yakushima-town.jp/modules/menu/main.php?page_id=17&op=change_page
屋久島観光協会HP　http://www1.ocn.ne.jp/~yakukan/

Total Eclips in Tokara 2009
Tokara

◆先にも書いたが，今回の皆既日食でトカラを訪れるには，近畿日本ツーリストが主催する"2009トカラ皆既日食ツアー"に参加しなければならない．またその申し込みが殺到するため3週間に渡って抽選し，最終的に"幸運な1000人"が確定する．申し込みの募集は7月下旬頃～となっており，告知等は同社のHPなど（下記）で行われる．

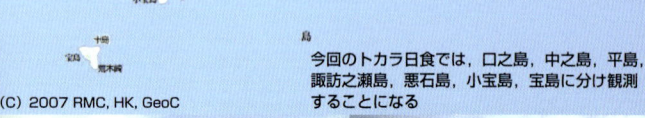

皆既中心線

観測地の中心となる悪石島の港沿岸部

小宝島

宝島

中之島

口之島

「フェリーとしま」誰がこの船に乗れるのか？

今回のトカラ日食では，口之島，中之島，平島，諏訪之瀬島，悪石島，小宝島，宝島に分け観測することになる

トカラの玄関口である「口之島」までは鹿児島から6時間程度かかる．そこからは40分～1時間20分ほど各島間を経由していく．外海を航海しているので天候によってはかなり揺れる．船に弱い方は，酔い止めなどを用意して備えて欲しい．

平島

諏訪之瀬島

悪石島

ツアーでの観測・滞在

　このトカラ皆既日食ツアーは，これまでの海外で主催されていたものと内容等がかなり異なる．従って幸運にも参加者となった場合には，台風などの来襲も考えたロングステイに対応した装備を準備してほしい．衣食住の最低限の必要資材は当然ツアーで支給されるので心配無用である．しかし，それ以外の観測に必要な機材類はしっかり揃えておく必要がある．特にポータブル赤道儀などは直前ではこの日食のため売り切れ状態となる可能性もある．

　現地での滞在スタイルは人それぞれであるが，日中は釣りをしたり，海水浴をしたり，あるいは自然豊かなトカラの島をトレッキングするのも良いだろう．夜間は当然ながら，天体観測や撮影をすることと思うが，トカラの島のほとんどが人家を離れると街灯もない真っ暗闇である．夜間宿舎を離れる時は必ずガイドなどに聞いた上で行動して欲しい．また行動する時は単身は避けてグループで活動することだ．

　島での滞在場所は主に学校の体育館や公民館などの施設，民宿も使うことになる．もちろんそれだけでは足りない時はキャンプ場やグランドにテントを張って滞在するそうだ．テントは大きなクーラー付きのものかと思っていたらどうやら小さなドームタイプのものらしい．夜間は寝るのに問題ないと思うが，日中は暑くて中にはいられないので近場の建物に入ることになる．

　しかし，何と言っても心配なのは滞在期間が長い分，貴重品，つまり「観測機材をどう管理保管するか？」ということである．これについては旅行会社さんで何か対応策を考えているかと思うが，これまでの皆既日食ツアーでも前例がないため，その対応策には苦慮していることであろう．

　いずれにせよ，できるだけ安心して快適に「トカラの休日」を過ごせるよう，準備手配して欲しい．

◆鹿児島県十島村のHP　http://www.tokara.jp/　近畿日本ツーリスト　2009年トカラ皆既日食ツアーHP　http://www.knt.co.jp/eclipse/
トカラ日食のお知らせとお願いの告知書類　http://www.tokara.jp/contents/files/kihonhoushin1.pdf

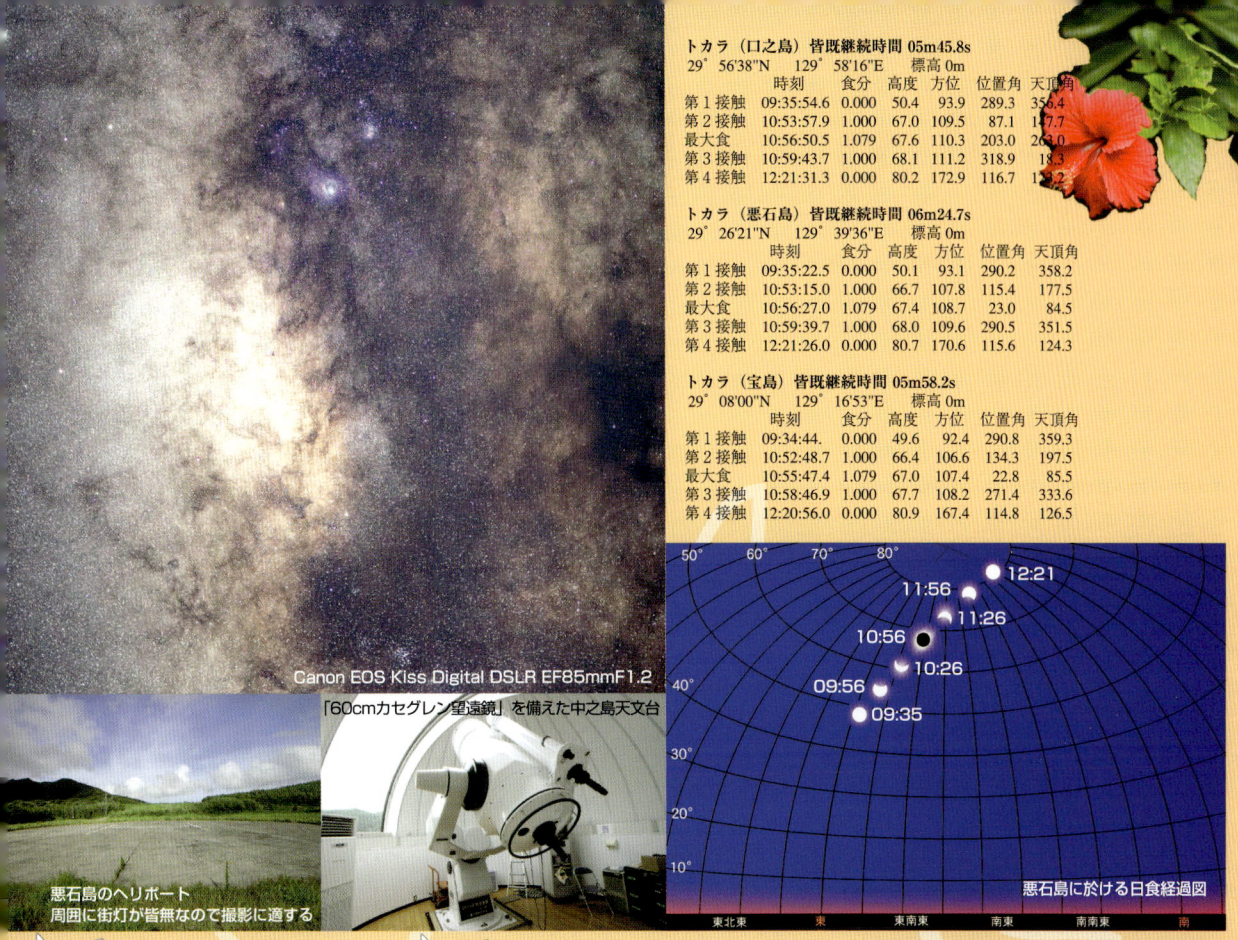

トカラ（口之島）皆既継続時間 05m45.8s					
29° 56'38"N　129° 58'16"E　標高 0m					
	時刻	食分	高度	方位	位置角	天頂角
第1接触	09:35:54.6	0.000	50.4	93.9	289.3	356.4
第2接触	10:53:57.9	1.000	67.0	109.5	87.1	177.7
最大食	10:56:50.5	1.079	67.6	110.3	203.0	263.0
第3接触	10:59:43.7	1.000	68.1	111.2	318.9	18.3
第4接触	12:21:31.3	0.000	80.2	172.9	116.7	123.2

トカラ（悪石島）皆既継続時間 06m24.7s					
29° 26'21"N　129° 39'36"E　標高 0m					
	時刻	食分	高度	方位	位置角	天頂角
第1接触	09:35:22.5	0.000	50.1	93.1	290.2	358.2
第2接触	10:53:15.0	1.000	66.7	107.8	115.4	177.5
最大食	10:56:27.0	1.079	67.4	108.7	23.0	84.5
第3接触	10:59:39.7	1.000	68.0	109.6	290.5	351.5
第4接触	12:21:26.0	0.000	80.7	170.6	115.6	124.3

トカラ（宝島）皆既継続時間 05m58.2s					
29° 08'00"N　129° 16'53"E　標高 0m					
	時刻	食分	高度	方位	位置角	天頂角
第1接触	09:34:44.	0.000	49.6	92.4	290.8	359.3
第2接触	10:52:48.7	1.000	66.4	106.6	134.3	197.5
最大食	10:55:47.4	1.079	67.0	107.4	22.8	85.5
第3接触	10:58:46.9	1.000	67.7	108.2	271.4	333.6
第4接触	12:20:56.0	0.000	80.9	167.4	114.8	126.5

Canon EOS Kiss Digital DSLR EF85mmF1.2

「60cmカセグレン望遠鏡」を備えた中之島天文台

悪石島のヘリポート
周囲に街灯が皆無なので撮影に適する

悪石島に於ける日食経過図

トカラを楽しむ

トカラ滞在中は時間がたっぷりあるので，各自いろいろなアクティビティーに挑戦してもらいたい．その中でも特にお勧めしたいのは，日本人大好き「温泉」である．トカラ列島自体が火山によって生まれた島々であり，諏訪之瀬島，中之島のように活火山が噴煙を上げている島もあるため，温泉には事欠かない．温泉の中でも中之島と悪石島のは入ったことがあるが，悪石島の露天風呂は野趣溢れて温泉愛好者には喜んでいただけるだろう．また諏訪之瀬島のは秘湯の中の秘湯であるが，船でしかアクセスできない．

他にも天文ファンにはたまらない最高の星空がこのトカラにはある．ここの星空は日本で見ることができる第一級のもので，夜間はライト無しでは自分の足下も見えないほど暗い．曇り空と星空の明るさを比較すれば，簡単に実感することができる．

十島村からのお願い！

村営の「フェリーとしま」は今回のツアーのため，その前後約2週間は村民の方々やツアーの客専用という形で使われる．従って，仮にそれより以前に島へ入ることが出来ても下手をすると1ヶ月以上島から出ることができなくなる．その点からも決して安易な行動はしないで欲しいとのことである．

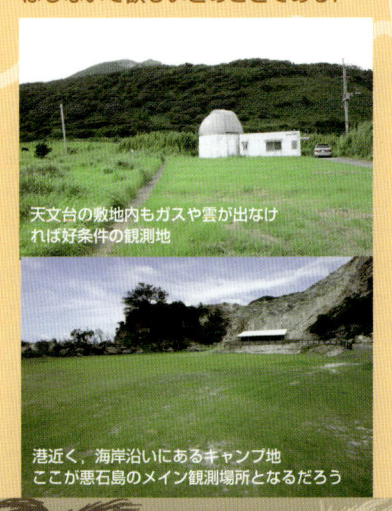

天文台の敷地内もガスや雲が出なければ好条件の観測地

港近く，海岸沿いにあるキャンプ地
ここが悪石島のメイン観測場所となるだろう

このメイン観測地の直ぐ近くには薄謝で入れる露天風呂がある．内湯も同じくある．

悪石島メイン観測地となるキャンプ地で撮影した7月22日の10時56分の太陽

皆既クライマックスには，入島した日食ファンの大歓声がトカラ一帯に響き渡ることであろう

悪石島小・中学校のグランド
ここにも観測村ができるだろう

Total Eclips in Amami 2009
Amami

◆南国のリゾートアイランド「奄美大島」．普段は一般観光客で賑わっている小さな島なのだが，来年7月22日に起こる壮大な皆既日食により，小さな島は前代未聞の難題にぶつかっている．果たして，どれだけの人間がこの島で観測できるのか？ 観測条件や交通手段などを考えた時，必然的にこの「Amami」に頼らざるをえない・・・．

「あやまる岬」(写真手前)〜「笠利崎」(写真奥)を空撮した
奄美大島での観測中心地となる地域

(C) 2007 RMC, HK, GeoC

奄美の一般的な夏の青空と雲
日食当日も台風が無ければこのような天候が予想される

7月下旬の天候は良好

奄美はお勧め！

奄美大島は縦に長い島である．皆既食が見られるのは北部の名瀬以北となる．従って観測するにはその周辺部に滞在するか，南部に宿を取って観測日に観測地へ車などで移動することになるだろう．通常ならレンタカーを借りて自由に動き回ることができるが，今回はレンタカーの確保は宿の確保よりさらに困難である．たぶん当日の前後数日間は「エクリプス・シャトル（仮名）」なる交通機関に乗って観測地を往復することになるだろう．名瀬から北部観測地までは1時間弱程度で行くので，大変なことは全くない．

奄美での日食観測中心となるのは，上の奄美北部を空撮した地域で「あやまる岬」〜「笠利崎」になるだろう．特に「あやまる岬」周辺は宿泊施設も多く，広い公園や公衆トイレなどもあり，日食観測場所として最高の条件が揃っている．

奄美も入島は厳し

奄美での宿泊施設等の予約状況は屋久島同様，島に数力所ある大型リゾートホテルはほぼ満室ということで，小さな民宿なども予約開始しているものについても満室になっているようだ．この状況は，島を2年前に訪れた時とそれほど変わってはいない．従って結論から言うと宿の予約に関しては個人の民宿を予約可能日に予約するか，あとはキャンプ場を利用するかになる．現地に知人でもいれば個人宅に泊めてもらうのも可能であろう．

現在，奄美では「あやまる岬公園」にキャンプ場（テント村）を設置する方向で動いているそうである．どの程度のキャパがあるかは不明であるが，敷地面積から考えて，せいぜい数百名程度になるだろう．

屋久島も含めて，期間中の入島には「皆既日食入島料（仮名）」なるものが徴収されることになるようだ．

日帰り観測を目指す？

奄美は屋久島よりは飛行機によるアクセスがしやすい．従って運が良ければ東京，大阪からの往復チケットを入手できれば日帰り観測も夢ではない．鹿児島からも計5便/日あるので乗り継いでも行ける．チケットの発売は全国店舗やネットで同時発売される．当然発売日は即完売となるだろう．

キャンプ場での機材管理

運良く宿泊施設を得た方は良いが，そうでないほとんどの入島者は数日〜1週間程度のキャンプ生活を余儀なくされるだろう．その場合，最も心配なのは「観測機材の保管」である．滞在者の多くは天文ファンなので，まさか人様の機材を頂くような行為には及ぶまいとは思うが，万が一を考えて施錠のできるしっかりしたケースを使うなどの対策が必要だ．

奄美大島（名瀬）		皆既継続時間		02m11.8s		
28°23'38"N	129°33'07"E		標高 0m			
	時刻	食分	高度	方位	位置角	天頂角
第1接触	09:35:16.6	0.000	50.0	91.8	292.2	1.8
第2接触	10:55:43.4	1.000	67.5	106.0	183.2	247.6
最大食	10:56:49.1	1.079	67.7	106.3	23.0	87.2
第3接触	10:57:55.3	1.000	67.9	106.6	223.0	287.0
第4接触	12:22:22.0	0.000	81.8	170.3	113.8	122.9

奄美大島（あやまる岬）		皆既継続時間		03m 5.5s		
28°25'43"N	129°33'49"E		標高 0m			
	時刻	食分	高度	方位	位置角	天頂角
第1接触	09:35:35.0	0.000	50.2	91.9	292.1	1.7
第2接触	10:55:39.3	1.000	67.4	106.2	174.6	238.7
最大食	10:57:11.9	1.080	67.9	106.6	23.1	87.0
第3接触	10:58:44.9	1.000	68.2	107.1	231.7	295.4
第4接触	12:22:44.2	0.000	81.8	172.1	114.0	121.4

奄美大島（笠利崎）		皆既継続時間		03m27.2s		
28°28'20"N	129°42'37"E		標高 0m			
	時刻	食分	高度	方位	位置角	天頂角
第1接触	09:35:32.5	0.000	50.2	92.0	292.1	1.6
第2接触	10:55:24.3	1.000	67.5	106.2	170.8	234.9
最大食	10:57:07.6	1.080	67.9	106.7	23.1	86.9
第3接触	10:58:51.4	1.000	68.2	107.2	235.5	299.0
第4接触	12:22:38.5	0.000	81.7	171.8	114.0	121.7

NikonD70s DSLR AF-DX Nikkor 10.5mmF2.8

あやまる岬
当日こんな日和であれば最高の観測ができる

あやまる岬に最も近いリゾートホテル「コーラルパームス」客室から日食観測ができる最高の環境に建つ

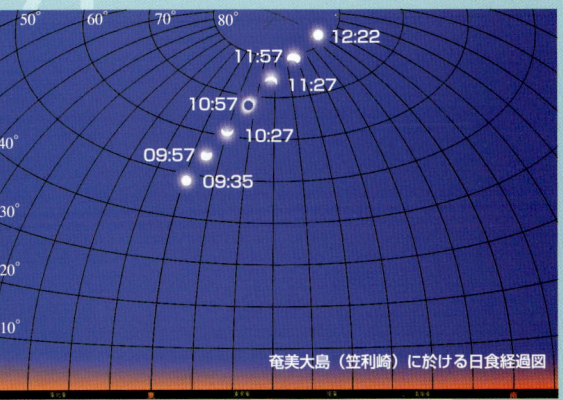

奄美大島（笠利崎）に於ける日食経過図

星空も素晴らしい

今回の日食は島に滞在するためには最低でも数日～1週間必要になると予想している．理由は何度も書いたが，交通手段のキャパシティーの問題があるからだ．ただしツアーではどうかわからない．滞在が長引くと「することが無い」と嘆かれるかもしれないが，そんな事は心配無用である．空が晴れていれば，満天の星空を拝めるのだ！

写真下：あやまる岬隣の公園
ここが奄美大島での観測中心地となる．ここにテント村ができる予定．目前のビーチには人工の海水プールもある．

奄美は名瀬などの街を除けば，ほぼどこでも美しい星空を見ることができる．上の写真は「あやまる岬」で7月末に撮影したものである．こんな星空が日食観測地から見ることができる．荷物の制限が許されれば，普段使っている観測機材でのんびりと数日間観測しながら，南国の滞在を楽しむことができるだろう．

奄美への道

奄美大島への交通機関は飛行機と船舶があるが，飛行機は東京，大阪からJALが1便/日．鹿児島からはJALが4便/日，JACが1便/日ある．また離島の喜界島，徳之島，沖之永良部島からJACがそれぞれ1便/日飛んでいる．船舶は「マルエーフェリー」が東京（有明）から名瀬まで6～7便/月の就航で所要約35時間～かかる．神戸からも6～7便/月運行があり，所要約30時間～となっている．

鹿児島からは「マリックスライン」と「マルエーフェリー」が4便の船を交互に1便/日運航している．他には「奄美海運」が2便/週に運航がある．鹿児島からでも最短で約11時間，長くて13時間程度はかかる．

今回の皆既日食は，どこへ行くにしても相当の困難が予想される．1年前の7月末にはツアー募集も含めて現地受け入れ体制も確定してくる．十分に情報をキャッチして悔いのないようにしっかり準備して欲しい．

写真下：笠利崎灯台
ここでの皆既時間は約3分20秒となる．当日この周辺は観測者や地元の人たちで大変な混雑となる．

◆2009 皆既日食 in 奄美HP http://www.city.amami.lg.jp/amami05/eclipse/default.asp
◆奄美大島タウンHP http://www.amami-town.com/ ◆離島ドットコム 奄美情報館HP http://www.ritou.com/amami/amami.shtml
◆奄美大島観光インフォメーション http://www3.synapse.ne.jp/a-k-i/

今世紀最長の"黒い太陽"を狙い撃て！

2009.7.22.
中国皆既日食観測情報

リポート：青木　満
取材協力：ピコツアー・戸井川裕美子／中華人民共和国国家観光局／浙江省旅遊局／重慶観光局／中国杭州海外旅遊有限公司／NASA

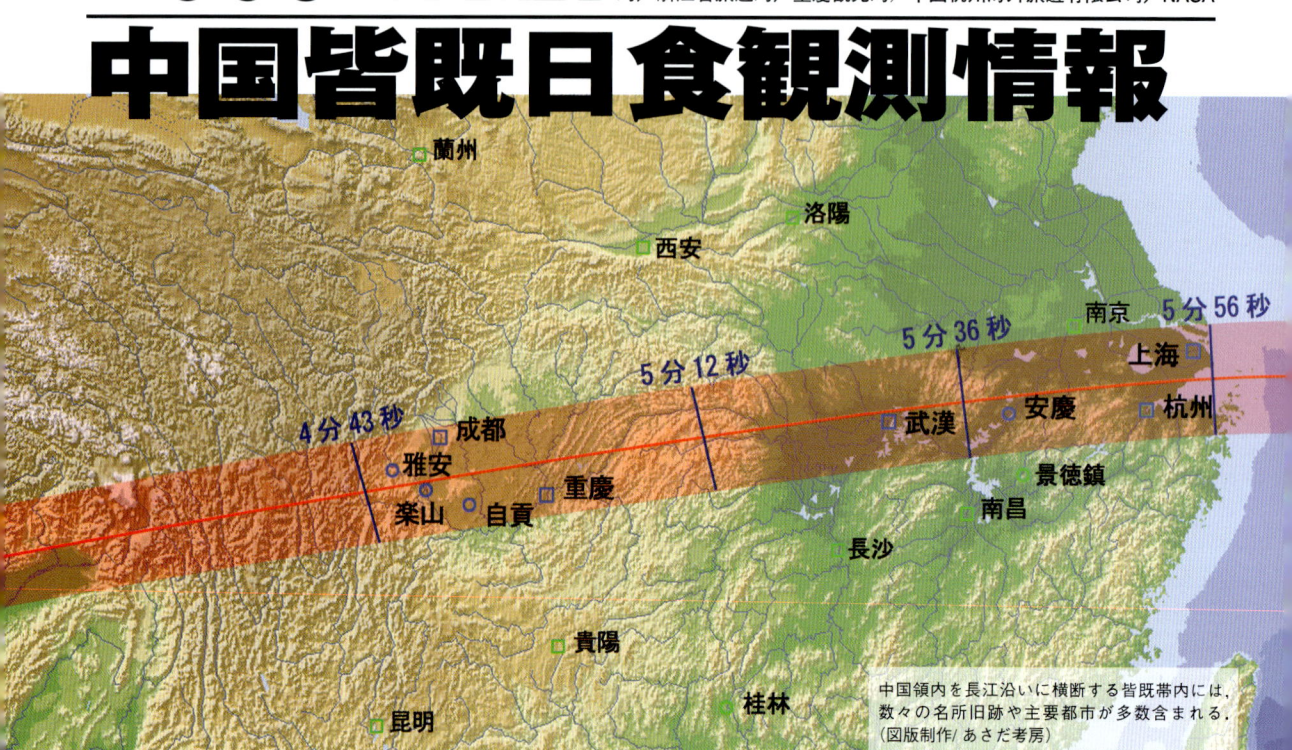

中国領内を長江沿いに横断する皆既帯内には、数々の名所旧跡や主要都市が多数含まれる．（図版制作／あさだ考房）

■来年7月，待ちに待った今世紀最長の皆既継続時間を誇る超大物皆既日食がやって来る．それもそのはず，この日食は，20世紀最後の超大物日食となった1991年の"ハワイ・メキシコ日食"と同じサロスに属するもので，1サロス後の今回は皆既継続時間7分の大台こそ切ったとは言え，いまだ大物ぶりは健在だ．そのような大物と日本国内でお目に掛かれるのならば，天文ファン・日食病患者ならずとも目の色が変わって然り．しかし筆者は，敢えて隣国・中国での日食観測に注目し，中国旅行のスペシャリスト，ピコツアー・（株）ピコ代表取締役・戸井川裕美子さんにアドバイスを頂いた．

● 国内で皆既日食を見られるが…

　来年の皆既日食は，北限界線が種子島南端をかすめ，中心線がトカラ列島・悪石島北方沖を，南限界線が奄美大島中部を横切る形で，主にトカラ列島の島々で最長6分25秒ほどの大物皆既日食を楽しむことができる．

　ただし，種子島では最南端でも北限界線に近いため，皆既継続時間はわずか2分程度．一方，南限界線に近い奄美大島北端でも3分半ほどの皆既継続時間にとどまる．世界遺産の屋久杉の森で有名な屋久島では最長3分57秒の皆既食となるが，「一月に35日雨が降る」と言われるほどの多雨地域．平地の年間降水量は約4000mm，山地では倍増するため，それなりの覚悟が必要だ．

　となると，俄然，トカラ列島の島々に注目が集まるが，いずれも交通の便が悪く，さらには島民の生活を支えるのがやっとというインフラ状況では，島外から大勢押し寄せる日食ツアー客を賄えるだけのキャパシティーがない．飲食物から生活用水，はては仮設トイレまで，すべて島外から持参しなければならず，かなりのコスト高に．

　さらには，真夏の南国の空の下，鹿児島港までの連絡船が巡ってくるまで1週間程度のテント暮らしを強いられるのだ．このような過酷な滞在にもかかわらず，旅費は海外旅行並みの30万円前後となれば，二の足を踏んでしまう方も少なくないだろう．

　もっとも恐れるのは台風だ．台風の通り道に位置し，しかも台風のシーズンに日食を迎える．最悪，台風の直撃を喰らうことも否定できず，テント暮らしならば生命の危険に曝されるかもしれない．たとえ台風が直撃しなくとも，海が荒れていれば連絡船が欠航したり，接岸できないため，極めてリスキーなツアーといわざるを得ない．

　では，小笠原方面での日食観測はどうだろう？　既に，1988年同様，

小笠原沖での船上観測が企画されてはいるが，この海域は，比較的海が穏やかな状態でも10数十秒ほどの周期で30°ほどものバンクが日常茶飯であるため，まともな写真撮影などとても期待できない．

以上見てきた諸々の厳しい事情から，単なる日食見物ならば小笠原沖からでも楽しめるが，まともな日食写真の撮影や観測はトカラ列島を除いて諦めざるを得ないと，筆者は考えている．

そこで，代案として筆者が目を付けたのが，お隣，北京オリンピックで血気盛んな中国だった……．

● 2009.7.22 日食概況

今回の日食はインド北西部，アーメダバードとムンバイ（ボンベイ）の間に位置する西海岸から上陸し，ほぼ中心線上に位置するスーラトでは日の出と共に3分14秒間の皆既食を迎える．

その後，月の本影錐はインド東北部を目指して東進し，途中，1984年にユニオンカーバイド社の化学工場大爆発事故でその名を馳せたボパール（皆既継続時間：3分9秒），ヒンドゥー教最大の聖地ヴァーラーナシー（ベナレス，同3分1秒），同じく聖地パトナ（同3分44秒）を経て，ネパール東部，バングラデシュ北部をかすめ，ブータンをほぼ丸飲みにする．首都ティンプーでは2分52秒の皆既食となり，南部地域がほぼ皆既中心線に沿っている．だが，この辺りは外国人の立ち入りが制限されている可能性があるため，事前のリサーチが欠かせない．またこの時期は，インドからインドシナにかけては雨季に当たり，天候面で不安がつきまとう．

ブータンを離れた本影錐はふたたびインド東北部を通過し，ミャンマー北端をかすめ，中国領内へ．

中国奥地をほぼ長江沿いに東進し，途中に成都，重慶，武漢，安慶，杭州，上海，寧波を経て，東シナ海に浮かぶ舟山群島の島々を通過．中国東海岸での中心線上で6分弱の皆既食となる．

その後，本影錐は東シナ海を渡り，いよいよ日本の領海内へと進む．

トカラ列島では6分台前半，小笠原諸島近海の東経144°07′，北緯24°13′の太平洋上で正午に食甚を迎え，6分39秒の最長皆既継続時間をマーク．

以降，マーシャル諸島，キリバス三諸島（ギルバート諸島，フェニックス諸島，ライン諸島）を経て，クック諸島方面へ向かい，その南東海上で本影錐が海面を離れ，一連の日食を終える．

以上見てきたように，中国に観測拠点を求めるならば，できるだけ東寄りの地域が天文学的には恵まれていることが明らかだ．

だが，日食遠征旅行の成否を握るは，まずは何を差し置いても天気である．どんなに素晴らしい大物日食でも，曇ってしまったり，雨に祟られたならばお手上げだからである．

● 気象状況を見極める

日食当日の，現地の天気の傾向を予め調べるには，過去の同一日時のデータがある程度参考になるだろう．

だが，昨今では，世界的な異常気象に見舞われることも少なくないため，過去のデータを鵜呑みにはできない．中国大使館や中国政府観光局などへ足を運び，各地方都市の観光局発行の各種資料や，過去数年間の気象データを収集すると共に，現地入りした後は地元の人への聞き取り調査も行いたい．

一方，日食ツアーを企画する旅行会社ならば，これら公的機関からの情報の他に，契約先のランド・オペレーターに現地調査を依頼すべきだろう．

ただし，中国国内では，いまだ外国人の立ち入りが制限されている場所や，場合によっては，気象情報も軍事的な意図から公表されないでいる地域もあるようなので，これらの点も事前にリサーチしておく必要がある．

とくに気象情報は天文観測には欠かせない重要事項だが，過日ミャンマーを襲った巨大サイクロンの大災害を見ても明らかなように，ときに為政者が情報を操作したり，秘匿することもあるため，中国政府系以外からも確かな気象情報を仕入れておくべきだろう．

事前に調べておきたい観測地の気象情報としては，概ね以下の通りである．

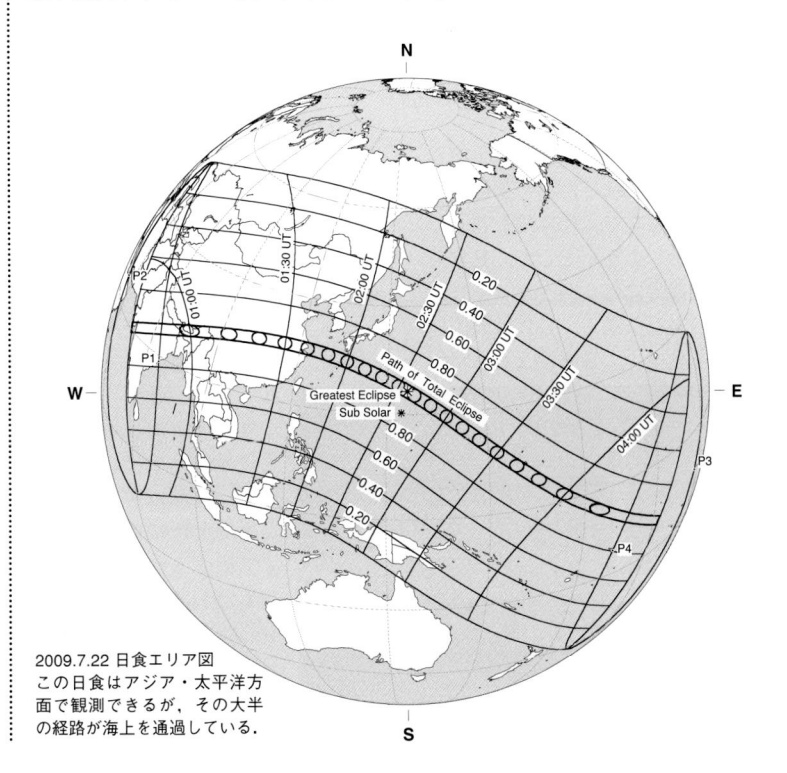

2009.7.22 日食エリア図
この日食はアジア・太平洋方面で観測できるが，その大半の経路が海上を通過している．

・7月22日の過去数年間の気象傾向
・同日の晴天率
・日食の時間帯の平均雲量
・同日の平均気温と平均湿度
・7月の平均降水日数と平均降水量
・同月の平均日照時間と日変化

ただし，日本と異なり，これらすべての項目を細部に渡って調べることは現実問題としてかなり難しいだろう．しかしながら，できうる限りの気象情報を当たってみるべきである．

●日食観測の適地とは？

気象条件の他にも，日食遠征には通常の観光旅行とは大きく異なる点が多々求められる．以下に，日食観測に望ましい条件をピックアップしよう．
・皆既中心線に近いこと
・交通の便が比較的良いこと
・宿泊施設が整っていること
・十分な観測スペースが確保可能
・有毒な害虫・毒蛇等がいないこと
・治安が安定していること
・大気が澄み切っていること
・光害が少ないこと

これまた，すべてを満たす場所探しは困難だろう．ただし，最後に示した光害問題は，日食の晩は新月であるため，お定まりの「星空散歩」を堪能するため，日食観測だけに割り切れば，満天の星空に替わり，夜景ウォッチングで夜を楽しむ手もありだろう．

つまり，気象条件を最優先事項としつつも，上に示した付帯条件もできる限り加味し，総合的な判断で場所選びをしよう．そして，日食前日の同時間帯にはリハーサルを行って翌日の本番に備え，当日は観測地の天気を見つつ，必要となれば晴れ間を目指してある程度の移動も視野に入れておこう．

●中国国内での観測拠点は？

前述の通り，この日食の経路上には州都を含めた大きな街が複数点在しており，長江沿いの名所旧跡も数多く，「皆既日食と遺跡の旅」にも大いに触手が動かされるだろう．

中国における皆既帯内の主な都市は，西から成都，重慶，武漢，杭州，上海が挙げられる．成都に関しては，四川大地震に伴う被害も一部に見受けられるが，震源となった北部地域のような壊滅的なダメージはなく，日食までの1年間に軍が復興作業を急ピッチで進める公算も高いという．

これらの都市ならば，いずれも交通の便もよく，宿泊施設にも問題はなく，世界中からの日食観測客を収容して余りあるキャパシティーを誇っている．

ならば，たとえ日本国内でも見られる日食とは言えど，トカラ列島でのテント暮らしや，北硫黄島周辺海域でのクルージングで船酔いに苦しむことを鑑みれば，滞在環境の整った中国へ足を伸ばし，一足先に日食を迎えるのも決して悪い話ではなかろう．では，広い中国のどこに滞在すべきか？

天文学的な条件にだけ目を向けるのならば，東に行くほど皆既継続時間が長くなる．皆既帯が東シナ海と接する中国東海岸では，中心線上で5分57秒をマークしており，ごく平均的な皆既日食2つ分を楽しめる長さである．

ならば，東海岸に近い杭州や上海が最有力候補として浮上する．いずれも，中心線からは大きく外れ，上海は中心線と北限界線とのほぼ中間地点に，杭州は中心線と南限界線とのほぼ中間地点に位置するが，いずれからも2時間もかからずに中心線上に移動可能だ．

中心線上に移動せず，ホテルの敷地内での観測でも上海で5分ちょうど，杭州では5分19秒の皆既食を楽しめる．それならば全経過3時間半近くの長丁場でも飲食物の補給やトイレの心配もなく，警備上も安心して観測に専念できる．

まさに，願ったり叶ったりの観測地と思われるのだが，現実はそんなに甘くはないのが中国という国だった．

●天候と大気汚染とのせめぎ合い

皆既帯内最大の都市・上海を観測ベースにすることは誰もが考えることだろう．宿泊施設の設備，キャパシティーからも，もっとも適した都市に映るからだ．ところが，ピコツアーの戸井川社長は，上海での観測は否定的だ．

1987年9月23日，沖縄本島を横断する金環日食が起こった．国内で見られる貴重な金環食だけに，多くの方が沖縄に押し寄せ，久々の金環食を堪能した．筆者もその一人で，快晴に恵まれた沖縄では，たとえ金環中でもフィルターなしではあまりにも太陽が眩しすぎ，とてもリング状の姿を肉眼で確認することは叶わなかった．その意味では「金環食は，あくまで部分日食の一種である」との実感を抱くのであった．

ところが，このとき偶然上海に滞在中だった戸井川社長が目撃した金環食の様子は，随分異なっていたという．

戸井川 この日，上海も天候に恵まれたのに，その当時から大気汚染がかなり深刻化しており，スモッグがフィルターの役目を演じ，ノー・フィルターにもかかわらず，肉眼でくっきりとリング状の太陽を堪能できたのです．

それらから20年以上が経ち，上海の大気汚染はいっそうの拍車が掛かっている．さすがに，北京のように「外出には防毒マスクが欠かせない」との冗談が出るほどの状況ではないが，現状では，たとえ晴れても常に太陽はハローに覆われ，よくして明るい内部コロナを辛うじて認められる程度だろう．太陽活動極小期特有の，東西方向に伸びた有翼日輪型の外部コロナは望むべくもない．

不夜城の上海では，星空ウォッチングは絶望的．夜景ウォッチングに切り替えよう．（撮影/戸井川裕美子）

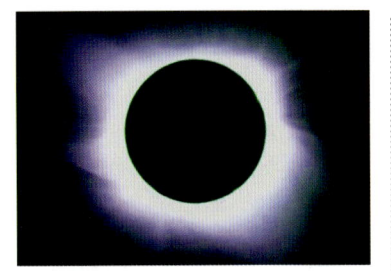

1991年のメキシコ日食．メキシコ西海岸サンブラスでは，第2接触直前に薄雲がかかってしまい，内部コロナしか見られなかった．上海でも大気汚染のために同様のイメージになるのでは，と案じられる．（撮影/青木 満）

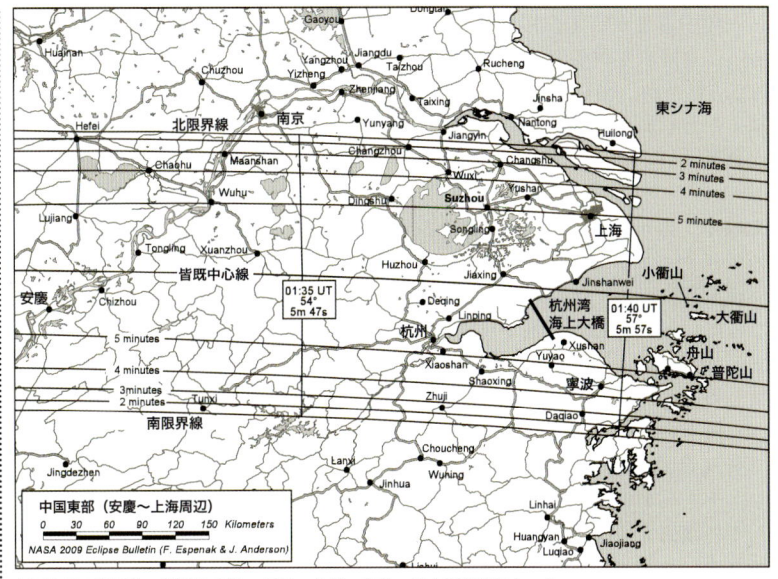

中国東部の皆既帯．観測地の狙い目は，杭州〜寧波〜舟山群島辺りか…？

奇しくも，筆者は1991年のメキシコ日食の折りに薄雲を通しての撮影を経験しているが，このときも外部コロナが雲にかき消され，内部コロナのみがくっきりと浮かび上がった姿を目撃している．おそらく上海では，この状況に近いものになるのだろう．

●主要地方都市の状況

皆既帯内に分布する主要都市の日食進行状況は表1をご覧いただくとし，ここでは各拠点の気象状況や地理的状況，見所などを中心に概説しよう．

成都（チョントゥー）： 四川省の省都・成都での皆既継続時間は3分16秒となる．中心部の地震被害はさほど大きなものではなかったが，この地域での日食観測は，まずもって絶望的だという．四川省（三国時代の「蜀」の国）方面に，「蜀犬日に吠ゆ」ということわざがある．

パンダの故郷でもあるこの地方は常に曇っており，たまに晴れ間から日が差すと，犬が驚き，天に向かって吠える，との意だ．それほどまでに晴れることが珍しい土地柄ならば，まずもって日食観測は望み薄だろう．言われてみれば，快晴のもと，パンダが日向ぼっこを楽しんでいる映像など，とんとお目に掛かったことがない．

観光名所として見逃せないのが「武侯祠」．三国志の主人公，蜀の初代皇帝となった劉備玄徳やその軍師・諸葛亮孔明などが奉られている．

四川旅行では，武侯祠とパンダは見逃せない．（提供/ピコツアー）

楽山（レシャーン）： 成都から南南西に120kmほどの景勝地で，皆既中心線のすぐ南側に位置し，皆既継続時間は4分43秒．年間降水量は東京よりやや少ない1393mmだが，この時期は天候面に不安が残る．

市内には楽山大仏と呼ばれる唐代に彫られた高さ71mの摩崖大仏がそびえ，一大観光名所となっている．

重慶（チョンチン）： 中央政府直轄市の重慶は，皆既中心線から大きく南に外れているため，4分6秒間の皆既日食にとどまる．

重慶は長江と嘉陵江とに囲まれた丘陵地で，四川省最大の都市．天然資源と水運に恵まれ，一大工業都市に発展した．平均海抜240mで，起伏に富む土地柄から「山城」とも呼ばれる．

都市名（英語表記）	緯度（N）	経度（E）	第1接触（地平高度）	第2接触	食甚（地平高度）	第3接触	第4接触（地平高度）	皆既継続時間
楽山（Leshan）	29°34′	103°45′	00:06:16.1（21°）	01:09：35.7	01:11:56.7（36°）	01:14:18.7	02:25:41.4（52°）	4m 43s
成都（Chengdu）	30°39′	104°04′	00:07:06.3（22°）	01:11:10.9	01:12:48.3（36°）	01:14:26.4	02:26:23.3（52°）	3m 16s
重慶（Chongqing）	29°34′	106°35′	00:07:59.9（24°）	01:13:16.4	01:15:18.8（39°）	01:17:22.2	02:30:50.5（55°）	4m 06s
宜昌（Yichang）	30°42′	111°17′	00:12:11.3（29°）	01:19:29.0	01:22:07.1（44°）	01:24:46.2	02:40:01.8（61°）	5m 17s
武漢（Wuhan）	30°36′	114°17′	00:14:54.6（32°）	01:23:59.9	01:26:41.6（48°）	01:29:24.5	02:46:17.4（65°）	5m 25s
安慶（Anqing）	30°31′	117°02′	00:17:46.8（35°）	01:28:33.5	01:31:16.5（51°）	01:34:00.7	02:52:16.1（68°）	5m 27s
杭州（Hang zhou）	30°15′	120°10′	00:21:26.1（39°）	01:34:16.7	01:36:55.8（55°）	01:39:35.8	02:59:23.4（72°）	5m 19s
上海（Shanghai）	31°14′	121°28′	00:23:26.3（40°）	01:36:48.4	01:39:18.0（57°）	01:41:48.5	03:01:38.1（73°）	5m 00s
寧波（Ningbo）	29°52′	121°31′	00:23:06.0（40°）	01:37:22.5	01:39:32.8（57°）	01:41:43.9	03:02:42.0（74°）	4m 21s

表1） 中国各地の日食予報 ※時刻は協定世界時（UTC）．中国は広大な領土すべてが北京時間に統一されているため注意が必要．

一年中湿度が高く，7月は年間でもっとも降水量が多い．月平均気温は24.7℃だが，40℃を越える日々が続くこともあり，ホテル内での観測が無難．

三峡（さんきょう）： 四川省から湖北省に掛けての長江沿いに，上流から瞿塘峡（くとうきょう）・巫峡（ふきょう）・西陵峡（せいりょうきょう）と，3つの大峡谷が連なっている．これが名高い「三峡」で，今回の日食はこのエリアでも楽しめる．

三峡下りのクルージング中に船上で皆既日食を楽しむことも一興だし，チャーター船ならば川岸に上陸しての観測も可能．ただし，両岸が切り立った山に囲まれているため，太陽の日周経路をよく読んだ場所選びが肝要．

なお，靄が出やすい場所柄でもあり，雄大な自然と天空の神秘とのコラボレーションが見事に眺められるか否かは，運を天に委ねるしかないだろう．

武漢（ウーハン）： 湖北省の省都・武漢は，華中全域の中心都市で，古くから軍事的要衝の地として栄えてきた．今日では重工業が発達し，同時に観光地としても賑わい，宿泊や観光に事欠かない．なかでも，三国時代の呉が建立した「黄鶴楼（こうかくろう）」は街のシンボルであり，楼閣からは長江の流れを一望できる．

皆既中心線は街のすぐ北側を走っており，5分25秒の皆既食となる．ただし，武漢より西に行けば大気汚染は改善されるが，天候面は不利になる．武漢も，街の東側と南側に湖が点在し，とくに早朝には靄や霧の発生が懸念される．一方，武漢より東側は比較的天候に恵まれやすいが，大気汚染の度合いが増す．大気汚染と天候バランスを取るのが，この武漢近辺と目される．

安慶（アンキン）： 長江沿岸の港湾都市・安慶は，南西方向に湖が存在するが，武漢よりは安定した天気が期待できそうだ．ただし，武漢よりもやや中心線から南にそれているために皆既継続時間は若干短くなり，5分17秒となる．

杭州（ハンチョウ）： 浙江省の省都・杭州には日本からの直行便が飛んでおり，この日食を市内で狙い撃つにはもっとも条件の良い地の利にある．杭州市内での皆既継続時間は5分19秒で，上海よりも19秒長い上，大気汚染の度合いも上海とは比べものにならないほど少ない．

この一帯は国家歴史文化名城に指定されており，湖面の表情を千変万化する西湖（せいこ）をはじめ，風光明媚な観光スポットも目白押しだ．

六和塔（ろくわとう）は，宋代の970年に建立され，銭塘江（せんとうこう）の高潮を鎮め，また灯台の役目を担っている国宝指定の建築物．見掛けは13層に見えるが，実際には7層からなる．

虎跑泉（こほうせん）は西湖の南，虎跑山麓に湧き出る"天下第三泉"とされる名水で，伝承によると，唐代に仙人が2頭の虎に泉を掘らせたとされており，まろやかなお茶を楽しめる．

なお，後述の通り，日本からは上海便の方がはるかに多いが，大気汚染著しい上海に滞在するのは健康上からも考えもの．舟山に渡って観測するにも杭州ベースが何かと便利だ．

西湖：杭州を滞在ベースにした場合，西湖をはじめ，風光明媚な見所が目白押し．（撮影/戸井川裕美子）

上海（シャンハイ）： 皆既帯内最大の都市，それが政府直轄市の上海で，5分00秒の皆既継続時間となる．日本からの交通の便はもっとも良いが，戸井川社長のご指摘のように，1980年代から既に開発に伴う大気汚染が著しく，近年の急速な経済成長と今年の北京オリンピック，さらには2010年開催予定の上海万博に後押しされ，上海の開発は更に拍車を掛けている．当然のことながら大気汚染は悪化の一途をたどり，来年には北京並みの汚染状況にならない保証などない．少なくとも現在よりは悪化していることは間違いなく，このような地に，たとえ数日間とは言え滞在するのは考えもの．ましてや皆既中のコロナの観測など，満足にできるわけがない．

なお，上海の7月の平均気温は27.0℃で，年間を通じて最も高い．また，7月平均降水量も274.3mmと，8月の311.6mmに次いで多く，天候面でも拭いきれない不安が山積していると言わざるを得ない．

地の利を生かし，中国への第一歩として上海空港に降り立つまではよしとしても，滞在地と観測地は絶対に他に求めるべきで，まかり間違っても，上海市内での日食観測はお勧めしない！

高台から上海の街並みを一望する．ほぼ日常的に靄った状態の日々が続く．（撮影/戸井川裕美子）

寧波（ニンポー）： 遣唐使が到着した港として，昔から日本ともつながりの深い寧波には名所旧跡も多い．天童寺は日本の禅宗の源とも言える名刹．保国寺は，江南地方最古の木造寺院．天台山国清寺は天台宗発祥の地で，最澄もここで学んだ．さらには舟山群島の普陀山へのアクセスにも便利．寧波では，4分21秒の皆既食となり，中国本土最後の観測・滞在拠点となる．

なお，上海方面からは，完成したばかりの杭州湾海上大橋を渡って比較的短時間に寧波に移動できる．この橋の上から日食観測を考える方もあろうが，当日は日食観測による大渋滞を避けるため，交通規制や停車禁止の措置がとられる公算が高いだろう．

寧波の名刹「天童寺」は、日本とも関わりが深い．（提供/ 中国杭州海外旅遊中心）

舟山周辺の地図
（編注；中国提供の地図だが、右上の島は実際とかなり形が異なる）

●中国大陸を離れて

　中国大陸の目と鼻の先ではあるが，筆者は東シナ海に浮かぶ舟山群島の島々に大いに注目している．なかでも，最大の島で，観光地でもある「舟山」にはホテルが充実しており，万一それでも不足の場合には，外国人観光客も宿泊できるお寺の宿坊が多数あり，まずもって滞在に苦労することはない．

　舟山のすぐ東隣，普陀山の山頂はたいへん見晴らしがよく，現地調査の結果，上海方面からの大気汚染の影響もほとんどない．この辺りの島々では5分台，更に北方の大衢山(だいくざん)方面では5分50秒台の皆既食となる．

　大衢山方面の島々へは，舟山からチャーター船を出すほか，上海・洋山港と大衢山間を毎日1便，高速船が運航している（所要時間約1.5時間．上海市内→洋山港は車で1.5時間）．

　寧波の鎮海からも大衢山へ毎日1便の高速船が運航しており，所要時間3時間（杭州→鎮海は車で約3時間）．

　大衢山には新仙楽大酒店（2ッ星ホテル）があり，大衢山に一番近い島岱山(とうたいざん)には4ッ星ホテルの華僑飯店がある（ホテルから岱山高亭港まで車で約5分）．岱山高亭港から大衢山へは高速船が毎日3便を運行している．

　ただし，いずれの定期便も天候次第で欠航も有り得るので，その点は予め注意と覚悟が必要だ．

　皆既中心線は，大衢山のさらに北に上がった小衢山(しょうくざん)のやや北方沖合を通過しており，小衢山では6分弱の皆既継続時間をマークする．ただし，ここは実質無人島と思われ，小型船での接岸ができるか否かも不明である．

　従って，中国国内で最も長く皆既日食を楽しむには，大衢山付近に滞在ベースを置くのがよいだろう．

　そこから先，さらに皆既中心線に向かっても継続時間は数秒しか差がなく，船のチャーター費用や確実性を鑑みるならば，必ずしも得策とは言えないだろう．

●皆既中の周囲の様子にも注目！

　皆既中，コロナの観察・撮影以外にも興味深い観察対象はたくさんある．日照の変化に伴う気温の変化や，辺りの動植物の動向変化も興味津々．1983年のインドネシア日食の折り，筆者は赤トンボが皆既中に姿をくらます顕著な事例を目撃している．また，皆既中の周囲の明るさ変化も毎回異なるため，どれくらいの暗さになるのか，照度計やカメラの目盛類

普陀山山頂の仏像．撮影日は雲が多かったものの，雲の晴れ間からはしっかりと青空がのぞいている．上海方面からの大気汚染の影響はさほどないように見受けられる．

大衢山観音から見渡した周囲の山並み．小さな島だが山深く，皆既中心線に近いが天候が懸念されそうだ．（提供/ 中国杭州海外旅遊中心）

が視認できるか否かなどで確認するのも重要なデータとなる．そして，皆既中，地平線をぐるりと360°取り巻く夕焼け状態が地平高度どれくらいまで達するのか，月の本影錐の移動観察，皆既の前後に生ずることがあるシャドーバンドの観察等々，興味深いテーマは山ほどある．撮影ばかりに夢中になり，周囲の変化にまったく気づかない，というようなことのなきようご注意願いたい．

　なお，夏場の皆既日食ということは，太陽の背後には冬の星々が位置する．オリオン座のベテルギウスとリゲル，おおいぬ座のシリウス，こいぬ座のプロキオン，おうし座のアルデバラン，ふたご座のポルックス，ぎょしゃ座のカペラ，さらには南南東の地平線すれすれには，りゅうこつ座のカノープスも姿を現すかも知れない．これら1等星の他に，黒い太陽の10°ほど東には水星（-1.4等級）が，40°ほど西には金星（-3.9等級）が，さらに12°ほど西には火星（1.1等級）が輝き，皆既中の昼とも夜ともつかぬ摩訶不思議な幻想的な光景に色を添えるだろう．

2009年版望遠鏡・双眼鏡カタログ　127

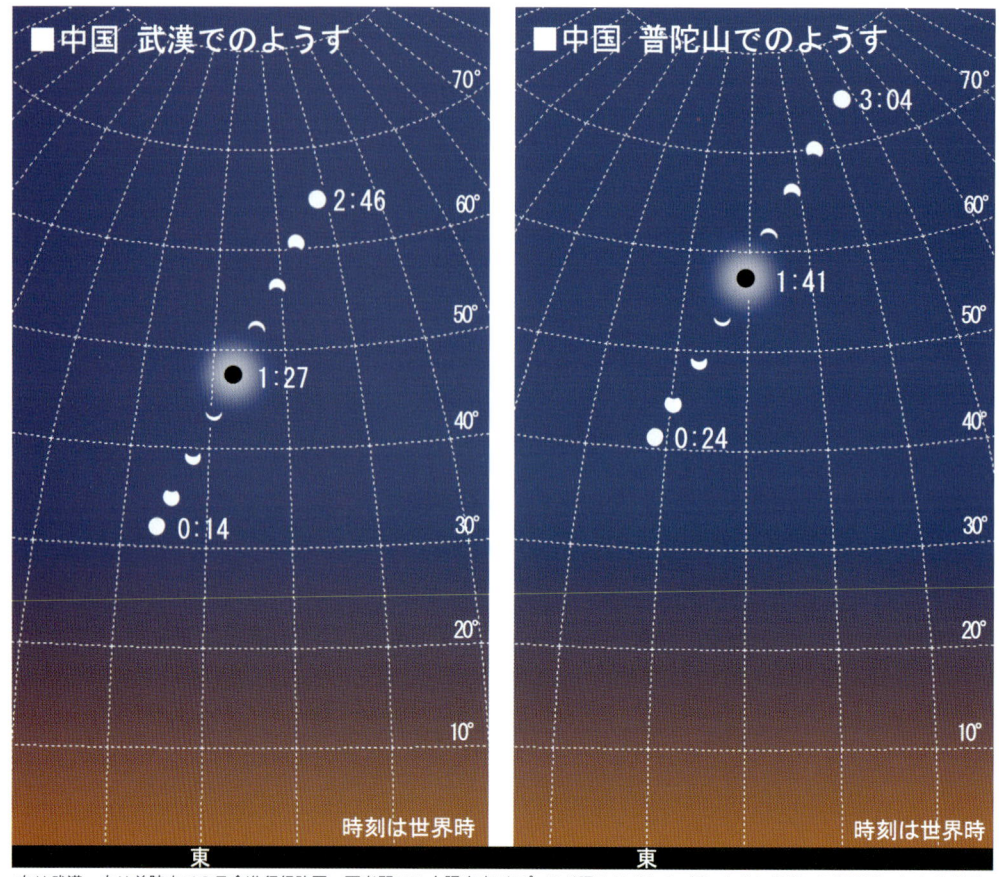

■中国 武漢でのようす　　　　　　■中国 普陀山でのようす

左は武漢，右は普陀山での日食進行経路図．両者間では太陽高度が10°ほど隔たりがある（表1と共に参照．図版制作/ あさだ考房）．

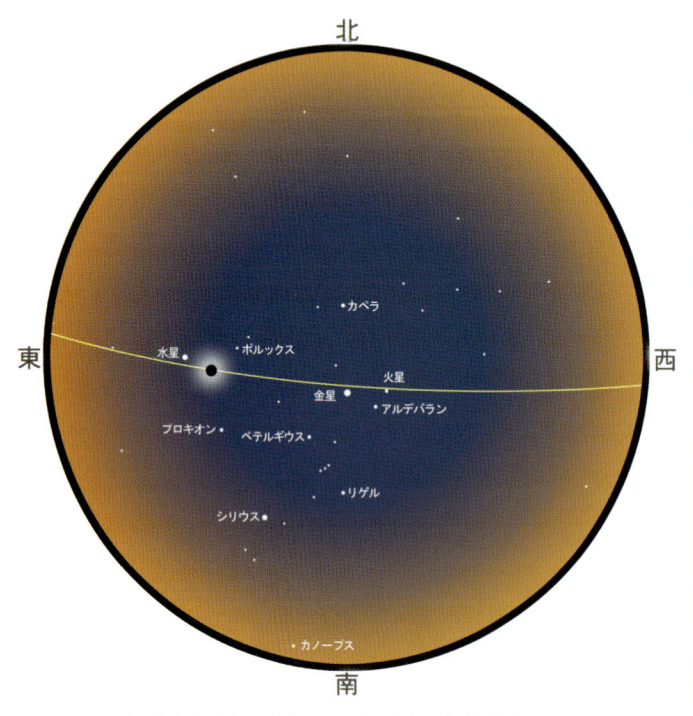

皆既中の全天図（東経116°16′，北緯30°49′の地点）
"黒い太陽"の背後には，冬の明るい星々や惑星たちが彩りを添えるはずである．食甚時に何等級まで肉眼で視認できるか，ぜひ確かめてみよう！（図版制作/ あさだ考房）

中国への遠征旅行はピコツアーへ

　現在，ピコツアーでは，中国旅行の大ベテラン，戸井川社長自ら添乗するかたちで，舟山群島方面への日食ツアーを企画中だ．このツアーには筆者も天文インストラクターとして同行する予定である．なお，同社では，中国の他方面への個人・小グループでの観測旅行の手配も随時受け付けており，詳細はピコツアーまでお問い合わせを．

★ピコツアー（株）ピコ
Phone　03-5411-7218
http://www.picotour.co.jp/
※ホームページより問い合わせ可能

今世紀最長の"黒い太陽"を狙い撃て！

2009.7.22.
中国～トカラ列島
皆既日食を
撮影しよう!!

解説/ 浅田英夫

■1963年7月21日の北海道網走日食以来，実に46年ぶりに日本の領土から見ることができる皆既日食が，2009年7月22日に起こる．この日食は，20世紀最大の皆既日食と騒がれた，1991年7月11日のハワイ・メキシコ日食から1サロス後のものだ．あの日食はメキシコで7分もの長い間コロナが見られたが，2009年7月22日の日食も皆既の継続時間は6分以上という長いものである．

1995年10月24日，タイ日食の一コマ．人物を入れるとより感動が伝わる．

皆既日食
撮影テクニック

2006年3月29日のアフリカ・トルコ日食以来の好条件の皆既日食．せっかく皆既帯が通るトカラ列島や中国まで遠征するという人にとっては，見るだけではもったいない．せめてコロナの写真を記念に残しておきたいと思うのは当然のこと．そこでそんな日食ファンのために，簡単で確実な日食撮影法をあれこれ紹介することにしよう．

①コロナを景色と共に撮影する

まず最初は，広角レンズや魚眼レンズを使って，皆既中の黒い太陽に地上の景色を取り入れた，異国情緒豊かな写真の撮影．この撮影は，特別な機材や特殊テクニックなしの固定撮影の要領でOKなので，写真撮影初体験の人でも，作品を確実にモノにできる．

★機材は固定撮影と同じ

必要な機材は次のとおり．
・カメラ：シャッタースピードにB（バルブ）が付いているか，4秒程度のスローシャッターが切れるカメラ．デジタル一眼レフはもちろん，コンパクトデジカメでもOKだ．携帯でも撮れる可能性がある．
・レンズ：24mm～35mm(APS-C：18mm～24mm)の広角レンズが望ましい．ズームレンズならベストな画角で撮影することができる．また魚眼レンズがあるとおもしろい写真が撮れる．
・三脚：できるだけ丈夫なカメラ三脚．
・その他：ケーブルレリーズ，レ

コロナの記念撮影は，カメラとカメラ三脚があればOK．減光用のフィルターも必要ない．

ンズフードなど
・銀塩カメラの場合は感度ISO100のフィルム

デジタルカメラの場合は，フィルムは必要ないがメモリーカードとバッテリーは必ず予備を，そして充電器も携行しよう．

★ロケハンをして
気に入った場所を見つける

機材がそろったら，あとは現地で事前に皆既中の太陽の位置を考えながらロケハンをして，山並み

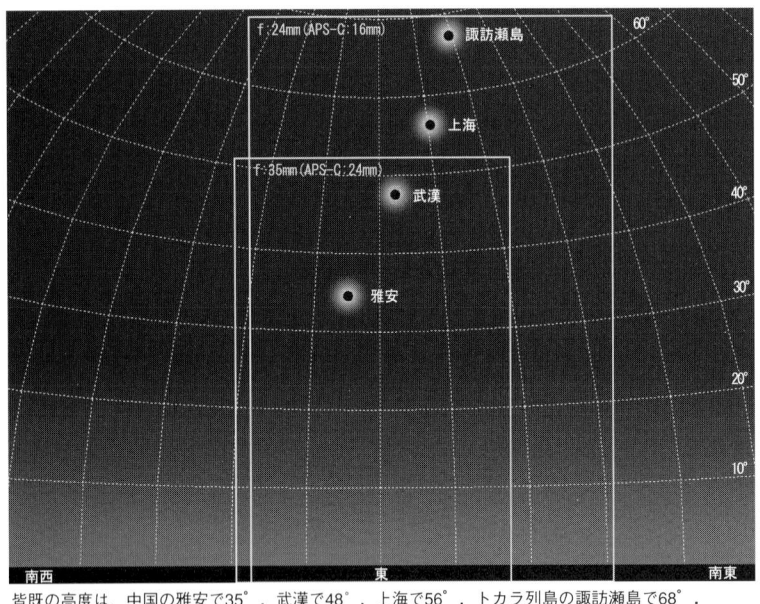

皆既の高度は、中国の雅安で35°，武漢で48°，上海で56°，トカラ列島の諏訪瀬島で68°．

食の様子を1枚にまとめた進行写真は，ビシッと決まれば美しい．これもカメラと三脚があれば撮影可能．

【表1】食の進行写真の露出の目安		
対　象	露出時間（秒）	フィルター
部分食	1/1000～1/2000	ND400+ND8
	1/250～1/500	D4
ダイヤモンドリング	1/60～1/125	フィルターなし
コロナ	4～1/2	フィルターなし
（ISO100　F16の場合）		

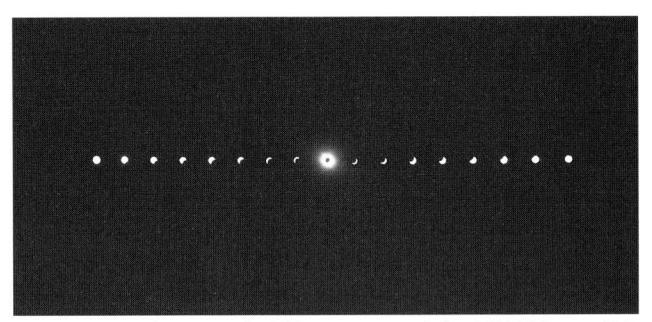

デジカメで10分ごとに1コマずつ撮影し，パソコンで合成した進行写真．この場合も撮影中はカメラを動かしてはならない．

や樹，それに寺院などの建物など気に入った景色で構図を決めておこう．皆既中の太陽高度は，中国の雅安で35°，武漢で48°，上海で56°，トカラ列島の諏訪瀬島で68°とそこそこの高度なので，地上の景色を入れるには，雅安や武漢では35mm(APS-C：24mm)前後の広角，諏訪瀬島では24mm(APS-C：16mm)広角の縦構図となるだろう．魚眼レンズなら金星や水星もいっしょに写すことができるかもしれない．

★露出の目安は2～4秒

さて，問題の露出時間は，感度ISO100で，F5.6の場合2～4秒．ただしこれはあくまでも目安なので，実際は，1/2～8秒の間で何カットも撮影しておくことをお勧めする．プログラムオートや絞り優先オートまたは夜景モードのほうが，かえって美しく撮れることもある．撮影時は，人物や望遠鏡と一緒に写すなど特別な場合以外では，ストロボを発光禁止にしておくこと．

②多重露出で食の進行のようすを撮影する

食の始めから終わりまでを1枚にまとめた食の進行写真は，なかなかカッコいいものだが，1コマにいくつも太陽を写すことができるように，多重露出の工夫をすることと，根気さえあれば，比較的簡単に撮影することができる．

デジタルカメラなら，無理に多重露出はしないで，1コマずつ撮影してゆき，あとでパソコンに取り込んで合成するという方法がある．もちろんカメラは絶対に動かしてはならない．

必要な機材は，上記の固定撮影用機材＋減光用フィルター．フィルターは，皆既前後の部分食のときに使用するもので，一般的には，ND400とND8フィルターを重ねたり，アセテート（最近はガラスのものも発売されている）のD4フィルターを使う．いずれにしても皆既中のコロナの撮影にはフィルターは使わないので，簡単に脱着できるように取り付けることがポイントだ．

★50mm以下のレンズで食の始めから終わりまで収められる

太陽が欠け始めてから元の形に

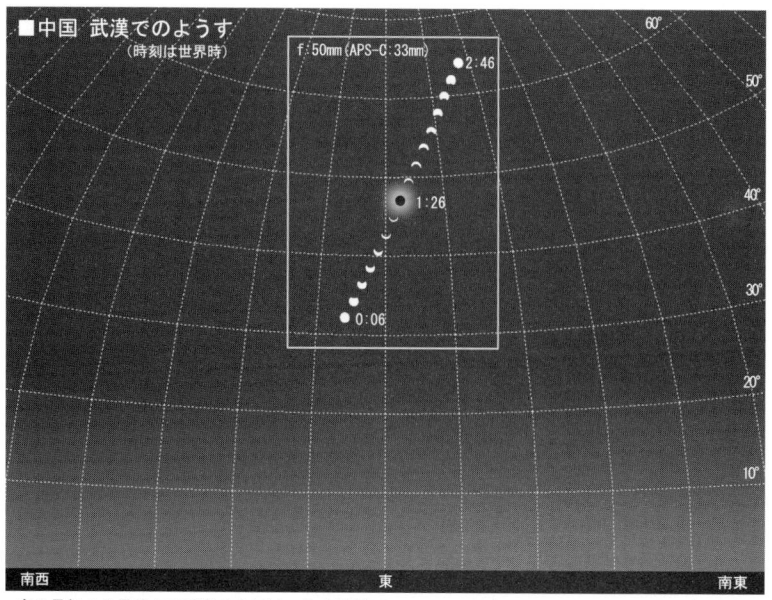

■中国 武漢でのようす
（時刻は世界時）

食の最初から最後まで撮影するには，焦点距離35mm〜50mm（APS-Cでは18mm〜24mm）広角レンズ縦構図で景色も入る．

D4	ND400+ND8	Y2（Y48）
露出倍数：10000倍	露出倍数：3200倍	露出倍数：2倍

部分食のときに使うフィルターは，露出倍数10000倍のD4またはND400とND8を重ねて使用する．色合いを黄色やオレンジ系にしたいときは，Y2（Y48）やYA3（O56）フィルターを併用する．

タイマーリモコンを使えば，インターバル撮影と撮影回数の設定で，オート撮影が可能となる．左がキヤノンTC-80N3，右がニコンMC-36．

戻るまでに，太陽は40°程移動するので，食の最初から最後までをおさめるには，35mm判カメラの場合，焦点距離50mm（APS-C：33mm）以下のレンズが必要になる．景色を入れた構図を考えるとなると，中国で24mm（APS-C：16mm）縦構図でぎりぎり，できれば20mmが欲しい．トカラ列島では，水平線近くの景色はあきらめて椰子の木や建物など高さのあるものを取り入れよう．

★撮影間隔は5〜10分

撮影間隔とは，何分ごとにシャッターを切るかということだが，ひとつの目安として，4分ごとにシャッターを切れば，1回目と2回目の間に太陽1個分のすきまができると覚えておくと便利．一般的には，広角レンズなら10分間隔，標準レンズ以上なら5分間隔といったところだ．キヤノンやニコンのタイマーリモコンを使えば，インターバル撮影と撮影回数の設定で，オート撮影が可能となる．

露出時間は，表1を参考にしてほしい．ただしこれはあくまでも目安であって，絶対ではない．適正露出は当日の透明度によって大きく変わるものだ．1コマにすべてをかけるのだから，絶対に失敗は許されない．事前に十分にテスト撮影を繰り返して，どんな状況でも対応できるようにしておこう．撮影で重要なことは，皆既食の撮影時には必ずフィルターをはずすこと．そして決してカメラを動かさないことだ．

③望遠鏡で拡大して撮影する

皆既日食のハイライト，コロナやダイヤモンドリングの迫力ある写真を撮りたい人は，望遠鏡にカメラを接続して撮影しよう．

望遠鏡は，口径が大きければ大きいほど，コロナのディテールを捉えることができる．しかし海外遠征となると，持ち出せる機材は限定されてしまう．口径5〜8cmといったところが一般的だろう．できれば，像がシャープなフローライトやEDの高性能対物レンズ付きがいい．もしくは，多少像は甘くなるが，口径8〜10cm程度のマクストフカセグレンやシュミットカセグレンを使うのも手だ．架台は，丈夫なカメラ三脚でも

コロナの明るさは非常に幅が広いため，フィルムやデジカメの撮像素子では目で見たようには再現できない．だから，シャッタースピードを6段階ほど変えて内部コロナから外部コロナまでを撮影する．

部分食の間は減光フィルターを装着（1，5）．皆既直前と直後に月の谷間から太陽光がもれるダイヤモンドリングが見られるのは数秒間だけ（2，4）．その間コロナが見られる（3）2から4の撮影では減光フィルターをはずす．

段階露出したコロナの画像をパソコンに取り込んで合成処理すれば，目で見たコロナに近づけることができる．

【表2】拡大撮影の露出の目安

対　象	露出時間（秒）	フィルター
部分食	1/1000〜1/2000	D4
ダイヤモンドリング	1/125〜1/500	フィルターなし
内部コロナ	1/60〜1/125	フィルターなし
外部コロナ	2〜4	フィルターなし
標準的なコロナ	1/4	フィルターなし

（ISO100　F8の場合）

対物レンズ側に，75mm角D4フィルターを，フィルターホルダーを使って装着する．色収差が気になるときは，Y2フィルターを併用する．

代用できなくはないが，太陽を長時間追尾することができる赤道儀の方が，便利さ丈夫さで断然勝っている．それに外部コロナを撮影するとなると，できれば太陽の動きに合ったモータードライブが欲しいところだ．

★撮影法は直接焦点法で

小屈折機では焦点距離が500mm前後しかないので，直接焦点撮影ではフィルム上での太陽像の直径は5mm前後になる．できればテレコンバーターやバリエクステンダーを併用して焦点距離を700mmぐらいに伸ばしたいところだが，これらを併用してダイヤモンドリングを撮影すると，強いゴーストも写り込んでしまって，見苦しい写真になってしまうことがあるので注意が必要だ．

ただ，APS-Cサイズのデジタル一眼レフを使う場合は，焦点距離が1.5倍から1.6倍になるので，400mmから500mmの焦点距離で十分だといえる．

★フィルターはD4が使いやすい

コロナやダイヤモンドリングの撮影時は，フィルターは必要ないが，部分食では，減光用フィルターが必要になる．取付けは，対物部にフィルターホルダーを装着して，D4フィルターを1枚セットして，すばやくフィルターの脱着ができるようにする方法がベターだ．

★何を狙うかでちがう適正露出

皆既日食のハイライトは，当然のことながら皆既中の数分間だ．黒い太陽の縁に見え隠れする赤い光プロミネンス．複雑な構造を持つ内部コロナ．そして流線となってどこまでも広がる外部コロナ．肉眼ではこれらすべてが流線のようになって同時に見えるのだが，写真に撮ると明るい部分がとんでしまうか，淡い部分が消えてしまい，とても目で見た感じには表現できない．

これはフィルムや印画紙の階調が，デジタルの場合は撮像素子のダイナミックレンジの狭さが，目に比べるとはるかに低いためだ．かつてはニューカークフィルター

撮影法は、余分な光学系を使わない直接焦点撮影が基本．写真では，ビクセンフリップミラーを併用し，眼視と撮影両方ができるようにしている．ただし，ミラーの切り替えを忘れないように注意する必要がある．

焦点距離500mmの望遠鏡にAPS-Cサイズのデジタル一眼レフをセットして直接焦点撮影した太陽像．コロナの広がりを考えるとちょうどいい大きさである．

コンパクトなデジタルビデオカメラなら動画を撮影することができる．しかも音声も記録できるので，臨場感は抜群．太陽像が小さい場合は，テレコンを併用する．

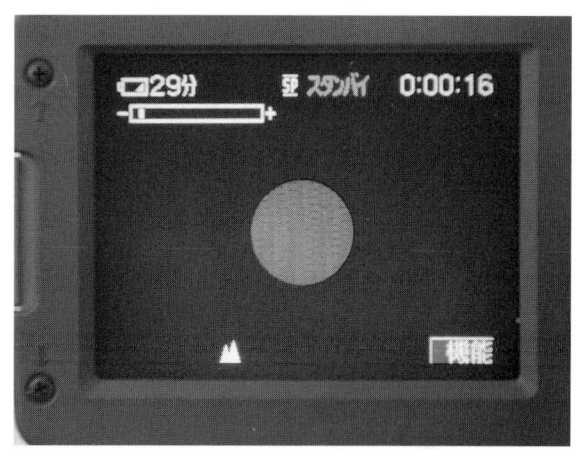

液晶モニターに映った太陽を見ながら，太陽の大きさ，明るさやピントを調整する．

などを用いた特殊な撮影で肉眼で見たイメージに近いコロナを表現していたが，近年は，適正露出を中心に5段階の幅でシャッターを切って，あとからパソコンに取り込んで合成する方法をとるのが一般的だ．

このときに役立つのが，多くのデジカメに搭載されているAEブラケティング機能だ．これは，適正露出に対してセットした撮影コマ数と露出補正ステップで露出をずらして自動的に撮影してくれるというもの．撮影コマ数は機種によって違い，たとえばニコンD40やD80は最大3コマだが，D200，D300やD3は最大9コマで，高級機ほどきめ細かな設定をすることができる．

★ビデオカメラで撮影する

以上の撮影は，もちろんビデオカメラでもOK．いやむしろその方が簡単だといえる．太陽を大きくしたければ，テレコンバージョンレンズをレンズの先に取り付けるだけで拡大できる．もっと大きくしたければ，望遠鏡を使って目で覗く代わりにビデオカメラが覗くコリメート法でOK．望遠鏡との接続は各社から販売されているデジカメアダプターを利用する．

ビデオカメラのメリットは，デジカメと同様に撮影結果をリアルタイムで確認できるということ．事前のテスト撮影はきっちり行うに越したことはないが，日食当日にテスト撮影をしても間に合ってしまう．

走査線が従来の525本から1080本に倍増したハイビジョンムービーなら，コロナの繊細な流線も表現することができるだろう．

撮影は，ピントはマニュアルモードにして無限にセットし，明るさ調整もマニュアルモードにして映像を見ながら調整するほうが失敗が少ない．

★ハイビジョンのメリット

最近のビデオカメラは，テレビより一足先にハイビジョン化の波が押し寄せている．ハイビジョンのメリ

西 北 南 東

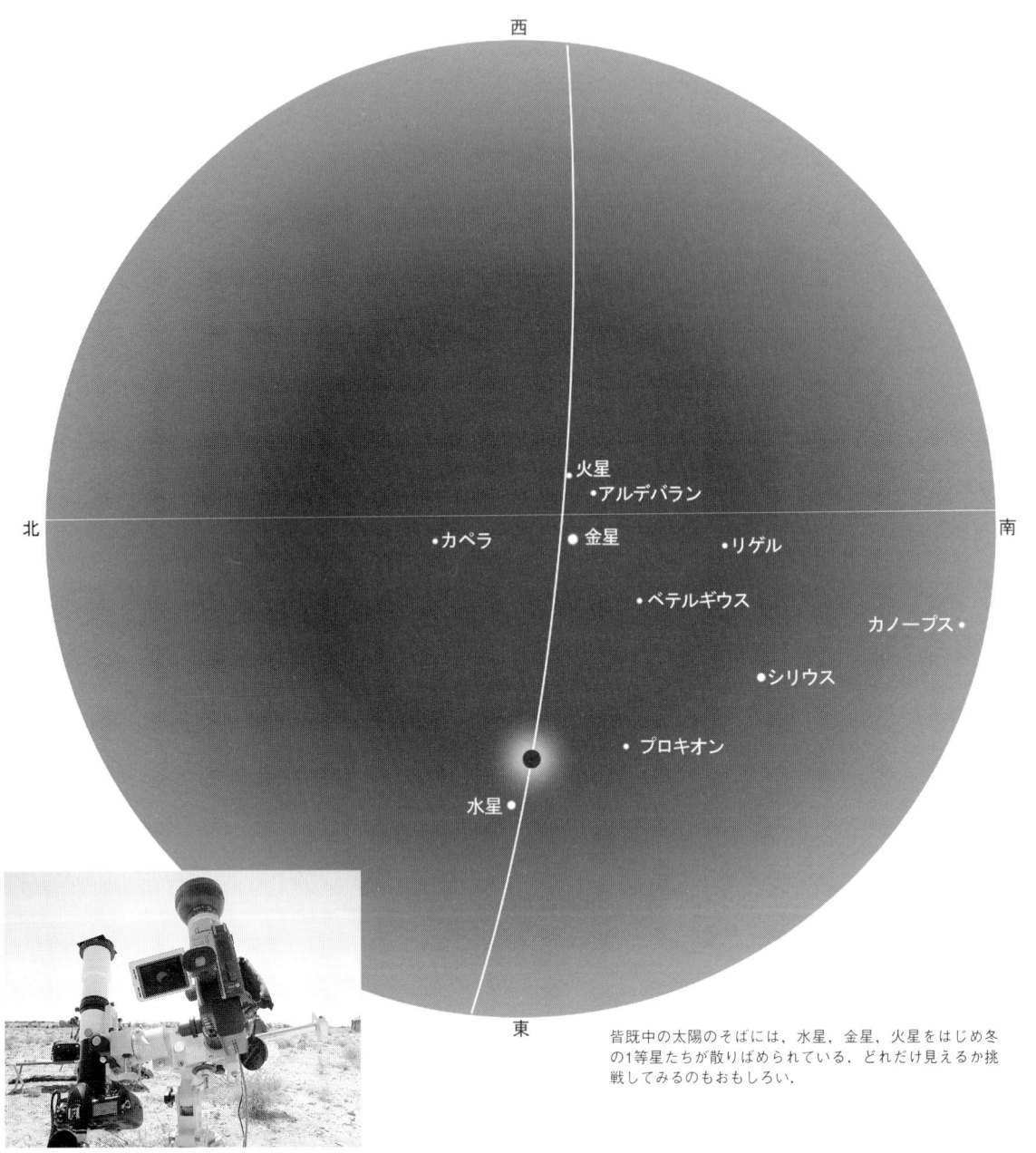

火星
・アルデバラン
・カペラ ・金星 ・リゲル
・ベテルギウス
カノープス・
・シリウス
・プロキオン
水星・

皆既中の太陽のそばには、水星、金星、火星をはじめ冬の1等星たちが散りばめられている。どれだけ見えるか挑戦してみるのもおもしろい。

実際の撮影では、1台の赤道儀に2台から3台のカメラや望遠鏡を同架して行なう。小型赤道儀では、振動やブレに注意したい。

ットは、高画質であること。走査線が従来の525本から1080本に倍増するのだからその効果は絶大だ。

今までのビデオ撮影では、コロナは白い雲のようにしか表現できなかったが、ハイビジョンカメラなら、コロナの繊細な流線も表現することができるだろう。しかもレンズもハイビジョン用に高性能になっている。またズームも光学10～15倍が当たり前になっているので、画質劣化につながるコンバージョンレンズを使わなくても十分大きな太陽像を得ることができる。

ビデオ撮影をメインに考えるならば、絶対にハイビジョンムービーをお勧めする。

★皆既の時間は
6分前後あるが……

皆既日食の撮影となると、ついつい欲が出てあれもこれもといくつかの撮影計画を立ててしまうが、皆既中の精神状態は普通ではないので、冷静な行動はできないと思ったほうがいい。今回は、皆既の時間が6分前後あるとはいえ、もたもたしているとあっという間に、太陽が顔を出してしまう。だから撮影は、あまり欲張らないほうがいいだろう。もしいくつもの撮影パターンが必要ならば、グループで撮影分担することをお勧めする。

2010年以降 日本で見ることができる皆既日食と金環日食

解説/浅田英夫

■2009年7月22日に起こる皆既日食は，日本の領土内で見ることができるものとしては，1963年7月21日の北海道網走日食以来，実に46年ぶりということになる．日本で見ることができる皆既日食や金環日食は，とても貴重な現象ではあるが，この先2035年までに，金環日食が2回，皆既日食が1回起こる．1回目の金環日食は，2012年5月21日に太平洋ベルト地帯で，2回目の金環日食は，2030年6月1日に北海道中央部で起こる．そして憧れの皆既日食は，2035年9月2日，能登半島から関東にかけて本州の中央部を縦断する．それではもう少し詳しく見ていくことにしよう．

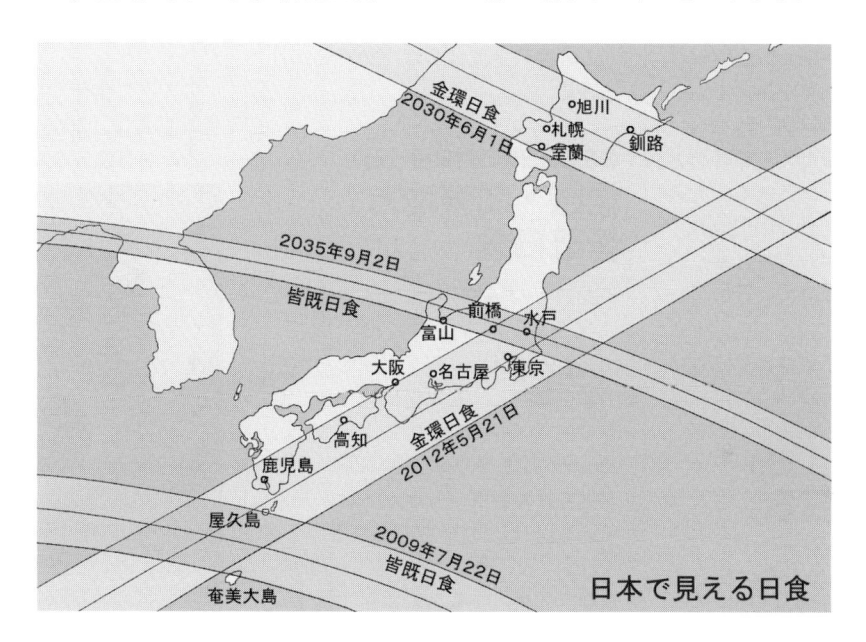

日本で見える日食

●2012年5月21日（月）太平洋岸金環日食

日本から見えた金環日食といえば，1987年9月23日の沖縄金環日食を懐かしく思い出すが，あれから25年後の2012年5月21日，ついに日本列島で金環日食が見える日が訪れる．しかも太平洋ベルト地帯といわれる人口密集地，東京・横浜・静岡・名古屋・大阪，そして四国の高知，九州の宮崎・鹿児島といった都市がこの金環食帯に入っている．なんと屋久島では，2009年7月22日の皆既日食からたった3年後に金環日食が見えるのだから，幸運の島としか言いようがない．

ウォッチングポイントとしては，中心線が本州の太平洋岸に沿うように走っているので，できるだけ海岸線に近づいた方が，金環の継続時間が長い上，同心円の美しいリングを見ることができる．東京・横浜・静岡はほぼ中心線状に位置している．

たとえば東京では，日の出から1時間50分後の6時19分，太陽高度20°で欠け始める．そして7時32分に金環が始まり，7時34.5分には食

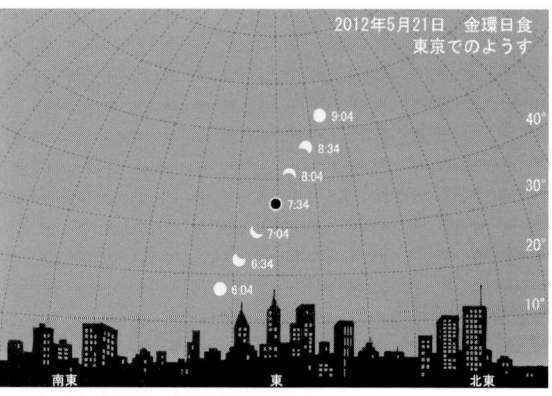

2012年5月21日（月） 太平洋岸金環日食

2009年版望遠鏡・双眼鏡カタログ 135

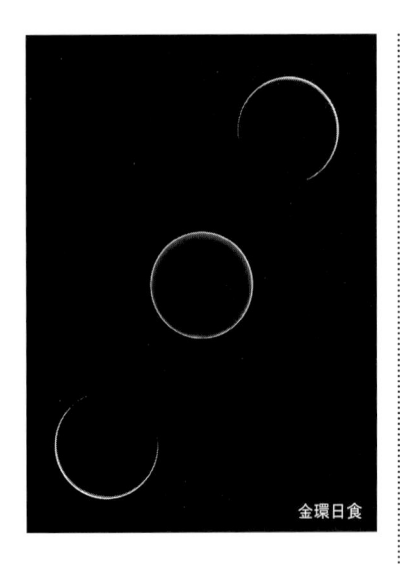

北海道の北端と，南西部を除く北海道中央部，旭川，札幌，釧路，帯広，室蘭で見ることができる．当日は土曜日なので，夕方の西空に浮かぶゴールドリングを，たくさんの人が眺めることだろう．東京での最大食分は0.79で，80％ほど欠ける部分食となる．

金環食帯の札幌では，15時41分，西の空高度38度ほどに傾いた太陽が欠け始め，16時54分に高度21°で金環となり，ゴールドリングがおよそ4分間見られる．そして18時04分には，食が終わり円い太陽に戻る．このときの太陽高度は7°ほどと低く，19時8分には日没となる．

この次の金環日食は，2041年10月25日だ．

●2035年9月2日（日）
信越・関東地方
皆既日食

2017年8月21日の北アメリカ皆既日食の1サロス後の皆既日食で，2035年9月2日，アジア大陸から本州中部を縦断し，太平洋に抜ける．日本で見られる皆既日食としては，2009年7月22日以来26年ぶり，本州で見られる皆既日食としては，1887年以来148年ぶりのものとなる．

日本では，能登半島，富山，上越，長野，前橋，宇都宮，水戸，銚子などで皆既となる．東京は残念ながらほんの少し外れているが，食分0.99の限りなく細い太陽となる．

皆既帯の中心線に近い水戸では，8時46分，太陽高度41度で欠け始め，10時08分，ダイヤモンドリングとともに皆既が始まり，およそ2分間コロナを見ることができる．そして10時11分には再びダイヤモンドリングとなり，皆既が終わる．食の終りは11時38分．皆既中の太陽高度は55°もある．ちなみに富山での食最大時刻は10時03分，長野で10時05分，前橋10時07分だ．太陽の東には金星と水星が，西側には土星が光っているはずだ．なかなかの好条件の皆既日食であるうえ，日曜日午前中の現象なので，多くの人たちが楽しむことだろう．

この次に本州で見ることができる皆既日食は，2063年8月24日まで待たなければならない．

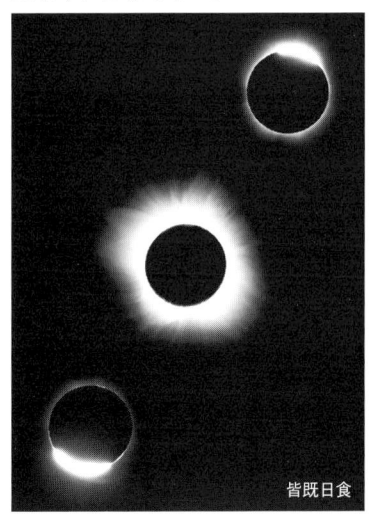

最大となって，7時37分に金環が終わる．ゴールドリングが見えている時間は約5分で，太陽高度は35°と，とても見やすい角度だ．金環時の太陽高度は，西の地方ほど低く，大阪で30°，鹿児島では24°ほどとなる．

当日は月曜日だが，きっと多くの人々が朝の通勤通学途中に目の当たりにするゴールドリングに感動することだろう．ぜひとも晴れてほしいものだ．

●2030年6月1日（土）
北海道金環日食

2012年の次に日本で見られる金環日食は，2030年6月1日にアジア大陸北東部から北海道にかけて起こる．

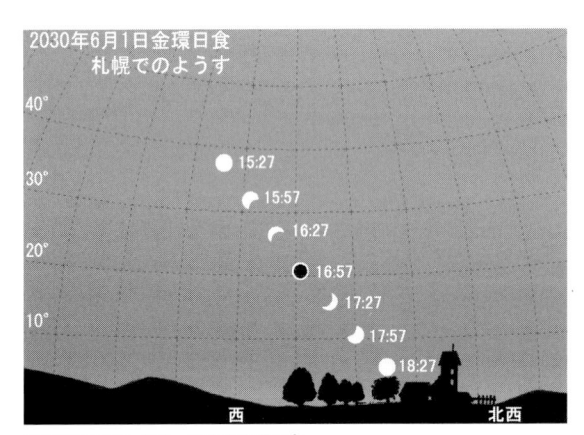

2030年6月1日（土） 北海道金環日食

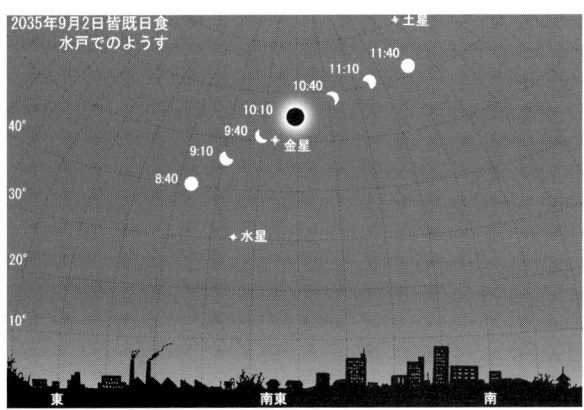

2035年9月2日（日） 信越・関東地方皆既日食

2009 望遠鏡・双眼鏡
総合カタログ
General Catalogue

双眼鏡

笠井トレーディング／WideBino28
有効口径：40mm／倍率：2.3倍／実視界：28.0°／ピント調節：単独繰り出し式／重量：280g／付属品：ハードレザーケース／価格：14,800円

シュタイナー／スキッパー 7×30
有効口径：30mm／倍率：7倍／実視界：6.9°／アイレリーフ：18.0mm／ピント調節：単独繰り出し式／プリズム型式：ポロプリズム／重量：520g／付属品：ケース，ストラップ／価格：63,000円

カールツァイス／Conquest8×30
有効口径：30mm／倍率：8倍／実視界：6.9°／アイレリーフ：15.0mm／ピント調節：中央繰り出し式／プリズム型式：ダハプリズム／重量：550g／付属品：ケース，ストラップ／価格：94,500円

ケンコー／Newボラーレ8×30W SP
効口径：30mm／倍率：8倍／実視界：8.2°／アイレリーフ：10.9mm／ピント調節：中央繰り出し式／プリズム形式：ポロプリズム／重量：550g／付属品：ケース，ストラップ／価格：オープン

ケンコー／Newミラージュ8×30W
有効口径：30mm／倍率：8倍／実視界：8.2°／アイレリーフ：10.9mm／ピント調節：中央繰り出し式／プリズム形式：ポロプリズム／重量：550g／付属品：ソフトケース，ストラップ／価格：オープン

ケンコー／ケンコー8×30DH
有効口径：30mm／倍率：8倍／実視界：6.5°／アイレリーフ：14mm／ピント調節：単独繰り出し式／プリズム形式：ダハプリズム／重量：340g／付属品：ソフトケース，ストラップ／価格：52,500円

サファリ／327MR
有効口径：30mm／倍率：8倍／実視界：8.5°／ピント調節：単独繰り出し式／プリズム形式：ポロプリズム／重量：740g／付属品：ケース・ストラップ・ミルスケール内蔵・完全防水／価格：81,900円

シュタイナー／レンジャー8×30
有効口径：30mm／倍率：8倍／実視界：6.9°／アイレリーフ：14.0mm／ピント調節：単独繰り出し式／プリズム型式：ポロプリズム／重量：486g／付属品：ケース，ストラップ／価格：47,250円

シュタイナー／ワイルドライフPro 8×30
有効口径：30mm／倍率：8倍／実視界：7.4°／アイレリーフ：16.0mm／ピント調節：単独繰り出し式／プリズム形式：ポロプリズム／重量：520g／付属品：ケース，ストラップ／価格：92,400円

シュタイナー／ナイトハンターXP 8×30
有効口径：30mm／倍率：8倍／実視界：7.4°／アイレリーフ：18.0mm／ピント調節：単独繰り出し式／プリズム形式：ポロプリズム／重量：520g／付属品：ケース，ストラップ／価格：141,750円

ニコン／8×30EⅡ
有効口径：30mm／倍率：8倍／実視界：8.8°／アイレリーフ：13.8mm／ピント調節：中央繰り出し／プリズム型式：ポロプリズム／重量：575g／付属品：ソフトケース，ストラップ，／価格：59,850円

カールツァイス／Conquest10×30
有効口径：30mm／倍率：10倍／実視界：5.5°／アイレリーフ：15.0mm／ピント調節：中央繰り出し式／プリズム型式：ダハプリズム／重量：560g／付属品：ケース，ストラップ／価格：102,900円

ビクセン／ニューアペックス HR12×30
有効口径：30mm／倍率：12倍／実視界：4.2°／アイレリーフ：12.0mm／ピント調節：中央繰り出し式／プリズム形式：ダハプリズム／重量：270g／付属品：ソフトケース，ストラップ／価格：27,300円

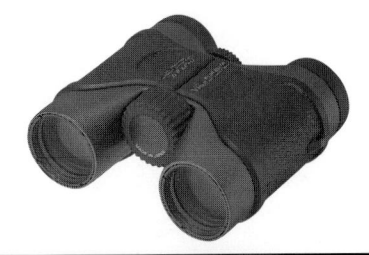

ビクセン／フォレスタHR 6×32
有効口径：32mm／倍率：6倍／実視界：8.0°／アイレリーフ：17mm／ピント調節：中央繰り出し／プリズム型式：ダハプリズム／重量：450g／付属品：ソフトケース，ストラップ／価格：38,640円

カールツァイス／Victory 8×32T*FL

有効口径：32mm／倍率：8倍／実視界：8.0°／アイレリーフ：16.0mm／ピント調節：中央繰り出し式／プリズム型式：ダハプリズム／重量：560g／付属品：接眼・対物キャップ，ストラップ，ケース／価格：213,150円

ケンコー／ケンコーNew8×32DH SGWP

有効口径：32mm／倍率：8倍／実視界：7.5°／アイレリーフ：16.0mm／ピント調節：中央繰り出し式／プリズム形式：ダハプリズム／重量：554g／付属品：ソフトケース，ストラップ／価格：オープン

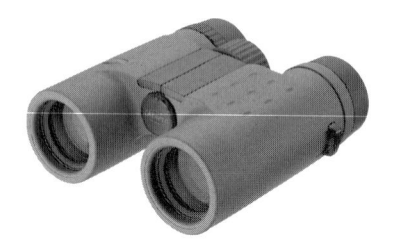

コーワ／BD32-8

有効口径：32mm／倍率：8倍／実視界：7.5°／アイレリーフ：15.0mm／ピント調節：中央繰り出し式／プリズム形式：ダハプリズム／重量：560g／付属品：ストラップ，ソフトケース，対物レンズキャップ，接眼レンズキャップ／価格：48,300円

ニコン／8×32HG L DCF

有効口径：32mm／倍率：8倍／実視界：7.8°／アイレリーフ：17.0mm／ピント調節：中央繰り出し／プリズム型式：ダハプリズム／重量：695g／付属品：革ケース，ストラップ／価格：115,500円

ニコン／8×32SE・CF

有効口径：32mm／倍率：8倍／実視界：7.5°／アイレリーフ：17.4mm／ピント調節：中央繰り出し／プリズム型式：ポロプリズム／重量：630g／付属品：ソフトケース，ストラップ／価格：73,500円

ビクセン／アスコット ZR8×32WP(W)

有効口径：32mm／倍率：8倍／実視界：8.2°／アイレリーフ：15.0mm／ピント調節：中央繰り出し式／プリズム形式：ポロプリズム／重量：830g／付属品：ソフトケース，ストラップ／価格：23,100円

ビクセン／アトレック HR 8×32WP

有効口径：32mm／倍率：8倍／実視界：6.5°／アイレリーフ：18.0mm／ピント調節：中央繰り出し式／プリズム形式：ダハプリズム／重量：390g／付属品：ソフトケース，ストラップ／価格：25,200円

ビクセン／アルティマ Z 8×32（W）

有効口径：32mm／倍率：8倍／実視界：8.3°／アイレリーフ：15mm／ピント調節：中央繰り出し式／プリズム型式：ポロプリズム／重量：520g／付属品：ハードケース，ストラップ／価格：28,350円

ビクセン／フォレスタ ZR 8×32WP

有効口径：32mm／倍率：8倍／実視界：7.5°／アイレリーフ：20.0mm／ピント調節：中央繰り出し式／プリズム形式：ポロプリズム／重量：695g／付属品：ソフトケース，ストラップ／価格：33,600円

ビクセン／フォレスタHR 8×32

有効口径：32mm／倍率：8倍／実視界：6.4°／アイレリーフ：13mm／ピント調節：中央繰り出し／プリズム型式：ダハプリズム／重量：465g／付属品：ソフトケース，ストラップ／価格：42,000円

フジノン／FUJINON 8×32LF

有効口径：32mm／倍率：8倍／実視界：6.4°／アイレリーフ：17mm／ピント調節：中央繰り出し／プリズム型式：ダハプリズム／重量：470g／付属品：ソフトケース，ストラップ／価格：43,050円

ライカ／ウルトラビット 8×32 BR

有効口径：32mm／倍率：8倍／実視界：7.7°／アイレリーフ：13.3mm／ピント調節：中央繰り出し式／プリズム形式：ダハプリズム／重量：535g／付属品：ネオプレーンストラップ（カーブ），アイピースカバー，フロントレンズカバー，コーデュラケース／価格：216,300円

ライカ／ウルトラビット 8×32 HD

有効口径：32mm／倍率：8倍／実視界：7.7°／アイレリーフ：13.3mm／ピント調節：中央繰り出し式／プリズム形式：ダハプリズム／重量：535g／付属品：ネオプレーンストラップ（カーブ），アイピースカバー，フロントレンズカバー，コーデュラケース／価格：241,500円

ペンタックス／8×32DCF SP

有効口径：32mm／倍率：8倍／実視界：7.5°／アイレリーフ：17mm／ピント調節：中央繰り出し／プリズム形式：ダハプリズム／重量：660g／付属品：ケース，ストラップ／価格：84,000円

カールツァイス／Victory 10×32T*FL

有効口径：32mm／倍率：10倍／実視界：6.9°／アイレリーフ：16.0mm／ピント調節：中央繰り出し式／プリズム型式：ダハプリズム／重量：565g／付属品：接眼・対物キャップ，ストラップ，ケース／価格：220,500円

コーワ／BD32-10

有効口径：32mm／倍率：10倍／実視界：6.0°／アイレリーフ：15.0mm／ピント調節：中央繰り出し式／プリズム形式：ダハプリズム／重量：565g／付属品：ストラップ，ソフトケース，対物レンズキャップ，接眼レンズキャップ／価格：52,500円

ニコン／10×32HG L DCF

有効口径：32mm／倍率：10倍／実視界：6.5°／アイレリーフ：16.0mm／ピント調節：中央繰り出し／プリズム型式：ダハプリズム／重量：695g／付属品：革ケース、ストラップ／価格：126,000円

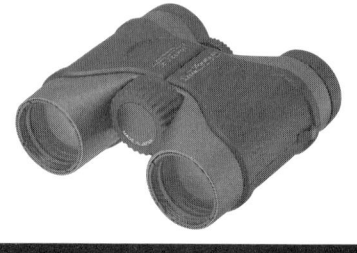

ビクセン／フォレスタHR 10×32

有効口径：32mm／倍率：10倍／実視界：5.2°／アイレリーフ：14.2mm／ピント調節：中央繰り出し／プリズム型式：ダハプリズム／重量：455g／付属品：ソフトケース、ストラップ／価格：44,625円

フジノン／FUJINON 10×32LF

有効口径：32mm／倍率：10倍／実視界：5.2°／アイレリーフ：10.5mm／ピント調節：中央繰り出し／プリズム型式：ダハプリズム／重量：470g／付属品：ソフトケース、ストラップ／価格：45,675円

ライカ／ウルトラビット 10×32 BR

有効口径：32mm／倍率：10倍／実視界：6.7°／アイレリーフ：13.2mm／ピント調節：中央繰り出し式／プリズム形式：ダハプリズム／重量：565g／付属品：ネオプレーンストラップ（カーブ）、アイピースカバー、フロントレンズカバー、コーデュラケース／価格：224,700円

ライカ／ウルトラビット 10×32 HD

有効口径：32mm／倍率：10倍／実視界：6.7°／アイレリーフ：13.2mm／ピント調節：中央繰り出し式／プリズム形式：ダハプリズム／重量：565g／付属品：ネオプレーンストラップ（カーブ）、アイピースカバー、フロントレンズカバー、コーデュラケース／価格：257,250円

ニコン／スタビライズ 12×32

有効口径：32mm／倍率：12倍／実視界：5.0°／アイレリーフ：15.0mm／プリズム型式：ダハプリズム 防振機能／重量：1130g／付属品：ケース、ストラップ／価格：93,450円

フジノン／FUJINON テクノスタビ TS1232 [2Mode]

有効口径：32mm／倍率：12倍／実視界：5°／ピント調節：中央繰り出し／プリズム型式：スタビライザー付プリズム／重量：1,070kg／付属品：ソフトケース、ストラップ／価格：93,450円

ニコン／スタビライズ 16×32

有効口径：32mm／倍率：16倍／実視界：3.8°／アイレリーフ：15.0mm／ピント調節：中央繰り出し式／プリズム形式：ダハプリズム／重量：1,120g／付属品：ケース、ストラップ／価格：102,900円

ケンコー／ボラーレ7-15×35

有効口径：35mm／倍率：7-15倍／実視界：5.6°-3.7°／アイレリーフ：20-16mm／ピント調節：中央繰り出し／プリズム型式：ポロプリズム／重量：約700g／付属品：ソフトケース、ストラップ／価格：オープン

ニコン／アクション EX 7×35CF

有効口径：35mm／倍率：7倍／実視界：9.3°／アイレリーフ：17.3mm／ピント調節：中央繰り出し／プリズム型式：ポロプリズム／重量：800g／付属品：ソフトケース、ストラップ／価格：31,500円

ニコン／10×35EⅡ

有効口径：35mm／倍率：10倍／実視界：7.0°／アイレリーフ：13.8mm／ピント調節：中央繰り出し／プリズム型式：ポロプリズム／重量：625g／付属品：ソフトケース、ストラップ／価格：65,100円

ニコン／アクションVⅡ 8×40 CF

有効口径：40mm／倍率：8倍／実視界：8.2°／アイレリーフ：11.9mm／ピント調節：中央繰り出し／プリズム型式：ポロプリズム／重量：760g／付属品：ソフトケース、ストラップ／価格：21,000円

ニコン／アクションEX 8×40 CF

有効口径：40mm／倍率：8倍／実視界：8.2°／アイレリーフ：17.2mm／ピント調節：中央繰り出し／プリズム型式：ポロプリズム／重量：855g／付属品：ソフトケース、ストラップ／価格：34,650円

ペンタックス／8×40PCF WPⅡ

有効口径：40mm／倍率：8倍／実視界：6.3°／アイレリーフ：20mm／ピント調節：中央繰り出し／プリズム形式：ポロプリズム／重量：900g／付属品：ケース、ストラップ／価格：オープン価格

ニコン／スタビライズ14×40

有効口径：40mm／倍率：14倍／実視界：4.0°／アイレリーフ：13.0mm／プリズム型式：ダハプリズム／重量：1,340g／付属品：ソフトケース、ハンドストラップ、フローティングストラップ／価格：178,500円

フジノン／FUJINON テクノスタビ TS1440

有効口径：40mm／倍率：14倍／実視界：4°／ピント調節：中央繰り出し／プリズム型式：スタビライザー付プリズム／重量：1.3kg／付属品：キャリングケース、フローティングストラップ／価格：178,500円

カールツァイス／Victory 7×42T*FL

有効口径：42mm／倍率：7倍／実視界：8.6°／アイレリーフ：16.0mm／ピント調節：中央繰り出し式／プリズム型式：ダハプリズム／重量：740g／付属品：接眼・対物キャップ、ストラップ、ケース／価格：223,650円

ライカ／ウルトラビット 7×42 HD

有効口径：42mm／倍率：7倍／実視界：8.0°／アイレリーフ：17.0mm／ピント調節：中央繰り出し式／プリズム形式：ダハプリズム／重量：770g／付属品：ネオプレーンストラップ（カーブ）、アイピースカバー、フロントレンズカバー、コーデュラケース／価格：257,250円

カールツァイス／Victory 8×42T*FL

有効口径：42mm／倍率：8倍／実視界：7.7°／アイレリーフ：16.0mm／ピント調節：中央繰り出し式／プリズム型式：ダハプリズム／重量：755g／付属品：接眼・対物キャップ、ストラップ、ケース／価格：229,950円

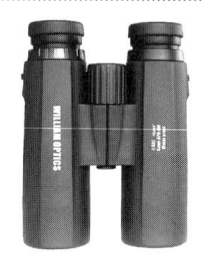

Willam Optics8×42 SEMI-APO Water Proof

有効口径：42mm／倍率：8倍／実視界：7.0°／アイレリーフ：20.0mm／ピント調節：中央繰り出し式／プリズム形式：ダハプリズム／重量：650g／付属品：キャリングバッグ、ストラップ／価格：18,800円

Willam Optics8×42 APO Water Proof

有効口径：42mm／倍率：8倍／実視界：7.0°／アイレリーフ：20.0mm／ピント調節：中央繰り出し式／プリズム形式：ダハプリズム／重量：680g／付属品：キャリングバッグ、ストラップ／価格：26,800円

ケンコー／New8×42DH SGWP

有効口径：42mm／倍率：8倍／実視界：7.5°／アイレリーフ：16.0mm／ピント調節：中央繰り出し式／プリズム形式：ダハプリズム／重量：590g／付属品：ケース、ストラップ／オープン

ケンコー／Newボラーレ8×42 SP

有効口径：42mm／倍率：8倍／実視界：6.4°／アイレリーフ：15.2mm／ピント調節：中央繰り出し式／プリズム形式：ポロプリズム／重量：650g／付属品：ソフトケース、ストラップ／価格：オープン

ケンコー／Newミラージュ8×42

有効口径：42mm／倍率：8倍／実視界：6.4°／アイレリーフ：15.2mm／ピント調節：中央繰り出し式／プリズム形式：ポロプリズム／重量：650g／付属品：ソフトケース、ストラップ／価格：オープン

ケンコー／アートス8×42W

有効口径：42mm／倍率：8倍／実視界：8.2°／アイレリーフ：17mm／ピント調節：中央繰り出し／プリズム型式：ポロプリズム／重量：約770g／付属品：ソフトケース、ストラップ／価格：17,850円

ケンコー／アートス8×42Wカモフラージュ

有効口径：42mm／倍率：8倍／実視界：8.2°／アイレリーフ：17mm／ピント調節：中央繰り出し／プリズム型式：ポロプリズム／重量：約770g／付属品：ソフトケース、ストラップ／価格：17,850円

ケンコー／ケンコー8×42WM CF

有効口径：42mm／倍率：8倍／実視界：8.2°／アイレリーフ：17.1mm／ピント調節：中央繰り出し式／プリズム形式：ポロプリズム／重量：810g／付属品：ソフトケース、ストラップ／価格：21,000円

ケンコー／アバンター8×42DH

有効口径：42mm／倍率：8倍／実視界：7.5°／アイレリーフ：19.0mm／ピント調節：中央繰り出し式／プリズム形式：ダハプリズム／重量：630g／付属品：ソフトケース、ストラップ／価格：52,500円

ケンコー／ケンコー8×42DH

有効口径：42mm／倍率：8倍／実視界：7.5°／アイレリーフ：18.0mm／ピント調節：中央繰り出し式／プリズム形式：ダハプリズム／重量：850g／付属品：ケース、ストラップ／価格：119,700円

ケンコー／ケンコー8×42DH MarkⅡ

有効口径：42mm／倍率：8倍／実視界：7.5°／アイレリーフ：18.0mm／ピント調節：中央繰り出し式／プリズム形式：ダハプリズム／重量：900g／付属品：ケース、ストラップ／価格：未定

ケンコー／ケンコー8×42DH MS

有効口径：42mm／倍率：8倍／実視界：7.5°／アイレリーフ：20.0mm／ピント調節：中央繰り出し式／プリズム形式：ダハプリズム／重量：700g／付属品：ケース、ストラップ／価格：未定

コーワ／BD42-8GR

有効口径：42mm／倍率：8倍／実視界：6.3°／アイレリーフ：18.3mm／ピント調節：中央繰り出し式／プリズム形式：ダハプリズム／重量：730g／付属品：ストラップ、ソフトケース、対物レンズキャップ、接眼レンズキャップ／価格：73,500円

ニコン／モナーク8×42D CF

有効口径：42mm／倍率：8倍／実視界：約6.3°／アイレリーフ：19.6mm／ピント調節：中央繰り出し／プリズム型式：ダハプリズム／重量：610g／付属品：ソフトケース、ストラップ／価格：37,800円

ニコン／8×42HG L DCF

有効口径：42mm／倍率：8倍／実視界：7°／アイレリーフ：20mm／ピント調節：中央繰り出し／プリズム型式：ダハプリズム／重量：790g／付属品：革ケース、ストラップ／価格：157,500円

ビクセン／アスコット ZR8×42WP(W)

有効口径：42mm／倍率：8倍／実視界：8.2°／アイレリーフ：18.0mm／ピント調節：中央繰り出し式／プリズム形式：ポロプリズム／重量：870g／付属品：ソフトケース、ストラップ／価格：24,150円

ビクセン／フォレスタ ZR 8×42WP

有効口径：42mm／倍率：8倍／実視界：7.5°／アイレリーフ：21.0mm／ピント調節：中央繰り出し式／プリズム形式：ポロプリズム／重量：790g／付属品：ソフトケース、ストラップ／価格：34,650円

ビクセン／アルピナ HR8×42WP

有効口径：42mm／倍率：8倍／実視界：6.7°／アイレリーフ：22.0mm／ピント調節：中央繰り出し式／プリズム形式：ダハプリズム／重量：670g／付属品：ソフトケース、ストラップ／価格：36,750円

ビクセン／アペックス プロ HR 8×42

有効口径：42mm／倍率：8倍／実視界：6.5°／アイレリーフ：19mm／ピント調節：中央繰り出し／プリズム型式：ダハプリズム／重量：705g／付属品：ソフトケース、ストラップ／価格：63,000円

フジノン／8×42 MF

有効口径：42mm／倍率：8倍／実視界：6.5°／アイレリーフ：21.4mm／ピント調節：中央繰り出し式／プリズム形式：ダハプリズム／重量：680g／付属品：接眼レンズキャップ、ソフトケース、ネックストラップ／価格：37,800円

ペンタックス／8×42DCF HRⅡ

有効口径：42mm／倍率：8倍／実視界：6.3°／アイレリーフ：22mm／ピント調節：中央繰り出し／プリズム形式：ダハプリズム／重量：835g／付属品：ケース、ストラップ／価格：48,300円

ミザール／BAK-842

有効口径：42mm／倍率：8倍／実視界：8.0°／アイレリーフ：22.0mm／ピント調節：中央繰り出し式／プリズム形式：ダハプリズム／重量：810g／付属品：ストラップ、ソフトケース／価格：21,000円

ライカ／ウルトラビット 8×42 HD

有効口径：42mm／倍率：8倍／実視界：7.4°／アイレリーフ：15.9mm／ピント調節：中央繰り出し式／プリズム形式：ダハプリズム／重量：790g／付属品：ネオプレーンストラップ（カーブ）、アイピースカバー、フロントレンズカバー、コーデュラケース／価格：273,000円

ライカ／ウルトラビット 8×42 BR

有効口径：42mm／倍率：8倍／実視界：約7.4°／アイレリーフ：15.5mm／ピント調節：中央繰り出し／プリズム型式：ダハプリズム／重量（約）：790g／付属品：ネオプレーンストラップ（カーブ）、アイピースカバー、フロントレンズカバー、コーデュラケース／価格：ブラック 240,450円

ライカ／ウルトラビット 8×42 BL

有効口径：42mm／倍率：8倍／実視界：約7.4°／アイレリーフ：15.5mm／ピント調節：中央繰り出し／プリズム型式　ダハプリズム／重量（約）：710g／付属品：レザーストラップ（カーブ）、アイピースカバー、革ケース／価格：263,550円

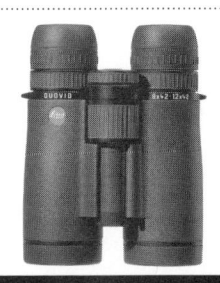

ライカ／デュオビット 8+12×42

有効口径：42mm／倍率：8倍，12倍／実視界：6.7°（8倍），5.1°（12倍）／アイレリーフ：14.5mm／ピント調節：中央繰り出し／プリズム型式：ダハプリズム／重量：1,045g／付属品：ネオプレーンストラップ（カーブ）、アイピースカバー、ソフトケース／価格：294,000円

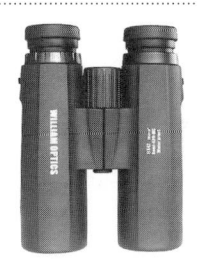

Willam Optics 10×42 SEMI-APO Water Proof

有効口径：42mm／倍率：10倍／実視界：5.0°／アイレリーフ：19.0mm／ピント調節：中央繰り出し式／プリズム形式：ダハプリズム／重量：680g／付属品：キャリングバッグ、ストラップ／価格：18,800円

カールツァイス／Victory 10×42T*FL

有効口径：42mm／倍率：10倍／実視界：6.3°／アイレリーフ：16.0mm／ピント調節：中央繰り出し式／プリズム型式：ダハプリズム／重量：765g／付属品：接眼・対物キャップ、ストラップ、ケース／価格：236,250円

ケンコー／アートス 10×42W

有効口径：42mm／倍率：10倍／実視界：6.6°／アイレリーフ：16mm／ピント調節：中央繰り出し／プリズム型式：ポロプリズム／重量：約770g／付属品：ソフトケース、ストラップ／価格：18,375円

ケンコー／ケンコー10×42WM CF

有効口径：42mm／倍率：10倍／実視界：6.6°／アイリーフ：16.0mm／ピント調節：中央繰り出し式／プリズム形式：ポロプリズム／重量：815g／付属品：ソフトケース、ストラップ／価格：21,525円

ケンコー／ケンコー10×42DH

有効口径：42mm／倍率：10倍／実視界：6.0°／アイリーフ：15.0mm／ピント調節：中央繰り出し式／プリズム形式：ダハプリズム／重量：850g／付属品：ケース、ストラップ／価格：134,400円

ケンコー／ケンコー10×42DH MarkⅡ

有効口径：42mm／倍率：10倍／実視界：6.0°／アイリーフ：15.0mm／ピント調節：中央繰り出し式／プリズム形式：ダハプリズム／重量：900g／付属品：ケース、ストラップ／価格：未定

ケンコー／ケンコー10×42DH MS

有効口径：42mm／倍率：10倍／実視界：6.6°／アイリーフ：15.3mm／ピント調節：中央繰り出し式／プリズム形式：ダハプリズム／重量：850g／付属品：ケース、ストラップ／価格：未定

コーワ／BD42-10GR

有効口径：42mm／倍率：10倍／実視界：6.0°／アイリーフ：14.3mm／ピント調節：中央繰り出し式／プリズム形式：ダハプリズム／重量：745g／付属品：ストラップ、ソフトケース、対物レンズキャップ、接眼レンズキャップ／価格：78,750円

ニコン／10×42SE・CF

有効口径：42mm／倍率：10倍／実視界：6°／アイリーフ：17.4mm／ピント調節：中央繰り出し／プリズム型式：ポロプリズム／重量：710g／付属品：ソフトケース、ストラップ／価格：78,750円

ニコン／10×42HG L DCF

有効口径：42mm／倍率：10倍／実視界：6°／アイリーフ：18.5mm／ピント調節：中央繰り出し／プリズム型式：ダハプリズム／重量：790g／付属品：革ケース、ストラップ／価格：168,000円

ニコン／モナーク10×42D CF

有効口径：42mm／倍率：10倍／実視界：6°／アイリーフ：15.5mm／ピント調節：中央繰り出し／プリズム型式：ダハプリズム／重量：610g／付属品：ソフトケース、ストラップ／価格：39,900円

ビクセン／フォレスタ ZR 10×42WP

有効口径：42mm／倍率：10倍／実視界：6.0°／アイレリーフ：20.0mm／ピント調節：中央繰り出し式／プリズム形式：ポロプリズム／重量：790g／付属品：ソフトケース、ストラップ／価格：35,700円

ビクセン／アルピナ HR10×42WP

有効口径：42mm／倍率：10倍／実視界：6.1°／アイレリーフ：16.0mm／ピント調節：中央繰り出し式／プリズム形式：ダハプリズム／重量：670g／付属品：ソフトケース、ストラップ／価格：38,850円

フジノン／10×42 MF

有効口径：42mm／倍率：10倍／実視界：6.0°／アイレリーフ：15.5mm／ピント調節：中央繰り出し式／プリズム形式：ダハプリズム／重量：680g／付属品：接眼レンズキャップ、ソフトケース、ネックストラップ／価格：39,900円

ライカ／ウルトラビット 10×42 HD

有効口径：42mm／倍率：10倍／実視界：6.3°／アイレリーフ：15.8mm／ピント調節：中央繰り出し式／プリズム形式：ダハプリズム／重量：750g／付属品：ネオプレーンストラップ（カーブ）、アイピースカバー、フロントレンズカバー、コーデュラケース／価格：288,750円

ライカ／ウルトラビット 10×42 BL

有効口径：42mm／倍率：10倍／実視界：約6.3°／アイレリーフ：15.8mm／ピント調節：中央繰り出し／プリズム型式　ダハプリズム／重量（約）695g／付属品：レザーストラップ（カーブ）、アイピースカバー、革ケース／価格：277,200円

ケンコー／アートス12×42W

有効口径：42mm／倍率：12倍／実視界：5.5°／アイレリーフ：16.5mm／ピント調節：中央繰り出し／プリズム型式：ポロプリズム／重量：約770g／付属品：ソフトケース、ストラップ／価格：19,425円

ケンコー／ケンコー12×42WM CF

有効口径：42mm／倍率：12倍／実視界：5.5°／アイレリーフ：15.3mm／ピント調節：中央繰り出し式／プリズム形式：ポロプリズム／重量：815g／付属品：ソフトケース、ストラップ／価格：22,575円

ペンタックス／8×43DCF SP

有効口径：43mm／倍率：8倍／実視界：6.3°／アイレリーフ：22mm／ピント調節：中央繰り出し式／プリズム形式：ダハプリズム／重量：695g／付属品：ケース、ストラップ／価格：96,600円

ペンタックス／10×43DCF SP

有効口径：43mm／倍率：10倍／実視界：6.0°／アイレリーフ：17mm／ピント調節：中央繰り出し／プリズム形式：ダハプリズム／重量：710g／付属品：ケース、ストラップ／価格：105,000円

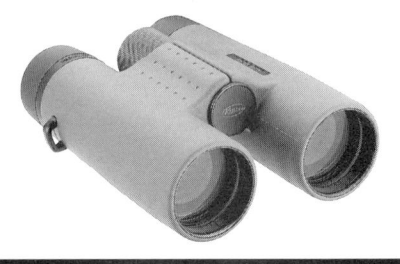

コーワ／GENESIS44プロミナー 8.5×44

有効口径：44mm（XDレンズ4枚）倍率：8.5倍／実視界：7.0°／アイレリーフ：18.3mm／ピント調節：中央繰り出し式／プリズム形式：ダハプリズム／重量：940g／付属品：ソフトケース、ストラップ、対物レンズキャップ、接眼レンズキャップ／価格：183,750円

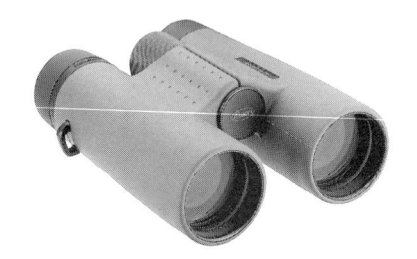

コーワ／GENESIS44プロミナー 10.5×44

有効口径：44mm（XDレンズ4枚）倍率：10.5倍／実視界：6.2°／アイレリーフ：16.0mm／ピント調節：中央繰り出し式／プリズム形式：ダハプリズム／重量：960g／付属品：ソフトケース、ストラップ、対物レンズキャップ、接眼レンズキャップ／価格：194,250円

シュタイナー／ナイトハンターXP 8×44

有効口径：44mm／倍率：8倍／実視界：7.4°／ピント調節：中央繰り出し式／プリズム形式：ダハプリズム／重量：834g／付属品：ケース、ストラップ／価格：273,000円

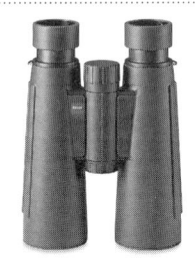

カールツァイス／Conquest12×45

有効口径：45mm／倍率：12倍／実視界：4.6°／アイレリーフ：15.0mm／ピント調節：中央繰り出し式／プリズム型式：ダハプリズム／重量：605g／付属品：ケース、ストラップ／価格：117,600円

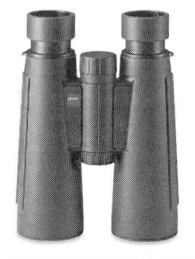

カールツァイス／Conquest15×45

有効口径：45mm／倍率：15倍／実視界：3.7°／アイレリーフ：15.0mm／ピント調節：中央繰り出し式／プリズム型式：ダハプリズム／重量：620g／付属品：ケース、ストラップ／価格：126,000円

Willam Optics7×50 ED Astro Binocular

有効口径：50mm／倍率：7倍／実視界：7.5°／アイレリーフ：23.0mm／ピント調節：単独繰り出し式／プリズム形式：ポロプリズム／重量：1,600g／付属品：キャリングバッグ、ストラップ／価格：35,800円

カールツァイス／7×50B/GA ClassiC

有効口径：50mm／倍率：7倍／実視界：約7.4°／アイレリーフ：18.0mm／ピント調節：単独繰り出し式／プリズム型式：ポロプリズム／重量：1,200g／付属品：ストラップ、対物キャップ／価格：238,350円

ケンコー／Newミラージュ7×50

有効口径：50mm／倍率：7倍／実視界：6.8°／アイリーフ：17.8mm／ピント調節：中央繰り出し式／プリズム形式：ポロプリズム／重量：790g／付属品：ソフトケース，ストラップ／価格：オープン

ケンコー／Newボラーレ7×50 SP

有効口径：50mm／倍率：7倍／実視界：6.8°／アイリーフ：17.8mm／ピント調節：中央繰り出し式／プリズム形式：ポロプリズム／重量：790g／付属品：ソフトケース，ストラップ／価格：オープン

ケンコー／アートス7×50

有効口径：50mm／倍率：7倍／実視界：6.5°／アイリーフ：18.1mm／ピント調節：中央繰り出し／プリズム型式：ポロプリズム／重量：約880g／付属品：ソフトケース，ストラップ／価格：19,425円

ケンコー／アートス7×50カモフラージュ

有効口径：50mm／倍率：7倍／実視界：6.5°／アイリーフ：18.1mm／ピント調節：中央繰り出し／プリズム型式：ポロプリズム／重量：約880g／付属品：ソフトケース，ストラップ／価格：19,425円

ケンコー／ケンコー7×50M CF

有効口径：50mm／倍率：7倍／実視界：6.5°／アイリーフ：18.1mm／ピント調節：中央繰り出し式／プリズム形式：ポロプリズム／重量：900g／付属品：ソフトケース，ストラップ／価格：22,575円

ケンコー／アバンター7×50

有効口径：50mm／倍率：7倍／実視界：6.5°／アイリーフ：18.1mm／ピント調節：中央繰り出し／プリズム型式：ポロプリズム／重量：約880g／付属品：ソフトケース，ストラップ／価格：34,125円

ケンコー／ケンコー7×50WP

有効口径：50mm／倍率：7倍／実視界：7.0°／アイリーフ：18mm／ピント調節：中央繰り出し式／プリズム形式：ポロプリズム／重量：870g／付属品：ハードケース，ストラップ／価格：50,400円

ケンコー／ケンコー7×50M IF

有効口径：50mm／倍率：7倍／実視界：7.2°／アイリーフ：24.9mm／ピント調節：単独繰り出し式／プリズム形式：ポロプリズム／重量：1,080g／付属品：ソフトケース，ストラップ／価格：59,850円

シュタイナー／スキッパー 7×50

有効口径：50mm／倍率：7倍／実視界：6.7°／アイリーフ：18.0mm／ピント調節：単独繰り出し式／プリズム形式：ポロプリズム／重量：1,055g／付属品：ケース、ストラップ／価格：89,250円

シュタイナー／コマンダーXP 7×50

有効口径：50mm／倍率：7倍／実視界：7.4°／アイリーフ：18.0mm／ピント調節：単独繰り出し式／プリズム形式：ポロプリズム／重量：1,075g／付属品：ケース、ストラップ／価格：236,250円

ニコン／アクションEX 7×50 CF

有効口径：50mm／倍率：7倍／実視界：6.4°／アイリーフ：17.1mm／ピント調節：中央繰り出し／プリズム型式：ポロプリズム／重量：1.000g／付属品：ソフトケース、ストラップ／価格：35,700円

ニコン／7×50トロピカル IF・防水型・HP

有効口径：50mm／倍率：7倍／実視界：7.3°／アイリーフ：15mm／ピント調節：単独繰り出し／プリズム型式：ポロプリズム／重量：1,360g／付属品：ハードケース、ストラップ／価格：65,100円

ニコン／7×50SP 防水型

有効口径：50mm／倍率：7倍／実視界：7.3°／アイリーフ：16.2mm／ピント調節：単独繰り出し／プリズム型式：ポロプリズム／重量：1485g／付属品：ハードケース、ストラップ／価格：99,750円

ビクセン／アスコット ZR7×50WP

有効口径：50mm／倍率：7倍／実視界：6.4°／アイリーフ：17.0mm／ピント調節：中央繰り出し式／プリズム形式：ポロプリズム／重量：1,015g／付属品：ソフトケース、ストラップ／価格：26,250円

ビクセン／アルティマ Z 7×50

有効口径：50mm／倍率：7倍／実視界：6.6°／アイリーフ：18mm／ピント調節：中央繰り出し／プリズム型式：ポロプリズム／重量：740g／付属品：ハードケース、ストラップ／価格：32,550円

ビクセン／フォレスタ ZR 7×50WP

有効口径：50mm／倍率：7倍／実視界：7.1°／アイリーフ：20.0mm／ピント調節：中央繰り出し式／プリズム形式：ポロプリズム／重量：930g／付属品：ソフトケース、ストラップ／価格：36,750円

フジノン／FUJINON 7×50WP-XL

有効口径：50mm／倍率：7倍／実視界：7.5°／アイレリーフ：18mm／ピント調節：単独繰り出し／プリズム型式：ポロプリズム／重量：885g／付属品：ストラップ／価格：29,400円

フジノン／FUJINON 7×50WP-CF

有効口径：50mm／倍率：7倍／実視界：7.2°／アイレリーフ：22mm／ピント調節：中央繰り出し／プリズム型式：ポロプリズム／重量：1,150g／付属品：ストラップ／価格：34,650円

フジノン／FUJINON 7×50WPC-XL

有効口径：50mm／倍率：7倍／実視界：7°／アイレリーフ：18mm／ピント調節：単独繰り出し／プリズム型式：ポロプリズム（コンパス付）／重量：910g／付属品：ストラップ／価格：36,750円

フジノン／FUJINON 7×50WPC-CF

有効口径：50mm／倍率：7倍／実視界：7.2°／アイレリーフ：22mm／ピント調節：中央繰り出し／プリズム型式：ポロプリズム（コンパス付）／重量：1.200g／付属品：ストラップ／価格：42,000円

フジノン／FUJINON 7×50MT-SX

有効口径：50mm／倍率：7倍／実視界：7.5°／アイレリーフ：12mm／ピント調節：単独繰り出し／プリズム型式：ポロプリズム／重量：1.22kg／付属品：ハードケース，ストラップ，丸型目当て／価格：43,575円

フジノン／FUJINON 7×50MTR-SX

有効口径：50mm／倍率：7倍／実視界：7.5°／アイレリーフ：12mm／ピント調節：単独繰り出し／プリズム型式：ポロプリズム／重量：1.30kg／付属品：ハードケース，ストラップ，丸型目当て／価格：46,725円

フジノン／FUJINON 7×50MTRC-SX

有効口径：50mm／倍率：7倍／実視界：7.5°／アイレリーフ：12mm／ピント調節：単独繰り出し／プリズム型式：ポロプリズム（コンパス付）／重量：1.36kg／付属品：ハードケース，ストラップ，丸型目当て／価格：54,390円

フジノン／FUJINON 7×50FMT-SX

有効口径：50mm／倍率：7倍／実視界：7.5°／アイレリーフ：23mm／ピント調節：単独繰り出し／プリズム型式：ポロプリズム（フラットナーレンズ採用）／重量：1.38kg／付属品：ハードケース，ストラップ，丸型目当て／価格：80,850円

フジノン／FUJINON 7×50FMTR-SX

有効口径：50mm／倍率：7倍／実視界：7.5°／アイレリーフ：23mm／ピント調節：単独繰り出し／プリズム型式：ポロプリズム（フラットナーレンズ採用）／重量：1.41kg／付属品：ハードケース、ストラップ、丸型目当て／価格：84,000円

フジノン／FUJINON 7×50FMTRC-SX

有効口径：50mm／倍率：7倍／実視界：7.5°／アイレリーフ：23mm／ピント調節：単独繰り出し／プリズム型式：ポロプリズム（フラットナーレンズ採用、コンパス付）／重量：1.46kg／付属品：ハードケース、ストラップ、丸型目当て／価格：91,665円

ミザール／BK-7050

有効口径：50mm／倍率：7倍／実視界：6.4°／アイレリーフ：25.0mm／ピント調節：中央繰り出し式／プリズム形式：ポロプリズム／重量：840g／付属品：ストラップ、ソフトケース／価格：15,750円

ライカ／ウルトラビット 8×50 HD

有効口径：50mm／倍率：8倍／実視界：6.7°／アイレリーフ：17.0mm／ピント調節：中央繰り出し式／プリズム形式：ダハプリズム／重量：1,000g／付属品：ネオプレーンストラップ（カーブ）、アイピースカバー、フロントレンズカバー、コーデュラケース／価格：273,000円

ライカ／ウルトラビット 8×50 BR

有効口径：50mm／倍率：8倍／実視界：約6.7°／アイレリーフ：17mm／ピント調節：中央繰り出し／プリズム型式　ダハプリズム／重量（約）：1,000g／付属品：ネオプレーンストラップ（カーブ）、アイピースカバー、フロントレンズカバー、コーデュラケース／価格：ブラック256,200円

Willam Optics 10×50 ED Astro Binocular

有効口径：50mm／倍率：10倍／実視界：6.6°／アイレリーフ：18.0mm／ピント調節：単独繰り出し式／プリズム形式：ポロプリズム／重量：1,600g／付属品：キャリングバッグ、ストラップ／価格：35,800円

ケンコー／Newボラーレ10×50W SP

有効口径：50mm／倍率：10倍／実視界：6.5°／アイレリーフ：12.7mm／ピント調節：中央繰り出し式／プリズム形式：ポロプリズム／重量：790g／付属品：ソフトケース、ストラップ／価格：オープン

ケンコー／Newミラージュ10×50W

有効口径：50mm／倍率：10倍／実視界：6.5°／アイレリーフ：12.7mm／ピント調節：中央繰り出し式／プリズム形式：ポロプリズム／重量：790g／付属品：ソフトケース、ストラップ／価格：オープン

ケンコー／アートス10×50W

有効口径：50mm／倍率：10倍／実視界：6.6°／アイレリーフ：15.5mm／ピント調節：中央繰り出し／プリズム型式：ポロプリズム／重量：約880g／付属品：ソフトケース、ストラップ／価格：19,425円

ケンコー／ケンコー10×50WM CF

有効口径：50mm／倍率：10倍／実視界：6.6°／アイレリーフ：15.5mm／ピント調節：中央繰り出し式／プリズム形式：ポロプリズム／重量：910g／付属品：ソフトケース、ストラップ／価格：22,575円

ケンコー／アバンター10×50W

有効口径：50mm／倍率：10倍／実視界：6.6°／アイレリーフ：15.5mm／ピント調節：中央繰り出し／プリズム型式：ポロプリズム／重量：約880g／付属品：ソフトケース、ストラップ／価格：34,125円

ニコン／アクションVII 10×50 CF

有効口径：50mm／倍率：10倍／実視界：6.5°／アイレリーフ：11.8mm／ピント調節：中央繰り出し／プリズム型式：ポロプリズム／重量：970g／付属品：ソフトケース、ストラップ／価格：27,300円

ニコン／アクションEX 10×50 CF

有効口径：50mm／倍率：10倍／実視界：6.5°／アイレリーフ：17.2mm／ピント調節：中央繰り出し／プリズム型式：ポロプリズム／重量：1,020g／付属品：ソフトケース、ストラップ／価格：38,850円

ビクセン／アスコット SW 10×50

有効口径：50mm／倍率：10倍／実視界：8.5°／アイレリーフ：7mm／ピント調節：中央繰り出し／プリズム型式：ポロプリズム／重量：875g／付属品：ソフトケース、ストラップ／価格：21,000円

ビクセン／アスコット ZR10×50WP(W)

有効口径：50mm／倍率：10倍／実視界：6.5°／アイレリーフ：18.0mm／ピント調節：中央繰り出し式／プリズム形式：ポロプリズム／重量：1,040g／付属品：ソフトケース、ストラップ／価格：27,300円

ビクセン／アトレック HR 10×50WP

有効口径：50mm／倍率：10倍／実視界：5.5°／アイレリーフ：20.0mm／ピント調節：中央繰り出し式／プリズム形式：ダハプリズム／重量：870g／付属品：ソフトケース、ストラップ／価格：42,000円

ビクセン／アペックス プロ HR 10×50

有効口径：50mm／倍率：10倍／実視界：5.0°／アイリーフ：18mm／ピント調節：中央繰り出し／プリズム型式：ダハプリズム／重量：815g／付属品：ソフトケース、ストラップ／価格：71,400円

フジノン／FUJINON 10×50FMT-SX

有効口径：50mm／倍率：10倍／実視界：6.5°／アイリーフ：19.8mm／ピント調節：単独繰り出し／プリズム型式：ポロプリズム（フラットナーレンズ採用）／重量：1.40kg／付属品：ソフトケース、ストラップ／価格：90,300円

フジノン／FUJINON 10×50FMTR-SX

有効口径：50mm／倍率：10倍／実視界：6.5°／アイリーフ：19.8mm／ピント調節：単独繰り出し／プリズム型式：ポロプリズム（フラットナーレンズ採用）／重量：1.43kg／付属品：ソフトケース、ストラップ、丸型目当て／価格：93,450円

ペンタックス／10×50PCF WPⅡ

有効口径：50mm／倍率：10倍／実視界：5.0°／アイリーフ：20mm／ピント調節：中央繰り出し／プリズム形式：ポロプリズム／重量：1,060g／付属品：ケース、ストラップ／価格：オープン価格

ペンタックス／10×50DCF SP

有効口径：50mm／倍率：10倍／実視界：5.0°／アイリーフ：22mm／ピント調節：中央繰り出し／プリズム形式：ダハプリズム／重量：840g／付属品：ケース、ストラップ／価格：126,000円

ライカ／デュオビット 10+15×50

有効口径：50mm／倍率：10倍、15倍／実視界：約5.3°（10倍）、約4.0°（15倍）／アイリーフ：眼鏡対応／ピント調節：中央繰り出し／プリズム型式ダハプリズム／重量（約）：1,250g／付属品：ネオプレーンストラップ（カーブ）、アイピースカバー、ソフトケース、三脚アダプター／価格：333,900円

ライカ／ウルトラビット 10×50 BR

有効口径：50mm／倍率：10倍／実視界：約6.7°／アイリーフ：15.0mm／ピント調節：中央繰り出し／プリズム型式 ダハプリズム／重量（約）：1.000g／付属品：ネオプレーンストラップ（カーブ）、アイピースカバー、フロントレンズカバー、コーデュラケース／価格：ブラック 264,600円

ライカ／ウルトラビット 10×50 HD

有効口径：50mm／倍率：10倍／実視界：6.7°／アイリーフ：15.0mm／ピント調節：中央繰り出し式／プリズム形式：ダハプリズム／重量：1,000g／付属品：ネオプレーンストラップ（カーブ）、アイピースカバー、フロントレンズカバー、コーデュラケース／価格：288,750円

ケンコー／Newボラーレ12×50W SP

有効口径：50mm／倍率：12倍／実視界：5.5°／アイレリーフ：10.3mm／ピント調節：中央繰り出し式／プリズム形式：ポロプリズム／重量：810g／付属品：ソフトケース、ストラップ／価格：オープン

ケンコー／Newミラージュ12×50W

有効口径：50mm／倍率：12倍／実視界：5.5°／アイレリーフ：10.3mm／ピント調節：中央繰り出し式／プリズム形式：ポロプリズム／重量：810g／付属品：ソフトケース、ストラップ／価格：オープン

ケンコー／アートス12×50W

有効口径：50mm／倍率：12倍／実視界：5.5°／アイレリーフ：15.8mm／ピント調節：中央繰り出し／プリズム型式：ポロプリズム／重量：約880g／付属品：ソフトケース、ストラップ／価格：20,475円

ケンコー／ケンコー12×50WM CF

有効口径：50mm／倍率：12倍／実視界：5.5°／アイレリーフ：15.8mm／ピント調節：中央繰り出し式／プリズム形式：ポロプリズム／重量：910g／付属品：ソフトケース、ストラップ／価格：23,625円

ニコン／アクションEX 12×50 CF

有効口径：50mm／倍率：12倍／実視界：5.5°／アイレリーフ：17.6mm／ピント調節：中央繰り出し／プリズム型式：ポロプリズム／重量：1,045g／付属品：ソフトケース、ストラップ／価格：40,950円

ニコン／12×50SE・CF

有効口径：50mm／倍率：12倍／実視界：5°／アイレリーフ：17.4mm／ピント調節：中央繰り出し／プリズム型式：ポロプリズム／重量：900g／付属品：ソフトケース、ストラップ／価格：89,250円

ペンタックス／12×50PCF WPⅡ

有効口径：50mm／倍率：12倍／実視界：4.2°／アイレリーフ：20mm／ピント調節：中央繰り出し／プリズム形式：ポロプリズム／重量：1,080g／付属品：ケース、ストラップ／価格：オープン価格

ライカ／ウルトラビット 12×50 BR

有効口径：50mm／倍率：12倍／実視界：約5.7°／アイレリーフ：13mm／ピント調節：中央繰り出し／プリズム形式 ダハプリズム／重量(約)：1,040g／付属品：ネオプレーンストラップ（カーブ）、アイピースカバー、フロントレンズカバー、コーデュラケース／価格：ブラック 283,500円

ライカ／ウルトラビット 12×50 HD

有効口径：50mm／倍率：12倍／実視界：5.7°／アイレリーフ：13.0mm／ピント調節：中央繰り出し式／プリズム形式：ダハプリズム／重量：1,040g／付属品：ネオプレーンストラップ（カーブ）、アイピースカバー、フロントレンズカバー、コーデュラケース／価格：315,000円

ケンコー／Newボラーレ16×50 SP

有効口径：50mm／倍率：16倍／実視界：3.5°／アイレリーフ：12.1mm／ピント調節：中央繰り出し式／プリズム形式：ポロプリズム／重量：820g／付属品：ソフトケース、ストラップ／価格：オープン

ケンコー／Newミラージュ16×50

有効口径：50mm／倍率：16倍／実視界：3.5°／アイレリーフ：12.1mm／ピント調節：中央繰り出し式／プリズム形式：ポロプリズム／重量：820g／付属品：ソフトケース、ストラップ／価格：オープン

ケンコー／ケンコー16×50WP

有効口径：50mm／倍率：16倍／実視界：3.0°／アイレリーフ：10.0mm／ピント調節：中央繰り出し式／プリズム形式：ポロプリズム／重量：1,160g／付属品：ハードケース、ストラップ／価格：102,900円

ニコン／アクションVII 16×50 CF

有効口径：50mm／倍率：16倍／実視界：4.1°／アイレリーフ：12.3mm／ピント調節：中央繰り出し／プリズム型式：ポロプリズム／重量：990g／付属品：ソフトケース、ストラップ、三脚アダプター／価格：33,600円

ケンコー／ボラーレ8−20×50

有効口径：50mm／倍率：8−20倍／実視界：4.5°−2.9°／アイレリーフ：20−15mm／ピント調節：中央繰り出し／プリズム型式：ポロプリズム／重量：約900g／付属品：ソフトケース、ストラップ／価格：オープン

ビクセン／アルティマ ZR 9〜22×50(ZOOM)

有効口径：50mm／倍率：9〜22倍／実視界：4.6°〜2.8°／アイレリーフ：23〜16mm／ピント調節：中央繰り出し／プリズム型式：ポロプリズム／重量：970g／付属品：ハードケース、ストラップ／価格：52,500円

ビクセン／アスコット ZR8〜32×50(ZOOM)

有効口径：50mm／倍率：8〜32倍／実視界：4.2°〜2.0°／アイレリーフ：14〜11mm／ピント調節：中央繰り出し式／プリズム形式：ポロプリズム／重量：1,025g／付属品：ソフトケース、ストラップ／価格：35,700円

シュタイナー／ナイトハンターXP 8×56

有効口径：56mm／倍率：8倍／実視界：6.4°／アイレリーフ：17.6mm／ピント調節：単独繰り出し式／プリズム形式：ポロプリズム／重量：1,070g／付属品：ケース，ストラップ／価格：241,500円

カールツァイス／8×56B/GA ClassiC

有効口径：56mm／倍率：8倍／実視界：約6.3°／アイレリーフ：19.0mm／ピント調節：中央繰り出し式／プリズム型式：ダハプリズム／重量：1,010g／付属品：ハードケース，ストラップ／価格：242,550円

カールツァイス／Victory 8×56T*FL

有効口径：56mm／倍率：8倍／実視界：7.4°／アイレリーフ：16.0mm／ピント調節：中央繰り出し式／プリズム型式：ダハプリズム／重量：1,220g／付属品：接眼・対物キャップ，ストラップ，ケース／価格：262,500円

カールツァイス／Victory 10×56T*FL

有効口径：56mm／倍率：10倍／実視界：6.3°／アイレリーフ：16.0mm／ピント調節：中央繰り出し式／プリズム型式：ダハプリズム／重量：1,250g／付属品：接眼・対物キャップ，ストラップ，ケース／価格：269,850円

カールツァイス／20×60S Professional

有効口径：60mm／倍率：20倍／実視界：約2.9°／アイレリーフ：13mm／ピント調節：中央繰り出し式／プリズム型式：ポロプリズム（手ブレ補正精密スタビライザー内蔵）／重量：1,660g／付属品：アルミケース／価格：661,500円

ペンタックス／20×60PCF WPⅡ

有効口径：60mm／倍率：20倍／実視界：2.2°／アイレリーフ：21mm／ピント調節：中央繰り出し／プリズム形式：ポロプリズム／重量：1,400g／付属品：ケース，ストラップ／価格：オープン価格

ニコン／10×70 IF・防水型・HP

有効口径：70mm／倍率：10倍／実視界：5.1°／アイレリーフ：15mm／ピント調節：単独繰り出し／プリズム型式：ポロプリズム／重量：1,985g／付属品：ハードケース，ストラップ／価格：91,350円

ニコン／10×70SP 防水型

有効口径：70mm／倍率：10倍／実視界：5.1°／アイレリーフ：16.3mm／ピント調節：単独繰り出し／プリズム型式：ポロプリズム／重量：2,100g／付属品：ハードケース，ストラップ／価格：140,700円

フジノン／FUJINON10×70MT-SX

有効口径：70mm／倍率：10倍／実視界：5.3°／アイレリーフ：12mm／ピント調節：単独繰り出し／プリズム型式：ポロプリズム／重量：1.80kg／付属品：ハードケース、ストラップ、丸型目当て／価格：66,150円

フジノン／FUJINON10×70FMT-SX

有効口径：70mm／倍率：10倍／実視界：5.3°／アイレリーフ：23mm／ピント調節：単独繰り出し／プリズム型式：ポロプリズム（フラットナーレンズ採用）／重量：1.93kg／付属品：ハードケース、ストラップ、丸型目当て／価格：99,750円

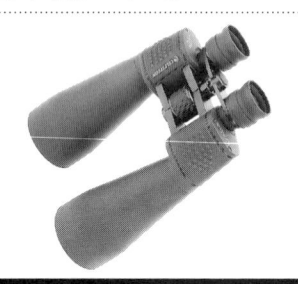

セレストロン／SkyMaster 15×70

有効口径：70mm／倍率：15倍／実視界：4.4°／アイレリーフ：18.0mm／ピント調節：中央繰り出し式／プリズム形式：ポロプリズム／重量：1,360g／付属品：ソフトケース、ストラップ／価格：18,060円

フジノン／FUJINON16×70FMT-SX

有効口径：70mm／倍率：16倍／実視界：4°／アイレリーフ：15.5mm／ピント調節：単独繰り出し／プリズム型式：ポロプリズム（フラットナーレンズ採用）／重量：1.92kg／付属品：ハードケース、ストラップ、丸型目当て／価格：108,150円

ニコン／18×70 IF・防水型・WF

有効口径：70mm／倍率：18倍／実視界：4°／アイレリーフ：15.4mm／ピント調節：単独繰り出し／プリズム型式：ポロプリズム／重量：2,050g／付属品：ハードケース、ストラップ／価格：149,100円

ビクセン／アーク BR16×80WP(W)

有効口径：80mm／倍率：16倍／実視界：4.3°／アイレリーフ：17.0mm／ピント調節：中央繰り出し式／プリズム形式：ポロプリズム／重量：2,390g／付属品：ハードケース、ストラップ、専用ビノホルダー／価格：69,300円

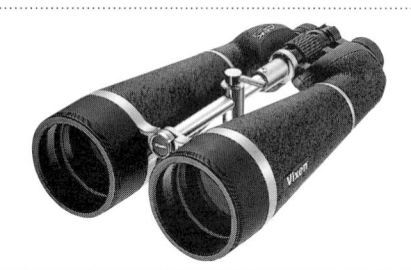

ビクセン／アーク BR20×80WP(W)

有効口径：80mm／倍率：20倍／実視界：3.5°／アイレリーフ：16.0mm／ピント調節：中央繰り出し式／プリズム形式：ポロプリズム／重量：2,390g／付属品：ハードケース、ストラップ、専用ビノホルダー／価格：71,400円

ビクセン／アーク BR30×80WP(W)

有効口径：80mm／倍率：30倍／実視界：2.3°／アイレリーフ：18.0mm／ピント調節：中央繰り出し式／プリズム形式：ポロプリズム／重量：2,445g／付属品：ハードケース、ストラップ、専用ビノホルダー／価格：73,500円

ビクセン／B16〜40×80 (ZOOM)

有効口径：80mm／倍率：16〜40倍／実視界：2.6〜1.6°／アイレリーフ：22〜15mm／ピント調節：中央繰り出し／プリズム型式：ポロプリズム／重量：2,450g／付属品：ハードケース、専用ビノホルダー／価格：102,900円

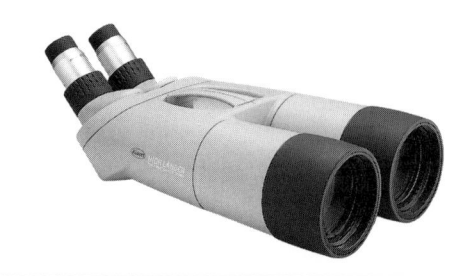

コーワ／ハイランダー

有効口径：82mm／倍率32倍（アイピース交換可．オプションで21倍、50倍）／実視界：2.2°／アイレリーフ：20.0mm／ピント調節：単独繰り出し／プリズム型式：ダハプリズム＋平行プリズム（45度対空型）／重量：6.2kg／付属品：三脚台座、キャップ／価格：504,000円

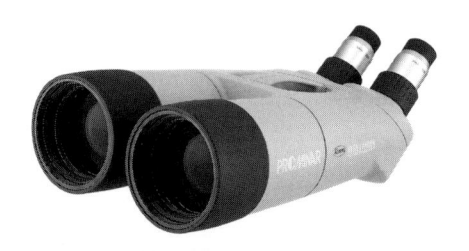

コーワ／ハイランダー・プロミナー

有効口径：82mm（フローライトクリスタル使用）／倍率32倍（アイピース交換可．オプションで21倍、50倍）／実視界：2.2°／アイレリーフ20.0mm／ピント調節：単独繰り出し／プリズム型式：ダハプリズム＋平行プリズム（45度対空型）／重量：6.2kg／付属品：三脚台座、キャップ／価格：714,000円

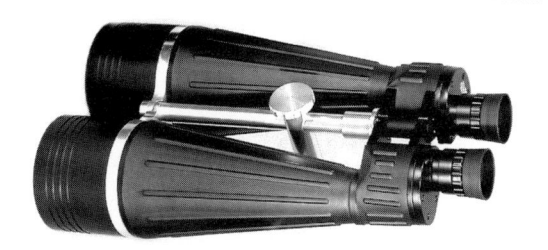

笠井トレーディング／HD-Bino 25×100W

有効口径：100mm／倍率：25倍／実視界：2.5°／アイレリーフ：18.0mm／ピント調節：単独繰り出し式／プリズム形式：ポロプリズム／重量：4,400g／付属品：ストラップ、アルミフレームケース、写真三脚取付金具／価格：42,000円

笠井トレーディング／SUPER-BINO 100CL

有効口径：100mm／倍率：31.7mm径アイピース使用により可変／ピント調節：単独繰り出し式／重量：6,400g／付属品：23mm/50°アイピース（×2）、13mm/60°広角アイピース（×2）、アルミフレームキャリングケース／価格：148,000円

セレストロン／SkyMaster 25×100

有効口径：100mm／倍率：25倍／実視界：3.0°／アイレリーフ：15.0mm／ピント調節：単独繰り出し式／プリズム形式：ポロプリズム／重量：4,500g／付属品：ソフトケース、ストラップ／価格：73,500円

タスコ・ジャパン／SAFARI BC25×100

有効口径：100mm／倍率：25倍／実視界：3.0°／アイレリーフ：15.0mm／ピント調節：単独繰り出し式／プリズム形式：ポロプリズム／重量：4,500g／付属品：ハードケース、ストラップ／オープン

笠井トレーディング／MS-Bino 20×110JB

有効口径：110mm／倍率：20倍／実視界：2.8°／アイレリーフ：23.0mm／ピント調節：単独繰り出し式／プリズム形式：ポロプリズム／重量：6,800g／付属品：ストラップ、アルミフレームケース、写真三脚取付金具／価格：88,000円

ユーハン工業／双眼鏡用架台 YOU! Hunter

サイズ：高さ320mm 幅230mm／重量：850g／実用耐荷重：2kg以下／水平方向：フリーストップ式／上下方向：モノレール方式微動付／付属品：アタッチメント／価格：9,800円（荷造送料別途）※双眼鏡は別売

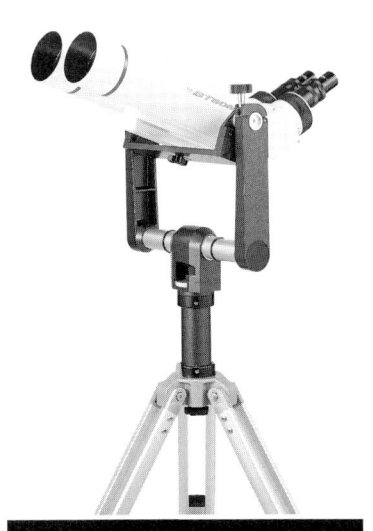

双眼望遠鏡

ビクセン BT80M-A鏡筒

有効口径：80mm／倍率：36倍(付属のOr25mmによる・31.7mm接眼レンズ使用可能)／実視界：66′／ピント調節：単独繰り出し／プリズム型式：ポロプリズム／重量：5kg／価格：91,350円（架台、三脚は別売）

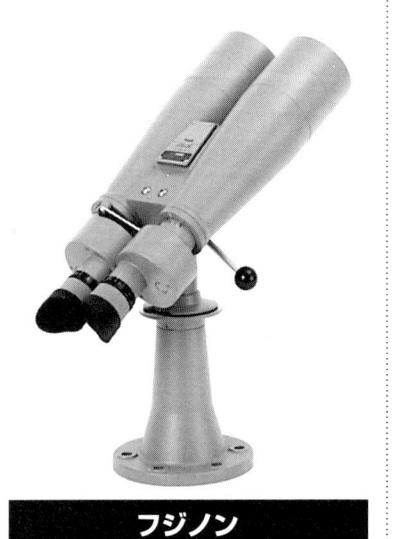

フジノン FUJINON15×80MT-SX

有効口径：80mm／倍率：15倍／実視界：4°／アイレリーフ：15.7mm／ピント調節：単独繰り出し／プリズム型式：ポロプリズム／重量：7.06kg／付属品：ツノ型目当てケース／価格：受注生産

メガネのマツモト Zenith Star80EDⅡ双眼望遠鏡

対物レンズ：2枚玉EDアポクロマート・FPL-51有効口径：80mm／焦点距離：545mm／口径比：F6.8／重量：7.5kg／価格：369,600円
★取り扱い「スタークラウド」

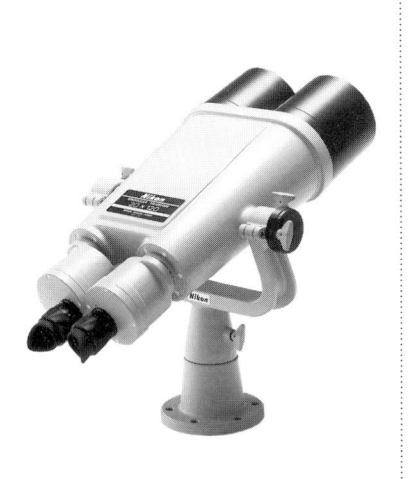

ニコン
20×120（Ⅲ型）

有効口径：120mm／倍率：20倍／実視界：3°／ピント調節：単独繰り出し／プリズム型式：ポロプリズム／重量：16kg（鏡体のみ）／価格：架台付598,500円（鏡体525,000円，架台73,500円），鏡体用格納箱47,250円，ピラースタンド63,000円

フジノン
FUJINON25×150MT-SX

有効口径：150mm／倍率：25倍／実視界：2°42′／アイレリーフ：18.6mm／ピント調節：単独繰り出し／プリズム型式：ポロプリズム／重量：18.5kg／付属品：ツノ型目当て／価格：受注生産

フジノン
FUJINON25×150ED-SX

有効口径：150mm（EDレンズ使用）／倍率：25倍／実視界：2°42′／アイレリーフ：18.6mm／ピント調節：単独繰り出し／プリズム型式：ポロプリズム／重量：18.5kg／付属品：ツノ型目当て／価格：受注生産

フジノン／FUJINON25×150EM-SX

有効口径：150mm（EDレンズ使用）／倍率：25倍／実視界：2°42′／アイレリーフ：18.6mm／ピント調節：単独繰り出し／プリズム型式：ダハプリズム／重量：19.5kg／付属品：ツノ型目当て／価格：受注生産

フジノン／FUJINON40×150ED-SX

有効口径：150mm（EDレンズ使用）／倍率：40倍／実視界：1°42′／アイレリーフ：15.0mm／ピント調節：単独繰り出し／プリズム型式：ポロプリズム（フラットナーレンズ使用）／重量：18.5kg／付属品：ツノ型目当て／価格：受注生産

スポッティングスコープ

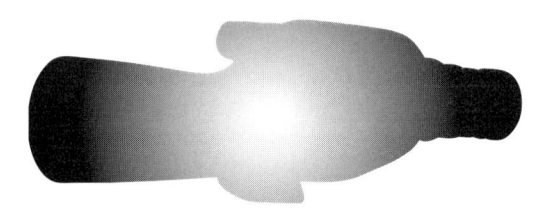

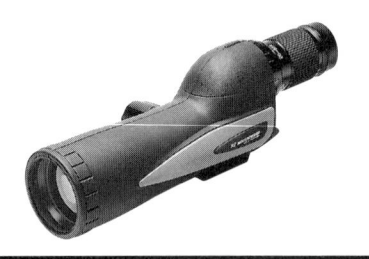

ケンコー／Newバードランド50

有効口径：50mm／付属接眼鏡：20～60倍ズーム／重量：518g／付属品：ケース／オプション：接眼鏡10種類、カメラアダプター／価格：オープン

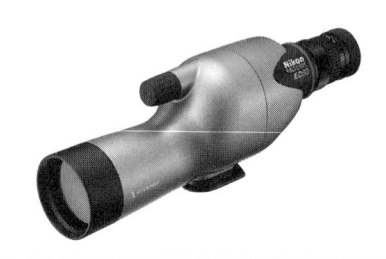

ニコン／フィールドスコープ　ED50

対物レンズ：EDガラス／有効口径：50mm／付属接眼鏡：なし／重量：455g／付属品：ソフトケース／オプション：接眼鏡9種類／価格：42,000円（ボディ本体のみ）（傾斜型ED50-Aは45,150円）

ミザール／FS-50J

有効口径：50mm／倍率：20倍／重量：300g／付属品：ソフトケース／オプション：FS-50J推奨三脚／価格：9,975円

ビクセン／ジオマ 52-S

有効口径：52mm／付属接眼鏡：25倍／重量：450g／付属品：ハンドホールディングケース／オプション：接眼鏡8種類、カメラアダプターG,デジカメアダプターDG-FS DX,デジカメクイックブラケット,ユニバーサルデジカメアダプター／価格：24,150円

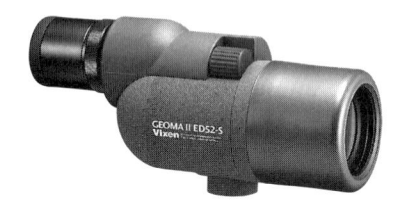

ビクセン／ジオマⅡ ED52-S

対物レンズ：ED／有効口径：52mm／付属接眼鏡：なし／重量：486g／付属品：ハンドホールディングケース／オプション：接眼鏡8種類,カメラアダプターG,デジカメアダプターDG-FS DX,デジカメクイックブラケット,ユニバーサルデジカメアダプター／価格：31,500円

コーワ／TSN-602

有効口径：60mm／付属接眼鏡：なし／重量：720g／オプション：接眼鏡6種類、デジタルカメラアダプター、フォト＆ビデオアダプター、ユニバーサルマウントシステム、フォトアタッチメント／価格：42,000円（傾斜型601は47,250円）

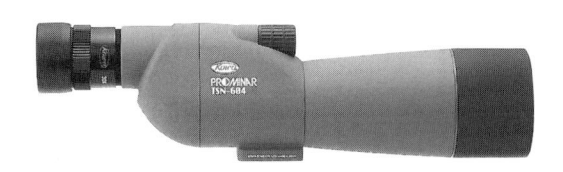

コーワ／TSN-604 プロミナー

対物レンズ：XDレンズ／有効口径：60mm／付属接眼鏡：なし／重量：730g／オプション：接眼鏡6種類、デジタルカメラアダプター、フォト＆ビデオアダプター、ユニバーサルマウントシステム、フォトアタッチメント／価格：73,500円（傾斜型603は81,900円）

ニコン／フィールドスコープⅢ

有効口径：60mm／付属接眼鏡：なし／重量：1,080g／付属品：ソフトケース／オプション：接眼鏡11種類、カメラアタッチメント／価格：49,350円（ボディ本体のみ）（傾斜型Ⅲ-Aは56,700円）

ニコン／フィールドスコープ EDⅢ

対物レンズ：EDガラス／有効口径：60mm／付属接眼鏡：なし／重量：1,090g／付属品：ソフトケース／オプション：接眼鏡11種類、カメラアタッチメント／価格：84,000円（ボディ本体のみ）（傾斜型EDⅢ-Aは94,500円）

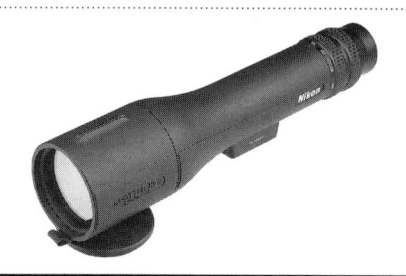

ニコン／スポッターXLⅡ

有効口径：60mm／付属接眼鏡：16～48倍 接眼鏡一体型／重量：885g／付属品：ソフトケース／価格：52,500円

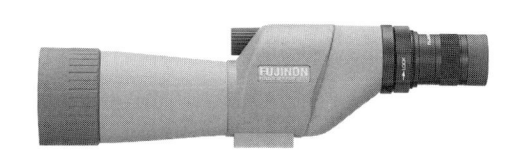

フジノン／FUJINON SUPER 60-S

有効口径：60mm／付属接眼鏡：なし／重量：775g／オプション：接眼鏡5種類、ソフトケース／価格：45,150円

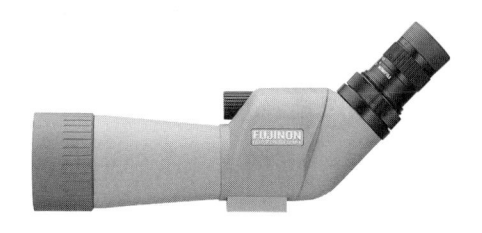

フジノン／FUJINON SUPER 60-A

有効口径：60mm／付属接眼鏡：なし／重量：790g／オプション：接眼鏡5種類、ソフトケース／価格：52,500円

ケンコー／Newバードランド63

有効口径：63mm／付属接眼鏡：20～60倍ズーム／重量：653g／付属品：ケース／オプション：接眼鏡10種類、カメラアダプター／価格：オープン

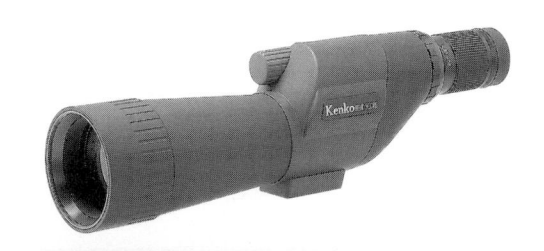

ケンコー／プロフィールドPF63S DXⅡ

有効口径：63mm／付属接眼鏡：20～60倍ズーム／重量：約927g／付属品：ケース／オプション：接眼鏡10種類、カメラアダプター／価格：42,000円（傾斜型A DXⅡは46,200円）

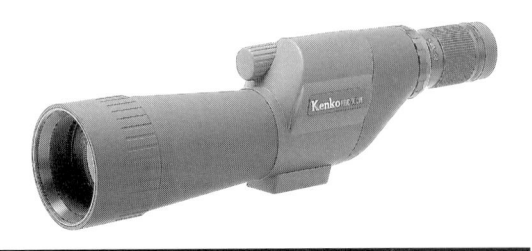

ケンコー／プロフィールドPF63ED S

対物レンズ：ED／有効口径：63mm／付属接眼鏡：20～60倍ズーム／重量：970g／付属品：ケース／オプション：接眼鏡10種類、カメラアダプター／価格：73,500円（傾斜型ED Aは78,750円）

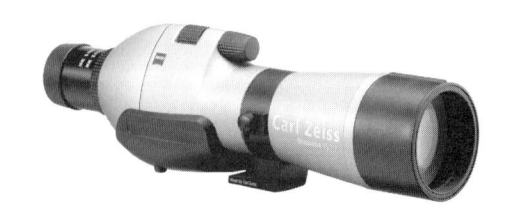

カールツァイス／Diascope 65T*FLストレート

有効口径：65mm／付属接眼鏡：なし／重量：1,100g／オプション：接眼鏡3種類、ケース、クイックカメラアダプター、天体アイピース用アダプター／価格：178,500円（傾斜型も同価格）

ペンタックス／PF-65EDⅡ

有効口径：65mm／付属接眼鏡：なし／重量：1,050g／付属品：ケース／オプション：接眼レンズ8種類、カメラアダプター／価格：オープン価格（傾斜型EDAⅡもオープン価格）

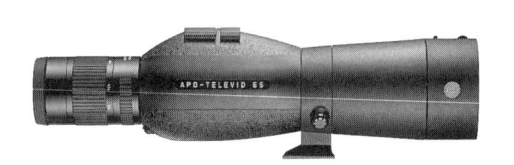

ライカ／アポ・テレビット65（ストレート,アングル）

対物レンズ：アポクロマート／有効口径：65mm／付属アイピース：25-50×WW ASPH.／重量：1,100g／付属品：25-50倍ズームアイピースWW ASPH.、フロントキャップ、リアキャップ／2008秋発売予定　価格未定

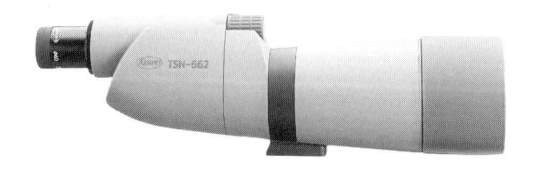

コーワ／TSN-662

有効口径：66mm／付属接眼鏡：なし／重量：990g／オプション：接眼鏡6種類、ソフトケース、デジタルカメラアダプター、フォト＆ビデオアダプター、ユニバーサルマウントシステム、フォトアタッチメント／価格：50,400円（傾斜型661は57,750円）

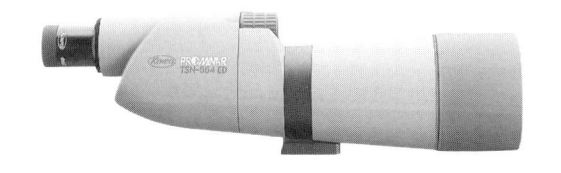

コーワ／TSN-664プロミナー

対物レンズ：XDレンズ／有効口径：66mm／付属接眼鏡：なし／重量：1,020g／オプション：接眼鏡6種類、ソフトケース、デジタルカメラアダプター、フォト＆ビデオアダプター、ユニバーサルマウントシステム、フォトアタッチメント／価格：86,100円（傾斜型663は94,500円）

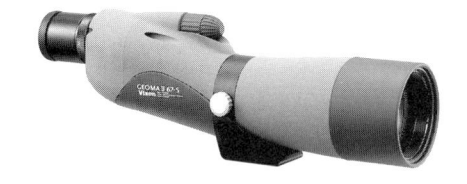

ビクセン／ジオマⅡ 67-S

有効口径：67mm／付属接眼鏡：なし／重量：1,000g／付属品：ケース／オプション：接眼鏡10種類,カメラアダプターG,デジカメアダプターDG-FS DX,デジカメクイックブラケット,ユニバーサルデジカメアダプター／価格：44,100円

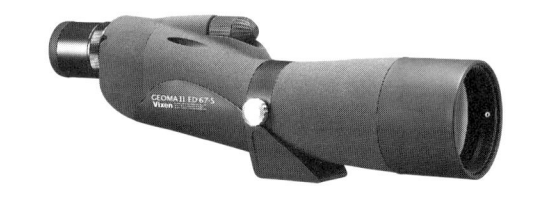

ビクセン／ジオマⅡ ED67-S

対物レンズ：ED／有効口径：67mm／付属接眼鏡：なし／重量：1,010g／付属品：ケース／オプション：接眼鏡10種類,カメラアダプターG,デジカメアダプターDG-FS DX,デジカメクイックブラケット,ユニバーサルデジカメアダプター／価格：70,350円

ケンコー／フィールドキャッチ

有効口径：70mm／付属接眼鏡：14倍(交換不可)／重量：1,600g／付属品：ケース／価格：オープン

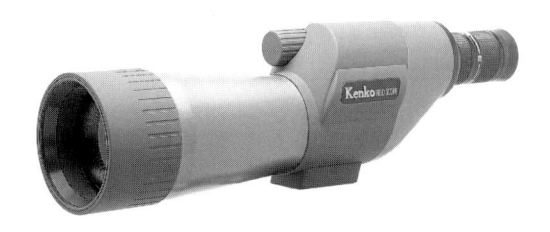

ケンコー／プロフィールドPF70S DX

有効口径：70mm／付属接眼鏡：20〜50倍ズーム／重量：約980g／付属品：ケース／オプション：接眼鏡10種類、カメラアダプター／価格：46,200円（傾斜型A DXは50,400円）

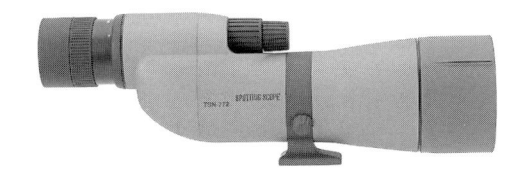

コーワ／TSN-772

有効口径：77mm／付属接眼鏡：なし／重量：1,330g／付属品：対物レンズキャップ、接眼レンズキャップ／オプション：接眼鏡3種類、ソフトケース、デジタルカメラアダプター、フォト＆ビデオアダプター、ユニバーサルマウントシステム、フォトアタッチメント／105,000円（傾斜型771：115,500円）

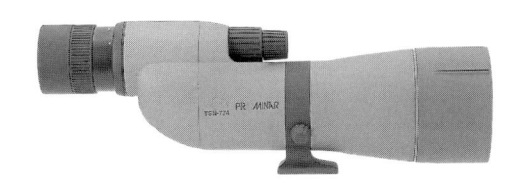

コーワ／TSN-774 プロミナー

対物レンズ：XDレンズ／有効口径：77mm／付属接眼鏡：なし／重量：1,330g／付属品：対物レンズキャップ、接眼レンズキャップ／オプション：接眼鏡3種類、ソフトケース、デジタルカメラアダプター、フォト＆ビデオアダプター、ユニバーサルマウントシステム、フォトアタッチメント／157,500円（傾斜型773：168,000円）

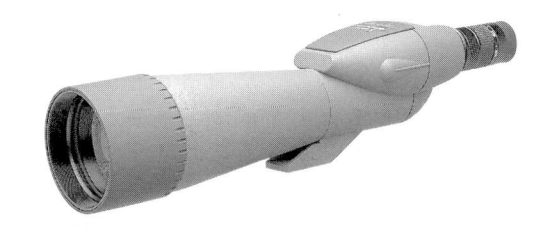

ケンコー／プロフィールドPF80S

有効口径：80mm／付属接眼鏡：20〜60倍ズーム／重量：約1,275g／付属品：ケース／オプション：接眼鏡10種類、カメラアダプター／価格：69,300円（傾斜型80Aは71,400円）

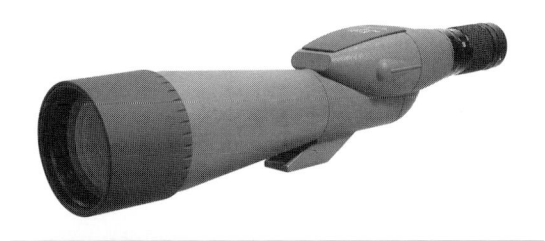

ケンコー／プロフィールドPF80ED S

対物レンズ：ED／有効口径：80mm／付属接眼鏡：20〜60倍ズーム／重量：1,340g／付属品：ケース／オプション：接眼鏡10種類、カメラアダプター／価格：100,800円（傾斜型ED Aは102,900円）

ペンタックス／PF-80ED

有効口径：80mm／付属接眼鏡：なし／重量：1,400g／付属品：ケース／オプション：接眼レンズ8種類、カメラアダプター／価格：123,900円（傾斜型EDAは134,400円）

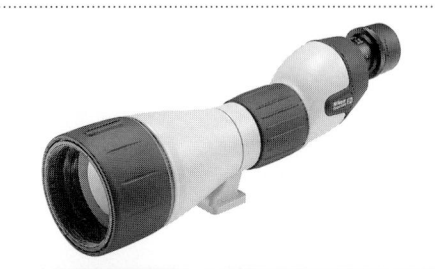

ニコン／フィールドスコープ ED82

対物レンズ：EDガラス／有効口径：82mm／付属接眼鏡：なし／重量：1,575g／付属品：ソフトケース／オプション：接眼鏡11種類、カメラアタッチメント／価格：147,000円（ボディ本体のみ）（傾斜型ED82-Aは157,500円）

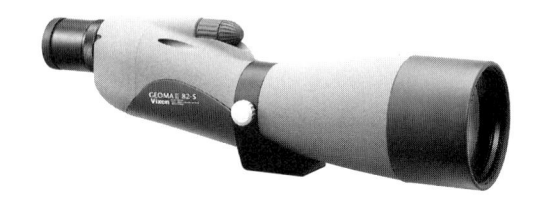

ビクセン／ジオマⅡ 82-S
有効口径：82mm／付属接眼鏡：なし／重量：1,275g／付属品：ケース／オプション：接眼鏡10種類,カメラアダプターG,デジカメアダプターDG-FS DX,デジカメクイックブラケット,ユニバーサルデジカメアダプター／価格：59,850円

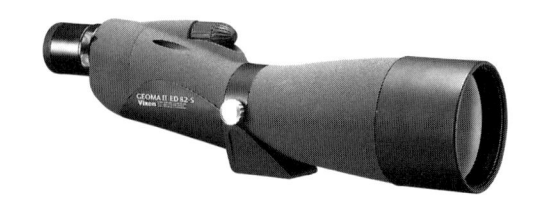

ビクセン／ジオマⅡ ED82-S
対物レンズ：ED／有効口径：82mm／付属接眼鏡：なし／重量：1,330g／付属品：ケース／オプション：接眼鏡10種類,カメラアダプターG,デジカメアダプターDG-FS DX,デジカメクイックブラケット,ユニバーサルデジカメアダプター／価格：100,800円

ライカ／アポ・テレビット82（ストレート, アングル）
対物レンズ：アポクロマート／有効口径：82mm／付属アイピース：25-50×WW ASPH.／重量：1,350g／付属品：25-50倍ズームアイピースWW ASPH., フロントキャップ, リアキャップ／2008秋発売予定　価格未定

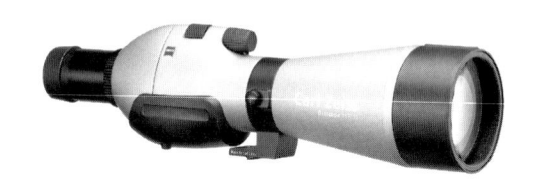

カールツァイス／Diascope 85T*FLストレート
有効口径：85mm／付属接眼鏡：なし／重量：1,450g／オプション：接眼鏡3種類、ケース、クイックカメラアダプター、天体アイピース用アダプター／価格：262,500円（傾斜型も同価格）

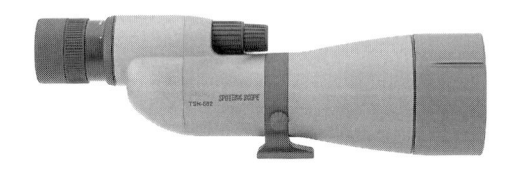

コーワ／TSN-882
有効口径：88mm／付属接眼鏡：なし／重量：1,520g／付属品：対物レンズキャップ, 接眼レンズキャップ／オプション：接眼鏡3種類, ソフトケース, デジタルカメラアダプター, フォト＆ビデオアダプター, ユニバーサルマウントシステム, フォトアタッチメント／189,000円（傾斜型881も同価格）

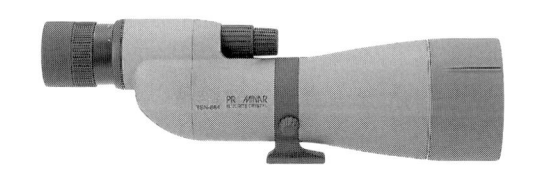

コーワ／TSN-884 プロミナー
対物レンズ：フローライトクリスタル／有効口径：88mm／付属接眼鏡：なし／重量：1,520g／付属品：対物レンズキャップ, 接眼レンズキャップ／オプション：接眼鏡3種類, ソフトケース, デジタルカメラアダプター, フォト＆ビデオアダプター, ユニバーサルマウントシステム, フォトアタッチメント／262,500円（傾斜型883も同価格）

ペンタックス／PF-100ED
有効口径：100mm／付属接眼鏡：なし／重量：2,600g／付属品：ケース／オプション：接眼レンズ8種類, カメラアダプター／価格：273,000円

屈折望遠鏡

トミーテック
ペンシルボーグ25

対物レンズ：1群2枚アクロマート／有効口径：25mm／焦点距離：175mm／口径比：F7／フルコート／全長：187mm／鏡筒径：32φ／重量：150g／三脚台座付／価格：11,500円

コロナド
P.S.T.

Hα太陽望遠鏡／有効径：40mm／全長：390mm／Hαフィルター内蔵(半値幅＜1.0Å)／付属品：K20アイピース／重量：1.3kg／特価：105,000円

コロナド
ソーラーマックス鏡筒40ベーシック

Hα太陽望遠鏡／有効径：40mm／全長：410mm／Hαフィルター：SolarMax 40T/BF-10(半値幅＜0.7Å、取り外し可能)／付属品：ハードケース、専用鏡筒バンド／重量：1,040g／特価：294,000円

トミーテック
ミニボーグ45EDⅡ

対物レンズ：2群2枚EDアポクロマート／有効口径：45mm／焦点距離：325mm／口径比：F7.2／マルチコート／全長：168〜215mm／筒外焦点：151〜196mm／鏡筒径：60φ／重量：330g／三脚台座付／価格：36,750円　※接眼部は別売

スコープテック
ラプトル50

対物レンズ：久保田光学アクロマート／有効口径：50mm／焦点距離：600mm／口径比：F12／ファインダー：照準タイプ／付属接眼鏡：3本／架台：フリーストップ経緯台／脚部：スチールパイプ直脚／重量：1.8kg／価格：7,980円

スコープテック
ソーラーラプトル50（開発中）

対物レンズ：久保田光学アクロマート／有効口径：50mm／焦点距離：600mm／口径比：F12／ファインダー：投影タイプ／付属接眼鏡：1本／架台：フリーストップ経緯台／脚部：スチールパイプ直脚／重量：1.8kg／価格：14,800円（予価）

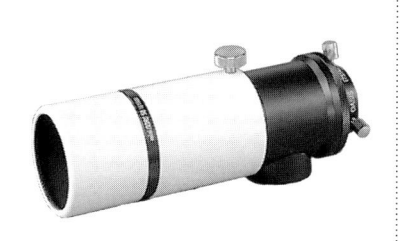

トミーテック
ミニボーグ50

対物レンズ：1群2枚アクロマート／有効口径：50mm／焦点距離：250mm／口径比：F5／フルコート／全長168〜215mm／筒外焦点：70〜115mm／鏡筒径：60φ（しゅう動部の外径54φで市販7倍50mmファインダー脚に取付可）／重量約320g／三脚台座付／価格：20,790円　※接眼部は別売

コロナド
ソーラーマックス鏡筒60

Hα太陽望遠鏡／有効口径：60mm／全長：410mm／Hαフィルター：SolarMax 60T/BF-10（半値幅＜0.7Å）／付属品：ハードケース、専用鏡筒バンド、太陽ファインダー、CEMAX25mmアイピース／重量：2.7kg／特価：630,000円

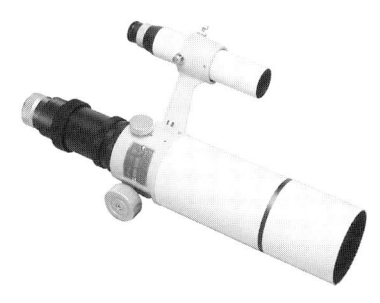

高橋製作所
FS-60CB

対物レンズ：フローライトアポクロマート／有効口径：60mm／焦点距離：355mm／口径比：F5.9／ファインダー：6×30mm／重量：1.3kg／価格：78,750円

テレビュー 60（シクスティー）

対物レンズ：SD・アポクロマート／有効径：60mm／焦点距離：360mm／口径比：F6／付属品：専用キャリーポーチ／重量：1.3kg／特価：119,700円（鏡筒のみ、O.T.A）イメージングシステム 60is 291,900円

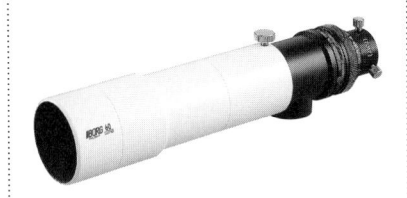

トミーテック ミニボーグ60n

対物レンズ：1群2枚アクロマート／有効口径：60mm／焦点距離：325mm／口径比：F5.4／フルコート／全長：238～283mm／筒外焦点：100～145mm／重量：460g／三脚台座付／価格：29,400円 ※接眼部は別売

トミーテック デジボーグ60n-EPセット

対物レンズ：1群2枚アクロマート／有効口径：60mm／焦点距離：325mm／口径比：F5.4／付属接眼鏡：LV25／付属品：デジカメアダプター／重量：1.2kg／価格：46,800円 ※カメラは別売

トミーテック ミニボーグ60ED

対物レンズ：2群2枚EDアポクロマート／有効口径：60mm／焦点距離：350mm／口径比：F5.8／重量：0.5kg／価格：58,600円 ※接眼部は別売

トミーテック デジボーグ60ED-EPセット

対物レンズ：2群2枚EDアポクロマート／有効口径：60mm／焦点距離：350mm／口径比：F5.8／付属接眼鏡：LV25／付属品：デジカメアダプター／重量：1.2kg／価格：94,000円 ※カメラ、三脚等は別売

ビクセン スターパル-60L

対物レンズ：アクロマート／有効口径：60mm／焦点距離：910mm／口径比：F15／ファインダー：6倍30mm／付属接眼鏡：H20,H6／架台：スターパル経緯台／脚部：ワンタッチ式スチール製伸縮三脚／付属品：天頂ミラー31.7mm／重量：3.9kg／価格：28,350円

2009年版望遠鏡・双眼鏡カタログ　171

ケンコー
NEW KDS 63-540

対物レンズ：アクロマート／有効口径：63mm／焦点距離：540mm／口径比：F8.6／ファインダー：9倍50mm／付属接眼鏡：PL10mm, PL25mm／架台：経緯台／脚部：アルミ三脚／価格：78,750円

ケンコー
NEW KDS 63-800

対物レンズ：アクロマート／有効口径：63mm／焦点距離：800mm／口径比：F12.7／ファインダー：6倍30mm／付属接眼鏡：PL10mm, PL25mm／架台：経緯台／脚部：アルミ三脚／価格：68,250円

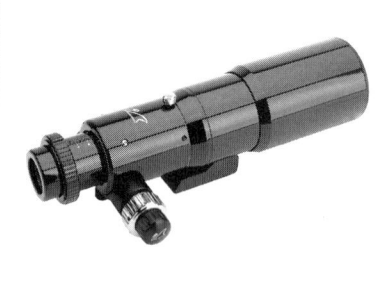

Willam Optics
Zenith Star66SD

対物レンズ：2枚玉SDアポクロマート・FPL-51有効口径：66mm／焦点距離：388mm／口径比：F5.9／付属品：専用ハードケース／重量：1.6kg／価格：49,800円

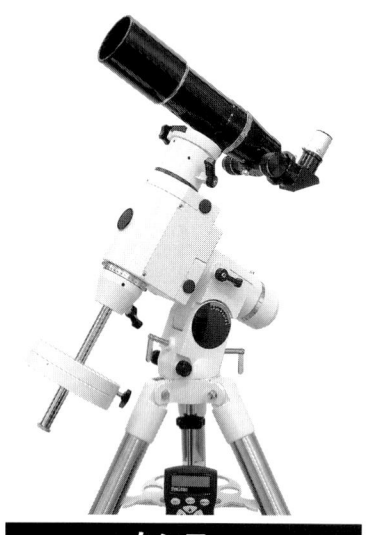

ケンコー
スカイエクスプローラーSE66ED
（鏡筒のみ）

対物レンズ：ED／有効口径：66mm／焦点距離：400mm／口径比：F6／価格：78,750円

Willam Optics
Ferrari ZenithStar Anniversary Ed.

対物レンズ：アポクロマート／有効口径：70mm／焦点距離：430mm／口径比：F6.2／付属品：専用バッグ・45°正立プリズム・ズームアイピース／重量：2.0kg／価格：198,000円

セレストロン
AstroMaster 70AZ

対物レンズ：アクロマート／有効口径：70mm／焦点距離：900mm／口径比：F12.9／ファインダー：等倍スターポインター／付属接眼鏡：10mm,20mm／架台：経緯台／脚部：2段式スチール三脚／付属品：天頂ミラー／重量：8.2kg／価格：36,750円

ビクセン
ミニポルタ A70Lf

対物レンズ：アクロマート／有効口径：70mm／焦点距離：900mm／口径比：F12.9／ファインダー：6倍24mm／付属接眼鏡：PL20,PL6.3／架台：ミニポルタ経緯台／脚部：ワンタッチ式アルミ製伸縮三脚／付属品：正立天頂プリズム31.7mm／重量：5.3kg／価格：36,750円

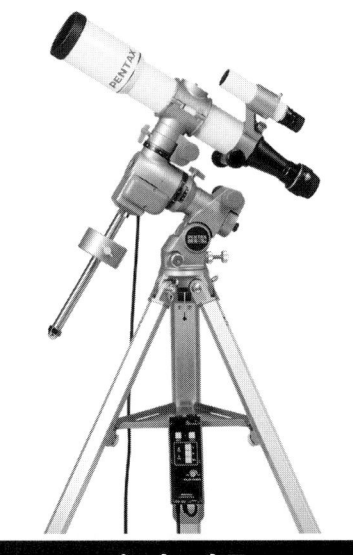

ペンタックス
75SDHF-XW

対物レンズ：3群3枚SDHFアポクロマート／有効口径：75mm／焦点距離：500mm／口径比：F6.7／ファインダー：7×35mm（正立）／付属接眼鏡：XW14、XW5／架台：MS-3N赤道儀（極軸望遠鏡、赤経モーター内蔵）／脚部：アルミ製伸縮三脚／付属品：天頂プリズム他／重量：11.7kg（鏡筒・赤道儀質量、ウェイト含まず）／価格：75SDHF-XWセット 346,500円

テレビュー
76（セブンティー・シックス）

対物レンズ：SDアポクロマート／有効径：76mm／焦点距離：480mm／口径比：F6.3／付属品：専用キャリーバッグ／重量：2.7kg／特価：189,000円（鏡筒のみ、O.T.A）

トミーテック
BORG77EDⅡ F4.3/6.6DG

対物レンズ：EDアポクロマート／有効口径：77mm／焦点距離：330/510mm／口径比：F4.3/6.6／付属品：EDレデューサーF4DG／価格：198,000円

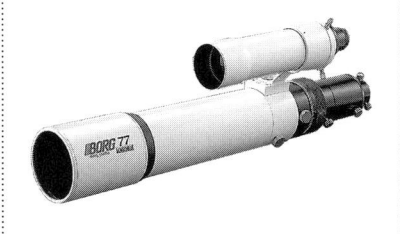

トミーテック
BORG77金属鏡筒

対物レンズ：1群2枚アクロマート／有効口径：77mm／焦点距離：500mm／口径比：F6.5／重量：1.7kg（鏡筒径80φ）／価格：51,975円 ※ファインダー、接眼部は別売

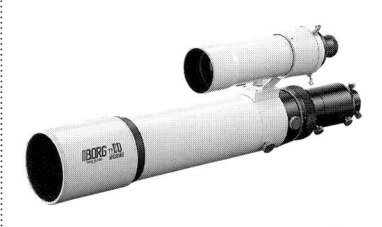

トミーテック
BORG77EDⅡ金属鏡筒

対物レンズ：2群2枚EDアポクロマート／有効口径：77mm／焦点距離：510mm／口径比：F6.5／重量：1.7kg／価格：94,000円 ※ファインダー、接眼部は別売

トミーテック
BORG77EDⅡ望遠レンズセット

対物レンズ：2群2枚EDアポクロマート／有効口径：77mm／焦点距離：510mm／口径比：F6.5／付属品：1.4倍テレコンバーター，カメラマウント／重量：1.9kg／価格：99,800円　※カメラ，三脚等は別売

トミーテック
デジボーグ77EDⅡ-EPセット

対物レンズ：2群2枚EDアポクロマート／有効口径：77mm／焦点距離：510mm／口径比：F6.5／付属接眼鏡：LV25／付属品：デジカメアダプター／重量：1.7kg／価格：106,000円　※カメラ，三脚等は別売

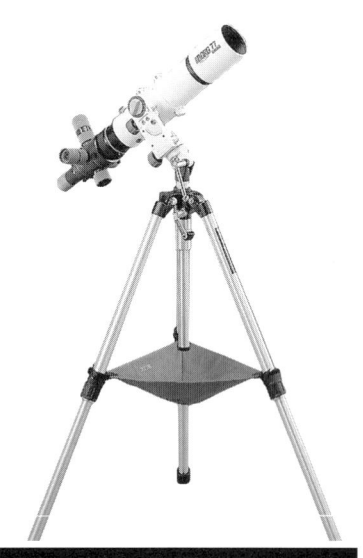

トミーテック
BORG77SWⅡセットDX

対物レンズ：1群2枚アクロマート／有効口径：77mm／焦点距離：500mm／口径比：F6.5／付属接眼鏡：WO13.5，SWK22，H50／架台：片持ちフォーク式赤道儀／脚部：SWⅡ三脚／付属品：コンパクト・エクステンダー／重量：4.4kg／価格：O-D特価79,800円　※ストーンバッグは別売

トミーテック
BORG77EDⅡ SWⅡセットDX

対物レンズ：2群2枚EDアポクロマート／有効口径：77mm／焦点距離：510mm／口径比：F6.5／ファインダー：内蔵式／付属接眼鏡：SWK22 WO13.5 H50／架台：片持ちフォーク式赤道儀／脚部：2段式アルミ三脚／付属品：2.2倍エクステンダー他／重量：4.4kg／価格：138,000円　※ストーンバックは別売

Willam Optics
Zenithstar80ⅡED

対物レンズ：2枚玉EDアポクロマート・FPL-51有効口径：80mm／焦点距離：545mm／口径比：F6.8／付属品：専用ハードケース／重量：2.8kg／価格：79,800円

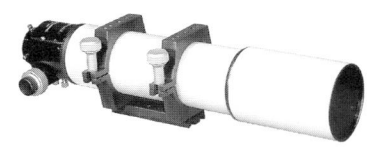

笠井トレーディング
CAPRI-80ED

対物レンズ：EDアポクロマート／有効口径：80mm／焦点距離：560mm／口径比：F7／付属品：鏡筒バンド，アリガタ金具，アルミフレームキャリングケース／重量：1.7kg／価格：68,500円

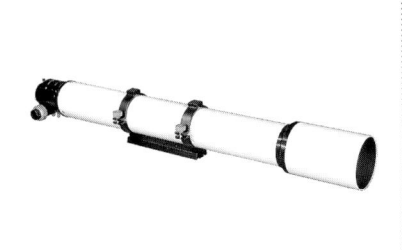

笠井トレーディング
BLANCA-80AP

対物レンズ：セミアポクロマート／有効口径：80mm／焦点距離：900mm／口径比：F11.7／付属品：鏡筒バンド，アリガタ金具／重量：2.5kg／価格：48,500円

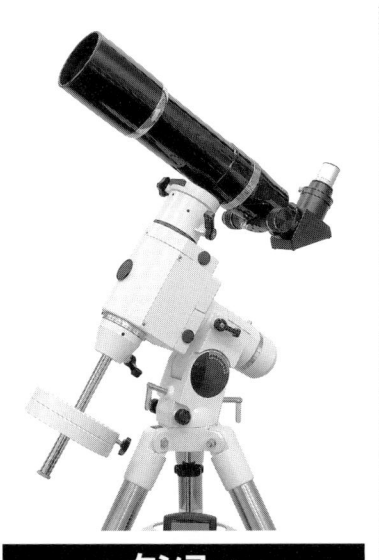

ケンコー
スカイエクスプローラーSE80EDⅡ
（鏡筒のみ）

対物レンズ：ED／有効口径：80mm／焦点距離：500mm／口径比：F6／価格：118,125円

スコープテック
SD-80AL

対物レンズ：久保田光学アクロマート／有効口径：80mm／焦点距離：1000mm／口径比：F12.5／ファインダー：6×30／付属接眼鏡：別売／架台：SD型上下水平全周微動経緯台／脚部：スチールパイプ二段収縮／付属品：鏡筒バンド，アタッチメントプレート／重量：6.5kg／価格：39,800円

スコープテック
STL-A80鏡筒各種

対物レンズ：久保田光学アクロマート／有効口径：80mm／焦点距離400～1200mm口径比：F5～15／ファインダー：6×30／付属接眼鏡：別売／架台：なし／脚部：なし／付属品：鏡筒バンド，アタッチメントプレート／2.2kg～2.6kg／価格：26,500～30,800円

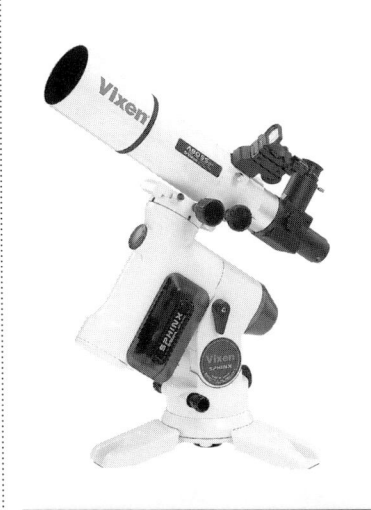

ビクセン
A80SS-SXC

対物レンズ：アクロマート／有効口径：80mm／焦点距離：400mm／口径比：F5／ファインダー：等倍／付属接眼鏡：PL8／架台：SX赤道儀（2軸モーター内蔵）／脚部：アルミ製デスクトップ脚／付属品：フリップミラー，2Xバローレンズт／重量：10.5kg／価格：194,250円

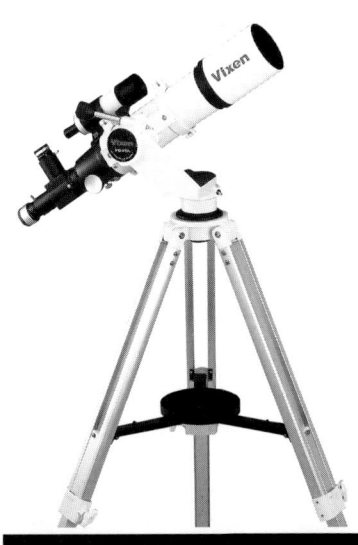

ビクセン
ポルタⅡ ED80Sf

対物レンズ：EDアポクロマート／有効口径：80mm／焦点距離：600mm／口径比：F7.5／ファインダー：9倍50mm／付属接眼鏡：NPL20,NPL6／架台：ポルタⅡ経緯台／脚部：ワンタッチ式アルミ製伸縮三脚／付属品：フリップミラー，専用鏡筒用アルミケース／重量：10.5kg／価格：130,200円

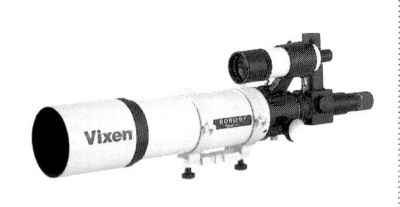

ビクセン ED80Sf鏡筒

対物レンズ：EDアポクロマート／有効口径：80mm／焦点距離：600mm／口径比：F7.5／ファインダー：9倍50mm／付属品：フリップミラー, 鏡筒バンド, 専用アタッチメントプレート, 専用鏡筒用アルミケース／重量：4.8kg／価格：93,450円

ビクセン スカイポッド ED80Sf

対物レンズ：EDアポクロマート／有効口径：80mm／焦点距離：600mm／口径比：F7.5／ファインダー：9倍50mm／付属接眼鏡：NPL20, NPL6／架台：スカイポッド経緯台／脚部：ワンタッチ式アルミ製伸縮三脚／付属品：ハーフピラー, フリップミラー／重量：14.1kg／価格：224,700円

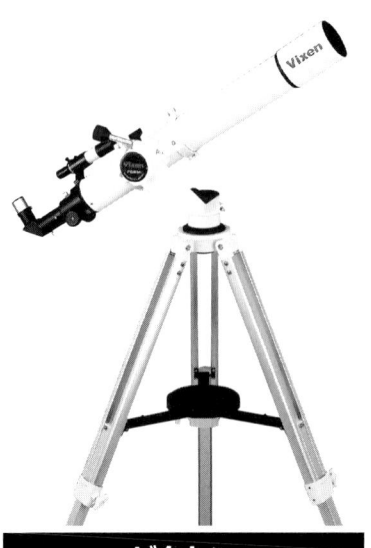

ビクセン ポルタⅡ A80Mf

対物レンズ：アクロマート／有効口径：80mm／焦点距離：910mm／口径比：F11.4／ファインダー：6倍30mm／付属接眼鏡：PL20, PL6.3／架台：ポルタⅡ経緯台／脚部：ワンタッチ式アルミ製伸縮三脚／付属品：正立天頂プリズム31.7mm／重量：9.0kg／価格：57,750円

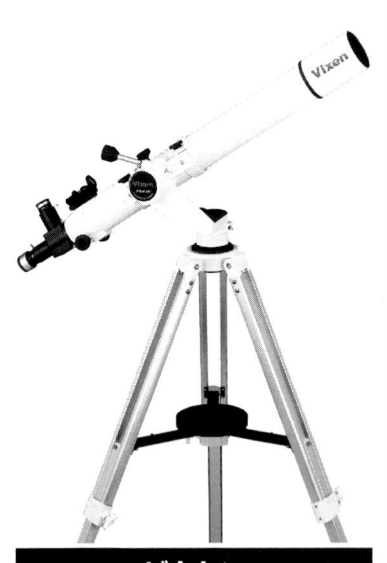

ビクセン ポルタⅡ A80M

対物レンズ：アクロマート／有効口径：80mm／焦点距離：910mm／口径比：F11.4／ファインダー：等倍／付属接眼鏡：NPL20, NPL6／架台：ポルタⅡ経緯台／脚部：ワンタッチ式アルミ製伸縮三脚／付属品：フリップミラー／重量：9.2kg／価格：79,800円

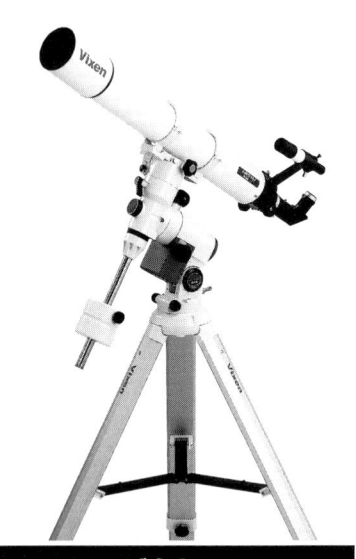

ビクセン GP2-A80Mf（N）

対物レンズ：アクロマート／有効口径：80mm／焦点距離：910mm／口径比：F11.4／ファインダー：6倍30mm／付属接眼鏡：PL20, PL6.3／架台：GP2赤道儀／脚部：ワンタッチ式アルミ製伸縮三脚／付属品：正立天頂プリズム／重量：16.5kg／価格：98,175円

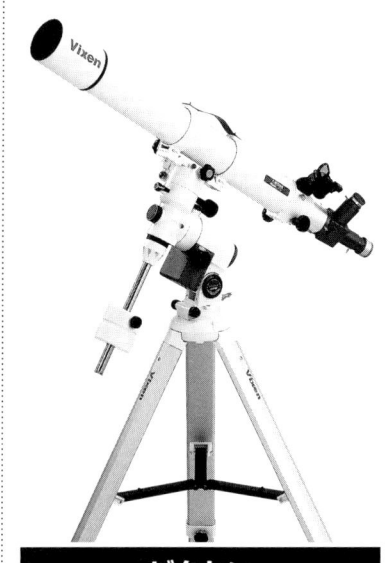

ビクセン GP2-A80M（N）

対物レンズ：アクロマート／有効口径：80mm／焦点距離：910mm／口径比：F11.4／ファインダー：等倍／付属接眼鏡：NPL20, NPL6／架台：GP2赤道儀／脚部：ワンタッチ式アルミ製伸縮三脚／付属品：フリップミラー, パーツケース／重量：16.7kg／価格：120,225円

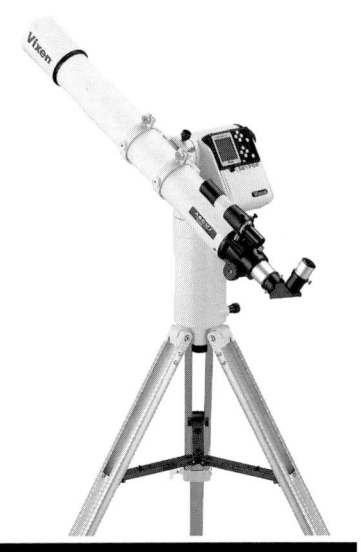

ビクセン スカイポッド A80Mf

対物レンズ：アクロマート／有効口径：80mm／焦点距離：910mm／口径比：F11.4／ファインダー：6倍30mm／付属接眼鏡：PL6.3, PL20／架台：スカイポッド経緯台／脚部：ワンタッチ式アルミ製伸縮三脚／付属品：ハーフピラー, 正立天頂プリズム31.7mm／重量：12.6kg／価格：152,250円

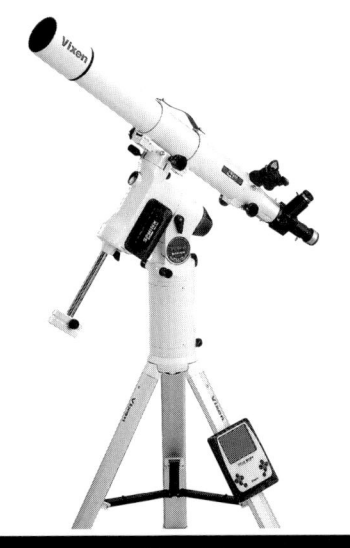

ビクセン A80M-SXW

対物レンズ：アクロマート／有効口径：80mm／焦点距離：910mm／口径比：F11.4／ファインダー：等倍／付属接眼鏡：NPL20, NPL6／架台：SX赤道儀（2軸モーター内蔵）／脚部：ワンタッチ式アルミ製伸縮三脚／付属品：SXハーフピラー2, フリップミラー, パーツケース／重量：19.9kg／価格：281,400円

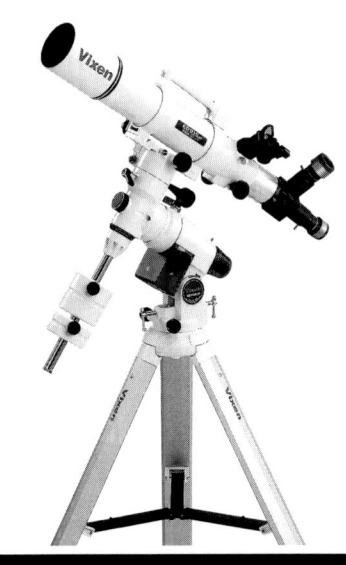

ビクセン GPD2-ED81S（N）

対物レンズ：EDアポクロマート／有効口径：81mm／焦点距離：625mm／口径比：F7.7／ファインダー：等倍／付属接眼鏡：NLV20, NLV5／架台：GPD2赤道儀／脚部：ワンタッチ式アルミ製伸縮三脚／付属品：フリップミラー, パーツケース／重量：23.1kg／価格：259,300円

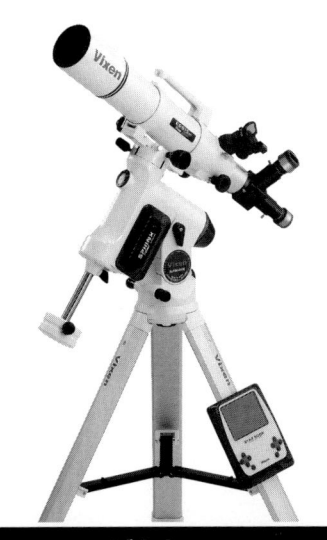

ビクセン ED81S-SXW

対物レンズ：EDアポクロマート／有効口径：81mm／焦点距離：625mm／口径比：F7.7／ファインダー：等倍／付属接眼鏡：NLV20, NLV5／架台：SX赤道儀（2軸モーター内蔵）／脚部：ワンタッチ式アルミ製伸縮三脚／付属品：フリップミラー, パーツケース／重量：18.1kg／価格：351,750円

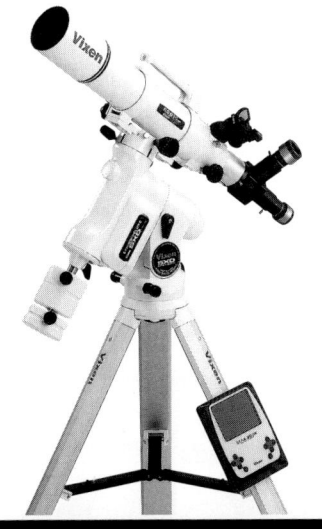

ビクセン SXD-ED81S

対物レンズ：EDアポクロマート／有効口径：81mm／焦点距離：625mm／口径比：F7.7／ファインダー：等倍／付属接眼鏡：NLV20, NLV5／架台：SXD赤道儀（2軸モーター内蔵）／脚部：ワンタッチ式アルミ製伸縮三脚／付属品：フリップミラー, パーツケース／重量：23.8kg／価格：430,500円

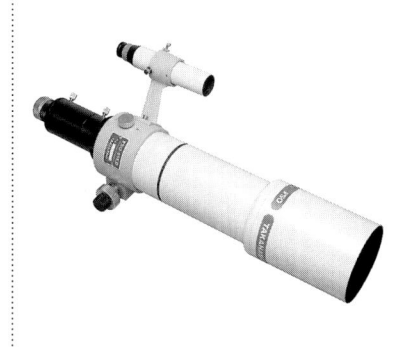

高橋製作所 FSQ-85ED

対物レンズ：FQR型／有効口径：85mm／焦点距離：450mm／口径比：F5.3／ファインダー：6×30mm／重量：3.6kg／価格：294,000円

2009年版望遠鏡・双眼鏡カタログ

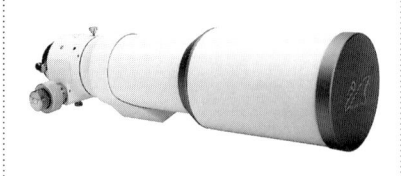

テレビュー 85（エイティー・ファイブ）

対物レンズ：2群2枚構成SDアポクロマート／有効口径：85mm／焦点距離：600mm／口径比：F7／付属品：専用キャリーバッグ／重量：3.7kg／特価：252,000円（鏡筒のみ、O.T.A）

Willam Optics MEGREZ90 SD

対物レンズ：2枚玉アポクロマート・FPL-53／有効口径：90mm／焦点距離：621mm／口径比：F6.9／付属品：専用ハードケース／重量：3.2kg／価格：155,000円

コロナド ソーラーマックス鏡筒90

Hα太陽望遠鏡／有効口径：90mm／全長：733mm／Hαフィルター：SolarMax 90T/BF-15（半値幅＜0.7Å）／付属品：ハードケース、専用鏡筒バンド、CEMAX25mmアイピース、太陽ファインダー／重量：6kg／特価：1,785,000円

セレストロン AstroMaster 90AZ

対物レンズ：アクロマート／有効口径：90mm／焦点距離：1000mm／口径比：F11.1／ファインダー：等倍スターポインター／付属接眼鏡：10mm,20mm／架台：経緯台／脚部：2段式スチール三脚／付属品：天頂ミラー／重量：9.0kg／価格：61,905円

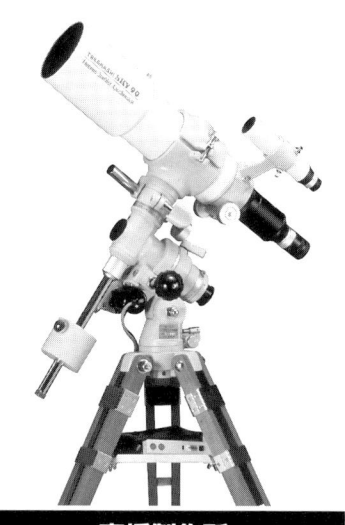

高橋製作所 SKY 90 PZ

対物レンズ：2枚玉フローライト・アポクロマート／有効口径：90mm／焦点距離：500mm／口径比：F5.6／ファインダー：6×30mm／付属接眼鏡：LE18／架台：P-2Z赤道儀／脚部：木製伸縮三脚（FC-S）／付属品：天頂プリズム、工具／重量：16kg／価格：395,850円

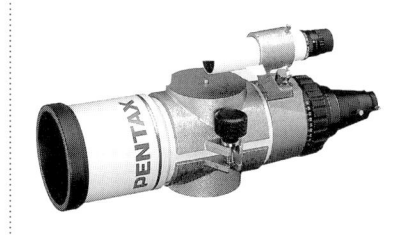

ペンタックス 100SDUFⅡ

対物レンズ：4群4枚SDUFアポクロマート／有効口径：100mm／焦点距離：400mm／口径比：F4／ファインダー：7×50mm,7×35mm（正立）／付属品：鏡筒用アルミトランクケース／重量：4.2kg（鏡筒質量）／価格：100SDUFⅡ鏡筒 346,500円

テレビュー
NP101（ワン・オー・ワン）

対物レンズ：4枚構成ペッツバールタイプ・SDアポクロマート／有効径：101mm／焦点距離：540mm／口径比：F5.4／付属品：2インチエバーブライトダイヤゴナル、1-1/4インチ接眼アダプター、鏡筒バンド、専用ハードケース／重量：5kg／特価：533,400円（鏡筒セット）イメージングシステムNP101is 598,500円

トミーテック
BORG101ED望遠レンズセット

対物レンズ：2群2枚EDアポクロマート／有効口径：101mm／焦点距離：640mm／口径比：F6.3／付属品：1.4倍テレコンバーター、カメラマウント、鏡筒バンド、三脚等／重量：2.3kg／価格：198,000円 ※カメラ、三脚等は別売

トミーテック
デジボーグ101ED-EPセット

対物レンズ：2群2枚EDアポクロマート／有効口径：101mm／焦点距離：640mm／口径比：F6.3／付属接眼鏡：LV25／付属品：デジカメアダプター／重量：2.3kg／価格：198,000円 ※カメラ、三脚等は別売

トミーテック
BORG101ED SWⅡセットDX

対物レンズ：EDアポクロマート／有効口径：101mm／焦点距離：640mm／口径比：F6.3／ファインダー：内蔵式／付属接眼鏡：SWK22 WO13.5 H50／架台：片持ちフォーク式赤道儀／脚部：2段式アルミ三脚／付属品：2.2倍エクステンダー他／重量：5.3kg／価格：218,000円 ※ストーンバックは別売

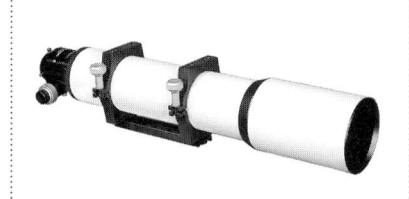

笠井トレーディング
CAPRI-102ED

対物レンズ：EDアポクロマート／有効口径：102mm／焦点距離：714mm／口径比：F7／付属品：鏡筒バンド、アリガタ金具、アルミフレームキャリングケース／重量：3.3kg／価格：128,000円

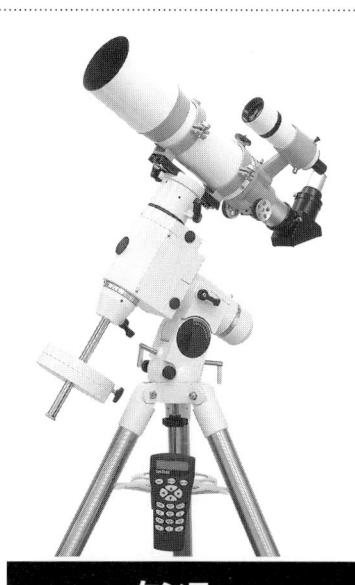

ケンコー
スカイエクスプローラーⅡSE102

対物レンズ：アクロマート／有効口径：102mm／焦点距離：500mm／口径比：F5／ファインダー：9倍50mm／付属接眼鏡：PL10mm、PL25mm／架台：赤道儀／脚部：スチール三脚／付属品：バランスウェイト5.1kg×1／価格：215,250円

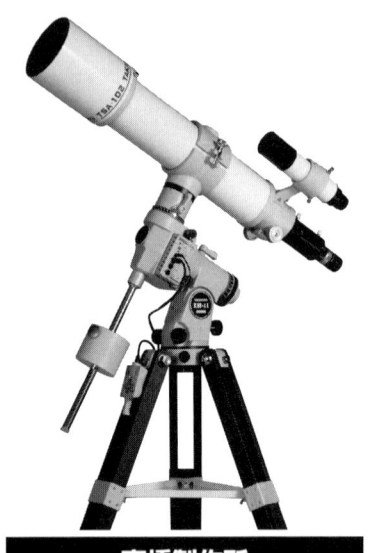

高橋製作所 TSA-102SBT2J

対物レンズ：3枚玉・EDアポクロマート／有効口径：102mm／焦点距離：816mm／口径比：F8.0／ファインダー：7X50mm／付属接眼鏡：LE18mm／架台：EM-11Temma2Jr.赤道儀（赤経・赤緯モーター、極軸望遠鏡内蔵）／脚部：木製伸縮脚(FC-L)／付属品：天頂プリズム31.7／重量：19.0kg／価格：703,500円

テレビュー 102（ワン・オー・ツー）

対物レンズ：2群2枚構成SDアポクロマート／有効口径：102mm／焦点距離：880mm／口径比：F8.6／付属品：専用ハードケース／重量：約4kg／特価：329,700円（鏡筒のみ、O.T.A）TeleVue-102i（双眼装置専用鏡筒）365,400円 イメージング システム 102is 434,700円

ビクセン GPD2-ED103S（N）

対物レンズ：EDアポクロマート／有効口径：103mm／焦点距離：795mm／口径比：F7.7／ファインダー：暗視野7倍50mm／付属接眼鏡：NLV20,NLV5／架台：GPD2赤道儀／脚部：ワンタッチ式アルミ製伸縮三脚／付属品：フリップミラー、パーツケース／重量：25.0kg／価格：353,850円

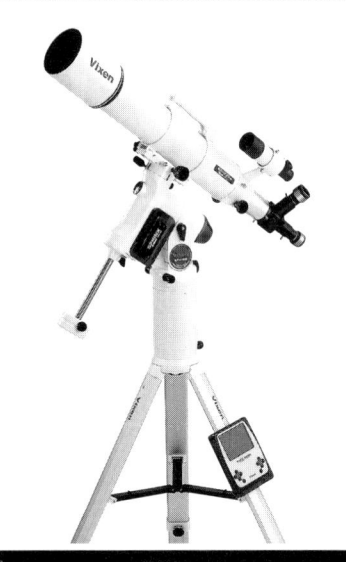

ビクセン ED103S-SXW

対物レンズ：EDアポクロマート／有効口径：103mm／焦点距離：795mm／口径比：F7.7／ファインダー：暗視野7倍50mm／付属接眼鏡：NLV20,NLV5／架台：SX赤道儀（2軸モーター内蔵）／脚部：ワンタッチ式アルミ製伸縮三脚／付属品：フリップミラー、SXハーフピラー2、パーツケース／重量：21.8kg／価格：462,000円

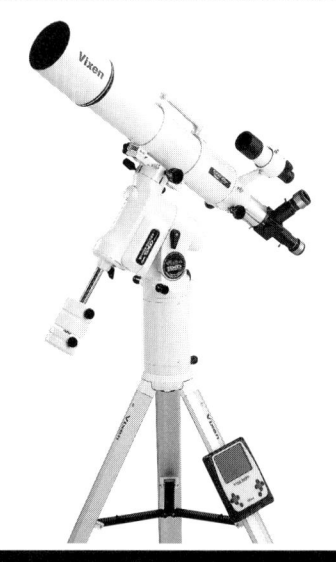

ビクセン SXD-ED103S

対物レンズ：EDアポクロマート／有効口径：103mm／焦点距離：795mm／口径比：F7.7／ファインダー：暗視野7倍50mm／付属接眼鏡：NLV20,NLV5／架台：SXD赤道儀（2軸モーター内蔵）／脚部：ワンタッチ式アルミ製伸縮三脚／付属品：フリップミラー、SXハーフピラー2、パーツケース／重量：27.5kg／価格：540,750円

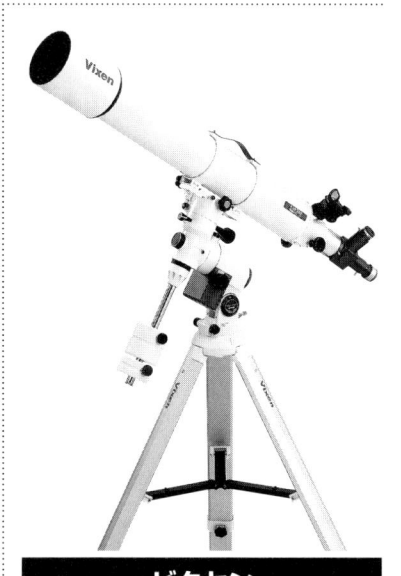

ビクセン GP2-A105M（N）

対物レンズ：アクロマート／有効口径：105mm／焦点距離：1000mm／口径比：F9.5／ファインダー：等倍／付属接眼鏡：NPL20,NPL6／架台：GP2赤道儀／脚部：ワンタッチ式アルミ製伸縮三脚／付属品：フリップミラー、パーツケース／重量：19.9kg／価格：160,125円

ビクセン
A105M-SXW

対物レンズ：アクロマート／有効口径：105mm／焦点距離：1000mm／口径比：F9.5／ファインダー：等倍／付属接眼鏡：NPL20,NPL6／架台：SX赤道儀（2軸モーター内蔵）／脚部：ワンタッチ式アルミ製伸縮三脚／付属品：フリップミラー, SXハーフピラー2, パーツケース／重量：21.2kg／価格：317,100円

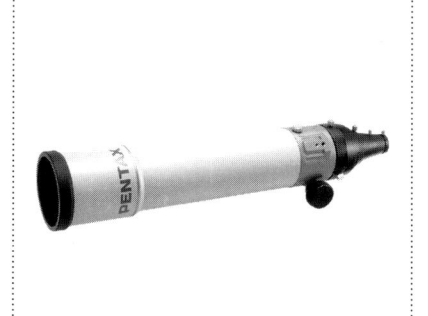

ペンタックス
105SDP

対物レンズ：4群4枚SDPアポクロマート／有効口径：105mm／焦点距離：670mm／口径比：F6.4／ファインダー：7×50mm, 7×35mm（正立）／付属接眼鏡：なし／重量：6kg(鏡筒質量)／価格：105SDP鏡筒 472,500円

高橋製作所
FSQ-106EST2

対物レンズ：FSQ型／有効口径：106mm／焦点距離：530mm／口径比：F5.0／ファインダー：7×50mm／付属接眼鏡：LE18mm／架台：ドイツ式赤道儀／脚部：木製直脚／付属品：天頂プリズム31.7／重量：43.0kg／価格：1,099,350円

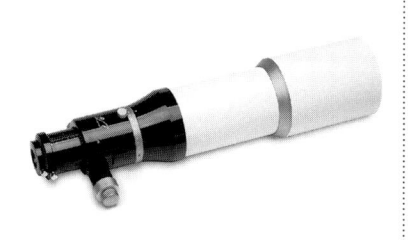

Willam Optics
MEGREZ110Dublet ED APO

対物レンズ：2枚玉ED アポクロマート有効口径：110mm／焦点距離：655mm／口径比：F5.95／付属品：専用ハードケース, 鏡筒バンド／重量：4.5kg／価格：198,000円

Willam Optics
FLT110Tripler APO

対物レンズ：3枚玉アポクロマート TMB Design／有効口径：110mm／焦点距離：770mm／口径比：F7／付属品：専用ハードケース, 鏡筒バンド／重量：6.6kg／価格：298,000円

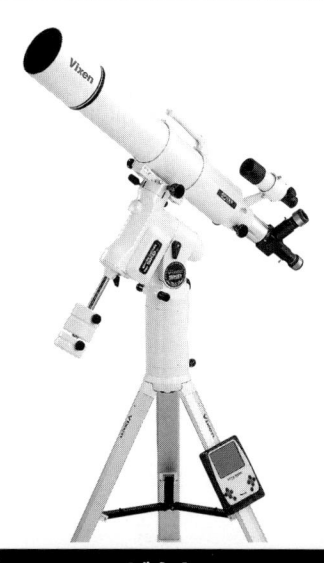

ビクセン
SXD-ED115S

対物レンズ：EDアポクロマート／有効口径：115mm／焦点距離：890mm／口径比：F7.7／ファインダー：暗視野7倍50mm／付属接眼鏡：NLV20,NLV5／架台：SXD赤道儀（2軸モーター内蔵）／脚部：ワンタッチ式アルミ製伸縮三脚／付属品：フリップミラー, SXハーフピラー2, パーツケース／重量：28.3kg／価格：630,000円

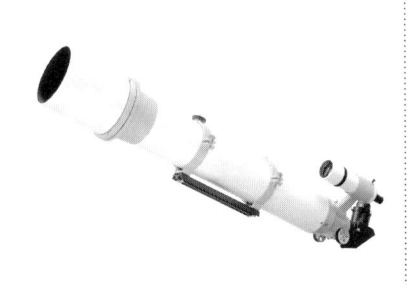

ケンコー
スカイエクスプローラーSE120L
（鏡筒のみ）

対物レンズ：アクロマート／有効口径：120mm／焦点距離：1000mm／口径比：F8.3／ファインダー：9倍50mm／付属接眼鏡：PL10mm, PL25mm／価格：59,850円

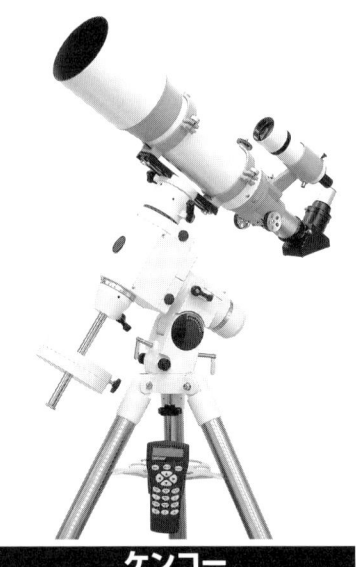

ケンコー
ケンコー／スカイエクスプローラーⅡ SE120

対物レンズ：アクロマート／有効口径：120mm／焦点距離：600mm／口径比：F5／ファインダー：9倍50mm／付属接眼鏡：PL10mm, PL25mm／架台：赤道儀／脚部：スチール三脚／付属品：バランスウェイト5.1kg×1／価格：225,750円

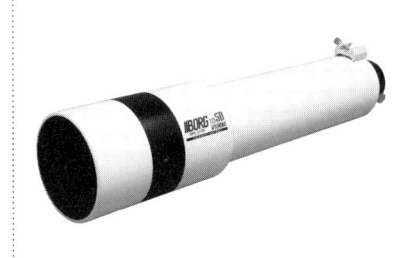

トミーテック
BORG125SD

対物レンズ：SDアポクロマート／有効口径：125mm／焦点距離：750mm／口径比：F6／付属品：眼視ユニットN／重量：3.5kg／価格：498,000円

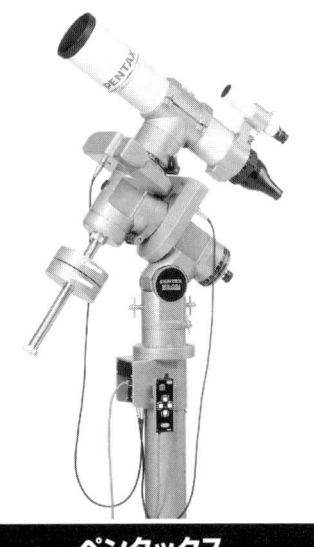

ペンタックス
125SDP

対物レンズ：4群4枚SDPアポクロマート／有効口径：125mm／焦点距離：800mm／口径比：F6.4／ファインダー：7×50, 7×35mm（正立）／付属接眼鏡：なし／架台：MS-55z赤道儀（極軸望遠鏡、赤経・赤緯ステッピングモーター内蔵、インテリジェントコントローラー対応, AC電源付）／脚部：ピラー脚／付属品：鏡筒用アルミトランクケース／重量：約155kg（鏡筒・赤道儀質量、ウェイト含まず）／価格：125SDP鏡筒 924,000円, MS-55z赤道儀 2,276,400円

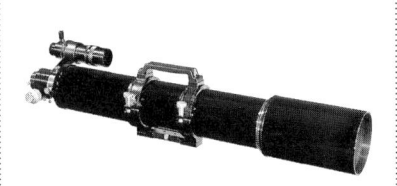

笠井トレーディング
NERIUS-127EDT

対物レンズ：EDアポクロマート／有効口径：127mm／焦点距離：950mm／口径比：F7.5／ファインダー：8x50mm／付属品：鏡筒バンド、キャリングハンドル、アリガタ金具、総アルミキャリングケース、干渉計測定表／重量：6.8kg／価格：228,000円

テレビュー
NP127is（ワン・ツー・セブン）

対物レンズ：4枚構成ペッツバールタイプ・SDアポクロマート／有効径：127mm／焦点距離：660mm／口径比：F5.2／付属品：2"アクセサリーアダプター、フォーカスメイト、イメージングシステムアダプター、専用ハードケース／重量：約6.5kg／特価：1,037,000円（鏡筒セット）

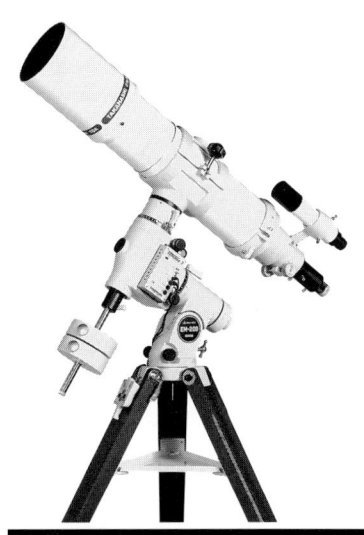

高橋製作所
TOA-130SST2

対物レンズ：3群3枚完全分離型EDアポクロマート／有効口径：130mm／焦点距離：1000mm／口径比：F7.7／ファインダー7X50mm／付属接眼鏡：LE18mm／架台：EM-200Temma2赤道儀（赤経・赤緯モーター、極軸望遠鏡内蔵）／脚部：木製直三脚（SE-M）／付属品：天頂プリズム、工具／重量：47kg／価格：1,165,500円

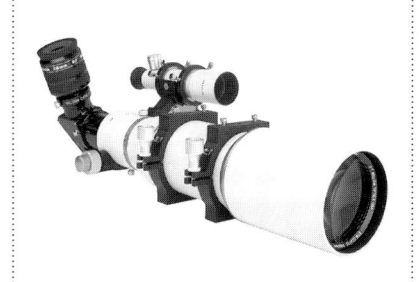

Willam Optics
FLT132Triplet APO

対物レンズ：3枚玉アポクロマート・FPL-53 有効口径：132mm／焦点距離：925mm／口径比：F7／付属品：専用ハードケース、鏡筒バンド／重量：9.0kg／価格：525,000円

ビクセン
GPD2-NA140SSf（N）

対物レンズ：4枚玉ネオアクロマート／有効口径：140mm／焦点距離：800mm／口径比：F5.7／ファインダー：暗視野7倍50mm／付属接眼鏡：NLV20,NLV5／架台：GPD2赤道儀／脚部：ワンタッチ式アルミ製伸縮三脚／付属品：フリップミラー、パーツケース／重量：27.9kg／価格：322,350円

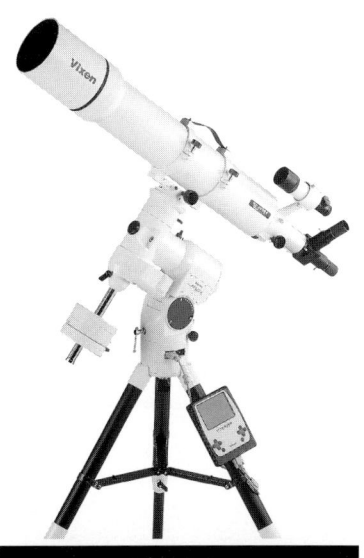

ビクセン
ニューアトラクス NA140SSf

対物レンズ：4枚玉ネオアクロマート／有効口径：140mm／焦点距離：800mm／口径比：F5.7／ファインダー：暗視野7倍50mm／付属接眼鏡：別売／架台：ニューアトラクス赤道儀（2軸モーター内蔵）／脚部：ジュラポール伸縮三脚／付属品：フリップミラー、アトラクスGPプレート、プレートホルダーSX／重量：47.4kg／価格：780,150円

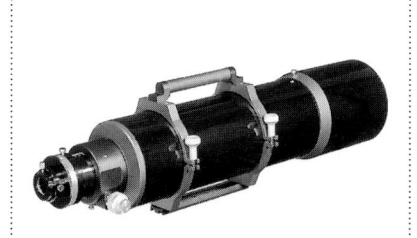

笠井トレーディング
NERIUS-150LD

対物レンズ：セミアポクロマート／有効口径：150mm／焦点距離：900mm／口径比：F6／付属品：鏡筒バンド、キャリングハンドル、アリガタ金具／重量：9.5kg／価格：198,000円

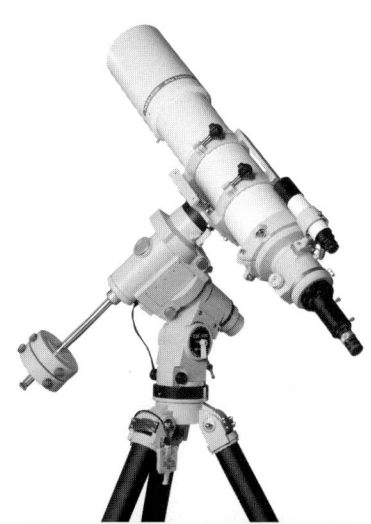

高橋製作所
TOA-150RT2M

対物レンズ：3群3枚完全分離型EDアポクロマート／有効口径：150mm／焦点距離：1100mm／口径比：F7.3／ファインダー：7X50mm／付属接眼鏡：LE18mm／架台：EM-400Temma2赤道儀（赤経・赤緯モーター、極軸望遠鏡内蔵）／脚部：Jメタル(SR)型伸縮三脚／付属品：天頂プリズム、工具／重量：74kg／価格：2,436,000円

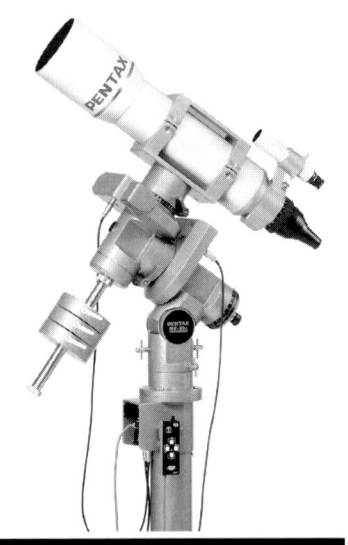

ペンタックス 150SDP

対物レンズ：4群4枚SDPアポクロマート／有効口径：150mm／焦点距離：960mm／口径比：F6.4／ファインダー：7×50、7×35mm（正立）／付属接眼鏡：なし／架台：MS-55z赤道儀（極軸望遠鏡、赤経・赤緯ステッピングモーター内蔵、インテリジェントコントローラー対応、AC電源付）／脚部：ピラー脚／重量：約165kg（鏡筒・赤道儀質量、ウェイト含まず）／価格：150SDP鏡筒 2,604,000円、MS-55z赤道儀 2,276,400円

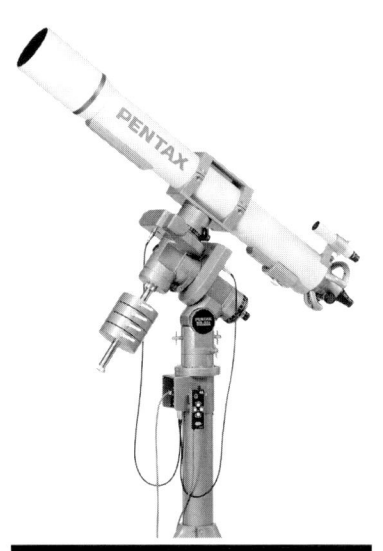

ペンタックス 150SD

対物レンズ：2群2枚SDアポクロマート／有効口径：150mm／焦点距離：1,800mm／口径比：F12／ファインダー：7×50、7×35mm（正立）／付属接眼鏡：なし／架台：MS-55z赤道儀（極軸望遠鏡、赤経・赤緯ステッピングモーター内蔵、インテリジェントコントローラー対応、AC電源付）／脚部：ピラー脚／重量：約173kg（鏡筒・赤道儀質量、ウェイト含まず）／価格：150SD鏡筒 2,814,000円、MS-55z赤道儀 2,276,400円

ライテック ソーラースコープ

太陽観察望遠鏡／有効径：40mm／太陽投影像：約115mm（グループ、トラベラーモデル）約80mm（パーソナルモデル）／重量：1,000g（グループ）750g（パーソナル）／特価：21,000円（グループ）12,600円（パーソナル）　48,300円（トラベラー）

反射望遠鏡

セレストロン
AstroMaster 114AZ

有効口径：114mm／焦点距離：1000mm／口径比：F8.8／ファインダー：等倍スターポインター／付属接眼鏡：10mm,20mm／架台：経緯台／脚部：2段式スチール三脚／重量：7.7kg／価格：49,350円

ビクセン
ポルタII R130Sf

有効口径：130mm／焦点距離：650mm／口径比：F5／ファインダー：6倍30mm／付属接眼鏡：PL20,PL6.3／架台：ポルタII経緯台／脚部：ワンタッチ式アルミ製伸縮三脚／重量：11.0kg／価格：63,000円

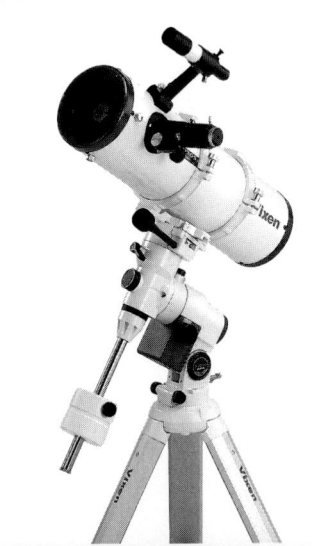

ビクセン
GP2-R130Sf（N）

有効口径：130mm／焦点距離：650mm／口径比：F5／ファインダー：6倍30mm／付属接眼鏡：PL20,PL6.3／架台：GP2赤道儀／脚部：ワンタッチ式アルミ製伸縮三脚／重量：18.5kg／価格：103,425円

ビクセン
スカイポッド R130Sf

有効口径：130mm／焦点距離：650mm／口径比：F5／ファインダー：6倍30mm／付属接眼鏡：PL6.3, PL20／架台：スカイポッド経緯台／脚部：ワンタッチ式アルミ製伸縮三脚／付属品：ハーフピラー／重量：14.6kg／価格：157,500円

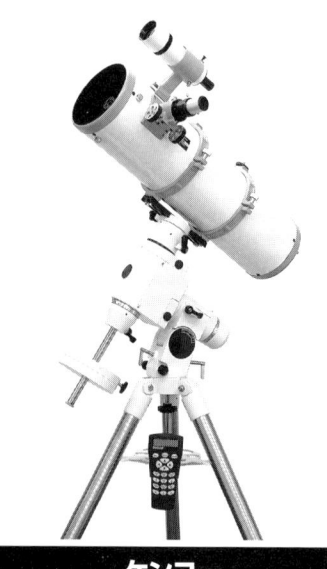

ケンコー
スカイエクスプローラーⅡSE150N

有効口径：150mm／焦点距離：750mm／口径比：F5／ファインダー：9倍50mm／付属接眼鏡：PL10mm, PL25mm／架台：赤道儀／脚部：スチール三脚／付属品：バランスウェイト5.1kg×1／価格：210,000円

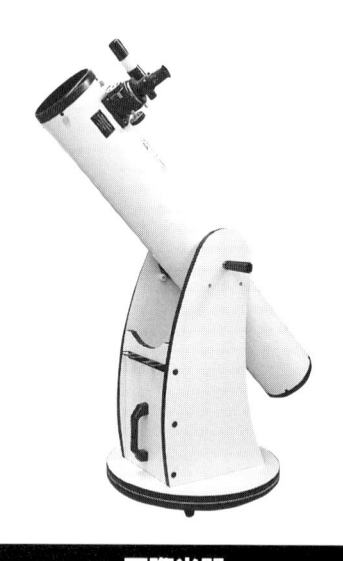

国際光器
WHITEY DOB 15

有効口径：150mm／焦点距離：1200mm／口径比：F8／ファインダー：6倍30mm／付属接眼鏡：PL10mm, PL25mm／架台：経緯台／脚部：円形グランドボード／付属品：キャリーハンドル，アイピースホルダー，組立て用工具一式／重量：17.0kg／価格：36,800円

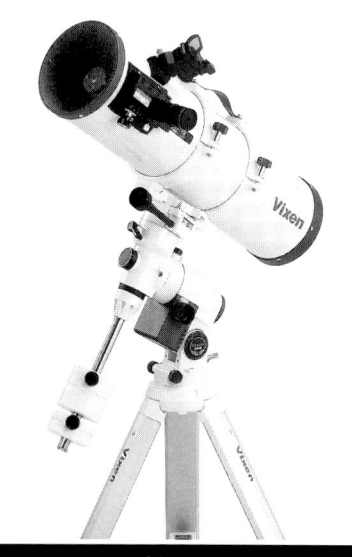

ビクセン
GP2-R150S（N）

有効口径：150mm／焦点距離：750mm／口径比：F5／ファインダー：等倍／付属接眼鏡：NPL20,NPL6／架台：GP2赤道儀／脚部：ワンタッチ式アルミ製伸縮三脚／付属品：パーツケース／重量：21.2kg／価格：165,375円

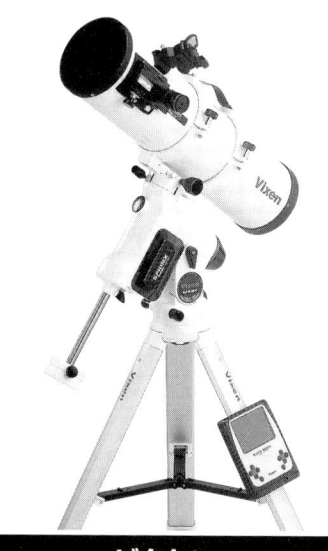

ビクセン
R150S-SXW

有効口径：150mm／焦点距離：750mm／口径比：F5／ファインダー：等倍／付属接眼鏡：NPL20,NPL6／架台：SX赤道儀（2軸モーター内蔵）／脚部：ワンタッチ式アルミ製伸縮三脚／付属品：パーツケース／重量：20.7kg／価格：306,600円

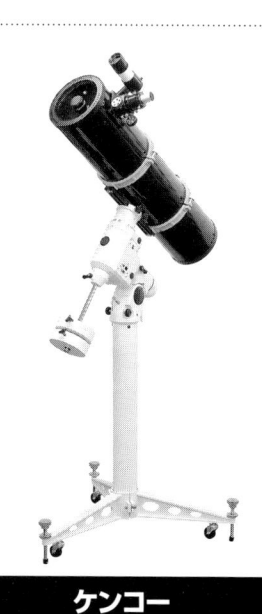

ケンコー
スカイエクスプローラーSE190MN (鏡筒のみ)

有効口径：190mm／焦点距離：1000mm／口径比：F5.2／ファインダー：9倍50mm／付属接眼鏡：未定／価格：239,400円

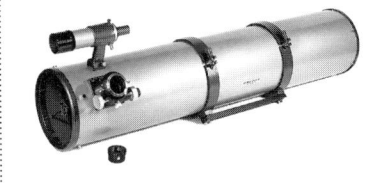

笠井トレーディング
GINJI-200FN

有効口径：200mm／焦点距離：800mm／口径比：F4／ファインダー：8x50mm／付属品：鏡筒バンド、アリガタプレート、干渉計測定表／重量：7.3kg／価格：68,000円

笠井トレーディング
GINJI-200N

有効口径：200mm／焦点距離：1200mm／口径比：F6／ファインダー：8x50mm／付属品：鏡筒バンド、アリガタプレート、干渉計測定表／重量：9.0kg／価格：68,000円

笠井トレーディング
NERO-200DX

有効口径：200mm／焦点距離：1200mm／口径比：F6／ファインダー：8x50mm／付属品：鏡筒バンド、アリガタプレート／重量：7.8kg／価格：145,000円

ケンコー
スカイエクスプローラーⅡ SE200N CR

有効口径：200mm／焦点距離：1000mm／口径比：F5／ファインダー：9倍50mm／付属接眼鏡：PL10mm、PL25mm／架台：赤道儀／脚部：スチール三脚／付属品：バランスウェイト5.1kg×2／価格：219,450円

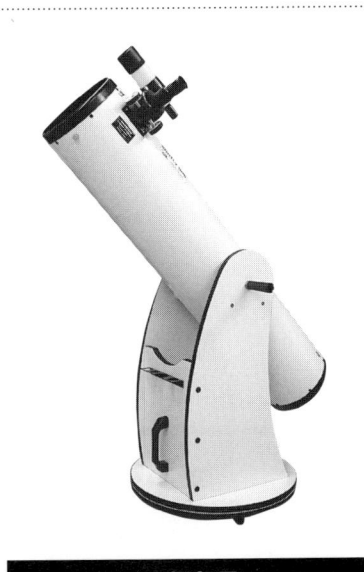

国際光器
WHITEY DOB 20

有効口径：200mm／焦点距離：1200mm／口径比：F6／ファインダー：9倍50mm／付属接眼鏡：PL10mm、PL25mm／架台：経緯台／脚部：円形グランドボード／付属品：キャリーハンドル、アイピースホルダー、組立て用工具一式／重量：21.0kg／価格：49,800円

ビクセン
GPD2-R200SS（N）

有効口径：200mm／焦点距離：800mm／口径比：F4／ファインダー：暗視野7倍50mm／付属接眼鏡：NLV20,NLV5／架台：GPD2赤道儀／脚部：ワンタッチ式アルミ製伸縮三脚／付属品：パーツケース／重量：26.8kg／価格：285,600円

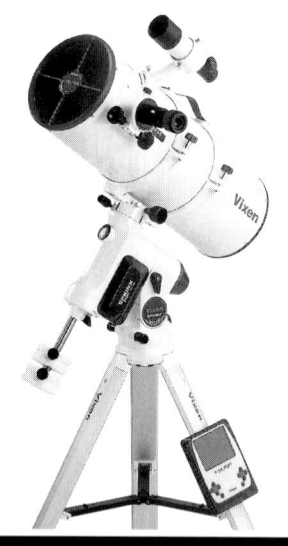

ビクセン
R200SS-SXW

有効口径：200mm／焦点距離：800mm／口径比：F4／ファインダー：暗視野7倍50mm／付属接眼鏡：NLV20,NLV5／架台：SX赤道儀（2軸モーター内蔵）／脚部：ワンタッチ式アルミ製伸縮三脚／付属品：パーツケース／重量：23.7kg／価格：382,200円

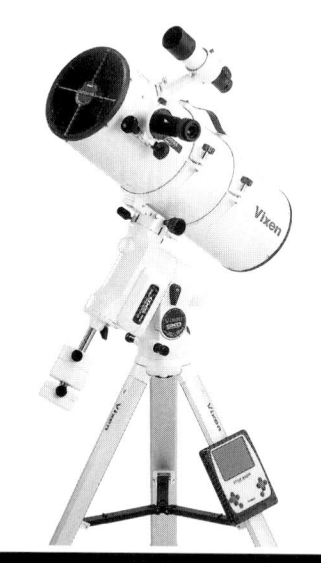

ビクセン
SXD-R200SS

有効口径：200mm／焦点距離：800mm／口径比：F4／ファインダー：暗視野7倍50mm／付属接眼鏡：NLV20,NLV5／架台：SXD赤道儀（2軸モーター内蔵）／脚部：ワンタッチ式アルミ製伸縮三脚／付属品：パーツケース／重量：27.5kg／価格：456,750円

オライオン250

有効口径：250mm／焦点距離：1,200mm（F4.8）1,600mm（F6.3）／ファインダー：9×50mm／クレイフォード2インチ接眼部／付属品：鏡筒バンド／重量：約9.8kg（F4.8）約11.3kg（F6.3）／直販特価：189,000円（F4.8鏡筒）199,500円（F6.3鏡筒）※価格は鏡筒+鏡筒バンド

笠井トレーディング
GINJI-250N

有効口径：250mm／焦点距離：1250mm／口径比：F5／ファインダー：8x50mm／付属品：鏡筒バンド、アリガタプレート、干渉計測定表／重量：14.0kg／価格：94,000円

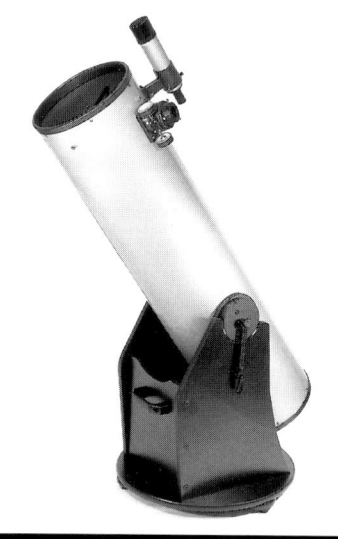

笠井トレーディング
GINJI-250D

有効口径：250mm／焦点距離：1250mm／口径比：F5／ファインダー：8x50mm／架台：フォーク式経緯台／付属品：干渉計測定表／重量：25.0kg／価格：89,000円

ケンコー
スカイエクスプローラーSE250N CR（鏡筒のみ）

有効口径：254mm／焦点距離：1200mm／口径比：F4.7／ファインダー：9倍50mm／価格：71,925円

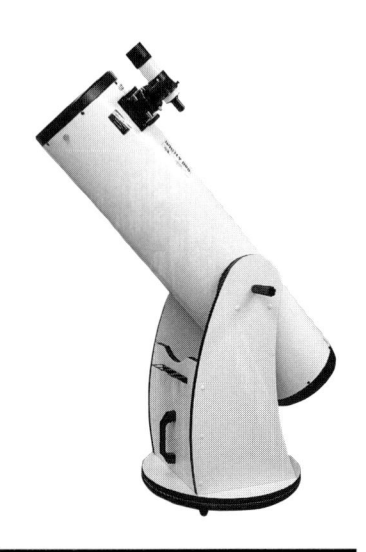

国際光器
WHITEY DOB 25

有効口径：250mm／焦点距離：1200mm／口径比：F4.8／ファインダー：9倍50mm／付属接眼鏡：PL10mm、PL25mm／架台：経緯台／脚部：円形グランドボード／付属品：キャリーハンドル，アイピースホルダー，組立て用工具一式／重量：25.0kg／価格：79,800円
接眼部はクレイフォードタイプ

オライオン300

有効口径：300mm／焦点距離：1,200mm(F4) 1,350mm(F4.5) 1,600mm(F5.3)／ファインダー：9×50mm／クレイフォード2インチ接眼部／付属品：鏡筒バンド／重量（バンド込み）：約14kg(F4) 約15kg(F4.5) 約16kg(F5.3)／直販特価：262,500円(F4、鏡筒) 273,000円(F4.5鏡筒) 294,000円(F5.3鏡筒)
※価格は鏡筒+鏡筒バンド

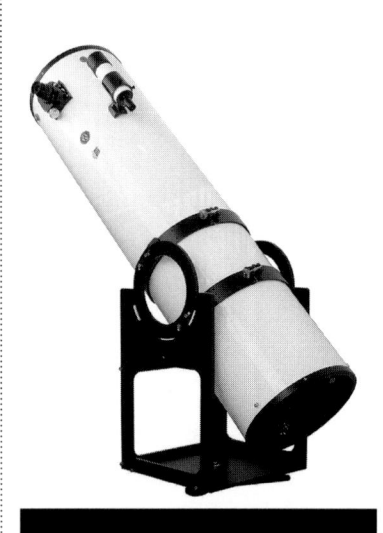

オライオン300ドブソニアン

有効口径：300mm／焦点距離：1,200mm(F4) 1,350mm(F4.5) 1,600mm(F5.3)／ファインダー：9×50mm／クレイフォード2インチ接眼部／架台：ドブソニアン／直販特価：339,150円(F4) 349,650円(F4.5) 370,650円(F5.3) ※200mmF4.5(205,800円)〜400mmF4(546,000円)まで各種

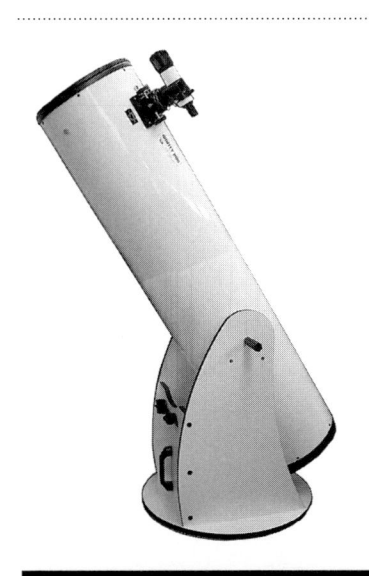

国際光器
WHITEY DOB 30

有効口径：300mm／焦点距離：1500mm／口径比：F5／ファインダー：9倍50mm／付属接眼鏡：PL10mm、PL25mm／架台：経緯台／脚部：円形グランドボード／付属品：キャリーハンドル，アイピースホルダー，組立て用工具一式／重量：39kg／価格：109,800円
接眼部はクレイフォードタイプ

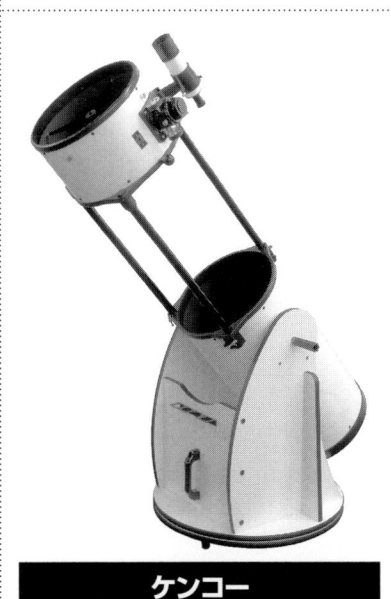

ケンコー
スカイエクスプローラーSE300D

有効口径：305mm／焦点距離：1500mm／口径比：F4.9／ファインダー：9倍50mm／付属接眼鏡：PL10mm、PL25mm／価格：168,000円

笠井トレーディング
Ninja-320

有効口径：320mm／焦点距離：1450mm／口径比：F4.5／ファインダー：8.7×50mm／架台：フォーク式経緯台／重量：21.5kg／価格：280,000円

オライオン400ドブソニアン

有効径：400mm／焦点距離：1,600mm（F4）／ファインダー：9×50mm／クレイフォード2インチ接眼部／架台：ドブソニアン／直販特価：546,000円（F4）

笠井トレーディング Ninja-400

有効口径：400mm／焦点距離：1800mm／口径比：F4.5／ファインダー：8.7x50mm／架台：フォーク式経緯台／重量：43.0kg／価格：600,000円

笠井トレーディング Ninja-500

有効口径：500mm／焦点距離：2250mm／口径比：F4.5／ファインダー：8.7x50mm／架台：フォーク式経緯台／重量：75.0kg／価格：1,000,000円

ユーハン工業 ウォッチャーボーイ（経緯台）

架台：自動導入自動追尾機能付2ステージ経緯台／同架重量：約20kg／ピラー：ガススプリングによる伸縮式（ストローク約300mm）／架台重量：8.5kg ピラー部：6.0kg 三脚部：5.0kg／全高：1,350～1,050mm／価格：428,000円～ ※鏡筒、双眼鏡は別売

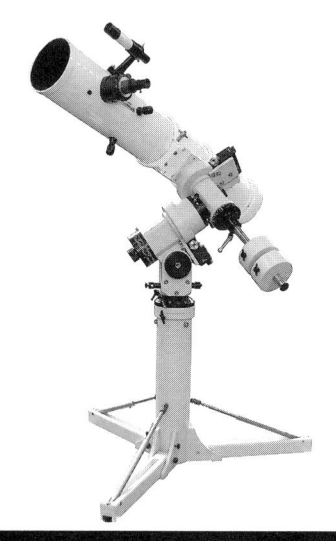

ユーハン工業 U-150（赤道儀）

架台：ドイツ式赤道儀／同架重量：約30kg／赤経・赤緯ウォームホイル全周微動：φ140mm 288:1／自動導入・導入速度（対恒時）最大速：×184～1,662／不動点高約900mm（35°）／ピラー脚：折りたたみ式ピラー三脚／重量：赤経体16kg、赤緯体9.5kg、ピラー18～25kg／価格：879,900円～ ※鏡筒は別売

カタディオプトリック
&カセグレン系反射

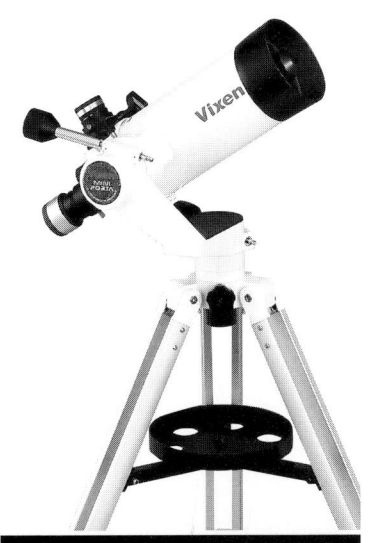

ビクセン
ミニポルタ VMC95L

光学系：VMC／有効口径：95mm／焦点距離：1050mm／口径比：F11.1／ファインダー：等倍／付属接眼鏡：NPL20,NPL6／架台：ミニポルタ経緯台／脚部：ワンタッチ式アルミ製伸縮三脚／重量：4.8kg／価格：55,650円

セレストロン
Nexstar 4SE

シュミットカセグレン式／有効口径：102mm／焦点距離：1325mm／口径比：F13／ファインダー：等倍スターポインター／付属接眼鏡：25mm／架台：フォーク式経緯台／脚部：2段式ステンレス三脚／付属品：PC接続ケーブル／重量：10.0kg／価格：161,700円

笠井トレーディング
AOK K110/2720

有効口径：110mm／焦点距離：2720mm／口径比：F25／ファインダー：Terlad／重量：5.0kg／価格：210,000円

ビクセン
スカイポッド VMC110L

光学系：VMC／有効口径：110mm／焦点距離：1035mm／口径比：F9.4／ファインダー：等倍／付属接眼鏡：NPL20,NPL6／架台：スカイポッド経緯台／脚部：アルミ製デスクトップ脚／重量：6.5kg／価格：124,950円

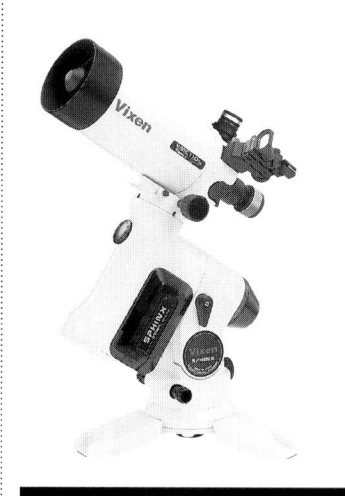

ビクセン
VMC110L-SXC

光学系：VMC／有効口径：110mm／焦点距離：1035mm／口径比：F9.4／ファインダー：等倍／付属接眼鏡：NPL20,NPL6／架台：SX赤道儀（2軸モーター内蔵）／脚部：アルミ製デスクトップ脚／重量：10.0kg／価格：187,950円

笠井トレーディング
ALTER-5N

有効口径：127mm／焦点距離：760mm／口径比：F6／ファインダー：7x35mm／付属品：フード，鏡筒バンド＆プレート，キャリングケース／重量：5.5kg／価格：135,000円

笠井トレーディング
ALTER-5

有効口径：127mm／焦点距離：1270mm／口径比：F10／ファインダー：7x35mm／付属品：フード，キャリングケース／重量：3.6kg／価格：135,000円

セレストロン
Nexstar 5SE

シュミットカセグレン式／有効口径：127mm／焦点距離：1250mm／口径比：F10／ファインダー：等倍スターポインター／付属接眼鏡：25mm／架台：フォーク式経緯台／脚部：3段式ステンレス三脚／付属品：PC接続ケーブル，天頂プリズム／重量：13.0kg／価格：189,000円

オライオンOMC140

有効径：140mm／焦点距離：2,000mm（F14.3）／ファインダー：9×50mm／付属品：1 1/4″アイピースホルダー GP赤道儀互換プレート／重量：約3.5kg／直販特価：144,900円（標準仕様）186,900円（増反射コート・1/12λ高精度仕様）

笠井トレーディング
ALTER-N140DX

有効口径：140mm／焦点距離：840mm／口径比：F6／ファインダー：10x50mm／付属品：フード，鏡筒バンド＆プレート，キャリングケース／重量：7.0kg／価格：198,000円

笠井トレーディング
ALTER-6

有効口径：150mm／焦点距離：1500mm／口径比：F10／ファインダー：10x50mm／付属品：フード，キャリングケース，アリミゾ金具／重量：5.0kg／価格：210,000円

笠井トレーディング
ALTER-6P

有効口径：150mm／焦点距離：2250mm／口径比：F15／ファインダー：10x50mm／付属品：フード，キャリングケース，アリミゾ金具／重量：5.2kg／価格：225,000円

笠井トレーディング
ALTER-6N

有効口径：150mm／焦点距離：900mm／口径比：F6／ファインダー：10x50mm／付属品：フード，鏡筒バンド＆プレート，キャリングケース／重量：8.3kg／価格：240,000円

笠井トレーディング
ALTER-6PN

有効口径：150mm／焦点距離：1200mm／口径比：F8／ファインダー：10x50mm／付属品：フード，鏡筒バンド＆プレート，キャリングケース／重量：9.3kg／価格：250,000円

笠井トレーディング
RUMAK-150

有効口径：150mm／焦点距離：1800mm／口径比：F12／ファインダー：8x50mm／重量：6.5kg／価格：98,500円

笠井トレーディング
AOK K150/3000

有効口径：150mm／焦点距離：3000mm／口径比：F15／ファインダー：Terlad／重量：9.0kg／価格：420,000円

セレストロン
C6S(XLT)鏡筒

シュミットカセグレン式／有効口径：150mm／焦点距離：1500mm／口径比：F10／ファインダー：6倍30mm／付属接眼鏡：25mm／付属品：天頂プリズム／重量：5.0kg／価格：183,750円

セレストロン
Nexstar 6SE

シュミットカセグレン式／有効口径：150mm／焦点距離：1500mm／口径比：F10／ファインダー：等倍スターポインター／付属接眼鏡：25mm／架台：フォーク式経緯台／脚部：4段式ステンレス三脚／付属品：PC接続ケーブル，天頂プリズム／重量：14.0kg／価格：249,900円

セレストロン
ADVANCED-GT C6S(XLT)

シュミットカセグレン式／有効口径：150mm／焦点距離：1500mm／口径比：F10／ファインダー：6倍30mm／付属接眼鏡：25mm／架台：赤道儀／脚部：5段式大型ステンレス三脚／付属品：天頂プリズム／重量：24.0kg／価格：289,800円

笠井トレーディング
ALTER-7N

有効口径：180mm／焦点距離：1080mm／口径比：F6／ファインダー：10x50mm／付属品：フード，鏡筒バンド＆プレート，格納箱／重量：11.5kg／価格：360,000円

笠井トレーディング
ALTER-7FN

有効口径：180mm／焦点距離：720mm／口径比：F4／ファインダー：10x50mm／付属品：フード，鏡筒バンド＆プレート，キャリングケース，直焦点アダプター／重量：9.0kg／価格：435,000円

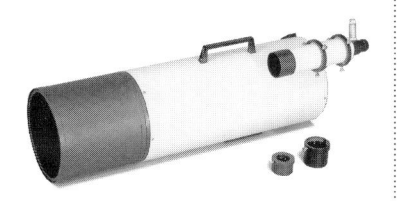

笠井トレーディング
Mirage-7

有効口径：180mm／焦点距離：1800mm／口径比：F10／ファインダー：10x50mm／付属品：キャリングケース、干渉計測定表／重量：8.5kg／価格：260,000円

笠井トレーディング
ALTER-7

有効口径：180mm／焦点距離：1800mm／口径比：F10／ファインダー：10x50mm／付属品：フード、キャリングケース、アリミゾ金具／重量：6.5kg／価格：345,000円

笠井トレーディング
ALTER-7P

有効口径：180mm／焦点距離：2700mm／口径比：F15／ファインダー：10x50mm／付属品：フード、キャリングケース、アリミゾ金具／重量：7.3kg／価格：365,000円

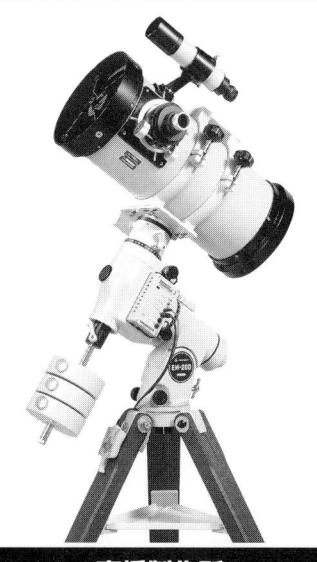

高橋製作所
ε-180ST2

Hyperboloid Astro Camera／有効口径：180mm／焦点距離：500mm／口径比：F2.8／ファインダー：7×50mm／架台：EM-200Temma2赤道儀(赤経・赤緯モーター、極軸望遠鏡内蔵)／脚部：木製直脚(SE-S)／重量：42kg／価格：1,055,250円

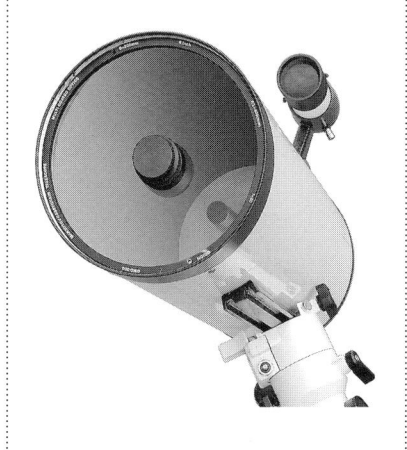

オライオンOMC200

有効径：200mm／焦点距離：4,000mm（F20）／ファインダー：9×50mm／付属品：1 1/4"アイピースホルダー GP赤道儀互換プレート、内蔵冷却ファン用DCコード／直販特価：487,200円（標準仕様）588,000円（増反射コート・1/12λ高精度仕様）

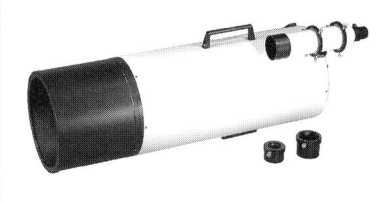

笠井トレーディング
Mirage-8

有効口径：200mm／焦点距離：2000mm／口径比：F10／ファインダー：10x50mm／付属品：キャリングケース、干渉計測定表／重量：10.5kg／価格：395,000円

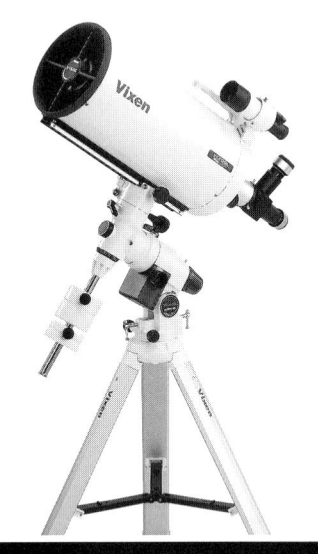

ビクセン
GPD2-VC200L（N）

光学系：バイザック／有効口径：200mm／焦点距離：1800mm／口径比：F9／ファインダー：暗視野7倍50mm／付属接眼鏡：NLV20,NLV9／架台：GPD2赤道儀／脚部：ワンタッチ式アルミ製伸縮三脚／付属品：パーツケース／重量：26.5kg／価格：325,500円

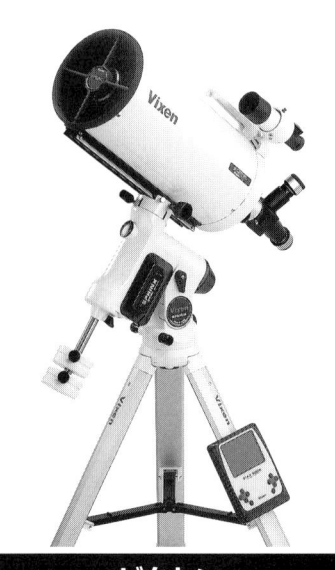

ビクセン
VC200L-SXW

光学系：バイザック／有効口径：200mm／焦点距離：1800mm／口径比：F9／ファインダー：暗視野7倍50mm／付属接眼鏡：NLV20,NLV9／架台：SX赤道儀（2軸モーター内蔵）／脚部：ワンタッチ式アルミ製伸縮三脚／付属品：パーツケース／重量：23.4kg／価格：422,100円

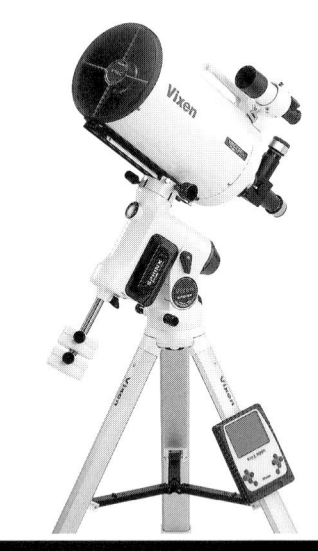

ビクセン
VMC200L-SXW

光学系：VMC／有効口径：200mm／焦点距離：1950mm／口径比：F9.75／ファインダー：暗視野7倍50mm／付属接眼鏡：NLV20,NLV9／架台：SX赤道儀（2軸モーター内蔵）／脚部：ワンタッチ式アルミ製伸縮三脚／付属品：パーツケース／重量：23.3kg／価格：401,100円

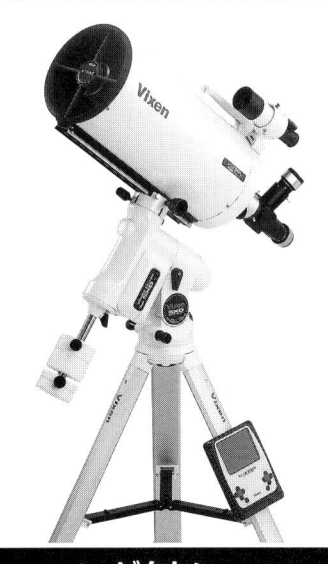

ビクセン
SXD-VC200L

光学系：バイザック／有効口径：200mm／焦点距離：1800mm／口径比：F9／ファインダー：暗視野7倍50mm／付属接眼鏡：NLV20,NLV9／架台：SXD赤道儀（2軸モーター内蔵）／脚部：ワンタッチ式アルミ製伸縮三脚／付属品：パーツケース／重量：27.2kg／価格：496,650円

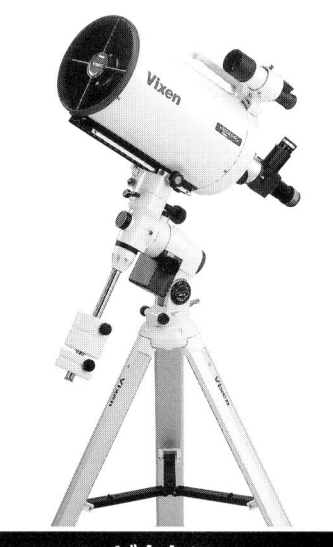

ビクセン
GP2-VMC200L（N）

光学系：VMC／有効口径：200mm／焦点距離：1950mm／口径比：F9.75／ファインダー：暗視野7倍50mm／付属接眼鏡：NPL25,NPL10／架台：GP2赤道儀／脚部：ワンタッチ式アルミ製伸縮三脚／付属品：パーツケース／重量：21.9kg／価格：237,195円

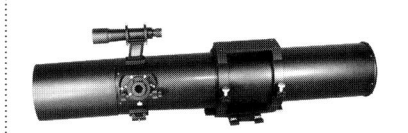

笠井トレーディング
ALTER-8N

有効口径：203mm／焦点距離：1200mm／口径比：F6／ファインダー：10x50mm／付属品：フード、鏡筒バンド＆プレート、格納箱／重量：15.0kg／価格：580,000円（10Nは1,200,000円、12Nは1,800,000円、14Nは2,600,000円、16Nは3,900,000円）

セレストロン
C8S(XLT)鏡筒

シュミットカセグレン式／有効口径：203mm／焦点距離：2032mm／口径比：F10／ファインダー：6倍30mm／付属接眼鏡：25mm／付属品：天頂プリズム／重量：6.0kg／価格：246,750円

セレストロン
ADVANCED-GT C8S(XLT)

シュミットカセグレン式／有効口径：203mm／焦点距離：2032mm／口径比：F10／ファインダー：6倍30mm／付属接眼鏡：25mm／架台：赤道儀／脚部：6段式大型ステンレス三脚／付属品：天頂プリズム／重量：25.0kg／価格：348,600円

セレストロン
Nexstar 8SE

シュミットカセグレン式／有効口径：203mm／焦点距離：2032mm／口径比：F10／ファインダー：等倍スターポインター／付属接眼鏡：25mm／架台：フォーク式経緯台／脚部：5段式ステンレス三脚／付属品：PC接続ケーブル，天頂プリズム／重量：15.0kg／価格：372,750円

セレストロン
CPC 800 GPS(XLT)

シュミットカセグレン式／有効口径：203mm／焦点距離：2032mm／口径比：F10／ファインダー：9倍50mm／付属接眼鏡：40mm／架台：フォーク式経緯台／脚部：2段式大型ステンレス三脚／付属品：PC接続ケーブル，天頂プリズム／重量：28.0kg／価格：464,625円

セレストロン
CGE-800(XLT)

シュミットカセグレン式／有効口径：203mm／焦点距離：2032mm／口径比：F10／ファインダー：6倍30mm／付属接眼鏡：25mm／架台：赤道儀／脚部：大型三脚／付属品：PC接続ケーブル，天頂プリズム／重量：25.0kg／価格：871,500円

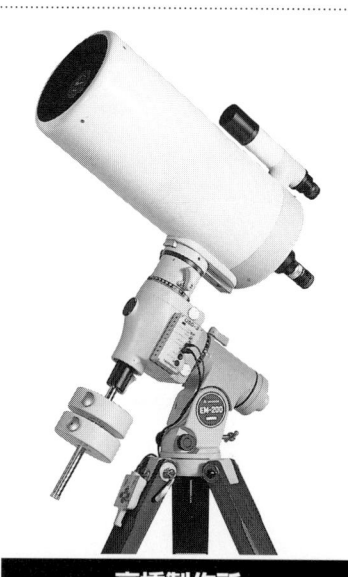

高橋製作所
μ-210US3

光学系：ドール・カーカム／有効口径：210mm／焦点距離：2415mm／口径比：F11.5／ファインダー7×50mm／付属接眼鏡：LE18mm／架台：EM-200USD3赤道儀（赤経・赤緯モーター，極軸望遠鏡内蔵）／脚部：木製直三脚（SE-M）／付属品：工具／重量：41kg／価格：759,150円

セレストロン C9 1/4-AL(XLT)鏡筒

シュミットカセグレン式／有効口径：235mm／焦点距離：2350mm／口径比：F10／ファインダー：6倍30mm／付属接眼鏡：25mm／付属品：天頂プリズム／重量：9.0kg／価格：367,500円

セレストロン ADVANCED-GT C9-1/4S(XLT)

シュミットカセグレン式／有効口径：235mm／焦点距離：2350mm／口径比：F10／ファインダー：6倍30mm／付属接眼鏡：25mm／架台：赤道儀／脚部：7段式大型ステンレス三脚／付属品：天頂プリズム／重量：33.0kg／価格：472,500円

セレストロン CPC 925GPS(XLT)

シュミットカセグレン式／有効口径：235mm／焦点距離：2350mm／口径比：F10／ファインダー：9倍50mm／付属接眼鏡：40mm／架台：フォーク式経緯台／脚部：3段式大型ステンレス三脚／付属品：PC接続ケーブル，天頂プリズム／重量：35.0kg／価格：567,000円

セレストロン CGE-925(XLT)

シュミットカセグレン式／有効口径：235mm／焦点距離：2350mm／口径比：F10／ファインダー：6倍30mm／付属接眼鏡：25mm／架台：赤道儀／脚部：大型三脚／付属品：PC接続ケーブル，天頂プリズム／重量：49kg／価格：976,500円

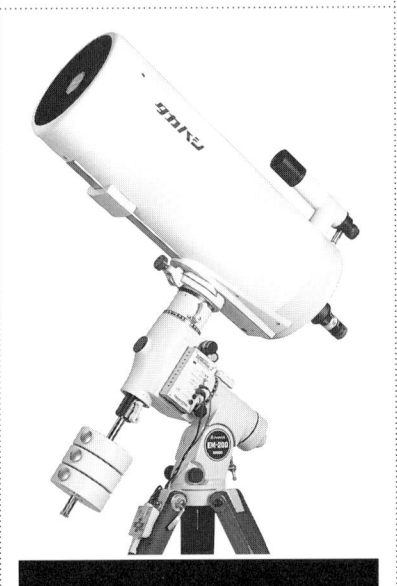

高橋製作所／μ-250ST2

光学系：ドール・カーカム／有効口径：250mm／焦点距離：3,000mm／口径比：F12／ファインダー：7×50mm（暗視野照明付）／付属接眼鏡：LE18／架台：EM-200 Temma2赤道儀（赤経・赤緯モーター，極軸望遠鏡内蔵）／脚部：木製直三脚（SE-M）／付属品：工具／重量：44kg／価格：1,180,200円

笠井トレーディング PERSEUS-250

有効口径：254mm／焦点距離：3125mm／口径比：F12.5／ファインダー：10x50mm／付属品：フード，格納箱，アリミゾ金具／重量：17.0kg／価格：1,150,000円（PERSEUS-200は550,000円，PERSEUS-250Fは1,150,000円，PERSEUS-250Pは1,200,000円，300は1,7500,000円，350は2,600,000円，400は3,900,000円）

ビクセン
VMC260L鏡筒

光学系：VMC／有効口径：260mm／焦点距離：3000mm／口径比：F11.5／ファインダー：7倍50mm／重量：10.9kg／価格：470,400円

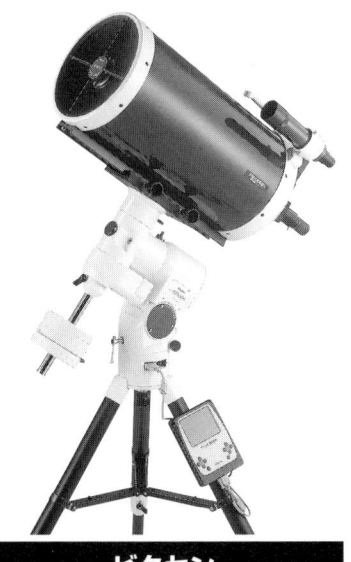

ビクセン
ニューアトラクス VMC260L

光学系：VMC／有効口径：260mm／焦点距離：3000mm／口径比：F11.5／ファインダー：7倍50mm／付属接眼鏡：別売／架台：ニューアトラクス赤道儀（2軸モーター内蔵）／脚部：ジュラポール伸縮三脚／付属品：専用プレートホルダー／重量：50.6kg／価格：1,066,800円

セレストロン
C11S(XLT)鏡筒

シュミットカセグレン式／有効口径：279mm／焦点距離：2800mm／口径比：F10／ファインダー：9倍50mm／付属接眼鏡：40mm／付属品：天頂プリズム／重量：13.0kg／価格：498,750円

セレストロン
ADVANCED-GT C11S(XLT)

シュミットカセグレン式／有効口径：279mm／焦点距離：2800mm／口径比：F10／ファインダー：9倍50mm／付属接眼鏡：40mm／架台：赤道儀／脚部：8段式大型ステンレス三脚／付属品：天頂プリズム／重量：41.0kg／価格：598,500円

セレストロン
CPC 1100GPS(XLT)

シュミットカセグレン式／有効口径：279mm／焦点距離：2800mm／口径比：F10／ファインダー：9倍50mm／付属接眼鏡：40mm／架台：フォーク式経緯台／脚部：4段式大型ステンレス三脚／付属品：PC接続ケーブル，天頂プリズム／重量：38.0kg／価格：630,000円

セレストロン
CGE-1100(XLT)

シュミットカセグレン式／有効口径：279mm／焦点距離：2800mm／口径比：F10／ファインダー：9倍50mm／付属接眼鏡：40mm／架台：赤道儀／脚部：大型三脚／付属品：PC接続ケーブル，天頂プリズム／重量：53.0kg／価格：1,102,500円

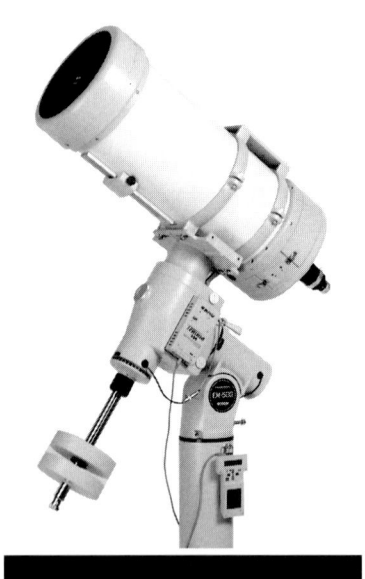

高橋製作所／μ-300QT2P

光学系：ドール・カーカム／有効口径：300mm／焦点距離：3,572mm／口径比：F11.9／ファインダー：11×70mm（暗視野照明付）／付属接眼鏡：LE30／架台：EM-500 Temma2 赤道儀（赤経・赤緯モーター，極軸望遠鏡内蔵）／脚部：ピラー脚（SQ-L）／付属品：工具／重量：150kg／価格：別途お見積

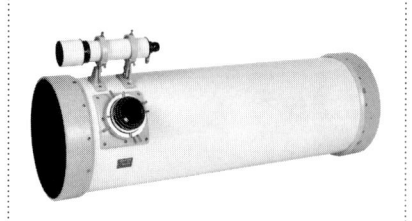

高橋製作所 ε-350N

光学系：Hyperboloid Astro Camera／有効口径：350mm／焦点距離：1,248mm／口径比：F3.6／ファインダー：11×70mm（暗視野照明付）／重量：66kg／価格：別途お見積もり

セレストロン C14-AL(XLT)鏡筒

シュミットカセグレン式／有効口径：355mm／焦点距離：3910mm／口径比：F11／ファインダー：9倍50mm／付属接眼鏡：40mm／付属品：天頂ミラー／重量：20.0kg／価格：1,155,000円

セレストロン CGE-1400(XLT)

シュミットカセグレン式／有効口径：355mm／焦点距離：3910mm／口径比：F11／ファインダー：9倍50mm／付属接眼鏡：40mm／架台：赤道儀／脚部：大型三脚／付属品：PC接続ケーブル，天頂ミラー／重量：60kg／価格：1,575,000円

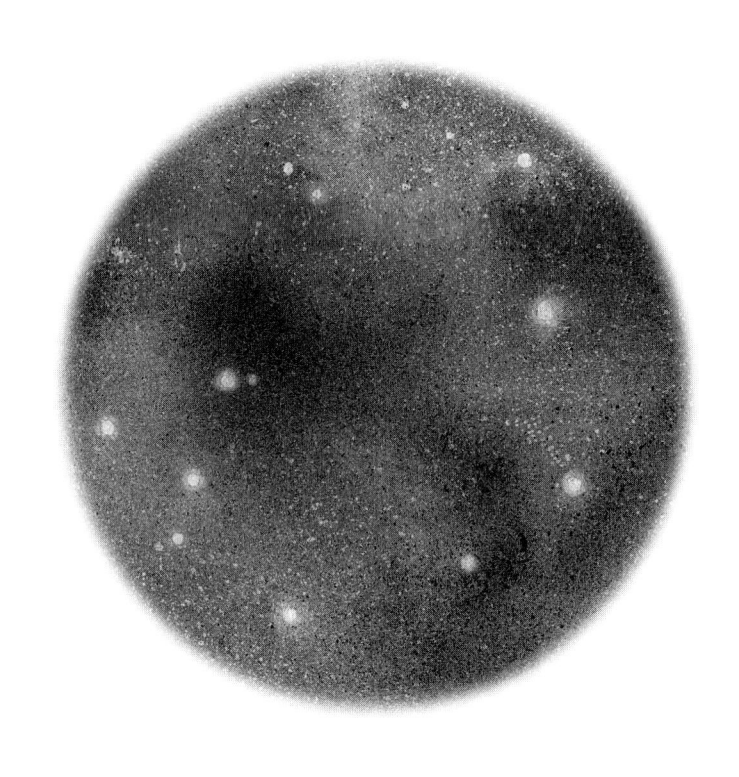

据付型望遠鏡
(移動可能型)

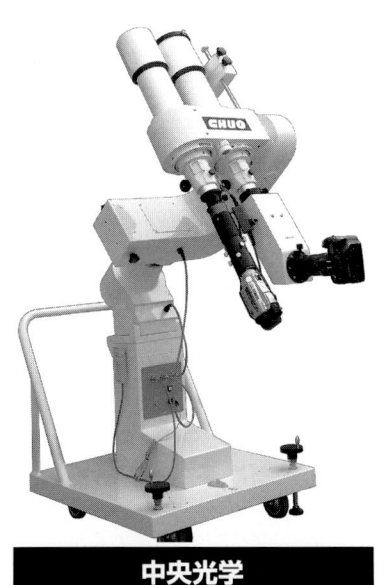

中央光学
2連式可搬型太陽望遠鏡

鏡筒部：ＥＤ100mm--2台／導入ファインダー：専用投影式／架台：専用Ｌ型フォーク式赤道儀／付属品：Ｈαフィルター・白色光フィルター・可搬台車その他仕様による／重量：170kg／価格：別途お見積り

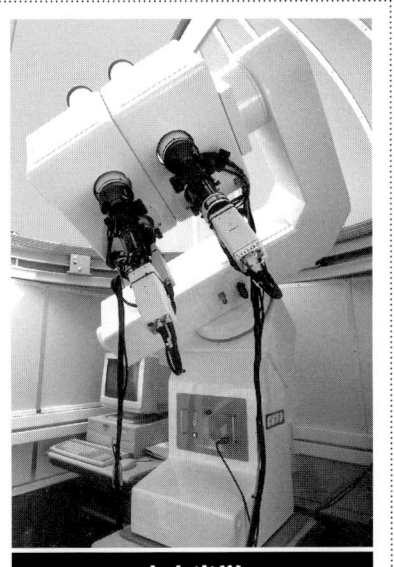

中央光学
4連式太陽望遠鏡

鏡筒部：ED100mm—2台、50～70ｍｍ―2台（仕様による）架台：コンピュータ制御Ｌ型フォーク式赤道儀／付属品：仕様による／重量：550kg／価格：別途お見積り

宇治天体精機
スカイマックスF8-150SD

対物レンズ：2枚玉SDアポクロマート／有効口径：150mm／焦点距離：1,200mm／口径比：F8／ファインダー：7×50mm／付属接眼鏡：なし／架台：スカイマックスＶ型赤道儀（赤経・赤緯モーター内蔵）／脚部：アルミ鋳物製ピラー脚／重量：138kg／価格：別途お見積り

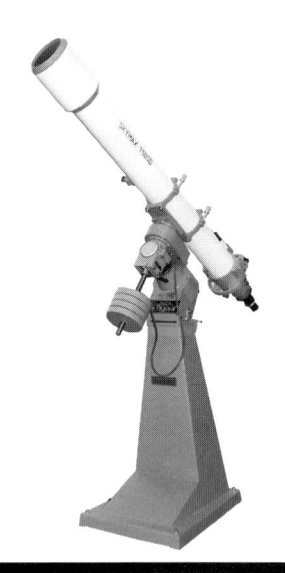

宇治天体精機
スカイマックス150SD

対物レンズ：2枚玉SDアポクロマート／有効口径：150mm／焦点距離：1,800mm／口径比：F12／ファインダー：7×50mm／架台：スカイマックスⅤ型赤道儀／脚部：屈折型ピラー脚／重量：184kg／価格：別途お見積り

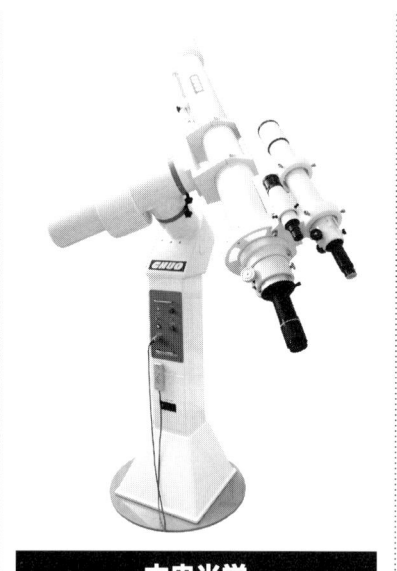

中央光学
15cmED屈折望遠鏡

対物レンズ：2枚玉EDアポクロマート／有効口径：150mm／焦点距離：1800mm／口径比：F12／ファインダー：7×50mm／架台：ドイツ式赤道儀／付属品：仕様による／重量：250kg／価格：別途お見積り

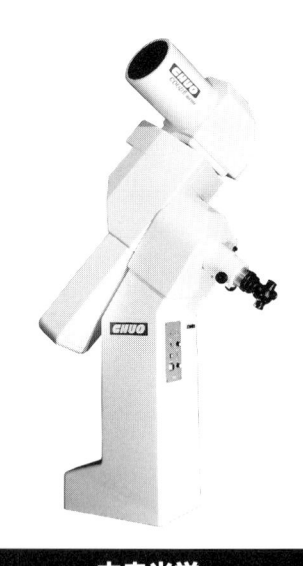

中央光学
15cmクーデ式屈折望遠鏡

対物レンズ：2枚玉EDアポクロマート／有効口径：150mm焦点距離：1800mm／口径比：F12／架台：コンピュータ制御クーデ式赤道儀／付属品：仕様による／重量：480kg／価格：別途お見積り

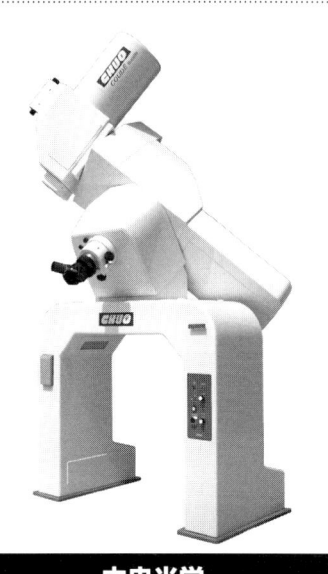

中央光学
15cmアーチ脚クーデ式屈折望遠鏡

対物レンズ：2枚玉EDアポクロマート／有効口径：150mm焦点距離：1800mm／口径比：F12／架台：コンピュータ制御クーデ式アーチ脚赤道儀／付属品：仕様による／重量：550kg／価格：別途お見積り

宇治天体精機
スカイマックス200ED

対物レンズ：2枚玉EDアポクロマート／有効口径：200mm／焦点距離：2,000mm／口径比：F10／ファインダー：7×50mm／架台：ドイツ式赤道儀／重量：320kg／価格：別途お見積り

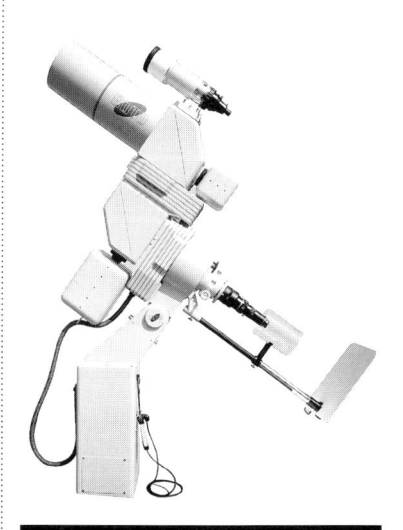

五藤光学研究所
20cmクーデ with CATS-Ⅲ

対物レンズ：EDアポクロマート／有効口径：200mm／焦点距離：1,800mm／口径比：F9／付属接眼鏡：3種／架台：クーデ式赤道儀（コンピュータ制御）／付属品：制御用コンピュータおよびソフト，太陽投影板／重量：500kg／価格：別途お見積り

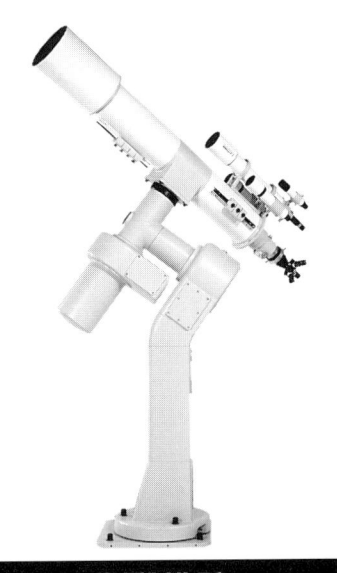

高橋製作所
FET-200屈折赤道儀

対物レンズ：3枚玉フローライト・アポクロマート／有効口径：200mm／焦点距離：2,000mm／口径比：F10／ファインダー：11×70mm（暗視野照明付）／付属接眼鏡：LEシリーズ／架台：EM-3500赤道儀（コンピューター制御）／脚部：ピラー脚／重量：700kg／価格：別途お見積り

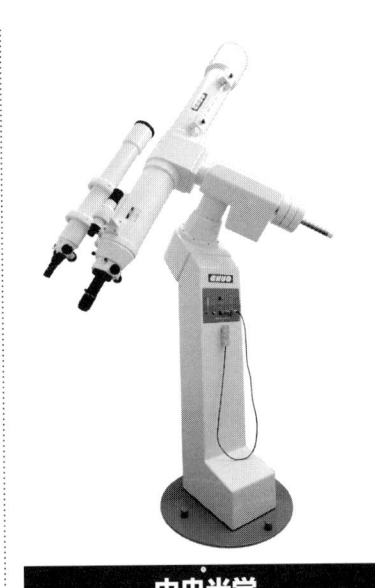

中央光学
20cmED屈折望遠鏡

対物レンズ：3枚玉EDアポクロマート／有効口径：200mm／焦点距離：1800mm／口径比：F9／ファインダー：7×50mm／架台：ドイツ式赤道儀／付属品：仕様による／重量：600kg／価格：別途お見積り

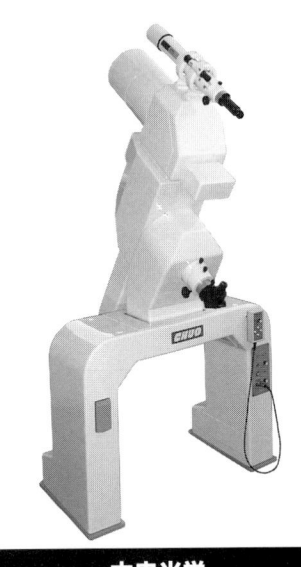

中央光学
20cmアーチ脚クーデ式屈折望遠鏡

対物レンズ：3枚玉EDアポクロマート／有効口径：200mm焦点距離：1800mm／口径比：F9／架台：コンピュータ制御クーデ式アーチ脚赤道儀／付属品：仕様による／重量：650kg／価格：別途お見積り

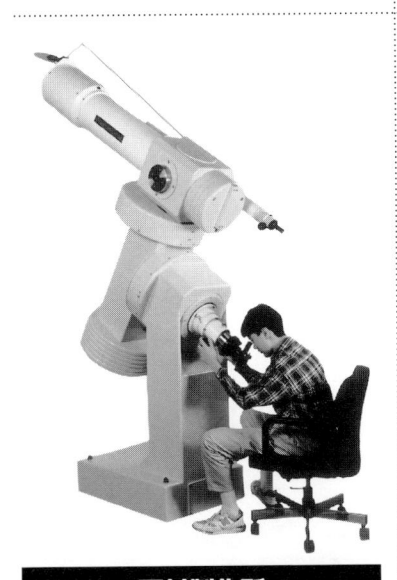

西村製作所
20cmクーデ望遠鏡

対物レンズ：EDアポクロマート／有効口径：200mm／焦点距離：2400mm／口径比：F12／ファインダー：7×50mm／架台：クーデ式赤道儀（コンピュータ制御）／重量：750kg／価格：別途お見積り

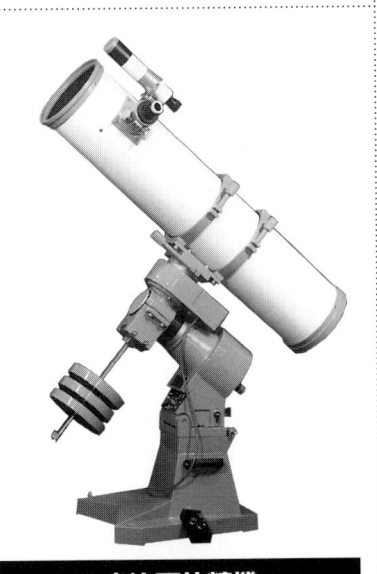

宇治天体精機
SR223反射望遠鏡

有効口径：223mm／焦点距離：1,300mm／口径比：F5.8／ファインダー：7×50mm／付属接眼鏡：なし／架台：スカイマックスV型赤道儀（赤経・赤緯モーター内蔵）／脚部：アルミ鋳物製ピラー脚／重量：107kg／価格：1,367,100円

宇治天体精機
W-SR223反射望遠鏡

有効口径：223mm／焦点距離：888mm／口径比：F4／ファインダー：7×50mm／付属接眼鏡：なし／架台：スカイマックスV型赤道儀（赤経・赤緯モーター内蔵）／脚部：アルミ鋳物製ピラー脚／重量：102kg／価格：1,730,400円

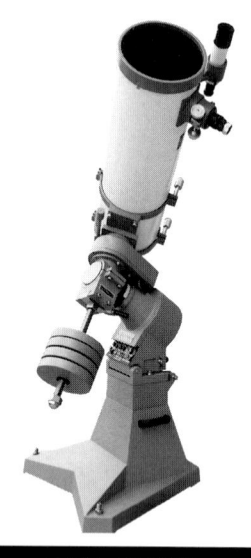

宇治天体精機
SR250反射望遠鏡

有効口径：250mm／焦点距離：1,400mm／口径比：F5.6／ファインダー：7×50mm／付属接眼鏡：なし／架台：スカイマックスⅤ型赤道儀（赤経・赤緯モーター内蔵）／脚部：アルミ鋳物製ピラー脚／重量：127kg／価格：1,638,000円

宇治天体精機
SP250反射望遠鏡

有効口径：250mm／焦点距離：1,500mm／口径比：F6／ファインダー：7×50mm／付属接眼鏡：なし／架台：スカイマックスⅤ型赤道儀（赤経・赤緯モーター内蔵）／脚部：アルミ鋳物製ピラー脚／重量：122kg／価格：1,764,000円

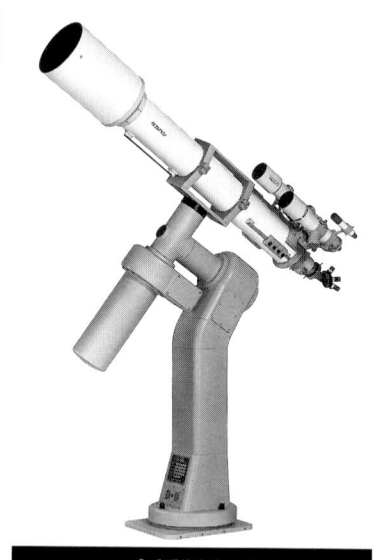

高橋製作所
FCT-250屈折赤道儀

対物レンズ：3枚玉フローライト・アポクロマート／有効口径：250mm／焦点距離：2,500mm／口径比：F10／ファインダー：11×70mm（暗視野照明付）／付属接眼鏡：LEシリーズ／架台：EM-3500赤道儀（コンピューター制御）／脚部：ピラー脚／重量：720kg／価格：別途お見積り

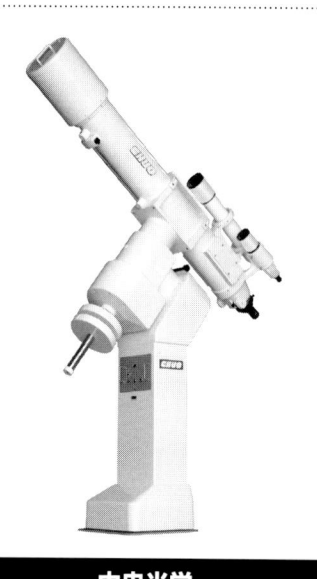

中央光学
25cmED屈折望遠鏡

対物レンズ：3枚玉EDアポクロマート／250mm2250mm口径比：F9／ファインダー：仕様による／架台：ドイツ式赤道儀／付属品：仕様による／重量：800kg／価格：別途お見積り

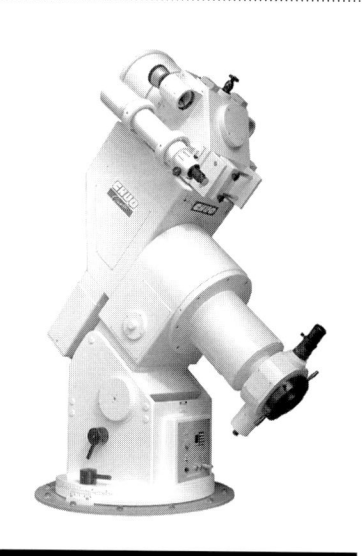

中央光学
25cmクーデ式屈折望遠鏡

対物レンズ：3枚玉EDアポクロマート／250mm2250mm口径比：F9／ファインダー：仕様による／架台：コンピュータ制御クーデ式赤道儀／付属品：仕様による／重量：1,500kg／価格：別途お見積り

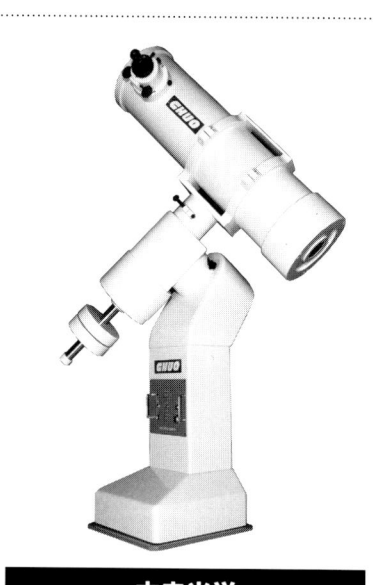

中央光学
HG25N反射望遠鏡

光学系：ニュートン式反射／有効口径：250mm／焦点距離：1500mm／口径比：F6／ファインダー：7×50mm／架台：HG25型ドイツ式／付属品：仕様による／重量：250kg／価格：別途お見積り

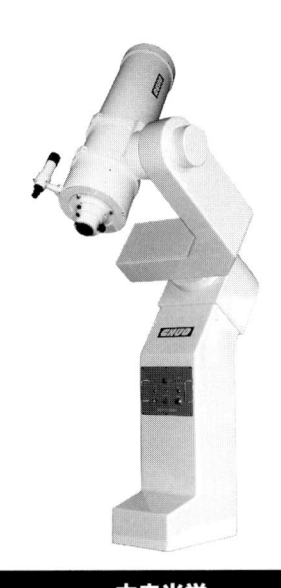

中央光学
L25C反射望遠鏡

光学系：カセグレン式反射／有効口径：250mm／焦点距離：3000mm／口径比：F12／ファインダー：7×50mm／架台：L25型フォーク式／付属品：仕様による／重量：350kg／価格：別途お見積り

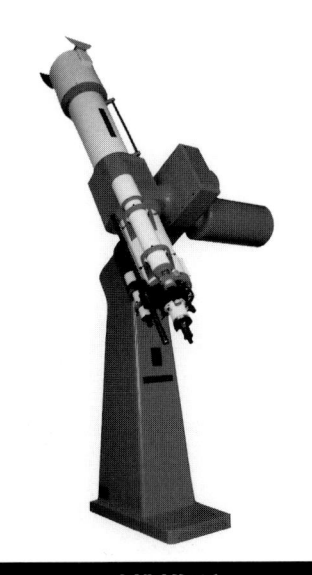

西村製作所
25cm屈折赤道儀

対物レンズ：トリプレット・アポクロマート／有効口径：254mm／焦点距離：2286mm／口径比：F9／ファインダー：7×50mm／架台：ドイツ式赤道儀（コンピュータ制御）／重量：1,200kg／価格：別途お見積り

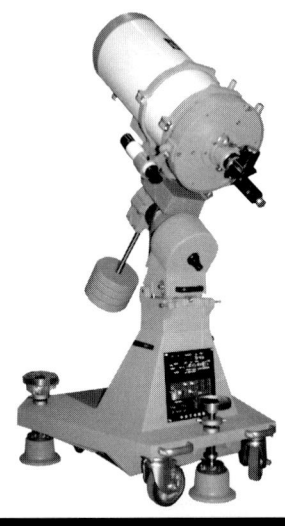

宇治天体精機
30cmアウトリガーシステム

光学系：カセグレン／有効口径：300mm／焦点距離：3,600mm／口径比：F12／ファインダー：7×50mm／付属接眼鏡：なし／架台：スカイマックスⅤ型赤道儀アウトリガー仕様（赤経・赤緯モーター内蔵）／脚部：アルミ鋳物製ピラー脚／重量：250kg／価格：別途お見積り

宇治天体精機
30cm反射望遠鏡

光学系：ニュートン式／有効口径：303mm／焦点距離：1,800mm／口径比：F6／ファインダー：7×50mm／付属接眼鏡：なし／架台：ドイツ式赤道儀（赤経赤緯モーター内蔵）／重量：300kg／価格：別途お見積り

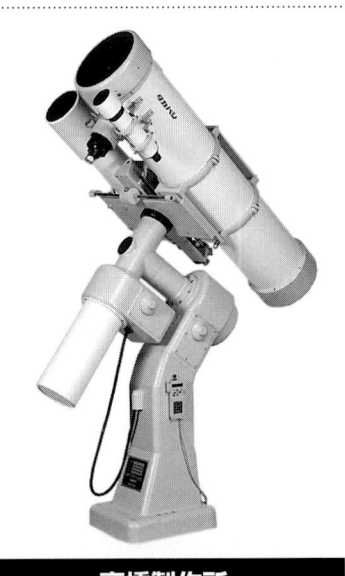

高橋製作所
MT-300反射赤道儀

有効口径：300mm／焦点距離：1,750mm／口径比：F5.8／ファインダー：11×70mm（暗視野照明付）／付属接眼鏡：LEシリーズ／架台：EM-2500赤道儀（コンピューター制御）／脚部：ピラー脚／重量：330kg／価格：別途お見積り

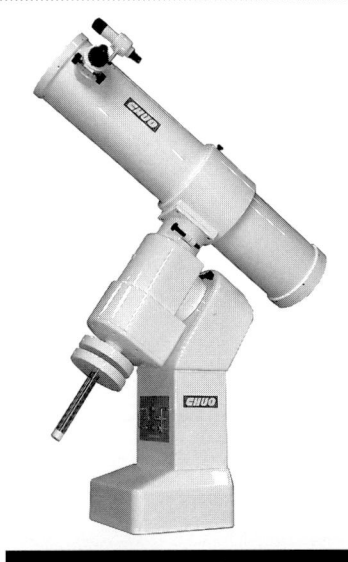

中央光学
HG30N反射望遠鏡

光学系：ニュートン式反射／有効口径：300mm／焦点距離：1800mm／口径比：F6／ファインダー：7×50mm／架台：HG30型ドイツ式／付属品：仕様による／重量：480kg／価格：別途お見積り

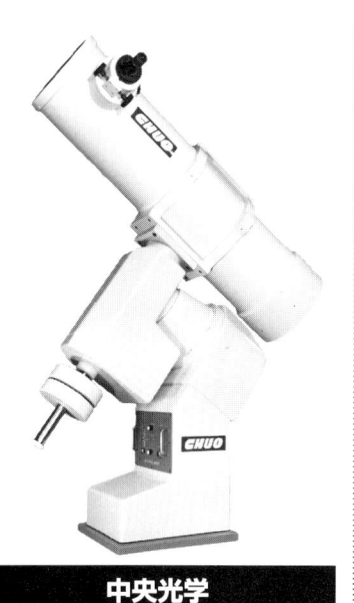

中央光学 G30N反射望遠鏡

光学系：ニュートン式反射／有効口径：300mm／焦点距離：1800mm／口径比：F6／ファインダー：7×50mm／架台：G型ドイツ式赤道儀／付属品：仕様による／重量：450kg／価格：別途お見積り

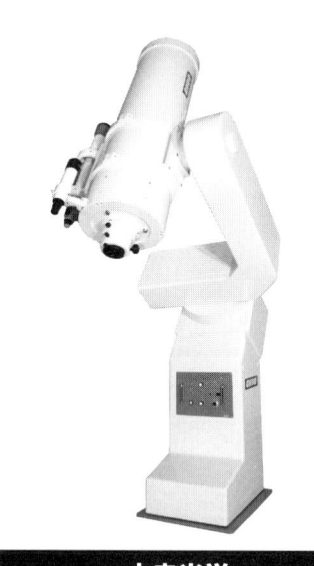

中央光学 L30C反射望遠鏡

光学系：カセグレン式反射／有効口径：300mm／焦点距離：3600mm／口径比：F12／ファインダー：7×50mm／架台：L30型フォーク式／付属品：仕様による／重量：450kg／価格：別途お見積り

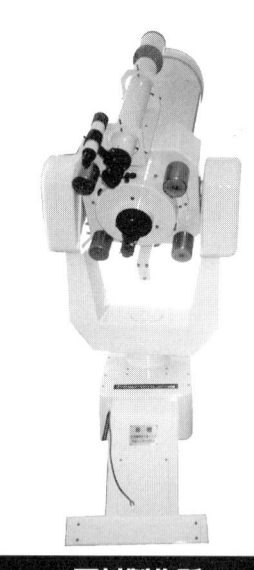

西村製作所 30cm反射赤道儀

光学系：カセグレン式／有効口径：300mm／焦点距離：3000mm／口径比：F10／ファインダー：7×50mm／架台：フォーク式赤道儀（コンピュータ制御）／重量：450kg／価格：別途お見積り

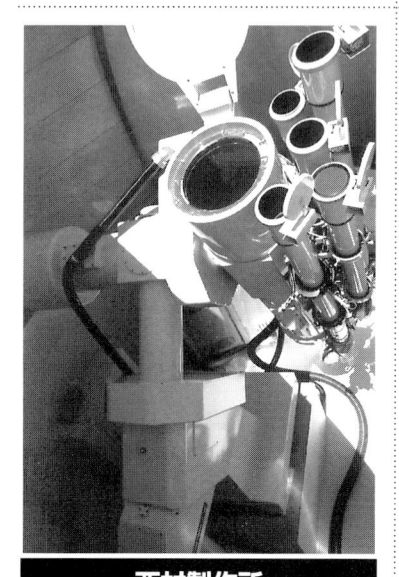

西村製作所 真空式太陽望遠鏡

光学系：ニュートングレゴリー式／有効口径：300mm／架台：クーデ式赤道儀（コンピュータ制御）／太陽モニター用望遠鏡搭載可能／性能諸元は仕様による／価格：別途お見積り

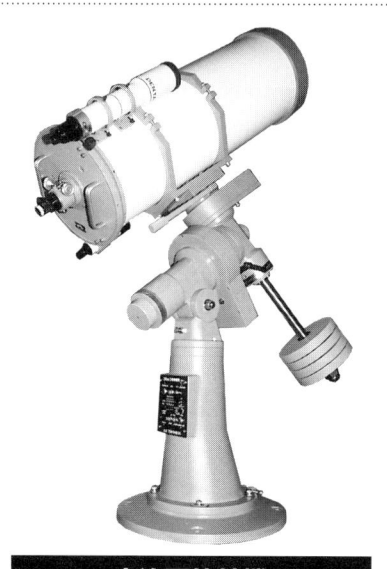

宇治天体精機 35cmカセグレン反射望遠鏡

光学系：カセグレン式／有効口径：350mm／焦点距離：4,200mm／口径比：F12／ファインダー：7×50mm／架台：ドイツ式赤道儀（赤経赤緯モーター内蔵）／重量：320kg／価格：別途お見積り

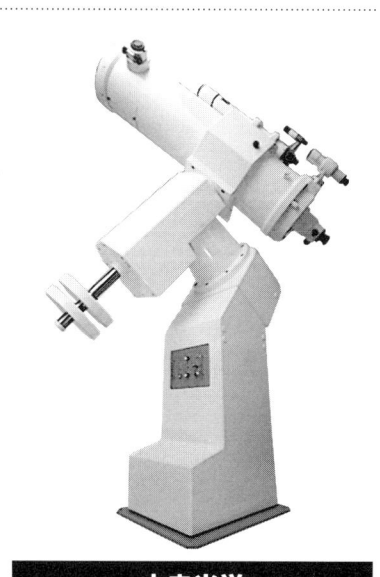

中央光学 G35CN反射望遠鏡

光学系：カセグレン・ニュートン式反射／有効口径：350mm／焦点距離：4200mm・1400mm／口径比：F12・F4／ファインダー：7×50mm／架台：G型ドイツ式赤道儀／付属品：仕様による／重量：850kg／価格：別途お見積り

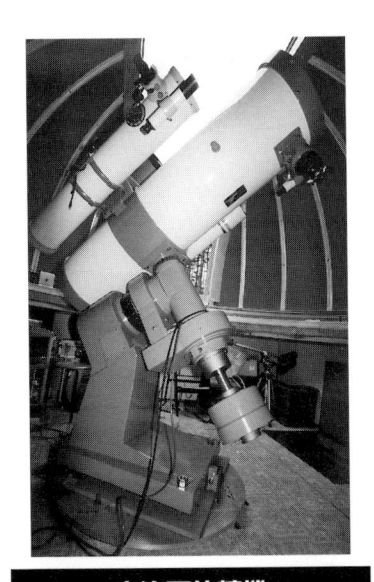

宇治天体精機
40cm反射望遠鏡

光学系：ニュートン式／有効口径：400mm／焦点距離：2,000mm／口径比：F5／ファインダー：7×50mm／架台：ドイツ式赤道儀(赤経赤緯モーター内蔵)／重量：800kg／価格：別途お見積り

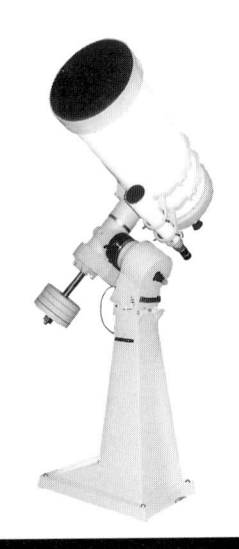

宇治天体精機
40cmカセグレン反射望遠鏡

光学系：カセグレン式／有効口径：400mm／焦点距離：4,800mm／口径比：F12／ファインダー：7×50mm／架台：ドイツ式赤道儀／重量：500kg／価格：別途お見積り

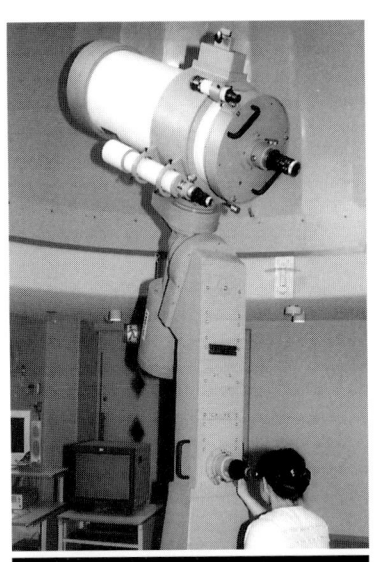

宇治天体精機
40cmカセグレン・クーデ式反射望遠鏡

光学系：カセグレン・クーデ式／有効口径：400mm／焦点距離：4,800mm／口径比：F12／ファインダー：7×50mm／架台：ドイツ式赤道儀(赤経赤緯モーター内蔵)／重量：1,200kg／価格：別途お見積り

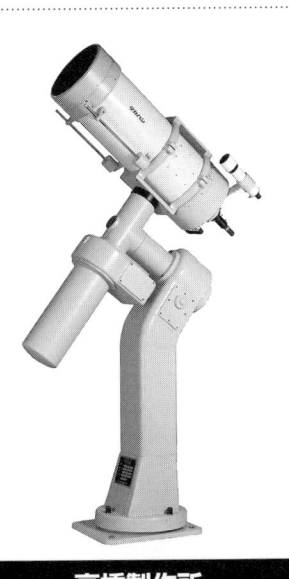

高橋製作所
C-400反射赤道儀

光学系：カセグレン／有効口径：400mm／焦点距離：5600mm／口径比：F14.0／ファインダー11×70mm／付属接眼鏡：LEシリーズ／架台：EM-3500赤道儀(コンピューター制御)／脚部：ピラー脚／重量：720kg／価格：別途お見積り

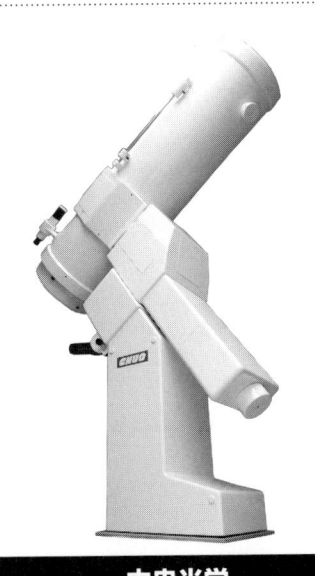

中央光学
40cmクーデ式反射望遠鏡

光学系：反射式クーデ／有効口径：400mm焦点距離：4000mm／口径比：F10／架台：コンピュータ制御クーデ赤道儀／付属品：仕様による／重量：1000kg／価格：別途お見積り

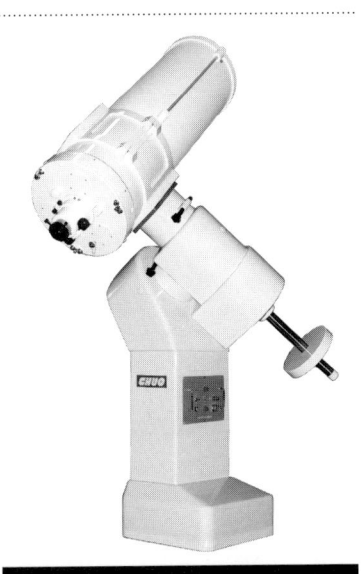

中央光学
HG40C反射望遠鏡

光学系：カセグレン式反射／有効口径：400mm／焦点距離：4800mm／口径比：F12／ファインダー：7×50mm／架台：HG35型ドイツ式／付属品：仕様による／重量：630kg／価格：別途お見積り

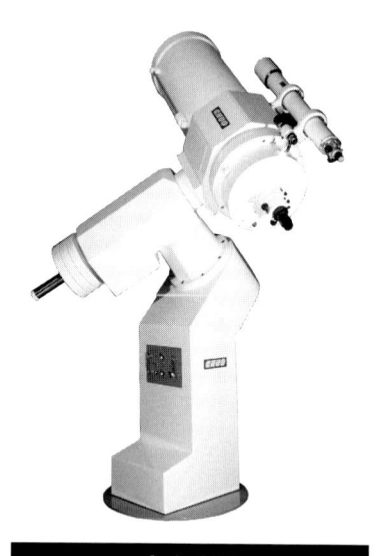

中央光学
G40C反射望遠鏡

光学系：カセグレン反射／有効口径：400mm／焦点距離：4800mm／口径比：F12／ファインダー：7×50mm／架台：G型ドイツ式赤道儀／付属品：仕様による／重量：950kg／価格：別途お見積り

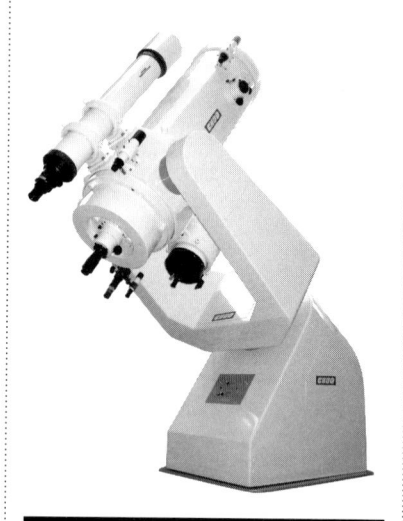

中央光学
F40CN反射望遠鏡

光学系：カセグレン・ニュートン式反射／有効口径：400mm／焦点距離：4800mm・1600mm／口径比：F12・F4／ファインダー：7×50mm／架台：フォーク式赤道儀／付属品：仕様による／重量：1100kg／価格：別途お見積り

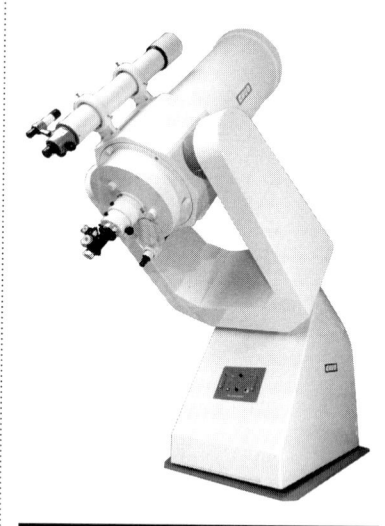

中央光学
F40C反射望遠鏡

光学系：カセグレン反射／有効口径：400mm／焦点距離：4800mm／口径比：F12／ファインダー：7×50mm／架台：フォーク式赤道儀／付属品：仕様による／重量：1100kg／価格：別途お見積り

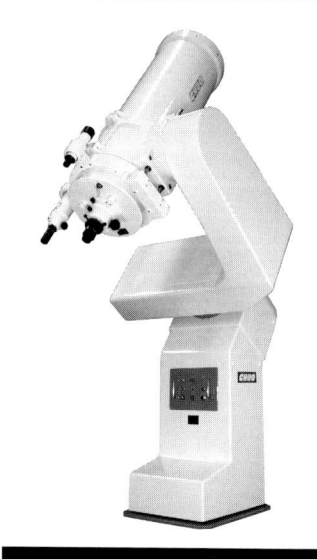

中央光学
L40C反射望遠鏡

光学系：カセグレン式反射／有効口径：400mm／焦点距離：4800mm／口径比：F12／ファインダー：7×50mm／架台：L40型フォーク式／付属品：仕様による／重量：600kg／価格：別途お見積り

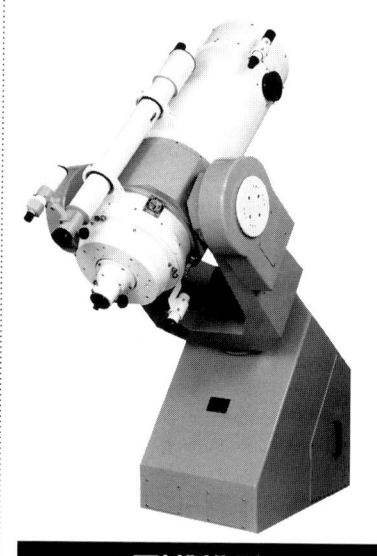

西村製作所
40cm反射赤道儀

光学系：カセグレン式／有効口径：400mm／焦点距離：4800mm／口径比：F12／ファインダー：7×50mm／架台：フォーク式赤道儀（コンピュータ制御）／重量：1,200kg／価格：別途お見積り

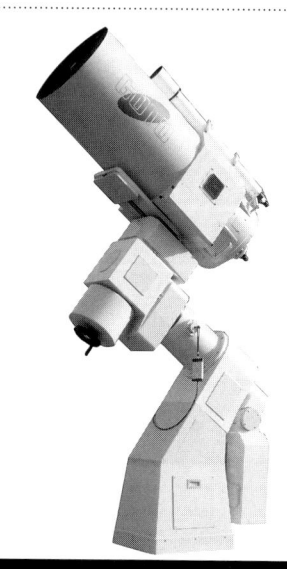

五藤光学研究所
45cmカセグレン赤道儀

光学系：カセグレン式／有効口径：450mm／焦点距離：5,400mm／口径比：F12／付属接眼鏡：5種／架台：改良ドイツ式赤道儀／付属品：8cmF15サブスコープ，光電測光装置，分光器，制御用コンピュータおよびソフト／価格：別途お見積り

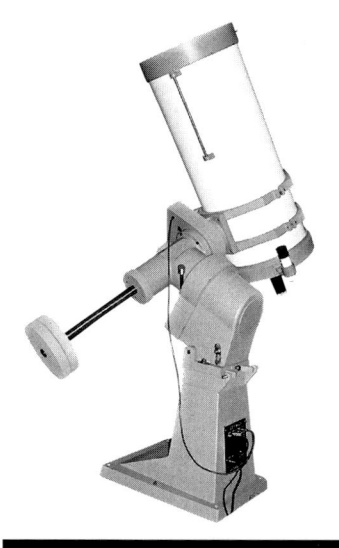

宇治天体精機
50cmカセグレン式反射望遠鏡

光学系：カセグレン式／有効口径：500mm／焦点距離：6,000mm／口径比：F12／ファインダー：7倍50mm／架台：ドイツ式赤道儀／重量：約600kg／価格：別途お見積り

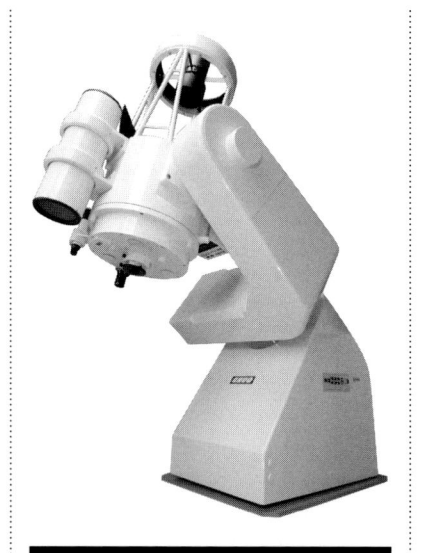

中央光学
L50C反射望遠鏡

光学系：カセグレン式反射／有効口径：500mm／焦点距離：6000mm／口径比：F12／ファインダー：11×70mm／架台：L50型フォーク式／付属品：仕様による／重量：1500kg／価格：別途お見積り

中央光学
F50C反射望遠鏡

光学系：カセグレン式反射／有効口径：500mm／焦点距離：6000mm／口径比：F12／ファインダー：11倍70mm／架台：フォーク式赤道儀／付属品：仕様による／1500kg／価格：別途お見積り

西村製作所
50cm反射赤道儀

光学系：カセグレン式／有効口径：500mm／焦点距離：6000mm／口径比：F12／ファインダー：7×50mm／架台：フォーク式赤道儀（コンピュータ制御）／重量：2,000kg／価格：別途お見積り

宇治天体精機
60cmリッチ・クレチアン式反射望遠鏡

光学系：準リッチ・クレチアン式／有効口径：600mm／焦点距離：5,400mm／口径比：F9／ファインダー：7×50mm／架台：フォーク式赤道儀／重量：2,000kg／価格：別途お見積り

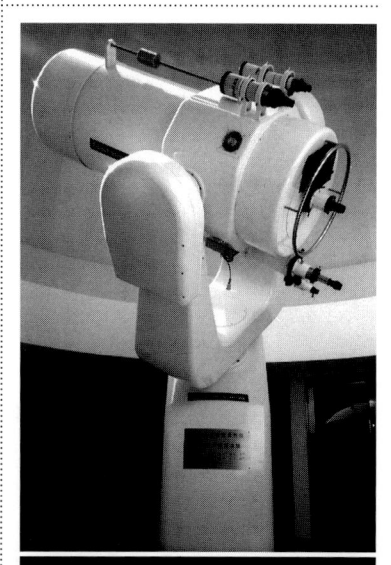

西村製作所
60cm反射赤道儀

光学系：カセグレン式／有効口径：600mm／焦点距離：7200mm／口径比：F12／ファインダー：7×50mm／架台：フォーク式赤道儀（コンピュータ制御）／重量：4,000kg／価格：別途お見積り

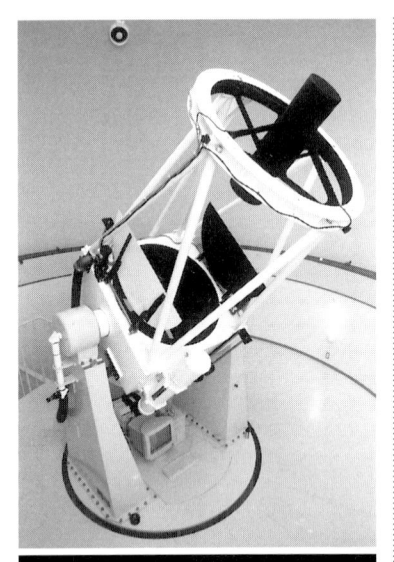

西村製作所 1m級反射経緯儀

光学系：RC，カセグレン，ナスミス／有効口径：1m～／架台：フォーク式経緯儀（コンピュータ制御）性能諸元は仕様による／価格：別途お見積り

西村製作所 1m級反射赤道儀

光学系：RC，カセグレン／有効口径：1m～／架台：フォーク式赤道儀（コンピュータ制御）性能諸元は仕様による／価格：別途お見積り

ユーハン工業 U-200（赤道儀）

架台：ドイツ式赤道儀／同架重量：約30kg／赤経・赤緯ウォームホイル全周微動：φ150mm　300：1／自動導入・導入速度（対恒時）最大速：×170～1,500／不動点高約1,080～1,400mm／重量：赤経体28kg，赤緯体23kg，ピラー28～60kg／価格：自動導入仕様1,200,000円　※鏡筒は別売

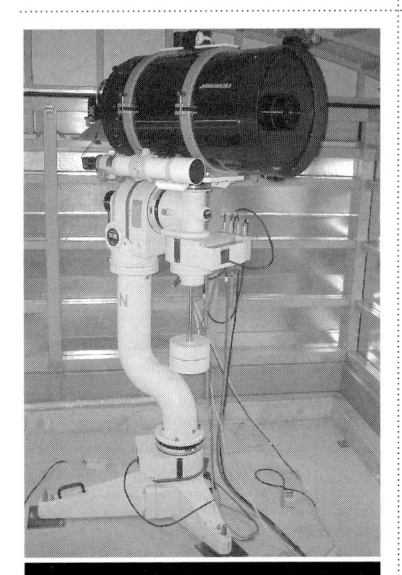

エイ・イー・エス OSTS-1000

低軌道衛星光学観測装置／架台：3軸XYマウント／光学系（主鏡）：35cmシュミットカセグレン／カメラ（撮像部）：デジタルビデオカメラ/CCDカメラ／附属ソフトウエア：人工衛星の予報計算機能，他／価格：別途お見積り

エイ・イー・エス OSTS-2000

静止衛星光学観測装置／架台：フォーク式赤道儀（片持ちタイプ）／光学系（主鏡）：35cmニュートン式反射鏡／カメラ（撮像部）：冷却CCDカメラ／付属ソフトウエア：時刻管理機能（シャッター開閉）（GPS受信機を標準装備），他／価格：別途お見積り

星野撮影用赤道儀

ケンコー
スカイエクスプローラーEQ6PRO（赤道儀）
架台：赤道儀／モータードライブ：ステッピングモーター／脚部：スチール三脚／重量：23.5kg／価格：260,400円　※鏡筒は別売

ケンコー
スカイメモR
架台：ポータブル自動追尾赤道儀／モータードライブ：PM型ステッピングモーター／脚部：別売のカメラ用三脚または大型微動マウント（アルミ三脚仕様）を使用／オプション：ウェイトシャフト，バランスウェイト（3種）／重量：3kg／価格：89,250円

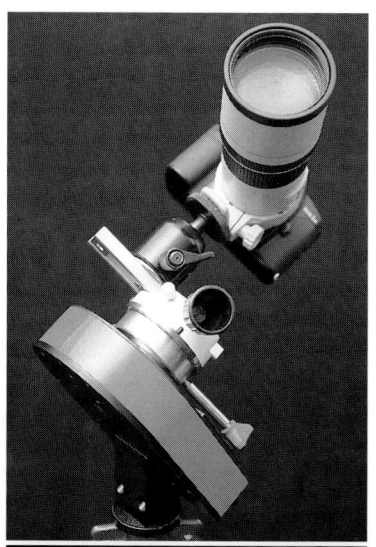

TOAST-TECHNOLOGY
TOAST
架台：モバイル赤道儀／モータードライブ：赤経モーター／同架重量：4.0kg／重量：3.0kg／価格：78,750円

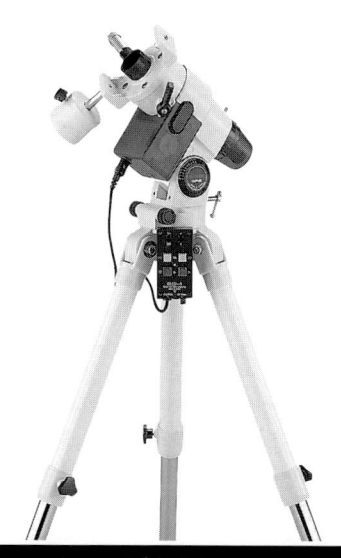

ビクセン
GP2ガイドパック
架台：カメラ専用ポータブル赤道儀（極軸望遠鏡内蔵）／モータードライブ：赤経モーター内蔵／脚部：アルミ製伸縮三脚／同架重量：2.5kg／架台部3.1kg，三脚部1.8kg，／全重量：（梱包状態）6.0kg／価格：83,475円

総合カタログ掲載機種索引

■双眼鏡

機種	頁
Willam Optics 8×42 APO Water Proof	144
Willam Optics 8×42 SEMI-APO Water Proof	144
Willam Optics 10×42 SEMI-APO Water Proof	147
Willam Optics 7×50 ED Astro Binocular	150
Willam Optics 10×50 ED Astro Binocular	154
カールツァイス／Conquest 8×30	138
カールツァイス／Conquest 10×30	139
カールツァイス／Victory 8×32T*FL	140
カールツァイス／Victory 10×32T*FL	141
カールツァイス／Victory 7×42T*FL	144
カールツァイス／Victory 8×42T*FL	144
カールツァイス／Victory 10×42T*FL	147
カールツァイス／7×50B/GA ClassiC	150
カールツァイス／Conquest 12×45	150
カールツァイス／Conquest 15×45	150
カールツァイス／20×60S Professional	159
カールツァイス／8×56B/GA ClassiC	159
カールツァイス／Victory 8×56T*FL	159
カールツァイス／Victory 10×56T*FL	159
笠井トレーディング／WideBino28	138
笠井トレーディング／HD-Bino 25×100W	161
笠井トレーディング／MS-Bino 20×110JB	161
笠井トレーディング／SUPER-BINO 100CL	161
ケンコー／New ボラーレ 8×30W SP	138
ケンコー／New ミラージュ 8×30W	138
ケンコー／ケンコー 8×30DH	138
ケンコー／ケンコー New 8×32DH SGWP	140
ケンコー／ボラーレ 7-15×35	143
ケンコー／New 8×42DH SGWP	144
ケンコー／New ボラーレ 8×42 SP	144
ケンコー／New ミラージュ 8×42	144
ケンコー／アートス 8×42W	145
ケンコー／アートス 8×42W カモフラージュ	145
ケンコー／アバンター 8×42DH	145
ケンコー／ケンコー 8×42DH	145
ケンコー／ケンコー 8×42DH Mark II	145
ケンコー／ケンコー 8×42DH MS	145
ケンコー／ケンコー 8×42WM CF	145
ケンコー／アートス 10×42W	147
ケンコー／ケンコー 10×42DH	148
ケンコー／ケンコー 10×42DH Mark II	148
ケンコー／ケンコー 10×42DH MS	148
ケンコー／ケンコー 10×42WM CF	148
ケンコー／アートス 12×42W	149
ケンコー／ケンコー 12×42WM CF	149
ケンコー／New ボラーレ 7×50 SP	151
ケンコー／New ミラージュ 7×50	151
ケンコー／アートス 7×50	151
ケンコー／アートス 7×50 カモフラージュ	151
ケンコー／アバンター 7×50	151
ケンコー／ケンコー 7×50M CF	151
ケンコー／ケンコー 7×50M IF	151
ケンコー／ケンコー 7×50WP	151
ケンコー／New ボラーレ 10×50W SP	154
ケンコー／New ミラージュ 10×50W	154
ケンコー／アートス 10×50W	155
ケンコー／アバンター 10×50W	155
ケンコー／ケンコー 10×50WM CF	155
ケンコー／New ボラーレ 12×50W SP	157
ケンコー／New ミラージュ 12×50W	157
ケンコー／アートス 12×50W	157
ケンコー／ケンコー 12×50WM CF	157
ケンコー／New ボラーレ 16×50 SP	158
ケンコー／New ミラージュ 16×50	158
ケンコー／ケンコー 16×50WP	158
ケンコー／ボラーレ 8-20×50	158
コーワ／BD32-8	140
コーワ／BD32-10	141
コーワ／BD42-8GR	145
コーワ／BD42-10GR	148
コーワ／GENESIS44 プロミナー 8.5×44	150
コーワ／GENESIS44 プロミナー 10.5×44	150
コーワ／ハイランダー	161
コーワ／ハイランダー・プロミナー	161
サファリ／327MR	139
シュタイナー／スキッパー 7×30	138
シュタイナー／ナイトハンター XP 8×30	139
シュタイナー／レンジャー 8×30	139
シュタイナー／ワイルドライフ Pro 8×30	139
シュタイナー／ナイトハンター XP 8×44	150
シュタイナー／コマンダー XP 7×50	152
シュタイナー／スキッパー 7×50	152
シュタイナー／ナイトハンター XP 8×56	159
セレストロン／SkyMaster 15×70	160
セレストロン／SkyMaster 25×100	161
タスコ・ジャパン／SAFARI BC25×100	161
ニコン／8×30E II	139
ニコン／8×32HG L DCF	140
ニコン／8×32SE・CF	140
ニコン／10×32HG L DCF	142
ニコン／スタビライズ 12×32	142
ニコン／スタビライズ 16×32	142
ニコン／10×35E II	143
ニコン／アクション EX 7×35CF	143
ニコン／アクション EX 8×40 CF	143
ニコン／アクション VII 8×40 CF	143
ニコン／スタビライズ 14×40	143
ニコン／8×42HG L DCF	146
ニコン／モナーク 8×42D CF	146
ニコン／10×42HG L DCF	148
ニコン／10×42SE・CF	148
ニコン／モナーク 10×42D CF	148
ニコン／7×50SP 防水型	152
ニコン／7×50トロピカル IF・防水型・HP	152
ニコン／アクション EX 7×50 CF	152
ニコン／アクション EX 10×50 CF	155
ニコン／アクション VII 10×50 CF	155
ニコン／12×50SE・CF	157
ニコン／アクション EX 12×50 CF	157
ニコン／アクション VII 16×50 CF	158
ニコン／10×70 IF・防水型・HP	159
ニコン／10×70SP 防水型	159
ニコン／18×70 IF・防水型・WF	160
ニコン／20×120 (III型)	163
ビクセン／ニューアペックス HR12×30	139
ビクセン／フォレスタ HR 6×32	139
ビクセン／アスコット ZR8×32WP(W)	140
ビクセン／アトレック HR 8×32WP	140
ビクセン／アルティマ Z 8×32 (W)	140
ビクセン／フォレスタ ZR 8×32WP	141
ビクセン／フォレスタ HR 8×32	141
ビクセン／フォレスタ HR 10×32	142
ビクセン／アスコット ZR8×42WP(W)	146
ビクセン／アペックス プロ HR 8×42	146
ビクセン／アルピナ HR8×42WP	146
ビクセン／フォレスタ ZR 8×42WP	146

ビクセン／アルピナ HR10×42WP	149
ビクセン／フォレスタ ZR 10×42WP	149
ビクセン／アスコット ZR7×50WP	152
ビクセン／アルティマ Z 7×50	152
ビクセン／フォレスタ Z 7×50WP	152
ビクセン／アスコット SW 10×50	155
ビクセン／アスコット ZR10×50WP（W）	155
ビクセン／アトレック HR 10×50WP	155
ビクセン／アペックス プロ HR 10×50	156
ビクセン／アスコット ZR8〜32×50(ZOOM)	158
ビクセン／アルティマ ZR 9〜22×50 (ZOOM)	158
ビクセン／アーク BR16×80WP(W)	160
ビクセン／アーク BR20×80WP(W)	160
ビクセン／アーク BR30×80WP(W)	160
ビクセン／B16〜40×80（ZOOM）	161
ビクセン／BT80M-A鏡筒	162
フジノン／FUJINON 8×32LF	141
フジノン／FUJINON 10×32LF	142
フジノン／FUJINON テクノスタビ TS1232 [2Mode]	142
フジノン／FUJINON テクノスタビ TS1440	143
フジノン／8×42 MF	146
フジノン／10×42 MF	149
フジノン／FUJINON 7×50FMT-SX	153
フジノン／FUJINON 7×50MTRC-SX	153
フジノン／FUJINON 7×50MTR-SX	153
フジノン／FUJINON 7×50MT-SX	153
フジノン／FUJINON 7×50WPC-CF	153
フジノン／FUJINON 7×50WP-CF	153
フジノン／FUJINON 7×50WPC-XL	153
フジノン／FUJINON 7×50WP-XL	153
フジノン／FUJINON 7×50FMTRC-SX	154
フジノン／FUJINON 7×50FMTR-SX	154
フジノン／FUJINON 10×50FMTR-SX	156
フジノン／FUJINON 10×50FMT-SX	156
フジノン／FUJINON10×70FMT-SX	160
フジノン／FUJINON10×70MT-SX	160
フジノン／FUJINON16×70FMT-SX	160
フジノン／FUJINON15×80MT-SX	162
フジノン／FUJINON25×150MT-SX	163
フジノン／FUJINON25×150ED-SX	163
フジノン／FUJINON25×150EM-SX	163
フジノン／FUJINON40×150ED-SX	163
ペンタックス／8×32DCF SP	141
ペンタックス／8×40PCF WP II	143
ペンタックス／8×42DCF HR II	146
ペンタックス／8×43DCF SP	149
ペンタックス／10×43DCF SP	150
ペンタックス／10×50DCF SP	156
ペンタックス／10×50PCF WP II	156
ペンタックス／12×50PCF WP II	157
ペンタックス／20×60PCF WP II	159
ミザール／BAK-842	147
ミザール／BK-7050	154
メガネのマツモト／ZenithStar80EDII双眼望遠鏡	162
ユーハン工業／双眼鏡用架台 YOU! Hunter	162
ライカ／ウルトラビット 8×32 BR	141
ライカ／ウルトラビット 8×32 HD	141
ライカ／ウルトラビット 10×32 BR	142
ライカ／ウルトラビット 10×32 HD	142
ライカ／ウルトラビット 7×42 HD	144
ライカ／ウルトラビット 8×42 BL	147
ライカ／ウルトラビット 8×42 BR	147
ライカ／ウルトラビット 8×42 HD	147
ライカ／デュオビット 8+12×42	147
ライカ／ウルトラビット 10×42 BL	149
ライカ／ウルトラビット 10×42 HD	149
ライカ／ウルトラビット 8×50 BR	154
ライカ／ウルトラビット 8×50 HD	154
ライカ／ウルトラビット 10×50 BR	156
ライカ／ウルトラビット 10×50 HD	156
ライカ／デュオビット 10+15×50	156
ライカ／ウルトラビット 12×50 BR	157
ライカ／ウルトラビット 12×50 HD	158

■スポッティングスコープ

カール ツァイス／Diascope 65T*FLストレート	166
カール ツァイス／Diascope 85T*FLストレート	168
ケンコー／Newバードランド50	164
ケンコー／Newバードランド63	165
ケンコー／プロフィールドPF63S DX II	165
ケンコー／プロフィールドPF63ED S	166
ケンコー／フィールドキャッチ	167
ケンコー／プロフィールドPF70S DX	167
ケンコー／プロフィールドPF80ED S	167
ケンコー／プロフィールドPF80S	167
コーワ／TSN-602	164
コーワ／TSN-604 プロミナー	165
コーワ／TSN-662	166
コーワ／TSN-664プロミナー	166
コーワ／TSN-772	167
コーワ／TSN-774 プロミナー	167
コーワ／TSN-882	168
コーワ／TSN-884 プロミナー	168
ニコン／フィールドスコープ ED50	164
ニコン／スポッターXL II	165
ニコン／フィールドスコープIII	165
ニコン／フィールドスコープEDIII	165
ニコン／フィールドスコープ ED82	167
ビクセン／ジオマ 52-S	164
ビクセン／ジオマII ED52-S	164
ビクセン／ジオマII 67-S	166
ビクセン／ジオマII ED67-S	166
ビクセン／ジオマII 82-S	168
ビクセン／ジオマII ED82-S	168
フジノン／FUJINON SUPER 60-A	165
フジノン／FUJINON SUPER 60-S	165
ペンタックス／PF-65ED II	166
ペンタックス／PF-80ED	167
ペンタックス／PF-100ED	168
ミザール／FS-50J	164
ライカ／アポ・テレビット65（ストレート，アングル）	166
ライカ／アポ・テレビット82（ストレート，アングル）	168

■屈折望遠鏡

Willam Optics/Ferrari ZenithStar Anniversary Ed.	172
Willam Optics/Zenith Star66SD	172
Willam Optics/Zenithstar80 II ED	174
Willam Optics/MEGREZ90 SD	178
Willam Optics/FLT110Tripler APO	181
Willam Optics/MEGREZ110Dublet ED APO	181

Willam Optics/FLT132Triplet APO	183
笠井トレーディング/CAPRI-80ED	174
笠井トレーディング/BLANCA-80AP	175
笠井トレーディング/CAPRI-102ED	179
笠井トレーディング/NERIUS-127EDT	182
笠井トレーディング/NERIUS-150LD	183
ケンコー/NEW KDS 63-540	172
ケンコー/NEW KDS 63-800	172
ケンコー/スカイエクスプローラーSE66ED（鏡筒のみ）	172
ケンコー/スカイエクスプローラーSE80EDⅡ（鏡筒のみ）	175
ケンコー/スカイエクスプローラーⅡSE102	179
ケンコー/スカイエクスプローラーⅡ/SE120	182
ケンコー/スカイエクスプローラーSE120L（鏡筒のみ）	182
コロナド/P.S.T.	169
コロナド/ソーラーマックス鏡筒40ベーシック	169
コロナド/ソーラーマックス鏡筒60	170
コロナド/ソーラーマックス鏡筒90	178
スコープテック/ソーラーラプトル50（開発中）	170
スコープテック/ラプトル50	170
スコープテック/SD-80AL	175
スコープテック/STL-A80鏡筒各種	175
セレストロン/AstroMaster 70AZ	172
セレストロン/AstroMaster 90AZ	178
高橋製作所/FS-60CB	170
高橋製作所/FSQ-85ED	177
高橋製作所/SKY 90 PZ	178
高橋製作所/TSA-102SBT2J	180
高橋製作所/FSQ-106EST2	181
高橋製作所/TOA-130SST2	183
高橋製作所/TOA-150RT2M	183
テレビュー/60（シクスティー）	171
テレビュー/76（セブンティー・シックス）	173
テレビュー/85（エイティー・ファイブ）	178
テレビュー/NP101（ワン・オー・ワン）	179
テレビュー/102（ワン・オー・ツー）	180
テレビュー/NP127is（ワン・ツー・セブン）	182
トミーテック/ペンシルボーグ25	169
トミーテック/ミニボーグ45EDⅡ	170
トミーテック/ミニボーグ50	170
トミーテック/デジボーグ60ED-EPセット	171
トミーテック/デジボーグ60n-EPセット	171
トミーテック/ミニボーグ60ED	171
トミーテック/ミニボーグ60n	171
トミーテック/BORG77EDⅡ F4.3/6.6DG	173
トミーテック/BORG77EDⅡ金属鏡筒	173
トミーテック/BORG77金属鏡筒	173
トミーテック/BORG77EDⅡ SWⅡセットDX	174
トミーテック/BORG77EDⅡ望遠レンズセット	174
トミーテック/BORG77SWⅡセットDX	174
トミーテック/デジボーグ77EDⅡ-EPセット	174
トミーテック/BORG101ED SWⅡセットDX	179
トミーテック/BORG101ED望遠レンズセット	179
トミーテック/デジボーグ101ED-EPセット	179
トミーテック/BORG125SD	182
ビクセン/スターパル-60L	171
ビクセン/ミニポルタ A70Lf	173
ビクセン/A80SS-SXC	175
ビクセン/ポルタⅡ ED80Sf	175
ビクセン/ED80Sf鏡筒	176
ビクセン/GP2-A80M（N）	176
ビクセン/GP2-A80Mf（N）	176
ビクセン/スカイポッド ED80Sf	176
ビクセン/ポルタⅡ A80M	176
ビクセン/ポルタⅡ A80Mf	176
ビクセン/A80M-SXW	177
ビクセン/ED81S-SXW	177
ビクセン/GPD2-ED81S（N）	177
ビクセン/SXD-ED81S	177
ビクセン/スカイポッド A80Mf	177
ビクセン/ED103S-SXW	180
ビクセン/GP2-A105M（N）	180
ビクセン/GPD2-ED103S（N）	180
ビクセン/SXD-ED103S	180
ビクセン/A105M-SXW	181
ビクセン/SXD-ED115S	181
ビクセン/GPD2-NA140SSf（N）	183
ビクセン/ニューアトラクス NA140SSf	183
ペンタックス/75SDHF-XW	173
ペンタックス/100SDUFⅡ	178
ペンタックス/105SDP	181
ペンタックス/125SDP	182
ペンタックス/150SD	184
ペンタックス/150SDP	184
ライテック/ソーラースコープ	184

■ニュートン式反射望遠鏡

オライオン250	188
オライオン300	189
オライオン300ドブソニアン	189
オライオン400ドブソニアン	190
笠井トレーディング/GINJI-200FN	187
笠井トレーディング/GINJI-200N	187
笠井トレーディング/NERO-200DX	187
笠井トレーディング/GINJI-250D	188
笠井トレーディング/GINJI-250N	188
笠井トレーディング/Ninja-320	189
笠井トレーディング/Ninja-400	190
笠井トレーディング/Ninja-500	190
ケンコー/スカイエクスプローラーSE190MN（鏡筒のみ） 186	
ケンコー/スカイエクスプローラーⅡSE150N	186
ケンコー/スカイエクスプローラーⅡSE200N CR	187
ケンコー/スカイエクスプローラーSE250N CR（鏡筒のみ） 188	
ケンコー/スカイエクスプローラーSE300D	189
国際光器/WHITEY DOB 15	186
国際光器/WHITEY DOB 20	187
国際光器/WHITEY DOB 25	189
国際光器/WHITEY DOB 30	189
セレストロン/AstroMaster 114AZ	185
ビクセン/GP2-R130Sf（N）	185
ビクセン/ポルタⅡ R130Sf	185
ビクセン/GP2-R150S（N）	186
ビクセン/R150S-SXW	186
ビクセン/スカイポッド R130Sf	186
ビクセン/GPD2-R200SS（N）	187
ビクセン/R200SS-SXW	188
ビクセン/SXD-R200SS	188
ユーハン工業/U－150（赤道儀）	190
ユーハン工業/ウォッチャーボーイ（経緯台）	190

■カタディオプトリック&カセグレン系反射

オライオン/OMC140	192
オライオン/OMC200	195
笠井トレーディング/AOK K110/2720	191
笠井トレーディング/ALTER-5	192
笠井トレーディング/ALTER-5N	192
笠井トレーディング/ALTER-6	193
笠井トレーディング/ALTER-6N	193
笠井トレーディング/ALTER-6P	193
笠井トレーディング/ALTER-6PN	193
笠井トレーディング/ALTER-N140DX	193
笠井トレーディング/RUMAK-150	193
笠井トレーディング/ALTER-7FN	194
笠井トレーディング/ALTER-7N	194
笠井トレーディング/AOK K150/3000	194
笠井トレーディング/ALTER-7	195
笠井トレーディング/ALTER-7P	195
笠井トレーディング/Mirage-7	195
笠井トレーディング/Mirage-8	195
笠井トレーディング/ALTER-8N	196
笠井トレーディング/PERSEUS-250	198
セレストロン/Nexstar 4SE	191
セレストロン/Nexstar 5SE	192
セレストロン/ADVANCED-GT C6S(XLT)	194
セレストロン/C6S(XLT)鏡筒	194
セレストロン/Nexstar 6SE	194
セレストロン/ADVANCED-GT C8S(XLT)	197
セレストロン/C8S(XLT)鏡筒	197
セレストロン/CGE-800(XLT)	197
セレストロン/CPC 800 GPS(XLT)	197
セレストロン/Nexstar 8SE	197
セレストロン/ADVANCED-GT C9-1/4S(XLT)	198
セレストロン/C9 1/4 AL(XLT)鏡筒	198
セレストロン/CGE-925(XLT)	198
セレストロン/CPC 925GPS(XLT)	198
セレストロン/ADVANCED-GT C11S(XLT)	199
セレストロン/C11S(XLT)鏡筒	199
セレストロン/CGE-1100(XLT)	199
セレストロン/CPC 1100GPS(XLT)	199
セレストロン/C14-AL(XLT)鏡筒	200
セレストロン/CGE-1400(XLT)	200
高橋製作所/ε-180ST2	195
高橋製作所/μ-210US3	197
高橋製作所/μ-250ST2	198
高橋製作所/ε-350N	200
高橋製作所/μ-300QT2P	200
ビクセン/ミニポルタ VMC95L	191
ビクセン/VMC110L-SXC	192
ビクセン/スカイポッド VMC110L	192
ビクセン/GP2-VMC200L（N）	196
ビクセン/GPD2-VC200L（N）	196
ビクセン/SXD-VC200L	196
ビクセン/VC200L-SXW	196
ビクセン/VMC200L-SXW	196
ビクセン/VMC260L鏡筒	199
ビクセン/ニューアトラクス VMC260L	199

■据付型（移動可能型）望遠鏡

宇治天体精機/スカイマックスF8-150SD	201
宇治天体精機/スカイマックス150SD	202
宇治天体精機/スカイマックス200ED	202
宇治天体精機/SR223反射望遠鏡	203
宇治天体精機/W-SR223反射望遠鏡	203
宇治天体精機/SP250反射望遠鏡	204
宇治天体精機/SR250反射望遠鏡	204
宇治天体精機/30cmアウトリガーシステム	205
宇治天体精機/30cm反射望遠鏡	205
宇治天体精機/35cmカセグレン反射望遠鏡	206
宇治天体精機/40cmカセグレン・クーデ式反射望遠鏡	207
宇治天体精機/40cmカセグレン反射望遠鏡	207
宇治天体精機/40cm反射望遠鏡	207
宇治天体精機/50cmカセグレン式反射望遠鏡	209
宇治天体精機/60cmリッチ・クレチアン式反射望遠鏡	209
エイ・イー・エス/OSTS-1000	210
エイ・イー・エス/OSTS-2000	210
五藤光学研究所/20cmクーデ with CATS-Ⅲ	202
五藤光学研究所/45cmカセグレン赤道儀	208
高橋製作所/FET-200屈折赤道儀	203
高橋製作所/FCT-250屈折赤道儀	204
高橋製作所/MT-300反射赤道儀	205
高橋製作所/C-400反射赤道儀	207
中央光学/2連式可搬型太陽望遠鏡	201
中央光学/4連式太陽望遠鏡	201
中央光学/15cmED屈折望遠鏡	202
中央光学/15cmアーチ脚クーデ屈折望遠鏡	202
中央光学/15cmクーデ式屈折望遠鏡	202
中央光学/20cmED屈折望遠鏡	203
中央光学/20cmアーチ脚クーデ式屈折望遠鏡	203
中央光学/25cmＥＤ屈折望遠鏡	204
中央光学/25cmクーデ式屈折望遠鏡	204
中央光学/HG25N反射望遠鏡	204
中央光学/HG30N反射望遠鏡	205
中央光学/L25C反射望遠鏡	205
中央光学/G30N反射望遠鏡	206
中央光学/G35CN反射望遠鏡	206
中央光学/L30C反射望遠鏡	206
中央光学/40cmクーデ式反射望遠鏡	207
中央光学/HG40C反射望遠鏡	207
中央光学/F40CN反射望遠鏡	208
中央光学/F40C反射望遠鏡	208
中央光学/G40C反射望遠鏡	208
中央光学/L40C反射望遠鏡	208
中央光学/F50C反射望遠鏡	209
中央光学/L50C反射望遠鏡	209
西村製作所/20cmクーデ望遠鏡	203
西村製作所/25cm屈折赤道儀	205
西村製作所/30cm反射赤道儀	206
西村製作所/真空式太陽望遠鏡	206
西村製作所/40cm反射赤道儀	208
西村製作所/50cm反射赤道儀	209
西村製作所/60cm反射赤道儀	209
西村製作所/1m級反射経緯儀	210
西村製作所/1m級反射赤道儀	210
ユーハン工業/U-200（赤道儀）	210

■星野撮影専用赤道儀

ケンコー/スカイエクスプローラーEQ6PRO（赤道儀）	211
ケンコー/スカイメモR	211
TOAST-TECHNOLOGY/TOAST	211
ビクセン/GP2ガイドパック	211

地人書館の天文書

お問い合せ・ご注文は **(株)地人書館**
〒162-0835 東京都新宿区中町 15番地
Tel.03-3235-4422 Fax.03-3235-8984（価格は消費税込）

天文学大事典
天文学大事典編集委員会 編
B5判／832頁／函入り／¥25,200
ISBN978-4-8052-0787-1

日本を代表する130名の天文学者，天文教育普及関係者により執筆された，日本人の手による待望の本格的な天文学大事典．約5000項目の天文用語について，一般読者を念頭においた簡潔な定義と重要度，必要性に応じた分量でわかりやすく解説が付され，わが国が寄与した成果をも過不足なく取り上げられている．

標準星図2000　第2版
中野　繁 著
B4判／128頁／¥6,300／ISBN978-4-8052-0581-5

星雲星団ウォッチング　エリア別ガイドマップ
浅田英夫 著
B5判／160頁／¥2,100／ISBN978-4-8052-0501-3

ほしぞらの探訪
山田　卓 著
A5判／324頁／¥2,100／ISBN978-4-8052-0492-4

初歩の天体観測
平沢康男 編
B5判／216頁／¥2,100／ISBN978-4-8052-0472-6

天体写真マニュアル
ビギナーからベテランへ
月刊天文編集部 編
B5判／172頁／¥2,100／ISBN978-4-8052-0412-2

星雲星団フォトアルバム
20cmF1.5シュミットカメラがとらえた魅惑の宇宙
及川聖彦 著
A4変形判／112頁／¥3,150／ISBN978-4-8052-0651-5

Yamada TakashiのAstro Compact Books
星座博物館　春・夏・秋・冬
山田　卓 著
B6判／全4巻／各巻232頁／各巻¥1,890

天文小辞典
ジャクリーン・ミットン 著／北村正利 ほか訳
四六判／414頁／¥4,410／ISBN978-4-8052-0464-1

天文の基礎教室
土田嘉直 著
A5判／224頁／¥1,890／ISBN978-4-8052-0490-0

宇宙の基礎教室
長沢　工 著
A5判／208頁／¥1,890／ISBN978-4-8052-0684-3

天文の計算教室
斉田　博 著
A5判／232頁／¥1,890／ISBN978-4-8052-0602-7

日の出・日の入りの計算
天体の出没時刻の求め方
長沢　工 著
A5判／168頁／¥1,575／ISBN978-4-8052-0634-8

星空のはなし
天文学への招待
河原郁夫 著
A5判／224頁／¥1,575／ISBN978-4-8052-0450-4

おはなし天文学 1〜4
斉田　博 著
四六判／全4巻／各巻約260頁／各巻¥1,575

つるちゃんのプラネタリウム
プログラム作りからホームページ公開まで
A5判／136頁／¥1,545／ISBN978-4-8052-0721-5

流星と流星群
流星とは何がどうして光るのか
長沢　工 著
四六判／232頁／¥2,100／ISBN978-4-8052-0543-3

オーロラ
THE AURORA WATCHER'S HANDBOOK
ニール・デイビス 著／山田　卓 訳
A5判／256頁／¥3,150／ISBN978-4-8052-0498-6

神秘のオーロラ
美と謎を追って
キャンディス・サヴィッジ 著／小島和子 訳
B4変型判／144頁／¥3,990／ISBN978-4-8052-0596-9

月面ウォッチング　エリア別ガイドマップ
アントン・ルークル 著／山田　卓 訳
A4判／240頁／¥5,040

ケプラー疑惑
ティコ・ブラーエの死の謎と盗まれた観測記録
ジョシュア・ギルダー、アン-リー・ギルダー 著／山越幸江 訳
四六判／308頁／¥2,310／ISBN978-4-8052-0776-5

天文手帳
星座早見盤付天文ポケット年鑑
浅田英夫・石田　智 編著
A6変判／256頁／毎年10月発刊

天文観測年表
天体の動きを克明に予報する星の時刻表
天文観測年表編集委員会 編
B5判／約260頁／毎年11月発刊

望遠鏡・双眼鏡カタログ
バックナンバー

本書「望遠鏡・双眼鏡カタログ」は，1993年版以降，1995年版を除き，バックナンバーを在庫しております．（隔年発刊，1995年版までタイトルは「天体望遠鏡のすべて」，1995年版は品切れ）
お近くの書店または小社までご注文下さい．

2009年版 望遠鏡・双眼鏡カタログ

© 2008年8月5日　初版発行

編　著　望遠鏡・双眼鏡カタログ編集委員会
発　行　株式会社 地人書館
　　　　代表者　上條　宰
印刷・製本　モリモト印刷・イマヰ製本

ISBN978-4-8052-0802-1　C0044　Printed in Japan

発　行　所　株式会社 地人書館
〒162-0835　東京都新宿区中町15番地
TEL 03-3235-4422
FAX 03-3235-8984
郵便振替　00160-6-1532
URL　http://www.chijinshokan.co.jp
E-mail　chijinshokan@nifty.com

JCLS 〈(株)日本著作出版権管理システム委託出版物〉本書の無断複写は著作権法上での例外を除き禁じられています．
複写される場合は，そのつど事前に(株)日本著作出版権管理システム（電話03-3817-5670、FAX03-3815-8199)の許諾を得てください．